地理信息系统导论
(第 5 版)

Keith C. Clarke 著

叶江霞 吴明山 译

清华大学出版社
北 京

内 容 简 介

本书共 11 章，内容涉及 GIS 发展简史、地图学基础、数据结构、数据获取与录入、GIS 的管理、空间分析、地理表面问题、地图学问题、GIS 的功能、GIS 软件及基于服务器的工具，然后提供四个案例研究来梳理 GIS 行业的全貌。

通过本书的阅读，读者可以了解大地测量学、地图投影、比例尺及坐标系统相关知识，掌握查找 GIS 数据的关键，知道如何把地图输入 GIS，如何更高效地制作更精美的地图。本书适合高等院校 GIS 相关专业的学生阅读和参考，也适合 GIS 从业人员阅读。

北京市版权局著作权合同登记号　图字：01-2011-0428

本书封面贴有 Pearson Education (培生教育出版集团) 激光防伪标签，无标签者不得销售。

版权所有，侵权必究。侵权举报电话：010-62782989　13701121933

图书在版编目(CIP)数据

地理信息系统导论/(美)克拉克(Clarke, K. C.)著；叶江霞，吴明山译. --5 版. --北京：清华大学出版社，2013
书名原文：Getting Started with Geographic Information Systems
ISBN 978-7-302-32716-5

Ⅰ. ①地… Ⅱ. ①克… ②叶… ③吴… Ⅲ. ①地理信息系统—教材 Ⅳ. ①P208

中国版本图书馆 CIP 数据核字(2013)第 130870 号

责任编辑：文开琪　汤涌涛
封面设计：杨玉兰
责任校对：李玉萍
责任印制：刘海龙

出版发行：清华大学出版社
　　网　　　址：http://www.tup.com.cn，http://www.wqbook.com
　　地　　　址：北京清华大学学研大厦 A 座　　　　邮　　编：100084
　　社 总 机：010-62770175　　　　　　　　　　　邮　　购：010-62786544
　　投稿与读者服务：010-62776969，c-service@tup.tsinghua.edu.cn
　　质 量 反 馈：010-62772015，zhiliang@tup.tsinghua.edu.cn
　　课 件 下 载：http://www.tup.com.cn，010-62791865
印 刷 者：清华大学印刷厂
装 订 者：三河市新茂装订有限公司
经　　销：全国新华书店
开　　本：185mm×230mm　　　　印　张：26.75　　　字　　数：580 千字
版　　次：2013 年 9 月第 1 版　　　　　　　　　　印　　次：2013 年 9 月第 1 次印刷
印　　数：1～3500
定　　价：69.00 元

产品编号：026025-01

译　者　序

　　本书由美国加州大学圣芭芭拉分校地理系教授 Keith C. Clarke 积二十余年 GIS 教学、研究和应用经验撰写而成，堪称国际地理信息系统课程的经典教材。该书自 1996 年第 1 版问世以来，历经十余年已修订至第 5 版，在国际 GIS 界广受欢迎。本书从基础知识、非技术层面以学生为本的形式介绍 GIS，使学生能够轻松愉快地掌握 GIS 基础知识。

　　本书最大的优势在于作者的编写理念符合 GIS 课程的教学规律，采用循序渐进、理论与实践相结合、多元化而非教条的方式全面介绍 GIS 知识。与同类教材相比，该书结构设计精良，内容紧扣知识要点，紧随学科前沿。每一章首先由名言警句开篇，然后转入知识要点详细介绍，后辅以有助于章节总结的学习指南、学习思考题、参考文献及重要术语定义，最后以采访 GIS 人物作为结尾，同时还融入 GIS 应用案例和配以大量精美图片。

　　在内容上，本书不仅系统地介绍了 GIS 原理、方法和应用，而且与时俱进提供大量免费 GIS 数据源及开源软件资源，并为读者在 GIS 实施各阶段所面临困难提供可行性解决方案。因此，本书不仅可以作为高校 GIS 相关专业教材，同时也可作为 GIS 系统工程师及爱好者的参考书籍。

　　本书第 3 版不仅保留了以前版本的优势和特色，而且在第 4 版后地理信息科学发生了巨大变化，涌现许多新领域的状况，在此基础上，第 5 版进行了大量修订与拓展：第 6 章介绍的空间分析不是作详细的统计计算，而是利用公开发表的数据集进行空间分析及逻辑推理；第 7 章地形分析是全新增加的内容，针对很少有学生熟悉地形变换工具，GIS 长期以来处于二维世界的现状，加入的 LIDAR 传感器、Aster GDEM 及 SRTM 数据集的介绍，从而有助于全球尺度的地形分析；在第 9 章的 GIS 功能介绍中，除了对不断涌现的新软件及基于服务器工具的最新调查外，还介绍了常用的开源 GIS；第 11 章在 GIS 未来发展趋势上也做了修改；每一章的学习指南经过修改后，更方便学生学习，并增加了最新信息源和网站，确保读者获得当前最新及准确的数据。每一章结尾处新增对 GIS 从业人员的"GIS 人物专访"，采访的主题与章节内容有关，也是学生感兴趣的话题，从而全面帮助学生进一步掌握知识点。另外，本书的所有图书都可以从 http://www.tup.com.cn, 010-62791865 下载，或发送邮件到 coo@netease.com 申请。配套网站(www..mygeoscienceplace.com)也为老师和学生们提供了多种数据源，包括实验数据文件、测试、PPT 讲稿、RSS 摘要、网页链接以及老师用来制作成绩单的班级管理器和分数追踪器。

本书翻译出版得到了西南林业大学 GIS 精品课程及专业建设的支持，在校译过程中得到了西南林业大学地图学及地理信息系统硕士研究生的帮助。陈昆、张俊杰、彭占伟、施娜、肖虹雁、黄娟、和沛松、毛欢、陈武健、陈应跃完成了部分章节的初稿，朱大运、黄贝、陈婷、孙姗、刘凯旋测试并校译部分章节。在数十万字译稿终于完稿之时，真正感叹翻译工作的艰辛，不仅需要语言艺术与专业素养，更需要能静坐下来长时间工作的耐力，但这正是教学及科研工作者应具备的素质。限于译者的水平和时间，译文中错漏之处在所难免，诚恳读者朋友不吝指正。

叶江霞
2013 年 9 月于昆明

前　言

前几天，我在超市排队等着结账时偶然听到下面的对话：

"秋季你就要去读大学了，你打算学什么？"

"我想学 GIS 专业，做环境方面的研究，你知道那是做什么的吗？"

"哇哦，我当然清楚那是做什么的了。"

我轻笑，因为在我十四年前写这本书的第 1 版时，GIS 经历了从地理学书呆子都难以理解的技术转变成为日常生活中心。当我 1996 年穿越美国搬往加利福尼亚时，那时还没有 Google Maps 或 Google Earth，GPS 也只是早些年刚刚用于军事方面，大多数 GIS 软件也是初露头角，而且又昂贵。真的是变化太大了，GIS 已经变得影响如此之大。

每一年秋季，又一批莘莘学子步入课堂。早在 1996 我写这本书时就考虑到许多高级 GIS 书籍忽略了满足高等教育基地教学服务的初衷。很高兴的是，这本书还能受到新一代才华横溢，并希望用科学来改善恶化的世界环境的学者的追捧。我希望他们能愉快学习，为出人头地而挑战自我。我希望能一如既往地让大家在没有太多痛苦和困难的情况下涉足 GIS。

第 5 版包含一个全新的地形分析章节。这部分内容对于诸如 LiDAR 新一代的传感器和 Aster GDEM 和 SRTM 这样的数据集非常重要，它们是进行全球尺度的地形分析的前提。此外，很少有 GIS 学生熟悉地形变换分析工具，而且 GIS 长期停留于二维现实空间的研究。为使学习更方便、轻松，我在原来版本每章末的学习指南上进行了完善。仔细阅读第 4 版的评论后，我在每章介绍地理主题艺术品时引入了卡通图片。称其为我的 2% 的艺术，我坚信艺术是制图学的一部分。至于引用，我想英国人也能适应美国人的生活方式，但又不失英国人的幽默，至少我能将二者结合起来。

第 1 章介绍 GIS 领域及一小部分历史，还介绍了相关组织和其他信息源以及可以查找到的帮助。我称其为自助学习，利用万维网可以轻松获取信息。第 2 章涵盖基本的地图学：大地测量学、地图投影、比例尺及坐标系统。没有这些资料，GIS 在很大程度上还是一个谜，所以，我坚持把这部分内容置前。第 3 章介绍数据结构，对数据结构的理解是学生们查找 GIS 数据的关键。第 4 章涉及数据获取与录入，包含大量 Internet 服务器上的备用数据，以及怎样将地图输入到 GIS。第 5 章讨论 GIS 的管理，介绍数据库管理的原理，讨论所涉及的问题。第 6 章介绍空间分析，根据空间分析推理和逻辑来遵循一两个公开发表的数据集，而不是详细的统计计算。第 7 章是新增内容，介绍了 GIS 基本涉及的具体问题、显示选择及分析的地理表面问题。第 8 章又回到地图学问题上，讨论一些制图显示的方法，以及高效制作更精美地图的方式。第 9 章介绍 GIS 的功能，并调查了 GIS 使用的大量软件及基于服务器的工具。第 10 章涵盖 4 个案例研究，并审视每个案例中所得出的 GIS 在实际工作中所起作用的经验教训。第 11 章更像一篇论文，探讨该领域的现状和未来发展趋势，及由此产生的问题。每一章末都有一个 GIS 人物专访，这不仅充实了本章主题内容，而且与学生分享经验，更有助于学生的学习。对于 10 个受访者的好意，我一并表达我的谢意，并感谢比尔•诺林顿的音频转录。

还要感谢许多与本书有关的人，他们的名字无法一一列出，我尽量在引用插图致谢栏中列出，如果我在此遗漏了您的名字，您自己知道您为本书出了力，非常感谢。我在修订时会参考读者对本书的诸多评论，其中一个评论是本书更像是与学生的对话，而不是一本标准教材。正是这一理念，使第 1 版畅销 14 年，并且我自豪地看到 GIS 取得了数不尽的成绩。让我们的对话继续。

最后，我最要感谢与我相处 30 年的妻子玛戈特和我们的小女儿莱拉。感谢她们对我的长期忍耐。最近，2 岁的莱拉坐在玩具店里独自玩着电脑，问她在干什么时，她静静地说，她在写她的书。我知道这种感觉。是她们的爱与支持，才使我一如继往地向前迈进。

著译者简介

Keith C. Clarke

著名地图学与地理信息科学家，美国加利福尼亚大学圣芭芭拉校区地理系教授。现任美国国家地理信息与分析中心(NCGIA)主任，美国国家研究委员会制图科学委员会主席。曾获得美国地质测绘学会最高公民荣誉奖 John Wesley Powell 奖和大学地理信息科学协会(UCGIS)年度教育家奖。2006 年，Clarke 入选 ACSM 院士，NAS 制图科学委员会主席，并被推举到国家地理研究与探索委员会。2007 年，Clarke 获得了英国利华休姆信托基金研究奖和富布赖特-海斯奖学金。

Clarke 拥有伦敦米都塞克斯大学地理学学位和经济学学位，美国密歇根大学地理学硕士学位，1982 年在密歇根大学获得分析制图博士学位。他教授过的课程有地理影像解译、地图制作、计算机制图与分析、地理信息系统导论、地理信息系统的应用问题、制图编程基础、、高级制图编程、地图变换和制图学研修课程。

叶江霞

西南林业大学教师，中国林科院博士生。主要从事遥感、地理信息系统的教学及科研工作，研究方向为 3S 技术在林学及生态学中的交叉应用。主持纵横向科研课题 6 项；参与国家基金、国家科技支撑项目、国家林业局公益行业专项、省科技攻关、省院省校合作等纵向课题 10 余项，横向课题多项。获 GIS 应用授权专利技术 4 项、计算机软件著作权 8 项，云南省科技进步二等奖及三等奖各 1 次、参编专著 1 部、发表中文核心学术论文多篇。

吴明山

西南林业大学教师，硕士。主要从事森林经理方面的教学及科研工作，侧重于 GIS 地统计模型构建与空间估计研究。主持省级课题 1 项，参与国家级课题 4 项、横向课题多项，参编专著 3 部，发表学术论文 10 余篇。历年参与指导全国大学生数学建模竞赛，荣获国家级二等奖 1 项，云南赛区二等奖 2 项；获得校级教学比赛二等奖 1 项，校级教学成果二等奖 1 项。

目　　录

第1章
什么是地理信息系统

"地理信息系统是同时集望远镜、显微镜和复印机为一体，并对空间数据进行综合和局部分析的系统。"

——罗恩·阿伯勒(Ron Abler)

1.1　引言

如果能对地球上的每个物体、每个人或是某个地方发生的事件进行定位，与这些物体或事件有关的绝大多数信息就能够表达在地图上，就可以用地图进行信息组织、查询、分析等操作。现在已经有大量以空间方式表达的地图、遥感影像以及测绘信息。例如，它能够告诉你在哪儿，而且还能很方便地找出它的有关信息。地理信息系统科学既是一门技术，也是一套方法。它能把信息整理成更为形象、浅显易懂的结构形式，使我们更容易理解信息，并从中获取知识。GIS 的强大功能可应用到选举、解救饥民、薪金战、保护环境、救援以及维持世界的可持续发展中。在这本书中，你将会了解 GIS 是怎样的一门技术，它是如何操作的，它能做什么，为什么说 GIS 正在改变世界，甚至改变世界上所有的事物。最终的目的是，运用 GIS 这个多棱镜对地理数据进行详细分析来感知和改变世界。也许我们不能马上解决世界上的所有问题，但是每个问题的解决方案肯定在某个地方已经开始研究了。

　　GIS 的入门学习是一个长期而缓慢，且花钱，甚至有时候是一个痛苦曲折的过程。但另一方面，在过去的十年里，GIS 在软件方面取得了质的突破和飞跃，解决了以前的很多难题。作为一本学习 GIS 的入门教材，这本书里面设置了许多更为广泛的、贯穿于整个学科的基础知识，在这方面是优于其他高级 GIS 教材的。这本书的目的就是保持精华，内容平衡，但重点突出，而不是像其他书那样让你沉浸在"特性游走"和一些耗时的内容上。为了让教程紧跟时代步伐，作者和编辑一直在努力，从而保证你第一次的 GIS 学习经历及时、愉快和高效。

　　本书首先介绍 GIS 的定义、GIS 领域的发展概况以及一些包含 GIS 信息源的地图(这些能教给你更多有关 GIS 的知识)。在此之前应该清楚的是，GIS 一开始还算不上是杀手级的应用软件。虽然一些 GIS 应用，像 Google Earth 和 Map Quest 开创了 GIS 的先河，但是，它必须配备一些不断更新的、基本的计算机应用程序，如电子表格、文字处理程序或者是数据库管理器。GIS 在某种程度上又可以看做杀手级的应用软件，是由于它在功能上的不断提升，用户接收到的信息不仅仅是计算机软件运行的结果。相反，GIS 技术是建立在地理学和地图学综合的学术领域基础上，涉及大地测量学、数据库理论、计算机科学并以数学作为辅助的学科。就像罗恩·阿伯勒在前面对 GIS 的定义那样，GIS 不是孤立的学科，而是同时综合了多门学科、技术于一体的应用科学。本书介绍了有关这些学科领域的主要理论知识和内容，这是入门必备的，有了这些基础，接下来再提供一些有关这门学科的发展趋势。如果你想要更深入地学习，有许多进一步学习的方法。

　　巧用 GIS 要求你要以地理信息科学家的思维方式思考，地理信息科学诞生于 20世纪 90 年代，它融合多学科的技术和成果，并在经过多年的发展后，现已趋于成熟。地理信息科学发展初期像其他所有领域一样，它也需要一些思想上的调整。本书的目的在于循序渐进地引导读者体验这个过程，你在阅读这本书时，就已经习惯用空间的方式思考，用地图表达信息，用地图和图形来建立分析解决方案。如果没有读过这本书，我希望这本书既能够成为适合你入门的学习资料，也可以激起你从未使用过的部分大脑思维——空间思维——掌握一种新的解决问题的有力武器。

什么是空间信息

我们生活在一个信息社会里，无法想象我们日常生活中如果没有了移动电话、流媒体、facebook(脸谱网)、全天候电视新闻或者是网络新闻服务会是什么样。然而，我们获得的大多数信息都只包括很少的信息要素：文本、数字、图像、视频和动画。其中大量容易搜索的信息是文本。事实上，如果我们查看网页的源文件，我们所看到的都是文本和一些按顺序排列的特殊编码序列。有一些信息是数字化的，如表格、清单、索引、目录、交叉表等。未经排序的数据信息通常是很难理解的，例如，随机列出一些人的电话号码，在查找一些特定的号码时，就必须逐个查看电话号码，直到找到需要的为止。排序最简单的形式就是按顺序排列，这样就可以按字母、时间顺序或其他更为简洁高效的方式来组织事物。其他用于排序的方法就是索引，每一个细小的信息或记录都有一个数字编码或者索引，通过这个编码或索引可以查找到它们。比如在本书的最后，你希望查找的参考关键字都按字母顺序索引，这些信息通过页码进行检索，检索出关键字的出处。清单、表格、索引及其对应的信息随处可见，如在书籍、目录以及电视节目单中(参见图 1.1)。

图 1.1　日常生活中信息的组织方式——书籍、目录和清单

　　在二维空间中用地理位置来表达信息是最有效的信息组织方式。用这种方法来建立点的列表，并在二维空间而非一维空间中对这些点进行排序。这样生成的顺序就可用于追踪现实世界中地理信息的分布范围。按位置列出数据之后，就可以将它们按顺序放在地图上，如果数据不是地理信息时，就需要通过其他的方式来表示。这种数据叫空间数据，地理信息系统是运用排序序列、列表、索引以及分类对录入的空间数据进行组织的，这是理解地理信息和空间数据的关键。另外，它也是可视化组织信息的方法，因为几乎任何一个地方都有地图。确实，地理学的确是一个非常强大的信息组织工具。例如，想象一下，海量信息、照片、视频、文本以及马丁·路德金(Martin Luther King)1963年8月28日在华盛顿林肯纪念堂的"我有一个梦想"主题演讲。所有这些数据都可以与纪念台阶上的某个单独位置联系起来，如图1.2所示，标记的位置就是演讲的地方 38°53'21.5"N 77°02'59.4"W (WGS84)。

图 1.2   碑文的空间位置 38°53'21.5"N 77°02'59.4"W (WGS84)

1.2   地理信息系统的定义

　　好的学科应该一开始就有一个明确的定义，然而，就地理信息系统而言，随着人们对地理信息系统的需求发生变化，GIS 的功能也不断被重新审视，因此多年来出现多种不同的定义。上网时，用谷歌搜索"地理信息系统"，会得到近 1 640 000 次的网页信息或点击量，这不足为奇。此外，地理信息系统有多种定义方式，例如，在维基百科里把地理信息系统定义为"一个能集成、存储、编辑、分析、共享及显示地理参考信息的信息系统"。采用哪种定义取决于想用地理信息系统来解决什么问题。通常所有与地理信息系统有关的问题都与一种数据有关——空间数据，空间数据是很独特的，因为它能够连接到地图上。

　　空间是与我们生活和活动环境有关的范围。对地理信息系统的定义，可以用地理信息系统的三个组成部分来简单描述，它们是：①数据库；②空间或地图信息；③在一定程度上创建和运用两者之间的关联。地理信息系统的必要组成部分有计算机、软件以及系统用户。

　　还需要一个能由地理信息系统来解决和处理的问题或任务，例如：自然保护区选址、救援最佳路径、城市邻近区洪灾预测或生成帮助市民查找公共设施的指南图。当然，对于地理信息系统及其有关问题，我们不仅需要理解，还要有实践经验。即使学得快，最后这两项也是最难达成的。

1.2.1　地理信息系统是一个工具箱

　　地理信息系统是一套空间数据分析工具。工具箱是能够存放工具并便于按需取用的便携容器。当然，地理信息系统工具就是计算机工具，可以把其看成一个包含进行空间数据分析必备要素的软件包，就像工具箱里可放锤子、螺丝刀、钳子、扳手一样。因此地理信息系统也有通用的地图和数据库操作功能(见图 1.3)，例如：锯子能够将地理区域“分开”，胶枪又能将其粘连起来。

图 1.3　GIS 和工具箱的类比：GIS 可以看作一套空间分析工具，每个都有不同的特殊功能

20 年前，彼得·布拉夫(Peter Brrough)将 GIS 定义为"一套可以用来任意存储和检索、转换和显示空间数据的强大工具，这些空间数据来源于真实世界，服务于一系列的特定目的"(Brrough，1986，p. 6)。上述定义中的关键字是"强大"。布拉夫的定义指出 GIS 是一个用于地理空间分析的工具。这通常称为 GIS 工具箱定义，因为它强调每一套工具的设计都是为了解决特定问题。如今，大多数 GIS 软件都包含成百甚至上千种用于一般或特定目的的工具。事实上，GIS 方面的很多研究，一直都是在区分哪些工具是所有 GIS 都有的，至少有二十多种(Albrecht，1998)。

如果 GIS 是一个工具箱，那么就有一个逻辑问题：这个工具箱包含什么工具类别，一些作者已尝试根据 GIS 的用途来定义 GIS，从而从功能上定义 GIS。大多数人认为 GIS 功能可分为几大类别，这些类别是随着数据从信息源到地图再到 GIS 用户或决策者的传递过程中，按顺序组织的子任务。其他有关 GIS 的定义，例如，把GIS 陈述为"采集、存储、检索、分析、显示空间数据的自动化系统"(Clarke，1995，p. 13)。这被称为"过程定义"，因为我们开始是采集空间数据，最后是分析和解译地理信息。本书的章节是围绕着这一功能顺序组织的，每一个功能都会在相应章节进行详细讨论。

1.2.2   GIS 是信息系统

圣巴巴拉的地理学家杰克·埃斯蒂斯(Jack Esters) 和杰弗里·斯达(Jeffrey Star)曾将 GIS 定义为："一个设计来处理空间或地理坐标参考数据的信息系统。"换言之，"GIS 既是一个对空间参考数据有特定功能的数据库系统，也是处理数据的一系列操作。"(Star and Estes，1990，p.2)

这个定义强调 GIS 是一个把结果反馈到提问或查询中的系统，也可以定义成一个信息系统。也就是说，GIS 通过数据收集、筛选、排序、选择和重建，实现信息的科学精确组织，从而回答特定问题。

参考对地理坐标系是非常重要的，因为坐标系统用文字说明了如何将数据与地图联系起来。这个问题将在第 2 章中深入讨论。信息系统的设计目的是信息重组，使其更有用。例如，将原始数据转换成更有价值的纯信息。

一个简单的例子，地理数据信息系统好比地图库(见图 1.4)，地图存放在橱柜的抽屉里。这些地图必须设置索引以便于查找专题地图。查询系统可能是地图索引或提供有索引的目录。在有了需要的地图后，我们就可以查看信息并综合运用它们来解决问题。如果这样，就可能需要对地图进行放大、复制、标注或多张地图综合浏览。

图 1.4　GIS 是一个信息系统，好比一个地图库，图书馆管理员可以搜索和找到你要查询的特定地图

　　另外一个有关 GIS 是信息系统的定义是最经得起时间考验的，因此，这个定义也是值得深思熟虑的。在 1979 年，地理信息系统发展的初期，肯·迪克尔(Ken Dueker)将 GIS 定义为："一种特殊的信息系统，其数据库由空间分布的特征、活动及事件的观察值组成，它们可定义成空间的点、线、面。地理信息系统就是对点、线、面数据进行操作，用于特定查询分析的数据检索。"(Dueker，1979，p. 106)就像一瓶好酒，这个深思熟虑的定义也随着时间的推移日益完善。

　　"特殊的信息系统"这句话表明 GIS 是信息系统科学的产物，的确如此。GIS 并没有设计数据库管理，从最早的大型机数据库和电子表格程序，到关系数据库管理，再到面向对象的数据库管理以及现在的数据仓库，数据库管理已经有 50 多年的历史了。信息系统被广泛运用于图书馆管理学(包括地图库)、商业以及网络中。实际上，如今通过网络我们可以看到用途广而强大的工具，这都是每一个 GIS 的核心。

　　在迪克尔的 GIS 定义中，数据库由一组观测值构成，这表明采用科学方法来测量。科学家在一些软件系统中测量和记录观测值以辅助数据分析。这些观测值具空间分布，也就是说，它们发生于同一时间的不同空间或不同时间的同一空间中。例如，国际海洋和气象组织(NOAA)从全国多个气象站收集气象数据，然后综合气温、降雨量、湿度等信息，为我们提供一幅可以在气象频道或气象网站看到的气象图。

　　观测数据指特征、活动和事件。特征是源于地图学的一个术语，是放在地图上用于表达特定意义的符号。点特征，例如，高程基准点、发射塔位置、公共测绘区的拐点(见图 1.5)，都只有一个特定的位置。线特征有几个地方沿线按顺序串起来，就像珍珠项链一样，例如道路和水系。面特征是由一条或多条线闭合而成的一个环，如海洋边界、大的河或小片植被的边缘。传统的地理信息源是地图，地图上的信息包括一系列的图形符号，例如：颜色、线条、图案及阴影。

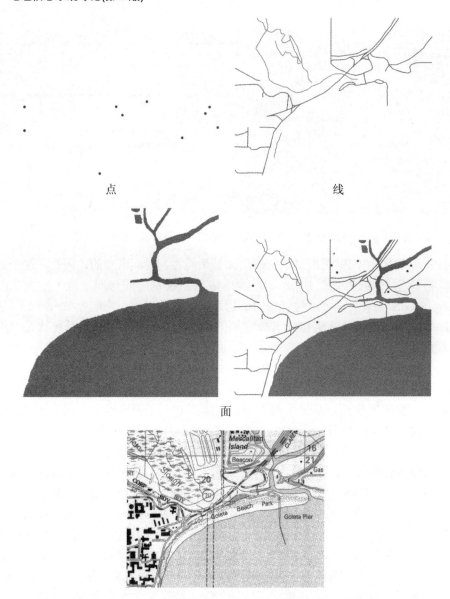

图 1.5   从 USGS(美国地质调查局)地形图中提取的点、线、面特征，任何地图都由这些特征加文本构成

"活动"表明的是与社会学的联系。人类活动创造了地理模式和分布，这些活动同样与点、线、面有关。

例如，以选举为例。在美国，18 岁以上的公民享有登记选举权，而且必须在一个选区投票。宪法规定每十年，必须重新划分选区，让每个区投票人数基本相当，所以在全国范围内投票都是一样的。宪法规定不断改选区，尽管各个选区代表人数基本上相当，但国会还是开始高度关注人口空间分布上的不规则。大多数时候，用GIS进行重新绘制。在选举的当晚，从新闻上看到投票计数时，投票情况就显而易见了。就所有情况来看，每个人投的票都被统计和记录到国会或其他选区里，这些选区是用多边形表达的，如图1.6所示。

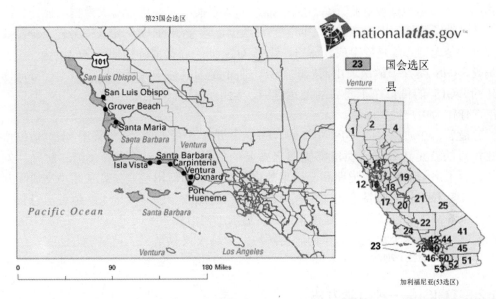

图1.6　加利福尼亚州第23国会选区，与选举"事件"有关的多边形或面，人数相当但面积不同

生活中，许多社会要素都与多边形、地面上用边界分隔的区域、可见或不可见的区域有关。国家、州、省、县、卫生区、社区、学校和警务片区等，所有这些例子都与我们有关。还有更多无形区，例如：生态地带、气候类型、灾害和疾病区、生态系统和流域。甚至点、线特征都能统计成区域，例如，能统计到美国每个州的油田数。

人类活动生成人口地图、人口普查图、疾病发生分布图、零售点的分布图、学校位置图和交通线路图等，这些都与人类日常生活有关。GIS"事件"在某种程度上不仅反映了地理数据的空间特性，而且还能反映时间特性。时间构成了数据的第四维，因为事件总是按时间发生的，特征总是存在于一段时间内。例如，图1.5中的海岸线由于被侵蚀，所以，100年前后同一地区的海岸线不能很好地匹配。GIS一个非常重要的应用就是追踪分析，追踪的不仅仅是人类活动的空间分布，而且还有人类活动动态。

迪克尔的 GIS 定义中，认为事件是以点、线及面方式进行空间和地图表达的。交通事件的发生位置就是点事件的一个例子。线事件可以是沿电缆线的电流。面事件可以是结冰的水面，如纽约市中心公园水库。信息要素对 GIS 用户很有用，因为它以地图要素形式存在，包含与之相关的数据，同时还能实现制图表达。

因为我们是用 GIS 绘制的信息来完成信息系统的任务：解决问题、做查询、提出解决方案、试着找出解决方案，所以我们不是手动而是以数字化方式进行数据操作的。用数字地图要素把事件或活动描绘成"手柄"，并进行有关数据的操作。换言之，地图数据库中用点、线、面来管理数据。迪克尔的 GIS 定义中另外一个重要部分就是查询必须是特定或具体的。建立 GIS 时不必提前确切知道它的用途。这就是说，GIS 是一个解决通用问题的工具，而不是为具体项目或为完成本周任务而创建的。GIS 的价值在于将普通的地理方法运用到特殊的地理区域中。GIS 提供方法，你作为用户提供区域。

最后，在迪克尔的 GIS 定义中，GIS 还可以用于分析。通常采用 GIS 数据格式，目的就是让分析人员能够提取出必要的信息对地理现象进行预测和解释。例如，有了洛杉矶的交通道路和交通事故位置数据，如何用这些信息来减小交通阻塞呢？GIS 技术没有把注意力集中在系统的最终目的在于解决问题上。地理信息科学功能很难描述，包括分析、建模和预测。后来，在信息系统的定义里，又把 GIS 回归到解决问题这个角色。有个问题得解决："这仅仅只是又一种科学方法呢？还是一种新的科学途径呢？"

1.2.3   GIS 是一种科学方法

作为工具或者信息系统，GIS 技术把整个方法变成了空间数据分析。相比之下，GIS 在数据管理方式上不只是管理一种而是几种同时演变的数据。GIS 与其他地理空间技术融合，例如：测绘、遥感、航空摄影像、全球定位系统(GPS)和移动计算通信，这种融合促进了这些技术的快速发展。这场信息革命已经带来了许多改变，甚至改变着我们的日常生活。随着 GIS 作为一门科学出现后，其方法已经被广泛运用到其他许多学科中，从考古学到动物学。GIS 开创性地聚集了绝大多数网络制图工具，使其简单实用。这种突变已经导致对地理学知识体的选择，目的是把它作为一种新的科学方法应用于这些平行领域中。

古德柴尔德(Goodchild)，把它称为"geographical information science"(Goodchild，1992)。在美国，"地理信息科学"是首选的术语。对这一领域的重命名有着重大的影响，包括杂志的重命名、专业团体和会议的命名，如图 1.7 所示。

古德柴尔德把地理信息科学定义成"GIS 技术应用出现的常见问题，或在理解 GIS 潜在功能上出现的通病，都会妨碍 GIS 的成功应用"。他也提到这个定义包含对 GIS 本身的研究，以及运用 GIS 进行的其他研究。地理信息科学(GISc 或 GISci)是继地理信息发展、使用、应用之后的学术理论，与 GIS 硬件、软件和地理空间数据有关。地理信息科学涉及 GIS 和相关技术应用产生的根本性问题(Wilson and Fotheringham，2007，Kemp，2007)。假设地理信息科学是解决地理数据的唯一方法，那么一系列有关世界的问题就只能以地理学的方式提出来了，GIS 会议和书刊杂志经常关注这些问题。另一方面，古德柴尔德还提到，对地理信息科学的关注程度取决于创新的进程，这很难维持多学科(而不是交叉学科)的发展。在地理学上，科学的核心与社会传统科学的发展，在某种程度上是背离技术方法的。

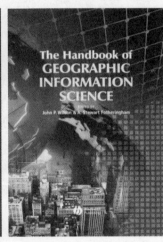

图 1.7　GIS 是地理信息科学，而不是系统

　　GIS 科学的知识体的基础是地理数据。使用规则，通过数据分析从数据中提取证据的方式，将结果合成新地图，并形成新的地理知识。这个过程产生的变化和不确定性，也用地理信息科学进行研究，包括尺度和分辨率、分类和抽象、方法的运用及方法的检验。本书力争从地理学科中提炼出古德柴尔德研究领域的主要内容。把地图学原理浓缩在第 2 章和第 7 章中，第 3～5 章分析制图学要素，第 6 章讨论空间分析。另外，本书还增加了普通地理学、数据库管理和 GIS 应用，这些基础知识组成了全新而生机勃勃的地理信息科学领域。

1.2.4　GIS 是一个价值数十亿美元的产业

　　企业 GIS 产业的总价值，包括空间数据处理的硬件、软件及私营、政府、教育机构和其他部门提供的服务价值，估计每年达数十亿美元。在最近二十年，GIS 产业创造的价值每年以两位数增长。任何参加过这个领域的国内或国际会议的人都会强烈感受到 GIS 的快速发展、成熟及 GIS 在商业和工业领域引起的前所未有的巨大转变(Pick, 2005; 2008)。

这种巨变主要得益于 1982 年后数据成本的降低，从那时起，计算机开始从科研转为办公应用。成本的降低，有助于把工作站作为工具成功应用到工程环境中，导致通常所谓 GIS "安装基础" 的迅速增长。在美国或其他许多国家，现在几乎每个专门的学术机构至少都有一门 GIS 课程，有些还上几门课程，或者作为专业课，甚至作为学位来修读。大多数地方，州及联邦政府机构把 GIS 用于商业、规划、建筑、林业、地质、考古等。数字的增长，加之系统改善，进一步促进了 GIS 商业上的繁荣。

然而，其他过程对 GIS 的繁荣也起着至关重要的作用。第一，行业建立在大量便宜或免费的联邦政府数据上，主要是美国人口普查局和美国地质调查局提供的数据。第二，这些机构是这一领域的成功倡导者，并快速发展了自我支持、用户群、网络会议等基础建设。第三，图形用户界面的添加和实用特性的引入，如屏幕帮助和自动安装程序，也起了重要作用。第四，GIS 成功地把多个平行技术融合并取得多重效益。

有一种观点认为，查看商业地理人口统计就可以看出 GIS 对商业的影响。在这个 GIS 专门研究中，用人口统计属性就可以分出相关县中大小不同的小面积社区，通常用人口普查数据或商业购买的数据。这需要专门的市场或发展高度专业化的细分市场。例如，一些区域有许多拖儿或带女的年轻夫妇(可考虑婴幼产品)，或者有虽然已经退休但仍然活跃的成人，他们经常乘船旅行(可考虑向他们推广游轮)，例如，ESRI 的 Community Tapestry(见图 1.8)和英国的 Experian's Mosaic。这种方法可有效应用于拉选票。

GIS 市场一直以非常惊人的广度和深度增长，但它的完善仍须假以时日。显然，GIS 仍然会以它独有的方式渗透到我们的日常生活中，其功能绝对超乎我们的想象。互联网工具，像地图服务器和 Google Earth 及移动系统一样，是基于位置服务的，它们把 GIS 作为商品提供给公众。对公众而言，GIS 操作是透明的，甚至经常让人忽视 GIS 的存在，就像我们不考虑收银台微处理器的计算找零一样，或者用 GIS 来控制运送联邦快递邮包的货车，我们收到邮包后立即在司机的手持设备上签名。

图 1.8　地理人口统计。ESRI 的 Community Tapestry，借助 ArcGIS 业务分析员分割模块，用 12
　　　　种"生活方式"构成美国 48 个州中每个县生活方式等级图，版权 © 2009 ESRI 及其许
　　　　可。版权所有，未经授权不得使用。超链接 "http://www.esri.com/" www.esri.com

1.2.5　GIS 在社会生活中扮演的角色

　　许多 GIS 研究人员认为，把 GIS 定义成一门技术或一种软件或一门科学都太过
于狭隘而忽视了 GIS 对我们日常工作和生活方式的改变。GIS 不仅彻底改变了我们
日常业务方式，也改变了人类组织内部的操作方式。尼克·克里斯曼(Nick
Chrisman)1999 年曾将 GIS 定义成"一系列有组织的活动，人们测量和表达地理现象
后，在与社会结构交互时再将其转换为其他形式"。这个定义来源于 GIS 作为社会
整体的研究范畴，包括 GIS 机构和组织及如何用 GIS 来制定决策，特别是在公共环
境中，如市镇会议或社团网站(见图 1.9)。后者简称为 PPGIS，全称为 Public
Participation GIS(Corbett and Keller，2006)。

　　很少有人会怀疑，GIS 变成许多组织内部经营业务的重要方式之一，诸如规划
办或州规划机构，其结果是随着工作任务、岗位说明、职责甚至组织权力关系的变
化而改变。例如，当 GIS 首次被引入某个工作环境中时，GIS 业内的倡导者就发现
有一张"王牌"是非常重要的。对 GIS 的许多研究都聚焦于描述和分析这些影响，
而不是从技术上看待 GIS 及其应用。到目前为止，这一领域已经产生了学科

(Foresman, 1997)发展史和一系列不断增长的会议和年会。这也激起了许多人著书对该方法的兴趣，包括 *Ground Truth* (Pickles, 1995)，它在 GIS 研究工作中引入了人文科学和社会科学。

克里斯曼对 GIS 的定义包括 GIS 功能中所有的社会过程。例如，GIS 常用于获取土地所有权的数据。

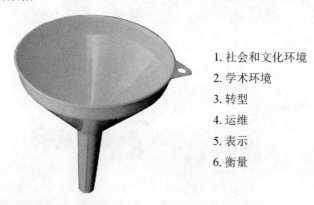

1. 社会和文化环境
2. 学术环境
3. 转型
4. 运维
5. 表示
6. 衡量

图 1.9   克里斯曼图示的把 GIS 放入更宽广的人、组织和目标环境中

然而，数据的使用、目的及分发是根据社会数据的使用宗旨和惯例而变化的。例如，在一个发展型社会中，GIS 可能被视为一种促进房地产开发、增加土地销售的方式。在节约型社会中，GIS 可能被看成是提高公众环保意识，支持社区发展或增强污染控制的途径。尽管这两种社会环境中 GIS 在软硬件和数据上本质相同，但其在人员、工作任务及行政控制程度上可能截然不同。决定 GIS 的是人为因素，而不是技术功能。

克利斯曼定义的另一组成部分就是认识到了基础测量对 GIS 的重要性。抽象地讲，GIS 支持许多不同精度和可靠性的土地测量。在大多情况下，GIS 是以"最实用的数据"为基础的，但事实上，一些数据通常是不完整、过时的或缺失的。GIS 用户如何处理这个问题，通常是影响 GIS 软硬件及处理功能和效率最主要的因素。正如我们后面所说的，GIS 就如一幅地图，在地图上通常会有一系列的错误，这些错误是在允许范围内的。这个定义不仅提到这些错误和用以支持 GIS 定义的系统，而且还有相关人员得出的一致的数据结果。

1.3   GIS 发展简史

新兴的地理信息科学的很多原理已经出现相当一段时间了。通用地图可追溯到几个世纪前，通常集中在地形图、土地层和交通要素，如道路、河流图。在 20 世纪，开始使用专题地图。专题地图包括特定目标或专题信息，如表面地质状况、土地利用、土壤、行政单元及数据采集区。虽然两类地图都用于 GIS，但是专题地图使地图学朝着 GIS 发展。地图上的许多专题是明显关联的。例如，植被图和土壤类型图是紧密联系的。

　　规划领域率先生成专题地图，他们的做法是从一幅地图中提取数据，再把它放到另一幅地图上。很早以前有一个例子，1912 年，以这种方式绘制了不同时期的德国杜赛尔多夫的地理范围，同年，绘制了马萨诸塞州的比莱卡的四幅地图，用于交通和土地利用规划(Steinitz et al, 1976)。到 1922 年，这种方法得到进一步发展，用于绘制英国唐卡斯特区域地图集，从图上可以看到主要的土地利用信息，包括等高线或交通线路。同样，1929 年"纽约及其环境测量"明确指出，彼此相互重叠的图层是分析的重要组成部分，比如，人口和土地价值评估分析。

　　1950 年英国出版的城镇和乡村规划相关图书中，包括了标志性的一章，就是杰奎琳·蒂里特(Jacqueline Tyrwhitt)完成的"规划测量"(Steinitz et al, 1976)。各种各样的数据专题，包括地面高程、表面地质、水文、土壤排水系统和农业用地，这些专题层放到一起融合成一幅单独的"土地特征"地图，如图 1.10 所示。

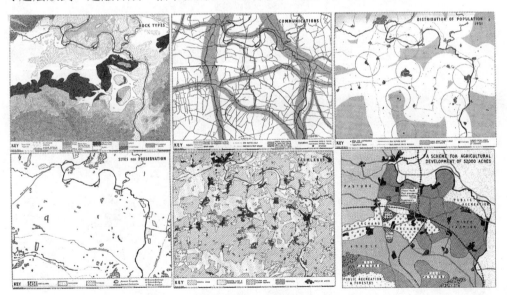

图 1.10　"规划测量"，蒂里特介绍用地图叠加法做综合规划

　　作者描述了如何在同一比例尺下绘制地图，如何复制地图特征并以这些地图特征为指南，精确地叠加地图。尽管这些方法是手动的，但为后面的计算机方法奠定

了基础。就像其他人早就发现美洲大陆一样，哥伦布之所以被人们记住，是因为他是记录下美洲的第一人(而且顺便绘制出了美洲地图)。

自 1950 年蒂里特发明了地图叠加技术以后，地图叠加如今在 GIS 中已经非常普遍，尽管可能有一个更早的先例。然而，显然在 1950 年后，地图常被描绘在透明纸上，用来做土地分析和表达。二十年以后，伊恩·麦克哈格(Ian McHarg)在他1969 年出版的《自然设计》一书中描述到，用晕出透明叠加图层来辅助寻找纽约里斯曼城风景区干道公园道路位置以解决多个选址控制因子，如图 1.11 所示。

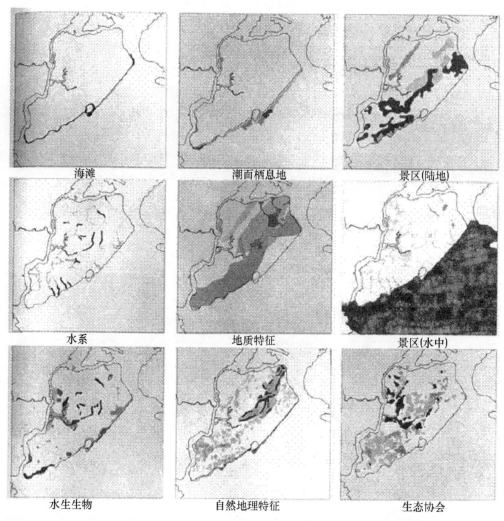

图 1.11　麦克哈格用综合叠加方法为纽约斯塔恩岛，里斯曼城的风景区干道选址，详见《自然设计》

　　早在 1962 年，麻省理工的两位规划员把地图叠加思想发展成能包含权重，根据相互叠加图层的重要性不同来赋权。规划包括 26 幅地图，显示了高速公路选址的有利条件。地图都被排序成"程序树"，并通过重新排序影像上获取的地图层进行图层合并。

　　在 20 世纪 60 年代，开始涌现出许多使用新的标准比例尺的专题地图，如来自美国地质调查局的地形图和土地覆盖图，和来自美国农业部土地保护组织(如今的自然资源保护组织)的土壤类型图。简单地说，就是选择正确的地图，追踪某一图层或在影像上为某一地图要素创建"分类"，然后机械合并图层。GIS 以其能提供地图叠加方式而闻名，并提供了一个 GIS 数据的模型图层，在这个模型中叠加各个专题图层就可进行综合分析。"夹心蛋糕"图很快变成一种最理想的方式，充分解释什么是 GIS，它能做什么，如图 1.12 所示。

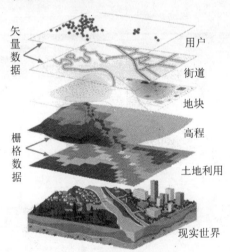

矢量数据　用户
　　　　　街道
　　　　　地块
栅格数据　高程
　　　　　土地利用
　　　　　现实世界

图 1.12　GIS 用夹心蛋糕模型方式合并地理专题。来源：NOAA

　　这为计算机的到来奠定了基础。1959 年，研究生沃尔多·托泊(Waldo Tobler)在《地理评论》上发表了一篇文章，文中列出了一个可将计算机应用于地图学的简单模型，(Tobler, 1959)。他的这个模型通常被称作 MIMO(map in-map out，地图输入输出)系统，包括三个要素：输入地图、地图操作以及地图输出。这三个简单的步骤是地理编码和数据录入的渊源，也是数据管理分析以及当下每一 GIS 软件包数据显示模块部分的起源。

　　仅在几年内，许多人便忙着用程序语言写计算机程序，例如用 FORTRAN，在原始的打印机和绘图仪上绘图。计算上的新需求促使 New Haven 团队研发出第一台数字化仪，用于规划 1960 年的人口普查，并且开发了其他许多新的设备。新制图功能出现后，大家开始尝试使用全新的绘图方法，如动画和自动生成山体阴影。然而，早期系统没有一个堪称 GIS。在早些年间，计算机绘图技术的发展使这项技术对个人计算机的依赖越来越少，转而日益依赖于软件包、成套有关的、具有通用格式、结构和文件的计算机程序。随着 20 世纪 60 年代模块化计算机程序语言的出现，集成软件的研发过程变得很容易了。早期的计算机绘图软件包有 SURFACE II、IMGRID、CALFORM、CAM、MOSS 和 SYMAP。

这些程序大多都是以模块化的方式进行数据分析和操作，生成地区分布图(阴影图)和等值线图(等高线)。由于这些软件包不能进行数据集叠加，所以只能靠设置透明度来减少操作中繁琐的工作。与绘图软件密切关联的是第一个地图数据库系统的发展。首先，来自中央情报局(CIA)的世界数据库、全球海岸线图、河流以及至今仍在使用的国境线，然后在 CAM 软件的辅助下，把这些数据投影到不同比例尺的地图上，如图 1.13 所示。

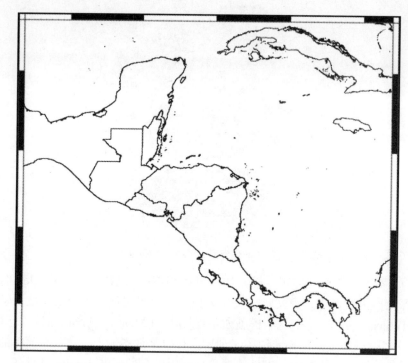

图 1.13　来自中央情报局(CIA)世界数据库的部分海岸线及行政边界

经历了几代原型系统后，DIME(dual independent map encoding，双独立编码)系统由美国人口普查局设计，用来测试数字绘图和数据处理。DIME 及其处理结果文件叫地理基础文件(GBF)，是地理信息表达的历史性重大突破。GBF/DIME 识别属性信息，在实例中所有数据由人口普查局收集，计算机绘图技术用于规划人口普查，数据集成不仅用来绘图，而且用于查询地理模式和分布。一些早期标志性的系统有 1964 年加拿大的地理信息系统(CGIS)、1969 年明尼苏达州的土地管理系统(MLMIS)和 1967 年纽约的土地利用和自然资源调查系统(LUNR)。MLMIS 和 LUNR 都由 GRID 系统演化而来，在哈佛大学，GRID 系统替代了 SYMAP 系统。

在 20 世纪 60 年代中后期，哈佛大学计算机图形和空间分析实验室的几个老师和学生作出了一些重要理论贡献，发展并完善了一些新的系统(Chrisman，2006)。其中，最有影响的是 GIS 程序 Odyssey。借助于这个得名于荷马笔下的程序模块，这个团队开发了一套数据结构，这一数据结构在 1975 年出版以后得到了广泛应用(Peucker and Chrisman，1975)，这就是 Arc/node(弧段/结点)的数据结构或面向矢量的数据结构。例如，计算机程序对数字化链和线排序，并将拓扑关联的多边形组合在一起，这就叫 Whirlpool。Odyssey 对基于 Arc/node 的 GIS 产生了极大的影响，并大大影响了随后出现的软件。

第 4 章再详细讨论这一数据结构，但不同的是这种数据结构用一系列的结点来获取多边形信息。每一弧段的结点都有一个起始结点和终结点。这些弧段可以组合构成一个多边形，因为这个结构包含要素间的邻接和连接信息。许多 GIS 软件包，包括 Arc/Info，都是基于这种简单地理要素模型的。

1974 年，国际地理学联合会在调查地图学中的软件后发现，大量的 GIS 软件足以出版成一整册"完整的地理信息系统"。然而，多年以前，许多不同的术语被用来描述 GIS，这份调查报告根据 GIS 新的应用和研究领域把它集中到一个通用名上。根据调查结果报道，库尔特·布莱塞尔(Kurt Brassel)指出："我们理解的制图系统主要是为地图显示目的而设计的，甚至用来实现非图形的次要功能。地理信息系统是设计来进行更广泛应用的，绘图功能可能只代表其中一部分功能。"(Brassel，1977，p. 71)GIS 和计算机制图在内容上仍然延续着重要而有用的交叉。

随着大型计算机和 FORTRAN 占主导的程序语言的出现，GIS 的发展进入 20 世纪 80 年代。1982 年，苹果 II 微机出现的几年后，IBM 公司引入 PC。这一进步带来的影响让人始料未及。几年之内，一些大型 GIS 软件包，例如 Arc/Info，已经实现了向微机的艰难过渡。其他的软件，如 IDRISI，它的出现归功于第一代高性价比的 PC 的出现。其他软件伴随着小型计算机和网络技术的发展，把工作站移植到新的工作站平台上。同样，其他软件，如 GRASS，就产生于这一过渡期。

20 世纪 80 年代和 20 世纪 90 年代初是 GIS 技术成熟时期。许多老的软件因为没有及时移植到新语言和平台上而被淘汰，取而代之的是功能更强的新系统。存储成本的大幅下降，计算机功能成倍的增强以及第一代 GUI 或图形用户界面的出现，再加上一些菜单，联机手册和上下文相关帮助要素的增加，使软件操作变得很简单，它们中有 X-Windows、Microsoft Windows 及苹果的 Macintosh 系统。20 世纪 80 代期间，互联网产生于早期几个网络(例如 Arpanet 和 NSFNet)的联网，这些网络的初衷是将科学家们联系起来，后来成为一个相当重要的新的计算组成方式。

20 世纪 80 年代也见证了 GIS 基础设施的发展：书籍、期刊、会议以及其他对了解 GIS 至关重要的各种资源。在这个时期，国家科学基金会创建了国家地理信息与分析中心(NCGIA)，这个中心为 GIS 学术研究设计了专门的国家大学课程，并开发了广泛的 GIS 学术研究议程。

在 20 世纪 90 年代的 10 年间，GIS 行业有了突飞猛进的发展，涌现出许多新现象。首先，GIS 的广泛应用已经大大突破地图学起源的初衷，渗透发展到新兴领域，如地质学、考古学、流行病学和刑事司法。而且，在一系列的桌面 GIS 产品出现后，GIS 的成本明显下降。市场日益增长，已经渗透到个人电脑、笔记本电脑和掌上电脑，将 GIS 引入许多新的工作环境中。面向对象的编程方法使软件工程有了根本性的发展，能应用到 GIS 软件中，允许程序在多个计算机平台间移植。此外，GIS 与全球定位系统完美集成，极大增强了数据获取功能。高分辨率影像为 GIS 数据提供参考基准已变得很常见了。最后，互联网和电子商务的出现，把 GIS 以 Web-GIS 方式引入万维网。

在 21 世纪的头 10 年，影响 GIS 的主要因素集中在互联网。GIS 软件发展到接入网络服务器，包括能轻松在互联网上发布 GIS 地图，进行交互操作，并通过大量"地理浏览器" API 已接到谷歌地球、谷歌地图、MapQuest 及 NASA 的 World Wind 这样的工具来支持交互。互联网也引起了开源软件及共享工具大幅增长，包括一些 GIS 软件包，综合起来实现 GIS 功能，这就是所谓的地图 mash-up 技术。同时，互联网也出现了大量地理信息存储库，可以提供多种比例尺的地图和影像，对一些地区还能提供高度详细的信息。同时，GIS 还受到新一代移动设备的影响，例如 PDA、平板电脑及掌上电脑。甚至，普遍使用的移动电话也能成为 GIS 平台，许多手机都综合 GPS 定位和网络搜索功能。这些综合空间位置和查询的移动技术已经成为大家熟知的基于位置的服务。

就目前而言，虽然 GIS 的历史可以追溯到地图学起源，而且专题制图和地图叠加技术起源于 19 世纪，但今天我们所熟知的 GIS 产生于 20 世纪 60 年代的一系列相互联系的事件和人类交互活动基础上，它以惊人速度在微机、工作站和网络上发展。的确，这是一个短暂而正在发展的历史。

1.4　GIS 的信息源

关于 GIS，可利用的信息是非常多的，最好开始进行查询的地方是图书馆，也可以在家通过网络和用万维网搜索工具来进行。到图书馆查询可能更有效，一些图书馆有链接网络的搜索工具，甚至有接受过专门地理信息培训的人员。

就像我们对地理信息科学的定义一样，GIS 的信息源分为关于 GIS 的广泛分类研究和对 GIS 本身的研究。作为一个初学者，尝试着仅查询一些基础资料，而不是直接查询学科前沿的相关信息，了解前沿的知识后再进行研究学习。研究一个主题最好的方法就是查找同一时期引入新观点的出版物。在过去的论文、文章或者书籍的某些章节，作者得为不熟悉语言和概念的读者讨论他们感兴趣的东西。这种现象在 GIS 领域一些"经典"论文中经常出现。今天，这类文章仍然是理解 GIS 和 GIS 入门的良好开端。

1.4.1　互联网和万维网

在互联网上利用万维网(WWW)可以找到非常丰富、不可估量的 GIS 信息。从来自 FAQs 新闻组到商业 GIS 软件提供的门户网站，再到完全在线及可下载的 GIS 软件包，如 GRASS，都可用。例如，用 Google 搜索"地理信息系统"这个词，在 2009 年上半年就可以得到近 1 640 000 条链接。

最佳的搜索方式就是在计算机上装一个浏览器，像 Internet Explorer 或者 Mozilla Firefox，然后根据自己的兴趣进行搜索。本章最后列出了可以搜索到 GIS 信息的地址，有许多信息，甚至每天都还在不断增加新信息。网络新闻组 GIS-L(comp.infosystems.gis)是一个 GIS 技术信息"集散地"。用户将问题贴到列表里，然后其他人就会回复。这些回复会被存档，当通用线程出现时，它们会被编入 FAO(常见问题解答)的列表中，有时候一些回复和响应会被贴到网站上。GIS-L 的服务器托管在 URISA 专业组织的网站上，网址为 *http://www.hdm.com/urisa3.htm*。在 GIS-L 上进行讨论是介绍软件和 GIS 应用环境的明智之举。这里也有很多 GIS 和地图学方向的网络日志和博客，还包括一些有趣的细节片段和实时的 GIS 头条新闻。有些网络在线服务能够设置为发送每日 GIS 提示，介绍一些相关事件和 GIS 有关问题。

一个非常有用的 GIS 网络资源就是通过网络链接，复制美国地理测绘局的地理信息系统手册，链接网址为 *http://erg.usgs.gov/isb/pubs/gis_poster*。

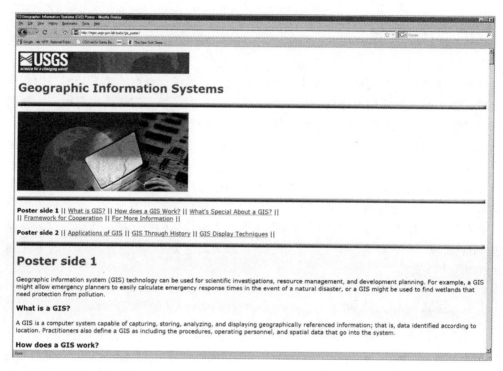

图 1.14   USGS 海报/网站发布的 GIS 基本信息 来源: http://erg.usgs.gov/isb/pubs/

　　这个网页文件起源于一幅墙体海报，也是免费的，其中包含各种各样的 GIS 的例子、案例和定义。最近国际 GIS 网络信息源增加了新闻服务，上面 GIS 的一些日常信息更新相当快。这包括 GIS 监视器(*www.gismonitor.com*)、空间新闻(*www.spatialnews.com*)、地理空间解决方案(*gismap.geospatial-solutions.com*)、GIS 咖啡吧(*www.giscafe.com*)和许多地理空间，信息和新闻汇总(*www.geoplace.com*)，其中部分会每天通过电子邮件给你发送网站上更新的内容。

　　网上可用的更多 GIS 有关数据信息将在第 3 章进行总结。各种各样的数据交换如今构成了空间数据结构的基础设施，网上"藏书目录"可以免费获取 GIS 格式数据或者按成本获取。个别城市、县或州也维护其自己的网络 GIS，许多带有搜索功能，一些还具有数据下载功能。除了扮演图书馆的角色外，万维网也可以当作信息源、软件源、数据源，甚至是一个供你出版发行自己研究结果的地方。在第 11 章中，将从 GIS 的角度讨论万维网和互联网在将来扮演的角色。

1.4.2　书籍、期刊及杂志

今天的许多期刊都刊登 GIS 方面的文章和论文，大多数都只是偶尔发表一些论文或具体问题。GIS 专业期刊(包括学术研究期刊)有：*International Journal of Geographical Information Science*(《地理信息科学国际期刊》)、*Geographical Systems*(《地理系统》)、*Transactions in GIS*(《GIS 汇刊》)、应用期刊 *Geospatial Solutions*(《地理空间解决方案》)、*Geoinformatics*(《地理信息》)和 *Georeport*(《地理报道》)。其中，International Journal of GIS(《地理信息科学国际期刊》)已经把引用最多的文章编辑或书出版，而且同时把书中作者的后续论文随同出版(Fisher, 2006)。

出版 GIS 学术专著的期刊通常有 *Annals of the Association of American Geographers* (《美国地理学家协会纪事》)、*Cartographica*(《制图学》)、*Cartography and GIS* (《制图学与 GIS》)、*Computer: Computers, Environment, and Urban Systems*(《计算机：计算机，环境与城市系统》)、*Computers and Geosciences*(《计算机与地理科学》)、*IEEE Transactions on Computer Graphics and Applications*(美国电气电子工程师学会 IEEE《计算机图形应用汇刊》)、*the URISA Journal*(《城市区域信息系统》)、*Photogrammetric Engineering and Remote Sensing*(《摄影测量工程和遥感》)。GIS 已经变成了一种起主导作用的方法，很少有科学杂志或社会科学杂志没有发表 GIS 相关应用文章的。

在查找书刊和文章时，有两个基于网络服务的项目是 GIS 是主要参考书目 (Master Bibliograph)，*http://liinwww.ira.uka.de/bibliography/Database/GIS/index.html*)和 Spatial Odyssey(*http://wwwsgi.ursus.mai+ne.edu/biblio/*)。还有一本手册(Wilson and Fotheringham, 2007)，一本国际 GIS 百科全书(Kemp, 2007)，一本 GIS 字典 (*http://www.geo.ed.ac.uk/agidict/*)，甚至还有一本加了插图的 GIS 字典(Sommer and Wade, 2006)。

1.4.3　专业组织

重要的 GIS 期刊通常是和 GIS 的专业社团联系在一起的，许多还发行书目，而且对会员和学生有折扣。这些技术上的专业社团有美国国会测绘局、美国摄影测量和遥感协会、美国地学组织、地理空间信息和技术协会、城市和区域信息系统协会 (URISA)。

ACSM(美国国会测绘局)有许多会员组织，每个组织都有一个 GIS 兴趣研究点，包括制图协会和地理信息协会。发行的期刊有 *Cartography and Geographic*

Information Systems(《地图学与地理信息系统》)、*Surveying and Land Information Systems*(《测绘及土地信息系统》)。美国摄影测量和遥感协会涵盖了广泛的制图学的领域。它出版的《摄影测量工程和遥感》月刊,在过去的许多年里一直关注 GIS 主题。这本期刊本身出版 GIS 方面的文章在数量上与传统的地图学和遥感方面的文章是基本相当的。美国地理学家学会(AAG)有一个 GIS 专门社团,他们组成了这个组织中最大的专业团队。这个组织有普通的地区会议和每年的国际会议,他们还资助了一个工作列表简报。

URISA 是一个庞大的组织,他们最初是为政府、基础设施和公共事业提供专业规划。这个组织每年都举办全国性年会和许多其他活动,包括发布招聘信息。他们还出版期刊和发行简报。其他专业组织有地理空间信息技术组织。这个组织每年举办全国年会,出版会议论文集和其他刊物,发行简报以及为大学生提供奖学金和到 GIS 公司实习的机会。

1.4.4　会议

作为一个朝阳产业,特别是在一开始,还没有特别成熟的介绍 GIS 有关研究及运用的期刊出版,各种各样的 GIS 专业会议就像一个"文献库"。于是,一些主要的有关 GIS 技术和理论的刊物应运而生,至少是最早期的也是最容易读的形式,作为会议记录期刊。可惜的是,通常很难得到这类刊物。

最早有关 GIS 的会议可能是由哈佛大学举办的主题为"拓扑数据结构"的会议。很快,AutoCarto(国际自动制图研讨会)接替了发行论文这一重要任务。一系列的会议现在都有会议论文 CD,包括 2008 年举办的会议。在 20 世纪 80 年代,GIS/LIS 会议集中在 GIS 活动上,可惜的是,在 1998 年完成了主要任务后就停办了。这些会议记录仍然是相当宝贵的 GIS 资源。

其他主要的会议就是 URISA 的年会,会议涉及 GIS 运用方面的许多热点话题;ACSM/ASPRS 技术会议,会议内容包括 GIS 的研究及其运用两个方向;GITA 会议,参会者大多是一些市政府和行业 GIS 用户;一年举办两次的空间数据处理会议,由美国和国际组织轮流举办,这个会议成为 GIS 研究和发展领域工作人士关注的焦点;计算机械组织拥有一个特殊的团队,叫做 SIGSPATIAL,他们举办了一年一次的国际会议,会议名为"地理信息系统发展"。一年举办两次的 GIS 科技会议是另外的有关 GIS 研究重要聚会。最后,几个州,包括纽约州、得克萨斯州、明尼苏达州、新墨西哥州、加利福尼亚州和北卡罗来纳州,也举办 GIS 年会。另外,各种各样的 GIS 软件或者当地区域也举办他们的用户大会,其中有些会议规模甚至超过许多专业性的会议。在所有会议中,规模最大的是 ESRI 用户大会,每年在加州的圣地亚哥举办，与会者超过了 12 000 人，如图 1.15 所示。

图 1.15 2008 年 ESRI 在加州圣地亚哥举办的用户大会展区视图

除美国之外，许多国家都有自己专门从事 GIS 研究的组织。英国有研究地理信息的组织，加拿大有自己的测绘组织，南亚成立了用于空间数据管理和解决方案的研究中心，在欧洲也有 EUROGI(欧洲地理信息组织)。其他的国际专业团体包括爱尔兰的 IRLOGI、冰岛的 LISA 和巴基斯坦 GIS 协会。中国有几个 GIS 的专业部门和组织，像国际 GIS 专业组织。还有一些国际机构也涉足了 GIS 领域，包括国际制图协会、国际摄影测量和遥感协会。

1.4.5 教育机构和大学

很多学院和大学都讲授 GIS 课程，有的甚至在课程中有一个完整的教学计划，并与文学学士学位、理学学士及毕业证挂钩。一些 GIS 软件商提供认证指导，而且全国的证书由 GIS 认证研究所监督，该机构提供了 GISP(GIS 专业人员)证书(可参见 www.gisci.org)。一些大学和推广服务机构也提供短期 GIS 课程培训班，大多数大型 GIS 软件商在全国或区域会议时，在许多地方都提供几小时到几天或几周的短期培训课程。每一个培训都很重要，URISA 负责管理从业人员道德规范(参见 www.urisa.org/about/)。建议所有 GIS 学生都遵循这一规范，它简洁有效。

在大学或学院里，许多系都开设了 GIS 课程。大多是由地理学系开设 GIS 课程，但是也有许多学校由地质系、环境科学系、森林系、土木工程系、计算机信息科学系和许多其他院系开设。

　　要准确理解 GIS 课程应包含的内容，就应该详细涵盖整个 GIS 技术知识体，美国 GIS 地理学家协会和大学联盟为 GIS 从业人员编写了一个系统化的学习目录，电子版可以在 www.aag.org/bok 找到，它涉及 10 个知识领域、73 个单元、329 个专题以及超过 1600 个正规的教育机构(DiBiase et al. 2006)。全国普遍开设的课程通常只有一门，课程内容与本书在结构上很多方面基本相似。其他课程由美国国家地理信息分析中心提供。该中心是由国家科学基金资助的一个项目，设计引导 GIS 研究和学习，旨在发展地理信息科学学科。这个中心由三所大学联合创建，它还开设一个网站 http://www.ncgia.ucsb.edu。这个团队在 GIS 所涵盖的许多领域内已经进行了一系列全面综合的"研究计划"。发行出版物、研究报告、活动宣传、赞助会议和到组织中心参观，这些都是 NCGIA 的主要工作。一个特别的 NCGIA 项目就是成立了空间综合社会科学研究中心，他们的网站是 www.csiss.org，网站上有宝贵的 GIS 详细手册、典著和其他资料。

　　NCGIA 成立之初的目的是进行基础研究，但是这个组织促成了美国更深远的地理信息科学社区的成立。1994 年，共计有 33 所大学、研究机构和美国地理学家协会在会谈之后，建立了地理信息科学大学联盟(UCGIS)，如图 1.16 所示。地理信息科学大学联盟是一个非营利性组织，参与联盟的大学和研究机构致力于通过理论、技术、方法和数据上的发展，提升对地理过程和空间关系的深入了解。到 2008 年 7 月为止，这个联盟一共有 84 个成员。事实证明，许多会议和资源集是获取收集 GIS 信息的非常有用的途径。UCGIS 的一系列最新活动计划为 GIS 的研究指明了方向。

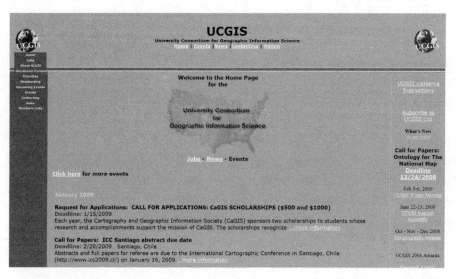

图 1.16　地理信息科学大学联盟网站(www.ucgis.org)

　　你附近的学院或者大学也许能够为你提供关于 GIS 课程的信息或帮助你找到更多信息。大学的图书馆拥有许多出版物和会议论文，也许这些信息源能够成为你 GIS 学习的良好开端。可能在读完这本书之后，你就对 GIS 产生了兴趣，然后进入大学进行学习，又或这本书会成为你大学里学习 GIS 的教材之一。即便如此，勿忘学海无涯。随着 GIS 学习的深入，可以提高你的 GIS 应用效率，增强你作为一个地理信息科学家的能力和 GIS 专家的竞争力。

　　许多网站都提供了有关 GIS 就业的有用信息。包括：AGI Guide to Geosciences Careers and Employers(AGI 的地理科学职业和应聘指南，网址为 *guide.agiweb.org/employer/index.html*)、Earth Science World-Gateway to the Geosciences (地球科学之地学世界网关，网址为 *www.earthscienceworld.org/careers/links*)、由美国地理学家协会列出的地理学职业(*www.aag.org/Careers/What_can_you_do.html*)、来自 ESRI 公司的 GIS 职业信息和列表(*careers.esri.com*)、地理学毕业生的风采(AAG)(*www.aag.org/Careers/Geogwork/Intro.html*)以及由职业前景期刊列举出的地理学岗位列表(*http://www.bls.gov/opub/ooq/2005/spring/art01.htm*)。有针对薪金的调查，劳动部也会提供快速增长行业的列表(*http://www.doleta.gov/Brg/Indprof/geospatial_profile.cfm*)。还有许多网站专门聘用各个层次的 GIS 专业技术人才，如 giscareers.com 和 geosearch.com，如图 1.17 所示。

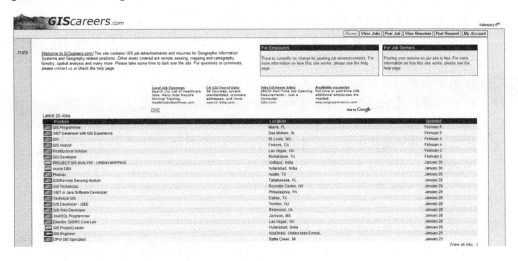

图 1.17　www.giscareers.com 提供的工作岗位列表

1.5 学习指南

要点一览

○ GIS 是一个集多种技术于一体的技术革命。

○ 地理信息科学融合的技术和理论跨地理学、制图学、测量学、数据库理论、计算机科学和数学。

○ 通常情况下，信息是文本、列表、表格、索引、目录以及交叉引用，最简单的信息排序方式就是按顺序排列，如按字母排序。

○ 地理信息按照空间位置来排序，所以能够组织几乎所有的其他类型的信息，因为每一事物或现象都会存在或发生在某个地方。

○ GIS 是一个能够对信息进行集成、存储、编辑、分析、共享和表达地理参考信息的信息系统，它有数据库、地图及与二者间的关系。

○ GIS 是一套用于分析空间数据的工具。

○ GIS 具有依次使用的独立功能。

○ GIS 是一个可以返回问题和查询答案的信息系统。

○ GIS 通常将现实世界划分为点、线、面特征。

○ 人类活动有一定的模式且有地域之分，这些能与点、线、面特征关联起来。

○ 时间提供了另外一个维度，事件都是发生在特定的时间，而且特征也存在于一个持续的时间内。

○ GIS 的目的是进行辅助分析，然后对地理现象做出预测和解释。

○ GIS 科学是依托地理信息的发展和运用而兴起的学术理论。

○ GIS 也能够处理在 GIS 应用中产生的基础性问题。

○ GIS 是一个年产值达十亿的产业，市场前景看好。

○ GIS 在改变社会中起了重要作用，这些改变包括工作空间、组织和机构的变化。

○ PPGIS 研究 GIS 如何运用于公共决策制定上，而且还认识到并非所有 GIS 数据都是完整的。

○ GIS 在历史上起源于专题制图和规划设计。

○ 信息层首先从物理层面上结合在一起，随后是从数字化层面上结合。

○ 托泊的计算机制图模型，包括地图输入、地图操作和地图输出三个阶段。

○ 随着时间的推移，独立的软件包统一，开创了现代 GIS 时代。

○ 早期的例子有 SURFACEII、IMGRID、CALFORM、SYMAP 和 Odyssey。

○ 早期的数据集是 GBF/DIME(地理基础文件)和世界数据库。

○ Odyssey 对 GIS 是非常有影响力的，它支持哈佛的 Arc/node 结构。

○ 在 20 世纪 80 年代，GIS 系统推出了用户图形界面和学科基础设施——书籍、期刊和会议。

○ 20 世纪 90 年代，GIS 与互联网在数据提供和软件界面上集成。

○ 到 21 世纪初期，出现了移动 GIS、用于 GIS 搜索功能的地理浏览器，GIS 与全球定位系统完美融合。

○ 了解 GIS 的方法有：浏览网页；查阅书籍、期刊和杂志；加入专业 GIS 社团。

○ 现在很多大学都开设 GIS 课程。

○ 你能够成为一个资深的 GIS 专家，能够学到地理信息科学与技术知识体的 GIS 内容。

学习思考题

1.1 节

1. 用一个网页浏览器检查网页中实际包含的内容。例如，Mozilla Firefox 浏览器中，在"视图"菜单下面选择"网页源代码"。列举出 HTML 中所涉及的不同组织形式的信息，指出在这些信息中哪些是重要的。

2. 找一本杂志或者报纸，然后将所有的表格、图片、地图和文本剪下来，并按照所属类型进行整理，接着测量这些不同类型的信息所占的面积有多少平方英尺或者它们相互之间相距多少厘米。它们在每一平方单元上能够传递多少信息？

1.2 节

3. 查阅本章中所涉及的各种 GIS 定义。为什么它们会有所差异？每一个定义分别来自哪些传统领域或学科？

4. 用你的 GIS 参考书，做一个表格来比较 GIS 软件工具箱与每一种实际工具的功能，例如：锯子和胶枪分别相当于 GIS 工具的 Clip 和 Merge 功能。

5. 找一幅风景画，列出图片上哪些特征可以划归为点、线、面三类。除此之外，还有没有其他特征？

GIS 的历史

6. 从网上选一个 GIS 大事年表，至少选出 6 个 GIS 发展史上造就 GIS 成功的重大事件。

7. 哈佛实验室在 GIS 计算机图形和空间分析发展史上起了什么重要作用？

8. 如何将麦克哈格的《自然设计》科学演化成 GIS 方法？

GIS 的信息源

9. 列出 GIS 主要的信息来源尽可能在当地图书馆中找出更多 GIS 信息源。假如当地图书馆提供数据服务或者互联网，尽量运用这些服务找出更多 GIS 信息源(GIS 元数据，也称"数据的数据")。

10. 当地是否有一些地方的、区域性的或者是国际性的 GIS 会议正要或将要举办？

11. 注册一个由网络 GIS 服务器提供的常用邮箱，一个月之后，选择你收到的信息中最感兴趣的三条或者最有用的信息主题，和你的朋友或者同学分享。

12. 当地有哪些学院、大学或教育机构提供 GIS 课程？

13. 查阅 GIS 百科全书。书中的哪些主题是你想要学习的或你认为最重要的？

1.6　参考文献

章节参考

Abler, R.F. (1988) "Awards, rewards and excellence: keeping geography alive and well," *ProfessionalGeographer*, vol. 40, pp. 135-40.

Albrecht J. (1998) Universal Analytical GIS Operations – A task-oriented systematisation of datastructure-independent GIS functionality. In Craglia M and H. Onsrud (eds.) *Geographic Information Research: transatlantic perspectives.* pp. 577-591. London: Taylor & Francis.

Brassel, K. E. (1977) "A survey of cartographic display software," *International Yearbook of Cartography*, vol. 17, pp. 60-76.

Burrough, P. A. (1986) *Principles of Geographical Information Systems for Land Resources Assessment.* Oxford: Clarendon Press.

Clarke, K. C. (1995) *Analytical and Computer Cartography.* 2nd ed. Upper Saddle River, NJ: Prentice Hall.

Chrisman, N.R. (1999) "What does GIS mean?" *Transactions in GIS* vol. 3, no. 2, pp. 175-186.

Chrisman, N. R. (2006) *Mapping The Unknown: How Computer Mapping Became GIS at Harvard.* ESRI Press, Redlands, CA.

Corbett, J. and Keller, P. (2006) An analytical framework to examine empowerment associated with participatory geographic information systems (PGIS). *Cartographica*, vol 40, no. 4, pp. 91-102.

DiBiase, D., DeMers, M., Johnson, A., Kemp, K., Luck, A., Plewe, B., et al. (eds.) (2006) *Geographic Information Science and Technology Body of Knowledge* (1st ed.). Washington, DC: Association of American Geographers.

Dueker, K. J. (1979) "Land resource information systems: a review of fifteen years' experience," *Geo-Processing*, vol. 1, no. 2, pp. 105-128.

Foresman, T. W. (ed.) (1997) *The History of Geographic Information Systems: Perspectives from the Pioneers.* Upper Saddle River, NJ: Prentice Hall.

Fisher, P. (ed.) (2006) *Classics from IJGIS. Twenty Years of the International Journal of Geographical Information Systems and Science.* Taylor and Francis, CRC. Boca Raton, FL.

Goodchild, M. F. (1992), "Geographical information science," *International Journal of Geographical Information Systems*, vol. 6, no. 1, pp. 31-45.

Kemp, K. K. (ed.) (2007) *Encyclopedia of Geographic Information Science.* Thousand Oaks, CA: Sage Publications.

McHarg, I. L. (1969) *Design with Nature.* New York: Wiley.

Peucker, T. K. and Chrisman, N. (1975) "Cartographic data structures," *American Cartographer*, vol. 2, no. 1, pp. 55-69.

Pickles, J. (1995) *Ground Truth: The Social Implications of Geographic Information Systems.* New York: Guilford Press.

Pick, J. B., (ed.) (2005) *Geographic Information Systems in Business.* Hershey, PA: Idea Group Publishing.

Pick, J. B. (2008). *Geo-Business: GIS in the Digital Organization.* New York, NY: John Wiley and Sons.

Sommer, S. and Wade, T. (2006) *A to Z GISs: An Illustrated Dictionary of Geographic Information Systems.* ESRI Press.

Star, J. and Estes J. E. (1990) *Geographic Information Systems: An Introduction.* Upper Saddle River, NJ: Prentice Hall.

Steinitz, C., Parker, P. and Jordan, L. (1976) "Hand-drawn overlays: their history and prospective uses," *Landscape Architecture*, vol. 66, no. 5, pp. 444-455.

Tobler, W. R. (1959) "Automation and cartography," *Geographical Review*, vol. 49, pp. 526-534.

Wilson, J. P. and Fotheringham, A. S. (2007) *The Handbook of Geographic Information Science*. Malden, MA: Blackwell Publishing.

最新著作

Alibrandi, M. (2003) GIS in the classroom: using geographic information systems in social studies and environmental science. Portsmouth, NH: Heinemann.

Belussi, A. (2007) *Spatial data on the Web: modeling and management.* Berlin: Springer.

Bossler, J. D., Jensen, J. R., McMaster, R. B., & Rizos, C. (2002) *Manual of geospatial science and technology*. London: Taylor & Francis.

Breman, J. (2002) *Marine geography: GIS for the oceans and seas*. Redlands, Calif: ESRI Press.

Campagna, M. (2006) *GIS for sustainable development*. Boca Raton: CRC Press.

Chang, K.-T. (2002) *Introduction to geographic information systems*. Boston: McGraw-Hill.

Clarke, K. C., Parks, B. O. and Crane, M. P. (eds.) (2002) *Geographic Information Systems and Environmental Modeling*, Prentice Hall, Upper Saddle River, NJ.

Cromley, E. K. and McLafferty, S. L. (2002) *GIS and Public Health*. New York, NY: Guilford.

Czerniak, R. J., & Genrich, R. L. (2002) *Collecting, processing, and integrating GPS data into GIS.* Washington, D.C.: National Academy Press.

Davis, D. E. (2000) *GIS for everyone: exploring your neighborhood and your world with a geographic information system*. Redlands, Calif: ESRI Press.

DeMers, M. N. (2005) *Fundamentals of geographic information systems*. New York: John Wiley & Sons.

Falconer, A., Foresman, J., & Shrestha, B. R. (2002) *A system for survival: GIS and sustainable development.* Redlands, CA: ESRI Press.

Flynn, J. J., and Pitts, T. (2000) *Inside ArcInfo*. Albany, NY: OnWord Press.

Foresman, T. W. (1998) *The history of geographic information systems: perspectives from the pioneers*. Prentice Hall series in geographic information science. Upper Saddle River, NJ: Prentice Hall PTR.

Fox, T. J. (2003) *Geographic information system tools for conservation planning user's manual* Reston, Va: U.S. Dept. of the Interior, U.S. Geological Survey.

Goldsmith, V. (2000) *Analyzing crime patterns: frontiers of practice*. Thousand Oaks, Calif: Sage Publications.

Goodchild, M. F., & Janelle, D. G. (2004) *Spatially integrated social science. Spatial information systems*. Oxford [England]: Oxford University Press.

Hilton, B. N. (2007) *Emerging spatial information systems and applications*. Hershey, PA: Idea Group Pub.

Hutchinson, S., & Daniel, L. (2000) *Inside ArcView GIS*. Albany, N.Y.: OnWord Press.

Huxhold, W. E., Fowler, E. M., & Parr, B. (2004) *ArcGIS and the digital city: a hands-on approach for local government*. Redlands, Calif: ESRI Press.

Kanevski, M., & Maignan, M. (2004) *Analysis and modelling of spatial environmental data*. Lausanne, Switzerland: EPFL Press.

Kennedy, M. (2002) *The global positioning system and GIS: An introduction*. London: Taylor & Francis.

Knowles, A. K. (ed.) (2002) *Past Time, Past Place: GIS for History*. Redlands, CA: ESRI Press.

Lang, L. (2000) GIS for health organizations. Redlands, Calif: ESRI Press.

Leuven, R. S. E. W., Poudevigne, I., & Teeuw, R. M. (2002) *Application of geographic information systems and remote sensing in river studies*. Leiden: Backhuys.

Lo, C. P. and Yeung, A. K. W. (2002) *Concepts and Techniques in Geographic Information Systems,* Upper Saddle River, NJ: Prentice Hall.

Longley, P. (2005) *Geographical information systems: principles, techniques, management, and applications*. New York: Wiley.

Longley, P. A., Goodchild, M. F., Maguire, D. J., and Rhind, D. W. (2005) *Geographic Information Systems and Science*. New York, NY: J. Wiley. 2ed.

Lyon, J. G., & McCarthy, J. (1995) *Wetland and environmental applications of GIS*. Mapping sciences series. Boca Raton: CRC Press.

National Academies Press (U.S.) (2006) *Learning to think spatially*. Washington, D.C.: National Academies Press.

National Risk Management Research Laboratory (U.S.) (2000) *Environmental planning for communities: a guide to the environmental visioning process utilizing a geographic information system (GIS)* Cincinnati, OH: Technology

Transfer and Support Division, Office of Research and Development, U.S. Environmental Protection Agency.

Neteler, M., & Mitasova, H. (2002) *Open source GIS: A GRASS GIS approach.* Boston: Kluwer Academic.

Okabe, A. (2006) *GIS-based studies in the humanities and social sciences.* Boca Raton, FL: CRC/Taylor & Francis.

Ormsby, T. (2001) *Getting to know ArcGIS desktop: basics of ArcView, ArcEditor, and ArcInfo.* Redlands, Calif: ESRI Press.

Ott, T., & Swiaczny, F. (2001) *Time-integrative geographic information systems: management and analysis of spatio-temporal data.* Berlin: Springer.

Pinder, G. F. (2002) *Groundwater modeling using geographical information systems.* New York: Wiley.

Price, M. H. (2006) *Mastering ArcGIS.* Dubuque, IA: McGraw-Hill.

Ralston, B. A. (2002) *Developing GIS solutions with MapObjects and Visual Basic.* Albany, N.Y.: OnWord Press.

Shamsi, U. M. (2002) *GIS tools for water, wastewater, and stormwater systems.* Reston, Va: ASCE Press.

Sinha, A. K. (2006) *Geoinformatics: data to knowledge.* Boulder, Colo: Geological Society of America.

Spencer, J. (2003) *Global Positioning System: a field guide for the social sciences.* Malden, MA: Blackwell Pub.

Steede-Terry, K. (2000) *Integrating GIS and the Global Positioning System.* Redlands, Calif: ESRI Press.

Stewart, M. E. (2005) *Exploring environmental science with GIS: an introduction to environmental mapping and analysis.* New York, N.Y.: McGraw Hill Higher Education.

Thill, J.-C. (2000) *Geographic information systems in transportation research.* Amsterdam [Netherlands]: Pergamon.

Thurston, J., Moore, J. P., & Poiker, T. K. (2003) *Integrated geospatial technologies: a guide to GPS, GIS, and data logging.* Hoboken, N.J.: John Wiley & Sons.

Tomlinson, R. F. (2003) *Thinking about GIS: geographic information system planning for managers.* Redlands, Calif: ESRI Press.

Van Sickle, J. (2004) *Basic GIS coordinates.* Boca Raton, Fla: CRC Press.

Walsh, S. J., & Crews-Meyer, K. A. (2002) *Linking people, place, and policy: a GIScience approach*. Boston: Kluwer Academic.

Williams, J. (2001) *GIS processing of geocoded satellite data*. Springer-Praxis books in geophysical sciences. London: Springer.

专业组织

AAG: The Association of American Geographers, 1710 Sixteenth St. NW, Washington, DC 20009-3198. Also publishes AAG Newsletter. E-Mail: gaia@aag.org. Web: www.aag.org.

ACSM: American Congress on Surveying and Mapping, 5410 Grosvenor Lane, Suite 100, Bethesda, MD. 20814-2122. Web: http://www.acsm.net.

ASPRS: American Society for Photogrammetry and Remote Sensing. 5410 Grosvenor Lane, Suite 210, Bethesda, MD 20814-2162. E-mail: asprs@asprs.org. Web: www.asprs.org.

GITA: Geospatial Information and Technology Associations. 14456 East Evans Avenue, Aurora, CO 80014, E-Mail info@gita.org. Web: www.gita.org.

NACIS: North American Cartographic Information Society, AGS Collection, P.O. Box 399, Milwaukee, WI 53201. E-mail: nacis@nacis.org. Web: http://www.nacis.org.

URISA: Urban and Regional Information Systems Association. 1460 Renaissance Drive, Suite 305. Park Ridge, IL 60068. E-mail: urisa@macc.wisc.edu. Web: www.urisa.org.

1.7　重要术语及定义

分析：对测量数据进行排序、检测和检验，然后进行建模和预测的科学过程。

Arc/node：早期 GIS 矢量数据结构名称。

弧段：运用一系列顺序点来描述的一条线。

面特征：按位置点或者线顺序记录在地图上的地理特征，把点、线放到一起，跟踪绘成表达特征的一个闭合多边形或一个环，如一个湖泊的湖边线。

属性：某一特征的特性，它包含了特征的度量或者值。属性可以是标注、类别或者数字；可以是日期、标准值、野外测量值或者其他数据。它是数据收集和组织的一项，是表格或数据文件中的一列。

自动制图(国际自动制图研讨会)： 一系列的计算机制图和 GIS 会议。

制图学： 它是集地图制作、使用及研究为一身的一门科学、艺术及技术。

CGIS(加拿大地理信息系统)： 加拿大早期的国家土地调查系统，它演变成一个完整的 GIS。

等值线图： 一幅用数字表示一组区域的地图(但不是简单的计数)：①将数据进行分类；②将每一类渲染成地图。

计算机制图： 用计算机作为地图生产主要的或者是唯一的方式。

数据结构： 地图特征或属性的逻辑或物理数字编码方式。

数据库： 数据库管理系统中使用的数据部分。一个 GIS 系统包含地图和属性数据库。

数据库管理器： 一个计算机程序或一组程序，它允许用户进行数据库结构的定义和数据库的组织，输入和维护数据库中的记录，进行排序、数据重组、查询和生成有用产品，如报表和图表。

数字化面板： 一个用于半自动数字化的设备。一个数字化面板看起来像一个制图桌，但是它具有很高的灵敏度，所以可以运用指针对一幅地图进行追踪，地图上的位置点将会被拾取，并转换为数字，然后输入计算机。

FAQ： "一些常被提到的问题"，经常发布到一个网络新闻组网站或者会议组织上，方便新用户在遇到那些反复提出的问题时找到解决方法。

特征： 用于构成一景观单元的单个实体。

文件： 计算机物理存储设备中数据的逻辑存储位置。

格式： 一条数字记录具体的组织方式。

FORTRAN： 一种早期的计算机编程语言，最初用于将数学公式转换为计算机指令。

功能性定义： 通过功能来定义一个系统，而不是通过说明它是什么来定义。

地理基础文件： 一个 DIME 记录的数据库。

通用地图： 主要设计为导航使用的参考地图。

地理信息科学： 对 GIS 技术应用中普通存在问题的研究，这些问题阻碍了 GIS 功能的实现，或在对其功能理解时出现。

地理信息系统： ①一系列的用于空间数据分析的计算机工具；②一个为空间数据分析专门设计的信息系统；③一个用于科学分析和空间数据应用的方法；④GIS 是一个价值数十亿的产业和商业；⑤一门在日常生活中起着重要作用的技术。

地理分布： 一种可以解释为重复分布的空间分布。

地理学: 一门与地球表面各部分相关的科学，包括自然地理学和人文地理学两个分支，研究区域分布和分化，以及人类在改变地球方方面面所起的重要作用。

图形用户界面: 用户通过一套可视化的可操作的工具(如窗口、图标、菜单和工具箱，再加上像鼠标这样的一个点击设备)和计算机进行交流。

信息: 发送者发送的一条消息的内部，而且接收者是不知道的。

信息系统: 设计好之后供用户返回数据库查询结果的系统。

互联网: 一个由许多计算机组成的网络。任何一台计算机都能够通过网络连接到互联网。

杀手级软件: 一个计算机程序或者应用程序，它以一种全新的方式提供完成任务的最佳方式，是计算机用户不可缺少的软件。例如 Word 文字处理程序和电子表格。

学习曲线: 学习和时间的关系图。学习曲线越陡，表明学习的速度非常快(但通常人们所认为的却与之相反)。学习曲线平缓，反映出学习进展很慢，需要花较多的时间。

线特征: 一个记录在地图上的线状地物，通过对位置进行追踪得到一条线，如河流。

位置: 地表的一个位置点，或用坐标或其他参考系统定义的地理空间中的位置点，如街道的地址或空间索引系统。

LUNR(Land Use and Natural Resources Inventory System): **土地利用和自然资源调查系统，**美国最早的 GIS 系统。

地图: 用一组符号和一定比例大小来描述整个或部分地表或其他地理现象的介质，它的比例尺小于 1:1。一幅数字地图在地图数据库内具有地理编码符号和数据存储结构。

地图叠加: 将多张专题地图准确匹配在一起，这些专题图具有相同的比例尺、投影系统和范围，这样才可能进行复合显示。

测量: 对某个现象进行定量评估。

菜单: 用户界面的一部分，它允许用户在下拉列表中进行选择。

MIMO 系统: 多输入输出系统，一个用于描述第一代计算机制图系统的术语，这套系统设计用于计算机输入地图和地图生产(地图输入输出)。

MLMIS(Minnesota Land Management System): 美国明尼苏达土地管理信息系统，早期的整个明尼苏达州州级 GIS 系统。

NCGIA (National Science Foundation's National Center for Geographic

Information and Analysis)：国家科学基金会下属的国家地理信息和分析中心，一个由三所大学联合成立的基金组织，用于资助 GIS 教育、研究、拓展和信息生产。

结点：首先，它是地图数据结构中任何有意义的点。精确来说是那些具有拓扑意义的点，如线的终点。

观测：记录一个目标度量的过程。

Odyssey：哈佛大学研发的第一代 GIS 系统，它引入了最早的 Arc/node 矢量数据结构。

叠加权重：任何地图叠加系统，都要求对单独专题地图层赋予不同的重要性。

PC(个人计算机)：一种独立的微机，它提供必要的计算机部件，包括硬件、软件和用户界面。

点特征：用一位置将一个地理特征记录在地图上，例如一座房子。

会议论文：会议上正式记录的论文以及其他事先准备好的发言。通常可以供参会人员使用，会议结束后可以书刊或者光盘形式分发出去。

专业出版物：书籍、杂志或者其他信息形式，主要是为 GIS 从业人员而设计的。

查询：一个问题，特别是用户通过数据库管理系统或 GIS 提出的有关问题。

记录：在数据库中所有属性的一组值，相当于数据表格中的一行。

科学方法：一种用于合理解释自然和人类世界所观察到现象的方法。

搜索引擎：一种软件工具，供用户搜索因特网和万维网，找到自己需要的文档。如：Yahoo 和 Alta Vista。

软件包：一个计算机应用程序。

空间数据：能关联到地理空间位置的数据，通常用地理特征来关联。

空间分布：在地理空间所观察到的特征或度量的位置。

电子表格：一个计算机程序，它允许用户在表格的行或列内键入数据和文本，然后用表格结构来维护和操作这些数据。

专题地图：主要设计来表达一个主题的地图，用专门的地图类型来表达空间分布和图案。

地形图：一种显示有限的地理特征，但至少包含高程和地貌信息的地图类型。例如：等高线图。地形图通常用于导航和作参考地图。

拓扑：地理特征间关系的数字化描述，如邻近、连接、包含或近似等。例如，一个点能够包含在一个区域内，一条线可以和其他线相接，一个区域也可以有它的邻接区域。

透明叠加：一种相当于地图叠加的方法，地图被描绘到透明纸或非屏幕上，然后物理上叠加在一起。

美国人口普查局：美国商务部的一个分支机构，这个机构提供美国十年一度的人口普查结果图，尤其是人口数量图。

用户群：任何正式的或非正式的系统用户组织，这个组织可以分享经验、信息和新闻或者相互帮助。

USGS(U. S. Geological Survey)：美国地质调查局，属美国内务部的一部分，是美国最主要的数字地图数据提供者。

矢量：一种地图数据结构，用点或结点及其构成的部分作为表达地理特征的基本单元。

工作站：一种计算设备，至少包括：一台微机、输入和输出设备、一个显示器和用于网络连接的软硬件。工作站设计用来连接局域网和数据共享、软件共享等。

世界数据库：第一代世界数字地图之一，20 世纪 60 年代，美国中央情报局发行了两种版本。

万维网(WWW 或者 W3)：通过互联网连接到服务器存储设备的一个分布式数据库。

1.8　GIS 人物专访

索尔斯·埃尔哈米(Shoreh Elhami，简称 SE)，俄亥俄州特拉华县审计局办公室 GIS 主管

KC: 我知道您住在俄亥俄州。

SE: 是的，我住在俄亥俄的中部，具体是在特拉华县，属哥伦布的一部分。实际上，这个县的经济增长速度位居全美第十。我的工作主要是负责收集所有与宗地有关的数据。

KC: 那么，您所在县的 GIS 部门有多少人？

SE: 我们部门包括我在内有 8 个人，其中有两个是兼职，我们不仅为土地评估制作数据集，还为其他领域服务，如 E911 和卫生工程学等提供数据集。所以全县各个中心都在应用 GIS；我们制作各种类型的数据集，有的在网上公开，而有的则不公开，而且我们还制作大量的地图。

KC: 在您管理的人员中，有一些是 GIS 新手或是实习生吗？

SE: 我有一些程序员，他们大多做.NET 技术或 VB 编程，这些程序主要作为信息网络系统(INS)应用程序；另外，我们有一些地籍方面的专家，他们能够将我们从测绘部门得到的 CAD 数据集进行宗地数据编码或格式转换。我的 4 个实习生

是地籍方面的专家，还有来实习的学生，他们帮助我们进行数据质量控制——从地址质量控制到航空图像质量控制及激光雷达数据控制。我们监管了全县地址文件，尤其是 911，它是所有地址文件的容器，它非常重要，因此我们为全县提供最好的地址文件。

KC:　您为自己的事业做了哪些准备？

SE:　事实上，我已经在特拉华州住了 17 年，12 年一直在现在这个职位。我是规划部门的 GIS 协调员，在那里，我为他们建立了 GIS 系统。我原来从伊朗国立大学拿到建筑学学位，通过培训成为一名规划师。我在 1985 年来到美国，成为俄亥俄州立大学的研究生，并获得城市和区域规划的硕士学位。我在那里代研究生的课程，教 GIS 在专业规划中的应用课程，就是这样一直和规划这个职业紧密联系的。

KC:　我注意到您戴着 URISA(城市和区域信息系学会)的别针，能告诉我们您在 URISA 的职务是什么吗？

SE:　我是 URISA 委员会主任，我在 1989 年加入了城市和区域信息系学会。在他们的许多小组委员会中，我非常积极。能让我在 URISA 支持下率先成为领头先锋的 GISCorps，这个项目几年前才开始。这是我提出的一个想法，我开始和不同的同事探讨，当然主要是城市和区域信息系学会里的同事。这个想法就是，GIS 专家应该在自愿的基础上分享我们的知识，为什么我们不这样做呢？不管什么时候，他们都是这样对我说：“这是一个很好的想法，为什么不这样做呢？”当我开始问他们：“你愿意当志愿者吗？”许多人会说：“当然愿意，告诉我去哪儿？”因此，开始它确实只是一个想法，后来，同事帮助我在 URISA 建立这个项目。前提是，派 GIS 专家去做一个短期的志愿工作，然后把他们的 GIS 专业技能用于社区发展。现在发展中的社区大多集中在发展中国家，但是我们也为美国和加拿大提供救灾援助。

KC:　您能举出 GIS Corps 为提供的救灾援助例子吗？

SE:　当然，但目前为止，有两个典型的例子，一例是国际的，另外一例是美国的。2005 年初，印度尼西亚和印度发生海啸之后，总共 13 名志愿者参加了这项救援工作。其中 6 个被分派到印度尼西亚，7 个待在家中。因为作为一个 GIS 志愿者你不必到实地去，特别是你不能去时。如果你去不了，有很多工作你可以在家或在办公室完成，我想这才是 GISCorps 最吸引人的地方。因为许多人想提供帮助，但由于家庭或者其他原因而不能外出。那算是第一宗救援任务。然后，就是 2005 年 8 月 29 日飓风卡特里娜事件了，9 月 1 号我们开始派遣志愿者到密西西比去，因为密西西比应急指挥中心要求增援。

KC: 在密西西比，志愿者做什么样的工作呢？

SE: 实际上，他们需要专业人士。他们至少需要 20 个人，其中 10 个是 GPS 专家，他们要带笔记本电脑到外面采集 GPS 数据，将受损的道路和基础设施数据采集回来，为其他地理空间专家提供不同的特征类别。他们也需要 GIS 专家，通常他们强调团队的成熟性，因为我们都知道条件会变得相当艰难。查看我们的数据库，数据显示，事实上志愿者大约为 300 人，但是一周内就超过了 900 人。第一周有 500 多人报名做志愿者，因此非常混乱。我们没有准备，我们从来没想到我们的社团会有这样的反响，这实在是难以置信。

KC: 本书读者如何找到更多关于 GISCorps 的信息呢？

SE: 最好的地方就是我们的网站：www.giscorps.org.。

KC: 您还有什么要补充的吗？

SE: 我想鼓励 GIS 专业的有识之士，有博大的胸怀志愿贡献自己的 GIS 专长。我想志愿者薪火相传的影响终将是最值得的。我自己切身的体会，而且我知道它的确产生了巨大的影响。

KC：非常感谢！

第2章
GIS 起源于地图学

"地图是伟大的诗篇。它用线条和色彩使美梦成真。"

——格罗夫纳(G. H. Grosvenor)

2.1 地图和属性信息

在第 1 章中，我们看到了 GIS 强大的功能在于，能将信息安排到地理空间位置上。如图 2.1 所示，这是一个在 uDig 开源 GIS 软件中显示的亚洲城市的屏幕截图。在这幅地图中，我们以中国为中心，把它缩放到亚洲，其中主要城市用红色的方框表示。通过选择工具条中的信息工具，可以点击一个具体的城市(中国的武汉，聚集着中国主要的几所地图学及 GIS 专业大学)。当我们作进一步的选择操作时，右边的表中，会迅速显示出更多细节。我们用两种方法来组织数据，即用地图(以点构成)和表，表由记录(也称为"元组")构成。每个城市都有相同的信息字段，例如纬度和经度、人口、人口等级、城市的名称和邮编等。在这个最简单的 GIS 操作里，要求查询出一个地点的属性时，就会以表格形式呈现一个对话框，显示出我们需要的相关信息。在这种情形下，我们用鼠标点击地图上的一个城市，但也可以把多个或所有的城市放在一个查询框里面，这就是 GIS 的空间查询。或者，我们也可以在数据库中查询武汉市，然后在地图上高亮显示它的位置。这就是数据库查询选择。简单地说，地理信息系统存储地图和地图上与之相关联的属性。城市是点状(至少在显示的比例下)，但我们可以搜索线状要素(如河流)，或面状要素(如一个县)。如何进行数据存储，取决于 GIS。理想情况下，我们永远也不需要了解 GIS 工作的原理，但我们有必要知道，GIS 是如何把地图和数据存成文件或文件夹(或目录)的，就像PC 一样。其中的一些文件夹和文件显示在左侧窗格中。如果地图和属性数据一起使用，那么很明显，地理信息系统必须用一种方式建立起两者间的联系。

图 2.1　通过点击一幅亚洲地图来选择城市数据(采用 uDig GIS 软件显示)

地图中最重要的是，找到一种方法将地图和使用的属性数据关联起来。就像我们使用的计算机那样，很明显，应该以数字形式连接起来。当我们查找人和房子时，我们通常用的是街道地址，而不是数字。在本书的后面，我们将看到 GIS 允许用数字来描述从一个地方到另一个地方的位置。然而，到目前为止，需要用一个简单数字来描述位置。在这个例子中，我们使用纬度和经度来说明位置。许多 GIS 软件包也采用纬度和经度，所以举这个例子很恰当。

不过，在深入学习之前，重要的是要明白这些地理数字的含义，如何使地球上的位置与地图位置相匹配。这个问题可比看上去复杂多了，否则，如果能迅速掌握的话，甚至我们都可以成为专家了。这就意味着要了解 GIS 的原理，就需要了解一点地图学，甚至大地测量学方面的知识。地图学是涉及地图的结构、使用以及地图采用基本原则的一门科学。这些基础知识源远流长，可追溯到古希腊托勒密的作品，他是经纬度和地图投影之父。大地测量学是一门用于测算地球大小和形状以及地球引力场的科学。

2.2　地图比例尺和地图投影

2.2.1　地球的形状

所有的历史故事都说地球表面是平的，显然这很荒诞。甚至有人认为登月行动只会发生在好莱坞电影中，而且也很难证明地球是平的，表面是有边际的。到沙滩旅行时观察一艘船航行至远处时，就会发现船不是变成越来越小的点，而是最终小圆点消失在地平线。当飞机航行到一个较高的高度，用手拿着一把尺子在地平线上方保持一定时间，以此来判断地平线是否是直线。如果这个观点能“囊括”整个地球或部分表面以及 GIS 里存储的地图，搞清楚三个问题是很重要的。第一，地球有多大？我们需要弄清楚这一点，因为必须先知道把地球缩小多少，才能在计算机中显示出来，从而计算它的大小。第二，地球的形状。我们需要知道这一点，因为按比例尺绘制的地图并不是整个世界，地球形状并不是一个完全的球体。第三，怎样用平面地图(简单的数字或坐标对)来描述地球表面的位置？

首先，地球的大小。这个问题成为我们描述地球形状的基础。虽然许多地球制图应用将地球假想成一个完全的球体。围绕地球两极的距离与赤道附近的距离稍有不同，但这种差别却意义重大。因为地球球体形状更像扁椭圆或椭球体，它是椭圆沿短轴旋转成三维形状(见图 2.2)这一发现在早期的科学发现中具有划时代的意义，也是 18 世纪最重大的科学问题之一。

历史上曾有许多方法来测量地球椭球的大小和形状。1866 年绘制的美国地图基于亚历山大·罗斯·克拉克测量的椭球体，这也是其他一些国家的测绘基础，包括欧洲、俄罗斯、印度、南非和秘鲁。椭球体或椭球是由下面三个数据中的两个确定的，长半轴和短半轴或扁率(见图 2.3)。Clarke 1866 的赤道半径为 6 378 206.4 米，极半径为 6 356 538.8 米。椭球扁率为 1/294.9787，扁率等于 1 减去短半轴和长半轴之比。在 1924 年，又引入一种简单测量方法作为国际标准，测得长半径为 6 378 388，扁率为 1/297。地图绘制在美国已经开始了，旧的地图仍采用的是 1927 年北美基准(NAD27)。NAD 与地面的特定点相关联，该点位于堪萨斯州的米德斯牧场。这个点是其他所有的位置和高度计算的唯一点和"基准"。

图 2.2   球体和椭球(或椭球体)。实际上，地球椭球与球体的形状上大约只差了 1 / 300

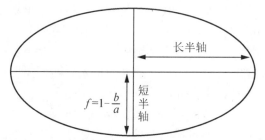

对于 WGS84 基准 a=6 378 137、b=63 567 52.3，所以 f=1/298.257

图 2.3   椭球。长半轴是主轴，短半轴是次轴。用这两个轴的二分之一来计算椭球的扁率

　　卫星时代带来了更精确的测量方法，如全球定位系统(GPS)。可以通过计算地球上每个点的海拔，包括海平面，通常称为大地基准来估算椭球。大地基准面的选择是很重要的，因为椭球体表面是一个抽象的模型或是虚构的海平面，在地球表面的所有点都能进行向上或向下投影。自上向下与地球的重力场有关，而非指向地球的中心，这就意味着，当我们从一个大地基准面变到另一个基准面时，不仅海拔发生

了变化，而且地理位置也发生了变化。这些变化是很小的，但是很小的变化对于地图制图也是很重要的(见图 2.4)。在使用卫星测量时，卫星"向下"拍摄，由于受到重力引力的影响而发生微小偏离(叫垂直偏差)，从而导致测量值的微小变化。制图采用"向下"的铅垂矢量来测量，并会逐渐发现，并非所有的纬度和经度都具有相同的地面距离。由于重力是受局部地块及地表和地下地块碰撞的影响，大地纬度不同于地球中心的纬度，从赤道到两极 1 度对应的经线长度越来越长，因为地球是椭球体。在椭球中，"向下"的矢量并不是指向地球的中心，形成大地纬度。地球中心的纬度被称为地心。

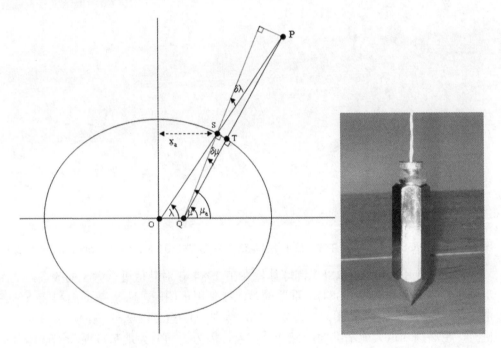

图 2.4　纬度取决于我们采用的是球体还是椭球体

　　近年来，开始用地心代替地面点作为参考点来计算大地基准，以前是采用地面点来计算大地基准。关键要注意不同的基准面之间数据的变化，这涉及三维方向上的变化，包括高度和位置。通常情况下，由于这种距离偏移很小，所以有时变化几乎不容易察觉到。例如，在伦敦的格林尼治天文台，著名的本初子午线，即 WGS84子午线位于格林尼治子午线以东约 104 米(见图 2.5)。WGS84 基准使用国际时间局定义的零度子午线，这一定义基于在不同国家观测恒星运动情况来确立的。

　　1983 年，美国引入了一个新的大地基准面，称作 1983 北美基准(NAD83)，它是基于 1980 年的测量结果得出的，并且被国际上认为是大地参考系统(GRS80)。从那时起，就开始致力于对原来的美国地图进行必要的微小偏移纠正，在一些地方，这种偏移约达 300 米。在美国，仍然有很多地图是根据旧椭球绘制的，包括绝大部分第一版各种比例尺的地形图。当扫描这些地图或从数据库中检索出来，再进入 GIS 中应用时，地图能在不同的基准面间转换显然是很重要的。

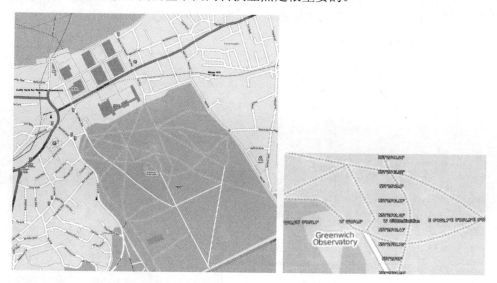

图 2.5　基于 WGS84 的本初子午线，位于格林尼治子午线以东 104 米，(来源: openstreetmap.org)

　　美国军方还采用了 GRS80 椭球体，并在 1984 年对其值进行微小的改进，从而形成了世界大地系统(WGS84)。重要的是，在使用地图时，大地基准面和椭球体参考系就成为大比例尺下地图间的主要差异，特别是海拔(见图 2.6)。在使用 GPS 接收机时，也必须知道大地基准面和椭球体信息，因为不同的大地基准面和椭球体有不同的坐标值，有时这种坐标差异会达到千米级。全球定位系统采用 WGS84 参考系统，它是地心坐标系，而且它在全球范围内具有±1 米的一致性精度，这随格网和椭球平面不同而变化，但是这种变化小于±1 米。现在，大地测量已经采用称作国际地球参考系统(ITRS)的地心参考系统，该系统由国际地球自转服务局来维护，属地心坐标，它在全球范围内能达到厘米级一致性精度，与 WGS84 坐标的水平差异在 1 米之内保持一致。尽管 WGS84 坐标因其较高的精度而被全世界所接受和使用，但应引入精度更高和更容易维护的 ITRS 来作为国际标准。

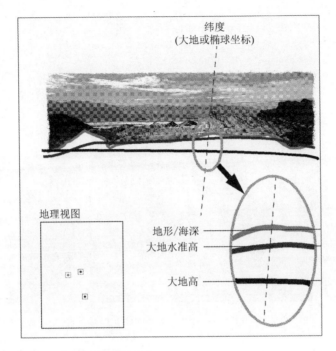

图 2.6　大地水准面不同，高程和位置也不同

　　最后一个难题就是大地测量学，它是一门能精确测量地球大小、形状和重力场的科学。大地测量学根据椭球体绘制出地球上所有局部变化，最后得到的表面称作"大地水准面"。只有在要求特别高的情况下，GIS 才会用到大地水准面。事实上，在地图学中，都采用球体作为公共参考基础。在处理更精确、更详细或大比例尺的地图时，有必要选择椭球体。在小于 1∶100 000 比例的地图中，可以不考虑椭球体所带来的地图差异，但在 1∶50 000 以上地图中，这种差异是明显可见的。应根据地球的准确形状，用复球面函数，继续修正大地水准面。例如，美国的国家海洋和大气管理局(NASA)用 GEOID03 模型修正 EGM96 大地水准面(见图 2.7)。地球重力场模型 EGM2008 是一个更精确的模型，它是 2008 年由国家地理空间情报局(NGA)完成的。这个引力模型将球谐模型的阶次扩展到 2159 次。

　　在 GIS 中，通常需要大地基准参数，并且被系统存起来备用。例如，ArcGIS 用 .prj 文件来存储必不可少的数值。例如，加利福尼亚农药管制部，同其他机构一起，都采用 Albers 等面积投影。投影文件包含以下记录：

```
PROJCS["Teale_Albers",GEOGCS["GCS_North_American_1927",DATUM
["D_North_American_1927",SPHEROID["Clarke_1866",6378206.4,
294.9786982]],PRIMEM["Greenwich",0],UNIT["Degree",
```

```
0.017453292519943295]],PROJECTION["Albers"],PARAMETER
["False_Easting",0],PARAMETER["False_Northing",-4000000],
PARAMETER["Central_Meridian",-120],PARAMETER
["Standard_Parallel_1",34.0],PARAMETER["
Standard_Parallel_2",40.5],
PARAMETER["Latitude_Of_Origin",0],UNIT["Meter",1]]
```

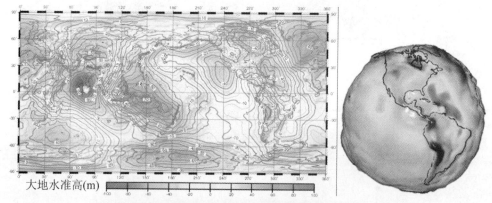

大地水准高(m)

全球大地基准面EGM96与WGS84椭球体大地基准面的区别

2003美国综合大地基准面(GEOID03)

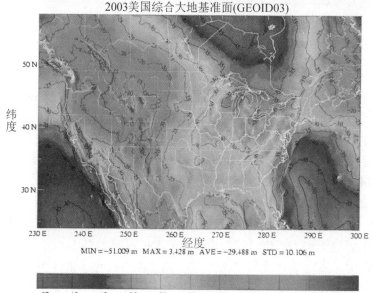

图 2.7   全球大地基准面和美国综合大地基准面

GCS 代表地理坐标系统(Geographic Coordinate System)，具有典型的纬度和经度。它的大地水准面是 NAD27，采用的是 Clarke1866 椭球。表 2.1 列出了美国地图的一些典型参数值。

表 2.1   美国不同大地水准面的椭球参数

椭球参考面	长半轴/m	短半轴/m	椭球扁率(1/f)
GRS80	6 378 137.0	6 356 752.314 140	298.257 222 101
WGS84	6 378 137.0	6 356 752.314 245	298.257 223 563
NAD27 (Clarke 1866)	6 378 206.4	6 356 583.8	294.978 698 200

总之，在 GIS 中是不能忽视大地基准面和地球模型的。虽然 GIS 在不同系统间集成数据的功能强大，但是如果没有基于大地基准面记录的数据信息，也是无法实现的。因此，只关注度、分、秒是不够的，我们还需要知道采用哪个大地基准面来创建数据。

2.2.2   地图比例

所有的地图，无论是纸质的，还是保存在计算机里，都是对地球形状的缩小。1∶1 比例尺的地图实际上没有什么用处，人们几乎不可能打开来使用。在地图学中，常用术语"地图比例"来表示比例尺的度量。地图比例是地图上的距离与对应的地面上的距离之比。飞机模型或火车模型的比例通常约为 1∶40。这就意味着模型上的每一单位距离，实际上只有物体大小的 1/40。世界是很大的，地图中可采用更小值来表示地图比例。下面用几个例子来说明地图比例的必要性。

首先，我们用 WGS84 的参数计算地球大小。椭球两轴平均距离为 6 367 444.66 米，用该值乘以 2π，可计算出圆的周长。这是一种简化算法，实际上，椭圆的周长是很难计算的。这里给出了绕地球一周的平均距离为 40 007 834.7 米。表 2.2 显示了把这个数字乘上不同比例尺时，得到的与地球周长相关的图上距离。稍看一下表 2.2 就可以发现一个可疑数字。在 1∶40 000 000 比例下，地球的周长在地图上几乎刚好是 1 米。这是因为，原来定义的米，是从赤道沿穿过法国巴黎的经线到北极距离的 1/10 000 000。显然，用公制单位来计算更简单，因为不必把英尺转换为英寸和英里。

表2.2   不同地图比例尺下的赤道长度

地图比例	地图距离(m)	英尺距离(约)
1：400 000 000	0.10002	0.328 (3.9 英寸)
1：40 000 000	1.0002	3.28
1：10 000 000	4.0008	13.1
1：1 000 000	40.008	131
1：250 000	160.03	525
1：100 000	400.078	1312
1：50 000	800.157	2625
1：24 000	1666.99	5469 (1.036 英里)
1：10 000	4000.78	13126 (2.486 英里)
1：1 000	40007.8	131259 (24.86 英里)

除了表 2.2 列出的比例尺外，地球在地图上用 1：470 000 000 的比例尺显示时，它相当于一个口香糖粒那么大(见图 2.8)；以 1：177 000 000 的比例尺显示时，相当于一个棒球大小；以 1：40 000 000 的比例尺显示时，相当于一个篮球大小；但是当比例尺为 1：50 000 时，其周长约为 10 个曼哈顿城街区的周长。1：1000 是一个非常详细的比例尺，常用于工程图和施工图，在这种比例尺下，地球的赤道有两倍曼哈顿岛那么长。用 1：40 000 000 进行地球制图是比较合适的，这样赤道在世界地图上的长度约为 1 米的海报大小。显然，制图时，我们并没有使用所有的比例尺。大多数国家 GIS 使用的地图采用的比例尺在 1：10 000～1：1 000 000 之间。而在美国，主要地图采用的比例尺在 1：24 000～1：100 000 之间，全国的数据就是按这些比例尺提供的。

| 1：470 000 000 | 1：177 000 000 | 1：40 000 000 | 1：50 000 |

图 2.8   不同比例尺下地球的大小

另一个要记住的要素是，地理信息系统在很大程度上是没有比例尺的。其数据可以成倍增长或减少到任何合适的大小。然而，当我们把一幅地图输入 GIS 中时，比例尺问题也随之出现了。当我们放大地图时，细节并没有神奇地出现。例如，一条光滑的海岸线，当我们把它放大时它仍然光滑，但不那么准确了。另一方面，如果在没有去掉细节的情况下降低地图比例尺，那么地图就会变得数据"密集"，就像"只见森林不见树木"。用专门的比例尺来恰当表达地图信息，是地图设计最重要的目标之一。大多数 GIS 软件包和在线地图服务机构，都以不同比例尺来表达不同程度的地图细节。有些软件还提供了比例控制工具，允许你改变给定图层的显示比例。

在结束有关地图比例尺的简短讨论前，最后要记住的一点就是，地图比例只有在地球仪上才是一个常数。把地图从弧形球面或椭球面上转到纸质平面或计算机屏幕上时，产生某种程度上的变形。在地图学中，把圆形地球处理到平面纸上的过程称为"地图投影"。

2.2.3　地图投影

如果把地球的形状视为球体或椭球体，如何把表面用经纬度的数据转化成用 x 轴和 y 轴表达的平面地图呢？最简单的方法是不考虑经纬度是地心角度，把它们当作 x 轴和 y 轴，如图 2.9 所示。其中，熟知的经度和纬度系统，采用基本的简单圆柱投影，只需要旋转地心坐标角度。这幅地图的宽高比为 2(东西 360°，南北 180°)。很明显，地图将从北纬 90° 变化至南纬 90°，从东经 180° 变化到西经 180°。这种地图最大的优势就是，我们可以一次看到整个地球，在空间中不可能看到的一些点也能看到。

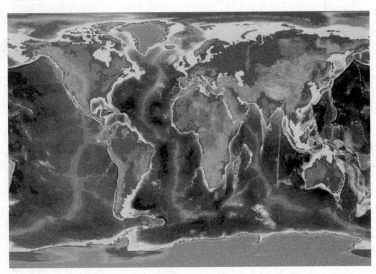

图 2.9　地理坐标

相应的(x, y)坐标值从(−180, −90)到(+180, +90)。现在这张地图就是投影的地图，因为地球的地理坐标(纬度和经度)已经"映射"或投影到一个平面上。当然，这可以用很多方法实现。我们可以把球体(或椭球体)"投影"到任意的三种平面上，然后把它们展开制成地图。它们可以是平面(如上所述)、圆柱体或圆锥体。当投影到这三个表面上时，分别称为"方位投影"、"圆柱投影"和"圆锥投影"。各种投影如图 2.10 所示。

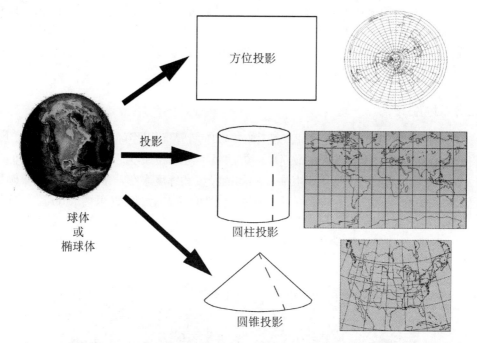

图 2.10   地球的多种投影方式，但基本上有三种形状可以展成平面地图：平面、圆柱体和圆锥体

也可以选择如何将制图与地球表面关联起来。我们用几何体，如用圆锥体或圆柱体去"切割"椭球体。投影结果如图 2.11 所示，称为"正割投影"。例如，如果用一个圆锥来切割地球，我们可以得到一个正割圆锥投影。落到投影面上的切割线是很重要的，因为它能将地球和地图准确匹配起来。就像一个同样比例的地球仪一样，没有任何变形。如果这条线与纬度圈重合，我们就把它称作"标准纬线"。

图 2.11 显示了一个有两条标准纬线的正割圆锥投影。位于这两条线上或附近的地图是最准确的。同样，也没有明确规定，在地图投影中使用的地球极或旋转轴的方位。如果我们把这种切割轴旋转 90°，则称为"横轴投影"，有些重要的投影利用的正是横轴投影沿经线从极点到极点是直线这个特点。如果我们把投影轴确定成另一个方位，就成斜轴投影了，如图 2.12 所示。

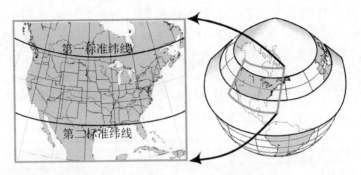

图 2.11　正割圆锥投影上的双标线。用圆锥来切割球体得到圆锥投影，地球就会被投影到圆锥面里外。实际比例的线，是圆柱体和球体相割，形成标准纬线。如果只有一条切割线，则是正切投影，有且只有一条标准纬线

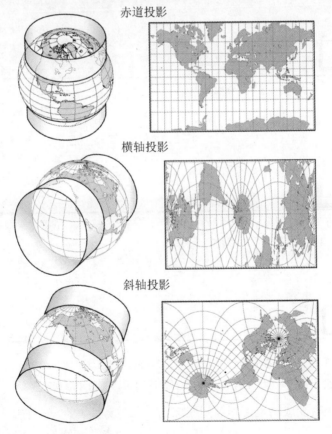

图 2.12　多种墨卡托(伪圆柱)正割投影

制图人员在制图时设计了成千上万种地图投影。但它们都属于同一组"类型"，所以很容易理解。评价地图投影最简单的方法是，看球体或椭球体转换到平面地图上时地球表面的变形程度。首先，地球上的一些点不过是一一对应地映射到地图上，而其他点则不是很确定。例如，一个圆柱投影沿 180°经线剖开，绘制时一个点被分成两个点。当多种投影拼成"块"时，这些变形就很明显了。这种投影称为"分瓣投影"，古德等面积投影就是分瓣投影的例子，参见图 2.13 下方。

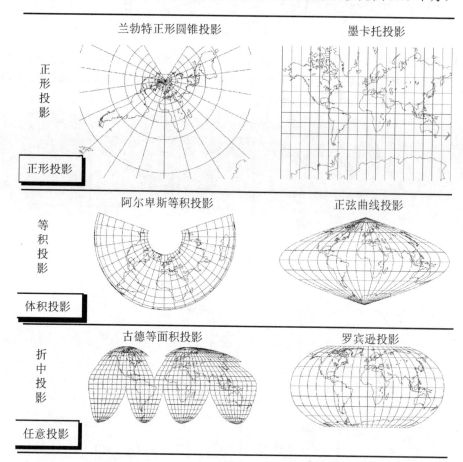

图 2.13　根据变形划分的投影分类示例。正形投影保留局部形状，等积投影保留区域面积，任意投影则介于两者之间。没有哪一种投影能同时保持面积和形状不变

最后，地极就变成沿地图顶部到底部的一条完整线。在一些投影中，由于投影不能显示点状物，所以，如极点一样的很多点就消失了。例如，在赤道墨卡托投影中，两极是不可见的，如图 2.14 所示。

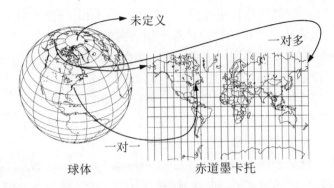

图 2.14　地图投影可能产生的变形。地图点映射到相应的新位置上，一些点投影成线，另外一些
　　　　则很难投影到地图上

　　一些投影能够保留局部的形状特点，如一些像州一样的小区域或部分海岸线的形状是不变的，这些投影称为"正形投影"。正形投影是很容易辨别的，因为在正形投影中，经纬格网是直角相交的，这种方法被用于地球仪中。然而，并不是所有的直角格网都是正形投影。正形投影主要用于测量方位的地图制图中，因为它能够保持任一给定点的方位不变。例如，兰勃特正形圆锥投影和墨卡托投影。

　　另一种投影是保持投影面积不变。许多 GIS 软件包计算和使用面积来进行各种各样的分析，因此必须把整个区域均匀映射到地图平面上。这些投影保留整个区域面积不变，称为"等面积"或"等积投影"。等积投影中，地球表面的所有部分都准确表达出相应的面积，就像在球体或椭球体上那样，如阿尔卑斯等积投影和正弦曲线投影。

　　第三种地图投影，是保持地图上一条或几条线的距离长度不变。例如，简单的圆锥和方位等距离投影。这种投影仅用于距离很重要的时候，GIS 中很少用到这种投影。

　　最后一种投影就是任意投影，这种投影往往是一种折中方法，它既不是正形投影，也不是等面积投影，并且有时候采用分瓣或分带的方式来尽量减少变形。同样，投影有时用两个或多个相似投影进行平均。例如，古德等面积投影(它是将 41°纬度以下的区域分成六瓣，分别进行单独摩尔微特投影后，再用桑逊投影将其在赤道连接在一起)和罗宾逊投影，如图 2.13 所示。

　　地图投影对 GIS 具有非常重要的意义。首先，GIS 涉及的区域越大，由地图投影产生的制图错误影响就越大。在 1∶24 000 比例尺下，这种由于地图投影产生的错误就已是不可忽略的了，而在更小的比例尺，如 1∶1 000 000 中，所产生的错误则是非常重要的。其次，使用的投影还要适合 GIS 的实际应用情况。如果点到点的方向或方位很重要，显然应选择正形投影。如果需用 GIS 的分析功能，包括对比分析，或计算面积，或基于面积的数值计算，如密度分析，就适合选择等面积投影。最后，要想使两幅地图重叠或进行边缘匹配，那么它们必须要有相同的地图投影。

大部分地图投影都忽略了它对网格数据的影响。许多数据集，例如全球地形数据，通常是以经纬度格网为单位获取的；又如，航天雷达地形数据，其高程随经纬度 3 弧秒增加而增加。当这些数据投影后被用于 GIS 中时，这些格网点阵列不再是长方形或正方形，而是排列在不同空间的复杂散点。如果 GIS 在另一个投影上内插一个新的格网点，就会出现一些明显的变形(Steinwan et. al.，1995)。在一些区域的格网会完全消失，与此同时，另一些区域的高程点又成倍变大，如图 2.15 所示。

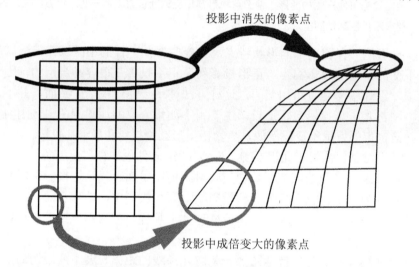

图 2.15   规则格网点投影后产生格网点消失或成倍变大的问题

许多 GIS 数据层都投影成不同的地图投影。世界各地许多地方绘制地图时，都需要选择当地，甚至是整个国家变形误差最小的地图投影。一个国家、地区甚至城市和县都可以选择自己特有的投影来创建地方平面坐标系统。使用这些地方坐标系统的地图时，必须把地图转回经度和纬度地理坐标系统，或转换成一些通用坐标系统。许多 GIS 软件包都具有将地理坐标转换成不同地图投影的功能。有的还可以进行反转换，即把投影中的地图坐标转换为经纬度坐标。显然，GIS 的这种坐标转换功能比起 GIS 的其他功能来讲，更为重要，因为 GIS 的地图通常来源不同。

最后，不同的国家采用特定的坐标系统，这完全取决于其具体地图投影的作用以及特有的椭球体或大地基准面。例如，在美国，1∶24 000 的大量系列地形图是由美国地质调查局使用多圆锥投影、Clarke1866 椭球和 NAD27 大地基准面制成的。然后逐步转到 NAD83 大地基准面和与之对应的 GRS80 椭球体，椭球体的各个要素在实际地面上移动了近 300 米，而在 1：24 000 的地图中，移动了 12.5 毫米(0.49 英寸)。如果 GIS 用户犯了在不同地图投影中比较和收集地图的基本错误，并且基于不同的椭球体和不同的大地基准面，那么结果中就会出现许多复杂的错误。图层间可能在空间上匹配不好，最坏的情况可能是地图完全变形。正如我们将在第 3 章中看到的，这对从一幅输入到计算机中的地图进行数据获取尤为重要。

2.3　坐标系统

当我们描述在哪儿时，通常会给出地点及其相应的参考地点。例如，在指方向时，我们会说："一直走到第二个交通信号灯右转，然后继续走，直到你看到左边的餐厅时，再向右转。"当我们描述一所房子或一个商店的位置时，可能会给出街道地址，如 "公园大道 695 号"。街道地址也是其他地点的一种参考，简单来说："走到公园大道，找到 695 号建筑。"在地理学中，把这种位置参考称为"相对位置"，因为它是根据一些其他相关地点位置来给出目标位置信息的。后面，我们会看到 GIS 处理一些相对位置信息，例如，美国街区地址。然而，大部分的 GIS 软件把地球看成一个整体，对一些固定位置点进行操作。叫"绝对位置"，是因为它只是与原点("零点")相关。对于经度和纬度，我们使用地球赤道和本初子午线交点作为整个坐标系统的原点。实际上，对位于非洲西部海洋的点，位置并不重要，但用原点来固定点的位置重要。

在进行地图数字化时，需要选择一种标准方法来对地球上的地理位置进行编码。把地图绘制到平面上(不管是否用计算机绘制)，例如，给到纸上，位置会从地图左下角以毫米或英寸开始计算。计算机绘图仪或打印机也采用这种坐标来描述位置，通常需要以(x, y)格式给出位置信息，就是东西向的距离或横坐标，其次是南北向距离或纵坐标。这对数字称为"坐标对"，坐标是更通常的叫法。列出坐标的一套标准就叫"坐标系统"。在同一坐标系统表达的地图数据间能够相互自动匹配。

坐标有一个很重要的问题是，地图坐标维数简单，并且(x, y)坐标轴间相互垂直，但是地球表面位置获取却不是那么简单。首先最重要的是，所有或部分地面要素必须经过地图投影后转换到平面地图上。通常在投影时会产生平面地图大小、形状、面积或者方位的变形。在平面地图中，我们想去掉所有的地球曲率，要做到这点取决于我们采用的坐标系统，地图投影的面积，系统采用的投影。

在美国有 4 种通用坐标系统，在这一部分我们将作详细介绍。在逐一讨论这些坐标系时，注意各自采用什么样的投影，并联系前面 2.2 节介绍的投影类别。稍微看一看，根本就没有一种十分理想的通用坐标系适合于计算机制图。然而，考虑到地球形状的复杂性，许多系统已完全够用了，而且非常适合 GIS 应用。

我们涉及的五种系统本身是地理坐标。通用横轴墨卡托(UTM)坐标系统广受制图人员青睐；军用格网系统，是另外一种形式的 UTM，已被美国以外的许多国家所采用，并用于世界地图的绘制。美国国家网格系统及作为大多数测绘工作基础的美国国家平面系统都是它的变形。最后，我们会讨论 GIS 世界中可能用到的坐标系统，谈谈使用这些系统的含义。

2.3.1   地理坐标

许多 GIS 系统用经度和纬度或地理坐标数字来存储地理位置。这个系统以 1884年 10 月在华盛顿特区召开的国际子午线会议为标准。在这次会议上，决定确定地球经度的起点在英国的格林尼治天文台，如图 2.16 所示。在地理信息系统中，常用以下两种方法之一来对经度和纬度进行地理编码或者从地图上获取并输入计算机中。它们的分别是度、分、秒(DMS)和十进制度(DD)。在这两种情况中，纬度从南纬 90°到北纬 90°，如图 2.9 所示。1°以下的地理编码为分和秒以及十进制秒。它的两种形式是：要么在 DMS 中加上或减去 DD.MMSS.XX，其中 DD 是度，MM 是分，SS.XX 是十进制秒；或者，DD 表示为 DD.XXXX，或者十进制度。就像时间一样，一小时包含 60 分钟，每一分钟又包含 60 秒。第二种形式是，将度转化为弧度，并且存成适当有效的十进制数。

例如，下面列出的文件是全球数据库的一部分，列出了海岸线、河流、岛屿和州界的坐标。这些点是北美的第一条海岸线。坐标采用的是十进制度，四舍五入到0.000 001 度。在赤道上，360°为 40 000 km，则每 1°约为 111.11 km。那么0.000 001 度就是 11.1cm。因此，这些数据就有 10 cm 的地面分辨率。它们的精度取决于这条线代表的北美海岸线的实际长度(实际上是部分阿拉斯加，参见图 2.17)。

```
52.837778  -128.137778
52.841944  -128.137778
52.877778  -128.136944
52.853333  -128.136111
52.858889  -128.135278
52.864722  -128.134444
52.870278  -128.133611
52.876389  -128.131667
52.880556  -128.128056
52.881389  -128.121389
```

图 2.16　1884 年 10 月在华盛顿特区召开了国际子午线会议，并同意 "会议提议各国政府提出的采用穿过格林尼治天文台经纬仪中心的经线作为零度经线" 的议案

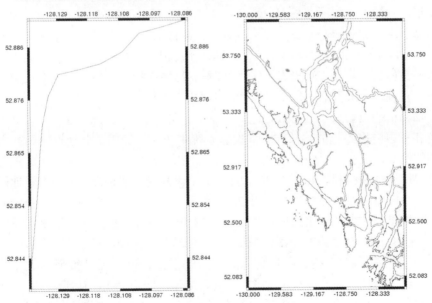

图 2.17　全球数据库中北美第一条海岸线矢量截图。左图为细节

在 GIS 中使用地理坐标的优势是可以用同样的方法把所有的地图转变为投影坐标。如果地图是以各种投影方式获取的，再将其投影成地理坐标，那么就容易产生

错误。例如，图 2.17 中的点在地面上的分辨率小于 0.1 米，但以 1:2000 的比例数字化后，再将它与其他地图相比，就达不到这种精度级别了。如果 GIS 不支持两种投影间的相互转换，那么在对地图进行叠加时，采用一种通用的坐标系统就显得很重要了，例如 UTM 或国家平面系统。同样要注意的是，地理坐标仍然需要有自己特定的椭球体或大地基准面，因为从一个大地基准面到另一个大地基准面地理位置是会变的。

2.3.2 通用横轴墨卡托坐标系统

通用横轴墨卡托(UTM)坐标系统被广泛应用于地理信息系统中，因为自从 20 世纪 50 年代以来，大多数 USGS 地形图都采用这种坐标系统。可能这也是目前在精确制图中使用最多的投影坐标系统了，它还有一段有趣的历史。故事开始于观测赤道墨卡托投影，该投影在两极地区的变形是非常大的，然而赤道两侧的变形却非常小。

在 1772 年，约翰·海因里希·兰勃特(Johann Heinrich Lambert)把墨卡托投影修改成横轴形式，用"赤道"代替了南北分界线。其结果是减小了极点到极点狭窄地带的变形。约翰·卡尔·弗里德里希·高斯(Johann Carl Friedrich Gauss)在 1882 年对该投影做了进一步的分析，路易斯·克吕格(Louis Kruger)在 1912 年计算出椭球方程，并在 1919 年修正到"极向扁率"。尽管在美国使用横轴墨卡托这个名字，但是该投影通常称为"高斯正形投影"或"高斯-克吕格"投影。然而，这个投影几乎很少使用，直到"二战"后才被用到主要的国家地图绘制中。

横轴墨卡托投影有多种形式，它属于这儿描述的民用 UTM 系统、国家大地平面系统和军事网格系统的一部分。该投影系统主要用于美国及其他许多国家大部分地形图的绘制，甚至火星图的绘制。第一版的民用 UTM 格网自 1977 年就被美国地质调查局用于地图绘制，并且从 20 世纪 40 年代开始，就在许多地图上沿地图边缘和格网表面用蓝色控制点标记，如图 2.18 所示。在 1977 年横轴墨卡托投影取代美国的多圆锥投影，用于大比例尺制图。NAD27 地理坐标转换为 UTM 坐标采用的椭球是 Clarke 1866，转换成 NAD83 坐标采用的椭球是 GRS80。

UTM 利用横轴墨卡托将南北地球表面准确划分成 60 个带，每个带涵盖 6 个经度范围，第 1 带位于西经或东经 180°，位于国际日期变更线，从西经 180°往东到西经 174°。最后一带，第 60 带，从东经 174°向东延伸至国际日期变更线。因此，带数沿西向东增加。美国的加利福尼亚州位于 10 带和 11 带，而缅因州位于 19 带，如图 2.19 所示。在每一个带的南北轴方向上画一条横轴墨卡托的投影中心，那么第 1 带经度从西经 180°到西经 174°，墨卡托投影的中央经线应是东经 177°。因为赤道与中央经线直角相交,我们就用该交点来确定格网系统的方位,如图 2.20 所示。实际上,中央经线在地图上的比例尺因设置为略小于 1,使每一带投影后的两条切割线与中央经线平行。

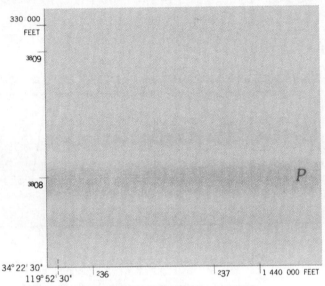

Produced by the United States Geological Survey 1988
Revision by USDA Forest Service 1995

Topography compiled 1947. Planimetry derived from imagery taken 1994 and other sources. Public Land Survey System and survey control current as of 1995

North American Datum of 1927 (NAD 27). Projection and 10 000-foot ticks: California coordinate system, zone 5 (Lambert conformal conic)
Blue 1000-meter Universal Transverse Mercator ticks, zone 11

North American Datum of 1983 (NAD 83) is shown by dashed corner ticks
The values of the shift between NAD 27 and NAD 83 for 7.5-minute intersections are obtainable from National Geodetic Survey NADCON software

Non-National Forest System lands within the National Forest Inholdings may exist in other National or State reservations

This map is not a legal land line or ownership document. Public lands are subject to change and leasing, and may have access restrictions; check with local offices. Obtain permission before entering private lands

图 2.18　美国地质调查局以不同坐标系展示的加利福尼亚戈莱达市地图,是 1∶24 000 的图幅。UTM 11 带用 1 千米间隔的蓝色控制点表示。注意,地图采用的是 NAD27 基准面,但将其转换到 NAD83 基准面,会产生明显的偏移

为了确定每个带的坐标原点,把两个半球分别对待。对于南半球,纵坐标零值从南极开始,以此作为参考点,并且将纵坐标定义成米。由于绕地球一周约为 4000 万米,这意味着纵坐标的 1 个带是从 0～1000 万米,尽管实际上几乎就到极点了。

纵坐标编码也从赤道开始,南半球坐标中北纬偏移 10 000 000 米,在北半球坐标中北偏移为 0。然后,纵坐标增加到 10 000 000 米就到北极了。靠近两极时,经

纬网变形，越来越偏移 UTM 网格。因此，通常超过北纬 84° 和南纬 80° 都不使用 UTM。对极地区域，通常采用通用极球面坐标系统。

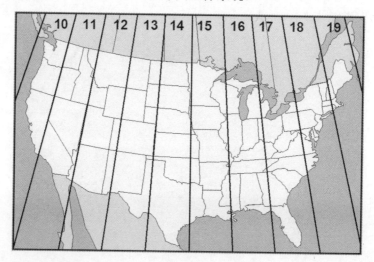

图 2.19　覆盖美国 48 个州的 UTM 分带

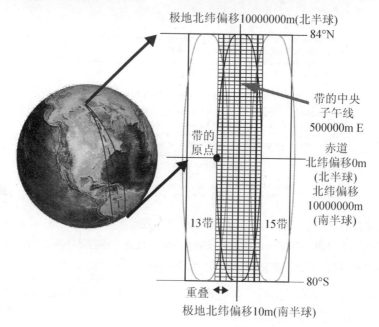

图 2.20　通用横轴墨卡托坐标系统

对于横坐标，在每一带西边，设置一个假原点。实际距离大约是半度，但是也采用了编号，所以中央经线的假东距离是 500 000 米。这样做有两个好处，一个就是制图时带与带之间可允许有重叠；另一个就是所有的横坐标都为正值。这样我们就能区别一个坐标到底是位于中央经线以东，还是中央经线以西了。并且可知道任何点的真北方向和格网北方向间的关系。下面给出一个详细的例子，我的办公室位于加州大学圣巴巴拉分校，横纵坐标分别为 238 463 m、3 811 950 m、属于北半球第 11 带。这告诉我们大约是赤道到北极 4/10 的地方，而且位于这个带中央经线以西的位置，中央经线是格林尼治以西的 117°。从加州大学圣巴巴拉分校的地图上看，UTM 格网北向位于正北方向的西面。

在赤道，实际比例尺的变化率为 1/1000。作为墨卡托投影，该系统是正形且保留形状特征的投影，如海岸线和河流。这种投影的另一个优点是，这种精度可以根据实际应用进行调整。在许多应用中，特别是在小比例尺地图中，UTM 的最后一位数字去掉后，精度就降低到 10 米。该方法通常用于 1∶250 000 以及更小的比例尺地图中。同样，也可以在横纵坐标中加上小数位，将精度提高到亚米级。但在实际应用中，除了精密测量和大地测量学外，其他应用很少要求精度高于 1 米。尽管如此，为了防止计算机四舍五入出错，GIS 中仍然以小数存储坐标。

2.3.3　军用格网坐标系统

第二种 UTM 坐标系统称为军用格网或军用格网参考系统(MGRS)。1974 年，美国军方引入并使用该系统，并且其他许多国家和组织也开始使用。为了区别一个点在球面上的位置，军用格网采用字母编码系统来减少数字位数。各带纵向仍沿用数字编码，由西到东编码为 1 到 60。然而，行向按纬度每 8 度、从字母 C(南纬 80°到南纬 72°)～X(北纬 72°到北纬 84°，带要宽)进行编码。位于两极极点表示附近的区域，属通用极球面坐标，命名为 A，B，Y 和 Z。通常每个 6×8 度的格网，相当于地面上大约 1000 平方千米的范围。这些格网用数字和字母作为参考，例如，圣巴巴拉落入的格网单元是 11S，如图 2.21 所示。

每一个格网单元进一步细分为边长 100 000 米的矩形，每个矩形单元格另外增加两个字母来进行标志，如图 2.22 所示。在东西向(x)，100 000 米的方形用字母 A～Z 进行标注，然后在整个地球重复按 6×8 度的单元进行再划分，并把字母 I 和 O 去掉，因为它们容易和数字混淆。第一列 A 有 100 000 米宽，从西经 180°开始。这些字母按每 18°重复出现一次，包括每个 UTM 整个带涉及 6 列。由于一些不完整的列也指定了名称，所以就有可能出现重叠，同时在接近两极时一些列会消失。一般情况下，图 2.22 中太平洋夏威夷周围的字母是看得见的。该系统设计了一种独特的字母样式作为数字格网间的唯一字母组合参考以免重复，特别是相邻的格网单元间。

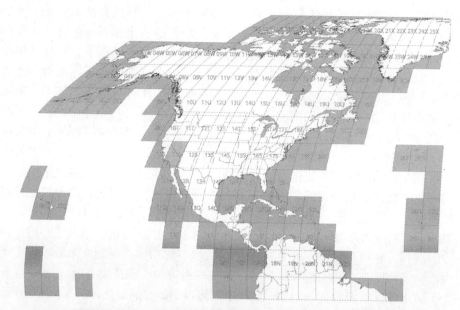

图 2.21   美国军用格网单元命名法则：每个单元是 6°经度乘以 8°纬度。红色单元是 11S

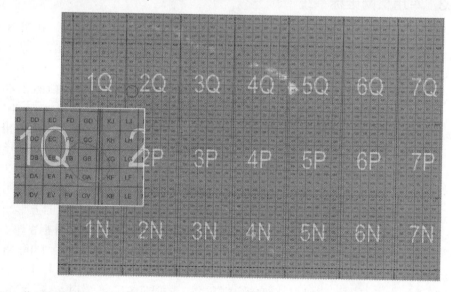

图 2.22   美国军用格网。在以 6×8 度为分块命名后，对每个 100 000 米格网再重新细分为更小格
网，并且每个格网再用字母对命名，参见左侧放大图。注意，一些单元已被剪切了

在南北(y)方向上，从赤道开始向北递增，用字母 A～V(同样省略 I 和 O)进行命名，并且根据需要重复循环使用字母。南半球的顺序是倒过来的，从 V 开始，倒回到 A，又循环到 V，以此类推。这样，每个 100 000 米的方格都能用一个顺序区别，如 11SKU。在这个区域内部，可用更多的 x 和 y 数字对来进一步确定准确位置。注意，构成 x 和 y 的格网参考间是混在一起的，也就是说，x 后面紧跟着 y，并且它们之间没有分隔号。例如，11S KU 31 能区别出 10 000 米的方格，11S KU 3811 区别的方格是 1000 米，11SKU3847911950 则区别出 1 米的方格。在后一例文中 38479 是横坐标，11950 是纵坐标。最后，极地区域完全采用不同的(UPS，通用极球面系统)投影来区别格网。

2.3.4 美国国家格网系统

美国国家格网系统是 MGRS 的一种变体，被美国地质调查局和其他机构用于美国 50 个州和地区的地图绘制。该系统不同于 MGRS，它采用的不是 WGS84 的大地基准面，而是 NAD83 美国大地基准面，并且它的覆盖范围也只有美国。NAD83 采用的椭球体是 GRS80，而 WGS84 针对所有应用采用的椭球体是 WGS84(参见表 2.1)。用于整个北美的坐标数值差异非常小，不到 0.1 mm，全世界也不到 2 m。美国国家格网系统(USNG)是设计来作为其他格网系统的补充，以及满足当地政府和应急管理处置的需要。在 2001 年，USNG 由联邦地理数据委员会批准用于街道及其他地图数据的扩展应用，该系统为涉多个管辖区地图绘制提供一个无缝格网参考系统；这个坐标系统为建立一种通用地图索引奠定了基础(即将 USNG 放到更宽泛的 MGRS 中)；而且利用该系统就能在网格纸和数字地图上描述点的位置；同时允许用全球定位系统进行地理定位，并且支持带有位置数据的数字地图相关的 Web 制图。现在该坐标系统开始用于公共安全响应(如公安、消防、救援、国防)，并且国防单位正在培训该系统的使用了。图 2.23 显示了国防部为 USNG 用户准备的培训地图，该地图用于华盛顿的安全和重大事件的策划。

实际上，USNG 的使用和 MGRS 相同。通常在小范围内才使用格网，这意味着开头的字母和数字能被省略掉，因为对每个点几乎都是一样的。然而，许多美国城市和重要地点刚好位于格网单元交叉处，不管是 6°×8° 范围的块，还是以字母命名的 100 000 米边长的方格上都会出现这种情况。在 UTM 坐标的带与带交叉处会压缩成 100 000 米单元和一些罕见的 10 000 平铺排列单元，例如，加利福尼亚位于 UTM 第 10 带和第 11 带的 120° 经线交汇处，如图 2.24 所示。

USNG 主要用于 USGS 的国家地图视图中，它是一个 GIS 在线网站，用它可以浏览和下载许多美国联邦政府数据。在地图视窗中(见图 2.25)，在主地图显示窗口的右下角用白色显示出 USNG 坐标值。因为 USNG 既可使用 GRS80 椭球，也可使用 WGS84 椭球，大地基准面的选择应符合坐标系统的规定。在德克萨斯州的奥斯汀州府建筑的顶部，精度在 1 米内，因此坐标描述如下：

```
14R PU 21164 49875 (NAD83)
```

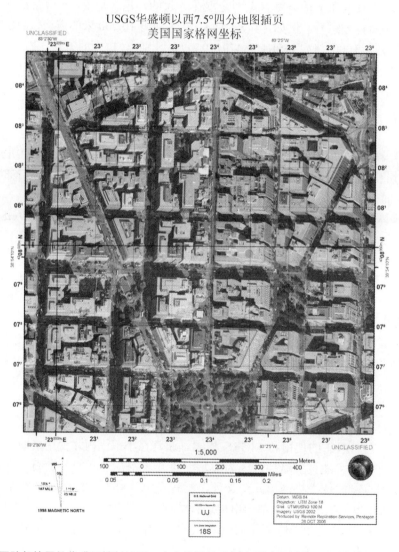

图 2.23　国防部使用的华盛顿精制地图，来自美国地质调查局地图插页，以 1∶5000 显示，采用美国国家格网坐标系统

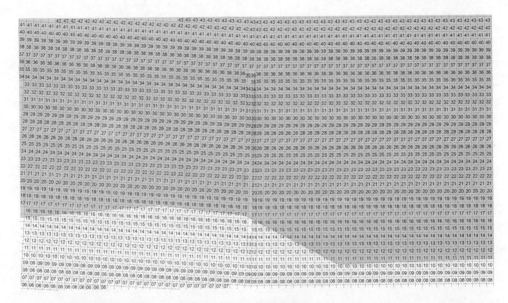

图 2.24　国家格网系统方格，在 UTM10 带与 11 带交汇处

图 2.25　国家地图视图窗中的德克萨斯州国会大厦，显示出 USNG 坐标(右下)和格网

2.3.5　国家平面坐标系统

　　在美国，许多地理信息采用国家平面坐标系统(SPCS)。该系统主要用于工程应用中，特别是被公用事业公司和当地政府用于设施网络的精确测量，如电网线、污水管道及土地确权。SPCS 基于横轴墨卡托和兰勃特正形圆锥投影，单位是米(以前采用英寸)。许多州几十年来在土地所有权法律文本说明书的编写及工程项目中都采用 SPCS 坐标，除了阿拉斯加州外，将每个州不同的地图数据都统一成 SPCS 坐标。对于南北狭长的州，如加利福尼亚州，地图绘制使用的是兰勃特正形圆锥投影。而东西狭长的州，例如纽约，地图绘制使用的是横轴墨卡托投影，因为整个区域被分为南北带。例如，德克萨斯州和新墨西哥州地图对比如图 2.26 所示。

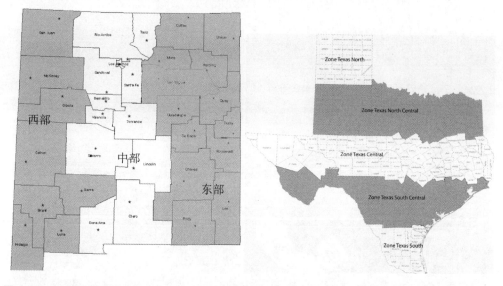

图 2.26　国家平面坐标系统分带，新墨西哥(横轴墨卡托投影)和德克萨斯州(兰勃特正形投影)

　　一个州被划分成不同的区域，其划分的区域数量会随州的不同也有所差异，例如，罗得岛州，可以划分成一个或多达五个区域。一些州还具有特别区域，例如，纽约州的长岛有属于自己的区域。在 1983 年，对原来的坐标系统进行了改进，用 NAD83 基准替代 NAD27，这样区域也就更加简化了，而且用米制单位替代了原来的英寸。因为投影覆盖大部分陆地区域，通常因地图投影造成的变形是很小的，甚至只有 UTM 投影变形的 1/2000(见图 2.27)。每一个区域有一个任意确定的原点，通常被定义成以米为单位的数值，位于地图上最西南方的那个点。这再次说明了系统的横坐标和纵坐标都是正数。然后坐标系统会将横纵坐标简化成米，通常最大可为几千千米，其缺点是缺乏普遍性。设想地图绘制时，覆盖范围涉及两个地区和两个州的边界。这意味着要在两种投影、四种坐标系中处理数据。基于坐标的，诸如面积的一些计算，就需要一套特别的处理计算方法。另一方面，美国的测绘人员通常都采用 SPCS 坐标系统。

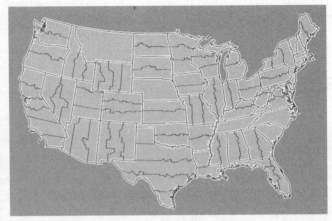

图 2.27　美国 50 个州采用国家平面坐标系统的分带情况。边界是引入改进后的 NAD83 生成的

　　表 2.3 列出了德克萨斯州地区信息的样本集，它的东西向和南北向范围相同，由西向东划分成五个地区，由北向南进行编码。每一个区域的宽比高长，因此最好的投影是兰勃特正形圆锥投影。同一投影用了五次，投影中的双标纬线及中线经线如表 2.3 所示。同时，每一地区中基于 GRS80(NAD83)纬度和经度的原点、假东及假北偏移在表 2.3 也一并列出。

表 2.3　德克萨斯州国家平面坐标系统中所有带的信息

地区名称						
德克萨斯州北部	4201	34°39′	36°11′	−101°30′	34°00′	200 000	1 000 000
德克萨斯州中北部	4202	32°08′	33°58′	−98°30′	31°40′	600 000	2 000 000
德克萨斯州中部	4203	30°07′	31°53′	−100°20′	29°40′	700 000	3 000 000
德克萨斯州中南部	4204	28°23′	30°17′	−90°00′	27°50′	600 000	4 000 000
德克萨斯州南部	4205	26°10′	27°50′	−98°30′	25°40′	300 000	5 000 000

　　每个带的坐标都以米为单位进行编号(或者沿用旧的 NAD27 地图，采用英寸为单位)。德克萨斯州州议会大厦在奥斯汀的位置如下：

```
3,070,314 mN 949,443 mE, TX Central
```

地图通常用这些坐标系中的一个或多个系统进行表达，常用添加打印格网和沿边缘打印控制点标记来显示坐标轴(见图 2.18)。如果地图数据要输入地理信息系统中，那么这些是必不可少的，因为它们已被扫描成美国地质调查局称为数字栅格图像的地图形式。使用这些控制点标记，地图可以纠正到所描述的坐标系统中。对跨带数据操作过程是相当复杂的，其实，这就相当于在不同的坐标系间进行坐标简化。

2.3.6 其他系统

除此之外，还有许多其他坐标系统。其中一些是标准坐标系，但是大部分并不是标准坐标系。尽管许多国家使用 UTM 或军事网格参考系统，但是大多数国家都有他们自己的坐标系统。英国国家格网使用的是横轴墨卡托投影，基于 OSGB1936 大地基准面和不同大小的带，500 000 m 作为第一参考字母，而 100 000 作为第二参考字母。其坐标系统沿用与 MGRS 相似的方法。而在瑞士，其国家人口普查数据和其他数据直接整合到一种坐标系。

在美国，许多私人公司和公用事业单位采用的都是特殊的坐标系统，常用于一些特殊功能领域，例如电力系统，或者一些特别行政区域，如直辖市等，或者甚至是单体工程建设项目。还有一种情况是，在基础地图来源不清楚，又或者需要快速进行地图输入的情况下，通常会丢掉原有的地图坐标系，只采用"地图毫米"或"数字化仪坐标"系统。在这种情况下，我们至少需要知道在两套坐标系统中两个或更多的空间点，否则地图与其他数据匹配或叠加分析都是毫无意义的。最多也只能是进行叠加和近似分析，因为其与大地基准面、椭球体和几何结构的潜在关系会丧失。同样，在元数据中描述数据库的坐标系统、地图投影和大地基准面也是很重要的。

在地理信息系统中使用坐标系统进行地理编码时，应该保持系统的一致性，并且记录系统与经纬度或其他熟知系统的关系。如果空间范围是完全排列整齐的，且北极在地图上都是相同的，那么只需要两个点就足够了。但是投影方式不同以及其他方面的差异，所以很少出现这样的情况。此外，我们还应该确保使用适当的精度和数据。是否真的有必要把整个国家测量到微米级或以下的精度呢？即使这可以做到，在地理信息系统中是否有效？而相对又有另一不好的倾向，就是忽略必要的精度。

尽管坐标是地理信息系统记录位置信息的一种方式，但是位置本身也是地理数据多面性的一种表达。在接下来的小节中，我们会看到地理数据的所有性质。掌握这些性质，对于在 GIS 中进行分析和地理要素描述是很重要的。

2.4　地理信息

　　地理编码的目的是，把地理数据的基本特征以数字形式被 GIS 识别出来。显然，最基本的地理特性是位置。在地理信息系统中，位置通过坐标用数字进行描述，有时也用字母来描述。显然，就像 GIS 中的一幅地图一样，包含一套对地理特征进行完整描述的数字，如坐标。这就意味着，一个标准的地理信息系统数据库，尤其是地图组成部分，是非常庞大的，如果覆盖范围很详细并且面积很大，更如此。幸好，数据存储成本急剧下降。即使在小型计算机中，新的存储方法使存储空间在短短的十年中就从 KB 增加到 GB。随着时间的推移，地理信息系统的快速增长已经严重依赖于越来越庞大的计算机存储系统的发展。

　　地理数据的另一个基本特性是维度问题。传统上，地图学中将数据分为点、线和面。掌握地理信息系统信息结构，是了解由许多简单要素组建起来的综合地图要素的基础。因此，可以通过连接一系列的点来构建一条线。而一个平面或区域可以由线连接组成。这个概念确实非常重要，参见图 2.28。

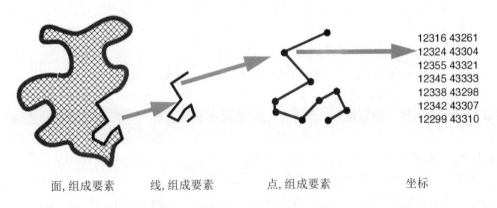

面,组成要素	线,组成要素	点,组成要素	坐标

图 2.28　地理信息是具有维度的。面是二维的，由线组成，而线是一维的，由点组成，点是零维的，由一坐标组成

　　与地理要素相关的属性也是很重要的地理信息，并且可以通过度量级别将其分类。度量级别被划分成标志的、次序的、间隔的和比率的。标志数据是仅用一个标注或一类要素来区别地理要素，例如一个矿井或滑雪胜地。次序属性，是把要素按顺序排列，例如，地图上道路的顺序为：吉普车道路、未铺沥青的道路、单行道、双向道、国家级高速公路、国道。间隔值是在一个相对比例尺中测得的，例如，基

于当地大地基准面(平均海平面中的任意一个零点)测量的海拔，或通过目测而非大地控制测量测得的位置。比率是在一个绝对比例尺中测得的，例如，一个标准坐标系中的坐标值或计算测量值，如总降水量。这些分类将各种要素按不同类别分组，例如，标志点或面积比。在第 7 章中，我们再返回来讨论这种分组系统，以此来决定采用哪种类型的地图。

地理信息的另一个重要特点就是连续性。一些地图类型，如等高线地图，假设一个连续的分布，有时也叫一个场。其他的如等值图，假设是一个不连续的分布。这一区别将在第 7 章中加以详细说明。连续性是一个重要的地理属性。地表高程可能是说明连续变化的最佳例子。就像我们在地表上一样，任何点总有高程值；没有哪个点的高程是未知的。

连续性并不适用于统计分布。例如，税率是一个不连续的地理变量。一个纽约居民得向纽约州缴纳个人所得税，但在仅有一米之隔的康涅狄格州，居民是不需要像在纽约州一样缴纳个人所得税的。地理连续性是一个重要的属性。地理信息系统的覆盖范围必须是完全连续的；即应该没有遗漏或未分类的区域。连续变量在地理信息系统中通常称为"场变量"，最适合应用于 GIS 系统中的栅格操作。一旦地理要素由点、线和面组建，它们聚集起来可描述包含要素大小、分布、模式、方位、邻接性、连续性、形状和比例尺等度量。每个属性定义了各要素的某一特性，并且通常可以用地理信息系统工具进行度量和分析。

通常，这些高级描述正是 GIS 首先解决的问题。例如，我们可以测量地块面积(大小)，或道路的方位，或在一个国家公园里分布的植物群落和动物群落。图 2.29 归纳了基本的属性。尽管地理信息系统可以直接承载坐标和一些附加信息，如连续性，但是通过使用 GIS 工具，可利用这些属性信息进行 GIS 高级分析。部分地理信息系统用户要做的就是，从数据中提取出在具体 GIS 中可以使用的描述性信息。如何做到这点，取决于你是否具备一个优秀 GIS 用户的技能。

现在我们已完成了地理信息系统起源于地图学这一主题的讨论。正如我们所看到的，在进行 GIS 存储时需要考虑许多重要的因素，它与地图几何结构和要素的几何特征直接相关。下面继续往前学习，开始涉及地理信息系统全面、准确的概念。第一步是理解地图如何在计算机中存成一系列的数字。第二步是研究怎样把数据从地图输入计算机。就像我们知道的，在开始使用地理信息系统时，这是另一个基本但极为重要的一步。

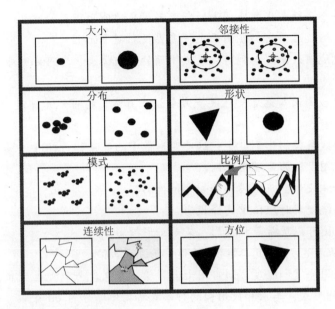

图 2.29　地理要素的基本空间属性特征

2.5　学习指南

要点一览

○　地理信息系统链接了地图上有关位置点、线、面的属性。

○　地理信息系统需要定量化地表达地图学和大地测量中的位置信息。

○　地球周长大约为 40 000 000 米，大约与一个完全球体差 1/300，其两极是扁平的，它的形状称为椭球体。

○　椭球体的几何模型决定了其球面上能被测量的高度和位置。

○　美国最初绘制地图采用的椭球是 Clarke1866 和 NAD27 大地基准面。

○　现采用的椭球体基于地心的，而不是局部的哪个国家或地区。

○　在美国，现绘制的大部分地图采用的是全球 WGS84 和 GRS80(与 NAD83 一样)。

○　一个更精确的大地测量模型称为大地比例尺。

○　地理信息系统需要知道采用什么椭球体和大地比例尺来设计地图，以便于图层间能完全匹配起来。

○　地理信息系统是没有比例尺的，但数据有。

○　在 1∶400 000 000 比例尺下，世界地图约有一米宽。

○ 比例尺用一个分数来代表地图上的距离与对应的地面距离的比。

○ 当一幅地图缩放后，它仍在曲面上，需要投影到平面上。

○ 投影就像把地图表面照射到可以展成平面的几何体上，它可以是平面、圆柱或圆锥面。

○ 投影可能是投影面与地球交于某点或相切于直线，也可能是穿过地球(割线)与之相割。

○ 割线投影的线条投影变形最小；这些变形最小的线条称为标准纬线。

○ 经纬网在地图上称为地理坐标网。

○ 投影分为等积投影、正形投影和等方位投影。

○ 地理信息系统使用时应慎重选择投影。

○ 没有一幅地图可以既是等积投影，又是正形投影。

○ 坐标系的标准表达方式是用二维数字表达位置的一套标准。

○ 地理坐标采用纬度和经度，通常用十进制度，并包含一个大地基准。

○ UTM 有两种形式，军用和民用；两种形式都把地球分为 60 个带，每个带覆盖 6 个经度，范围属于横轴墨卡托投影。

○ 美国地质调查局的地图上显示出 UTM 的假东基于中央子午线 500 000 m，假北的起点在赤道和南极。

○ UTM 不适用于极地地区，极地使用的是 UPS。

○ 军用网格按每 8° 纬度块分割成 60 个 UTM 带，并在分割的各块里用字母标记。

○ 在 100 000 m 的网格中采用两个字母对，网格单元内包含各自字母。

○ 在网格中，米数的确定取决于精度要求，10 位反映 1 米的精度。

○ USNG 与 MGRS 一样，但是 USNG 使用的是 NAD83，并且仅用于美国。

○ 美国国家平面系统把 50 个州分成了 120 个带，其切割采用的是兰勃特正形圆锥投影或横轴墨卡托投影。

○ 各个带有一个假定的原点，并且以米为单位，向东和向北偏移，并采用 NAD83 大地比例尺。

○ 还有许多其他的格网系统，每一个国家都有特定的格网。

○ 点、线、面可承载地理信息，其数据项可以是标志的、次序的、间隔的或比率——缩放水平。

○ 地理数据如果在空间上是连续的，则其可以是基于特征，也可以是基于字段的。

○ 地理信息系统进行高级空间关系分析，例如，大小、分布、模式、方位、邻接性、一致性、形状和比例尺。

学习思考题

地图和属性信息

1. 把你朋友的姓名和地址列成一个表格。将这些数据输入到电子表格中，并存放在包含地理信息的行列中。

地图比例尺和地图投影

2. 使用一个地图集，列出你可能找到的所有地图投影。有没有地图集没有对其地图投影进行注解呢？用表列出各种投影的特征，并加入可能发现的其他信息，例如，投影是正割的、横轴的、基于椭球体的，还是正形的，等等。在最后一列，描述出其变形特点，例如，当由北向南移动时变形增加。有一个好的参考网址：erg.usgs.gov/isb/pubs/MapProjections/projections.html。

3. 利用网络找出各种椭球体的大小。这些椭球体对其他国家究竟适合不适合？选择一个国家，例如，埃及或澳大利亚，并研究其所用的椭球体，看看是否还有适合该国的其他特殊投影。为什么该国选用的投影比其他投影好？

4. 找一个规则的棒球场或足球场。并用 1∶1000，1∶24 000，1∶100 000 和 1∶1 000 000 的比例尺将它们绘制在地图上。在这个过程中，会遇到什么困难？用以上比例尺绘制弯曲的河流和不规则的森林地块有什么影响？

坐标系统

5. 使用谷歌 USNG 地图集 http://www.fidnet.com/~jlmoore/usng/help_usng.html，在地图上找到你的房子、学校或附近兴趣点的位置信息。

6. 对于单个点的位置，如你家或学校，尽量尝试在可能的坐标系统中找出两个邻近点的位置坐标。如果要在紧急情况下(像人员疏散)定位重要点的位置，可能会产生哪些错误和混淆？

地理信息

7. 用一个表格列出度量长度的标准。在各个表格单元中，写出所有能想象得到的地理数据和地理特征。

8. 以一个湖泊为例，写出该测量样本可能描述的各种主要地理特性，包括图 2.29 中列出的内容。例如，湖的面积大小为多少平方米。哪些特性难以用数字来表达？(提示：可以用一个数字来描述形状吗？)

2.6 参考文献

Bugayevskiy, L. M. and Snyder, J. P.(1995) *Map Projections—A Reference Manual.* Taylor and Francis Inc., Bristol, PA.

Campbell, J. (1993) *Map Use and Analysis.* 2nd ed. Dubuque, IA: William C. Brown.

Clarke, K. C. (1995) *Analytical and Computer Cartography.* 2nd ed. Upper Saddle River, NJ: Prentice Hall.

Department of the Army (1973) *Universal Transverse Mercator Grid,* TM 5-241-8, Headquarters, Department of the Army. Washington, DC: U.S. Government Printing Office.

Snyder, J. P. (1987) *Map Projections—A Working Manual.* U.S. Geological Survey Professional Paper 1396. Washington, DC: U.S. Government Printing Office.

Snyder, John P., and Philip M. Voxland (1989) *An Album of Map Projections.* U.S. Geological Survey Professional Paper 1453; Denver, CO.

Steinwand, D. R., Hutchinson, J. A. and Snyder, J. P. (1995) "Map Projections for Global and Continental Data Sets and an Analysis of Pixel Distortion Caused by Reprojection." *Photogrammetric Engineering and Remote Sensing,* Vol. LXI. No. 12.

Thompson, M. M. (1988) *Maps for America,* 3ed. U.S. Geological Survey; Reston, VA.

United States Defense Mapping Agency (1984) *Geodesy for the Layman.* 在线发布网址: *http://www.ngs.noaa.gov/PUBS_LIB/Geodesy4Layman/toc.htm.*

2.7 重要术语及定义

绝对位置: 在地理空间中，用一个已知原点和标准度量系统来表达位置，如坐标系统。

精度: 数据测量的有效性，用以表征其与因变量有更高的可靠性和精确度。

属性: 用一个输入数据项来表达特征的度量或值。属性可以是标注、类别或数字；它们可以是日期、标准值、字段或其他度量。一个属性项就是数据收集和组织的项目。它是一个表或数据文件中的 一列。

方位投影: 将地球直接投影到一个平面的地图投影方式。该投影一次只能显示出地球的一面。

任意投影：既不是保持面积又不保持形状不变的地图投影。例如，罗宾逊投影。

正形投影：地图投影的一种，在地图上保留局部形状特点。在一个正形投影中，地理坐标网上的线垂直相交，就像地球仪上一样。

圆锥投影：地图投影的一种，通过圆锥与地球相割，将部分地球投影到圆锥面上，然后将其剖开展开成平面。

连续性：在空间中给出所有位置点的地理特性或特征或度量。例如地形和气压。

坐标对：任意绝对或相对坐标系的横坐标和纵坐标值。这两个值组合在一起，通常称为(x, y)，用以描述二维地理空间中的位置。

坐标系统：在二维或三维空间里，用以定位位置的必需要素，包括原点、单位距离种类和坐标轴。

圆柱投影：地图投影的一种类型，把地球投影到一个圆柱面上，然后把它剖开展成平面。

数据库：以系统的方式组织数据，以满足数据访问需求。

大地基准：地球表面三维高程的一个参考基准。大地基准取决于椭球体、地球模型和海平面的定义。

维度：地理特征的属性，可以分解成为基本的点、线、面元素。这些特征相应的是零维、一维、二维。例如，一个钻孔就是一个点，一条河流就是一条线，一片森林就是一个面。

变形失真：地图投影的空间变形，主要有地图上的方位扭曲、面积变形以及比例缩放。

横坐标：在坐标系中，从坐标原点往东到该点的单位距离。

边缘匹配：地理信息系统或数字地图在边缘处的匹配，从而与多幅纸质地图相同。位于边缘处的特征拼在一起肯定会产生锯齿，通过边缘匹配将锯齿融合消除掉。要进行边缘匹配，地图必须有相同的投影、大地基准、椭球体、比例尺，并且要以相同的比例尺获取和显示特征。

等面积投影：地图投影的一种类型，在地图上保持特征的面积不变。在一个等积投影中，一个小圆圈在地图上和同样比例尺下的球面上有同样的面积等，见等积投影。

赤道半径：地球表面离几何中心的距离，对一个球体通常取一平均值来表示。

简单圆柱投影：一种地图投影，直接用角度来表示横坐标和纵坐标。属圆柱投影，通过缩放圆柱的高宽来切割地球。无切割或赤道变形的称为"普通圆柱投影",在公元 100 年的《泰尔的马里努斯》中有记载。

等积投影：地图投影的一种类型，在地图上保持特征的面积不变。在等积投影中，地图上的一个小圆圈和同样数字比例的球面上具有相同的面积，见等面积投影。

文件：数据在计算机存储设备上的逻辑存放形式。

扁率(椭球体)：用 1 减去椭球短半轴与长半轴之比。地球的扁率大约为 1/300。

地理编码：将地理空间中的位置转换成计算机可读的形式。通常，用一个数字记录点来表示点的坐标。

大地测量学：是一门测量地球大小和形状以及地球引力和磁场的科学。

地理坐标：经度和纬度表达的坐标系统。

地理属性：表征地表特征的特点，通常用地图要素表达，例如，位置、面积、形状、分布、方位和邻接性等。

地理学：①一个研究领域，是基于 GIS 描述和分析现象的理解上。②在地理信息系统中，用于描述地球要素基本几何形状和属性。

大地水准面：一个综合地球模型，相较于地图学或 GIS，在测量学中更常见。用来说明地球与参考椭球体的差异以及由重力等引起的其他变化。

地球仪：用小于 1∶1 的数字比例表达的一个三维地球模型。

GPS(Global Positioning System，全球定位系统)：一个正在运营的美国军方建立的卫星轨道系统，允许使用接收机接收时间信号进行解码，并把几颗卫星信号转换成地球表面的位置信息。

地理坐标网：绘制在地图上或地球仪上的经度和纬度网格。网格线相交的角度就是地图采用什么投影的最好反映。

GRS80 (Geodetic Reference System of 1980，1980 大地测量参考系统)：1979 年正式通过国际大地测量与地球物理学联合会，把它作为测量地球大小和形状的标准。椭球的长半轴为 6 378 137 米。扁率为 1/298.257。

间隔：在相对比例尺，用一个数值进行数据测量，其数值是基于一个任意原点进行的。例如，高程基于平均海水面或坐标的。

纬度：球面上的点到地球几何中心连线与赤道的夹角。南极的纬度为-90°，北极的纬度为+90°。

度量等级：与度量方法有关的主观程度。度量可以是标志、次序、间隔或比率的。

关系：属于数据库结构的一部分，用于对同一地理特征的属性信息与地理信息进行物理关联。关系是地理信息系统定义的一部分。

位置： 在球面或地理空间中用坐标值或其他参考系统表示的位置，例如街道地址或空间索引系统。

经度： 过球面上的点和地球几何中心的经度圈，与穿过位于英格兰格林尼治天文台的经度圈之间的夹角，投影到地球赤道面或从极点上面能观察到的角度。经度范围从-180°(180°西经)到+180°(180°东经)。

地图毫米： 不是用公制单位，而是基于地图尺寸表示的地球本身特征的坐标系统。

地图投影： 描述将三维球面上的点表达到二维平面上的方法。

平均海水面： 通过多次测量海平面平均得出的局部大地基准，作用是排除潮汐和季节变化对海平面扰动的影响。它是地图中高程的基准。

经线： 一条始终保持经度不变的线。地球仪上所有经线长度是相等的。

公制系统： 在 1960 年被纳为国际标准的一个重量和度量系统，该系统采用国际单位制(SI)。米(美国使用的米)，是长度单位。

军用网格： 一个基于横轴墨卡托投影的坐标系统，在 1947 年被美国军方采用，并广泛用于世界地图绘制中。

镶嵌： 相当于地理信息系统或多幅数字地图的边缘匹配程度，位于边缘处的特征拼接在一起必然形成锯齿，通过镶嵌可以进行锯齿消除融合。新地图通常在镶嵌后要想进行裁剪。要想进行镶嵌，要求地图必须具有相同的投影、大地水准、椭球体和比例尺，并且要在相同比例尺下显示和输入特征。

NAD27(North American Datum of 1927)： 1927 年北美基准面，该大地基准面被美国用于早期部分地图绘制中。采用了克拉克椭球 1866，并把位于堪萨斯州的 Meade's Ranch 的点作为位置和高程的参考。

NAD83((North American Datum of 1983)： 1983 年北美基准面，现正用于美国及其各州地图制图中的大地基准面。该基准面采用的是 GRS80 椭球体，它非常接近于新的 WGS84。

标志的： 一种度量等级，对地理特征进行描述的主观信息。以一个点为例，它只有一个地名。

纵坐标： 在坐标系统中，从坐标原点开始向北到一点的单位距离。

扁椭球： 沿椭球短轴旋转形成的三维形状。

斜轴投影： 地图投影时，地图中线并不是与地球的地理坐标直角相交，也不和子午线或其平行线直角相交。

次序：一个度量等级，用于对地理特征进行描述的相对信息。以一条公路为例，
线的编码，依次变大，表示该道路是一条车路，还是土路、柏油路、国道、
洲际公路。

原点：坐标系统的一个位置点，该位置点的横坐标和纵坐标刚好等于零。

纬线：一条纬度始终保持不变的线。纬线往两极走越来越短，在两极时变为一个
点。

极半径：地球几何中心与两极之间的距离。

精度：用于记录一次度量或测量仪器能够提供的数字位数。

本初子午线：穿过英格兰格林尼治的经线，即 0 度经线。本初子午线源于地理坐
标经度，它把地球分为东半球和西半球。

比率：一个度量等级，用于对地理特征进行基于绝对原来描述的数值信息。例
如，对一块地，用美元对其进行估价，零值也具有实际意义。

相对位置：仅用来对另一位置的描述起参考作用的位置。

地图比例：地图上代表的距离与地面上实际测得的相应距离之比。典型的地图比
例有 1∶1 000 000，1∶100 000 和 1∶50 000。

比例尺：地理属性通过地图比例被缩小的程度。比例尺通常表示在地图上，或者
通过地图上已知特征的大小进行计算。

无比例尺：不考虑地图使用的地理数据的比例尺，按抽象的形式，以任何比例尺
显示数字地图数据的特性。

正割投影：一种地图投影方式，在地图比例下，用一平面"切割"地球。在地理
空间沿切割线是没有变形的。也可能产生多条切割线，如圆锥投影。

国家平面：一种坐标系统，通常用于公用事业和美国本土小于 48 带的测绘应用，
它是基于横轴墨卡托和朗伯特正形圆锥投影，并按每个州进行分带绘制的。

标准纬线：正割地图投影生成的切割线，没有形变。

横轴：一种地图投影，其地图轴的排列是从一极点到另一极点，而不是沿赤道。

USNG((United States National grid)：美国国家格网，联邦地理数据委员会采用的
格网系统，现被广泛应用，例如应急管理。与 MGRS 很接近，既可采用
NAD83 基准，也可采用 WGS84 大地水准。

UTM(Universal Transverse Mercator)：通用横轴墨卡托，基于公制系统的标准坐
标系，将地球按 6 度一个带划分为 60 个带。每个带分别采用横轴墨卡托投
影，且坐标原点位置是系统自动给定的，该坐标系现有民用和军用两种
形式。

值：数据库中一条记录的一个属性内容。值可以是文本、数值或代码。

WGS84(World Geodetic Reference System of 1984)：1984 年世界大地测量参考系统 GRS80 的高精度版本，被美国国防部用于世界地图绘制。它是手持 GPS 接收机常用的通用大地基准和参考椭球体。

带：一种坐标系统，与一个独立原点相关的所有坐标形成的区域。通常情况下，一个带是地球或一个国家的部分。

2.8   GIS 人物专访

大卫·伯罗斯(David Burrows，DB)，ESRI 公司(加州，雷德兰兹)的软件开发程序员

KC: 听说您是 ESRI 公司的地图投影工程师。

DB: 我是 ESRI 公司专门从事地图投影开发的程序员。所有的地图投影编码都是我写的，有一部分编码称为投影引擎，它贯穿于我们现在所有的产品。这就是用于坐标转换原理的数值处理系统，不管是测地学的经度和纬度转换为地图上 $x，y$，还是从一种坐标系统转到另一坐标系，都要用到该系统。

KC: 在您从事这份工作前，您有哪些方面的教育背景？

DB: 我获得了宾夕法尼亚大学地理学和环境资源管理的理学士。19 岁时，我就开始学习地理学，并且喜欢上了这门学科。我擅长数学，我喜欢做数学方面的工作，而且一点儿都不怕。我学习了地理学中各种技术课程——数字地形模型、

卫星遥感技术、空间分析和计算机制图。后来，我又获得了加州大学圣巴巴拉分校的地理学硕士学位，并学习沃尔多托布勒的地图投影课程。在 ESRI 公司，尽管我的目标不是做地图投影，但是他们需要有人编写投影引擎代码，于是就问我是否愿意承担这份工作。我说："我能做。我喜欢地图投影。"

KC: 您认为学生在理解地图投影时最难的是什么？

DB: 一些数学方面的公式东西让人望而生畏，特别是在我们国家。他们对数学心怀恐惧，害怕看到书上的很多希腊字母、许多三角函数或积分。我在工作中也看到有类似情形。很多人都不想对付这些数学难题，也不想涉及这一层次的数学问题，实际上也不想探究投影算法，并把它转换成另一个数学问题。

KC: 如果学生想学地理信息系统，您会推荐他们上哪些课？

DB: 我想至少要学习一两门微积分学，知道矩阵代数和三角函数。在地理信息系统中，我认为你没必要掌握一些高级深奥的数学理论。但需要知道基本的微积分，它们能使你得到更多机会，并且我认为这是非常重要的。

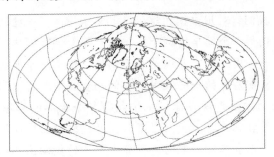

KC: 作为专业人员，您在地图中经常会遇到哪些与地图投影有关的错误？

DB: 人们没有正确标注数据。像"我有一个兰勃特正形圆锥投影数据。"这非常好，但是这个投影采用了哪个大地水准，什么地理坐标系统，投影参数是什么，我的意思是，告诉我关于您的数据的一些信息。我认为，在很多时候人们操作数据时，并不知道自己在做什么。在 ESRI 的会议中，有一个完整环节来帮您解决您不清楚的坐标系统，这是非常重要的。

KC: 在您刚才提到的编程过程中，哪种投影是最复杂的？

DB: 洪特尼斜轴墨卡托投影是最复杂的。我对书中描述的这种投影的数学方法表示质疑，因为书中写的投影数学公式中，都没有考虑到所有的异常情况。数学方程式不是为程序设计写的，因此你得确保它在实际应用中能起作用，尤其是正变换和反变换。另一个有趣的投影是复横轴墨卡托投影，它使用复数法。您知道，在复杂的双曲线三角函数中要用到实数和虚数。最让人棘手的是椭圆积分。

KC: 能给我们透露下 ArcGIS 软件最新版本的内容吗？

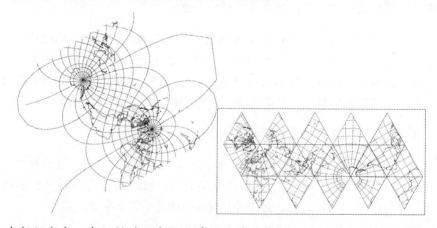

DB: 在新版本中，我们针对用户提的建议及其需求增加了一些新的功能。其中之一是地理转换，例如一个简单的例子，把用户界面调整到尽可能显示用户所需要的信息，对于一些用户而言可能是看不到的，但是对于那些真正想知道他们在做什么的人，需要看到的一些数据。我们一直在增加新投影，新功能；我们改写了影像投影的方法，现在你能很快获得整个世界的影像，并把它存放在里面，就像分辨的古德投影。我们在不断提升栅格投影操作的速度。我们在精度提高方面也做了很多工作，采用许多非常严密的数学正算和反算过程，并将其

固定下来以排除一些异常情况。

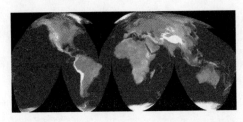

KC: 您可以讲讲本科生应该怎样上好第一堂地理信息系统课吗?

DB: GIS 是一门了不起的学科, 可以用来做很多事情。同时, 它也是一门技术, 你可以应用于解决所有的地理问题。它提供了一套丰富的工具, 但是在使用这些工具之前, 你得掌握一些概念, 因此需要有地理学的知识背景。有些人只是集中于掌握技术本身, 但是对于我而言, 掌握技术及实际应用, 是一个非常有趣的事。用地理学的眼光来看世界是非常有意思的。GIS 是一门多元化的学科, 但它是我的谋生之道, 我可以坦白地说我真的乐在其中。

KC: 非常感谢你。

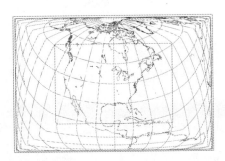

投影图来自 A Gallery of Map Projections, 作者 Paul B. Anderson(可访问网址 http://www.csiss.org/map-projections)

第 3 章
地图数字化

"的确，栅格数据分析速度快，但数据量相当大，矢量数据表达更为准确。"

——达纳·特雷纳(C. Dana Tomlin)

3.1 地图数字化

在理想世界中，安装有地理信息系统软件的计算机在侧面应该有一个输入口，当我们往这个输入口中装入纸质地图时，软件就会自动生成地理坐标配准的数据层，软件实现对这些数据层的属性解译和存储，实现模拟量到数字量的转换，从而自动生成我们所需的数字化地图。然而遗憾的是，这种技术创新还须假以时日，纸图进入计算机还需要人，还需要人对地图进行数字化采集。在本章和第 4 章中，我们将看到用数字表达地图的多种不同方式。所有地理信息系统必须以数字的方式存储地图，没有别的选择。假如我们现在需要将现实世界的海洋转化为 GIS 系统的数字海洋，我们会看到不同类型的 GIS 系统实现数字海洋方式会有很大的区别。将地图转换为数字的计算机组织模式，会对地理信息系统如何采集、存储和使用地图数据的方式产生重要影响。在第 4 章中，我们将看到，让 GIS 系统工作起来的第一步(也是最重要的一步)是用正确的数字化方法将地图输入到计算机中，而该过程中所使用的数字化采集和数据存储方式，往往直接决定着在后期这些数据能做什么和不能做什么。

　　显然，有很多方法可以实现从可视的或印刷的地图到数字化地图的转换。多年来，地理信息系统软件的研发人员已经设计了大量方法来进行地图数字化，这些方法的区别是很重要的，不仅仅是因为我们需要用不同类型的文件和编码，更是因为它会对我们所思考的地理信息系统数据的整体方案产生影响。如何将我们想象的地理信息系统与我们工作的特征及计算机内由字节数、二进制位构成的实际文件联系起来，这是至关重要的。对于计算机而言，数据被存储在实实在在的物理设备上，至少，对于地理信息软件来说，必须有实实在在的存储于计算机中的地理数据。磁盘和光盘之类的这种物理设备，不仅关系到计算机如何使用它(如作为磁盘或可读写内存使用)，而且还关系到文件和目录如何存储，地图和属性信息如何访问。

　　在物理层次上，地图，就像其他实体对象一样，最终分解为一系列的数字，而这些数字被存储为计算机中的文件。一般来说，有两种可选方法来存储这些数字。第一种方法，每个数字被保存在二进制编码数或比特文件中，十进制数、小数可以转换为二进制数。二进制数在计算机的硬件中用电路的开或关表达，相应的在计算机文件中记为 0 或 1。一个 bit 就是一个二进制位，可存储 0 或 1，排成一行的 8 个二进制位(比特)组成一个字节。可以用一个字节来存储从 00000000～11111111 范围的二进制数，换算为十进制数，一个字节可存储的整数范围为 0～255。因为一个字节的内容可用十六进制的两位表达，许多计算机程序员就常用 16 进制方法来表示一个字节。由于十六进制超出了常规的数字表示范围(0～9)，因此只能用字母来填补空缺。十六进制的数字排序是从 0，1，2，3，4，5，6，7，8，9，A，B，C，D，E，F。对于计算机程序员来说，在十六进制中，一个字节存储的数字范围是由 00～FF。作为 GIS 用户，一般来说，你永远不会见到十六进制的数，除非系统崩溃，或者是在别无选择的情况下想查看存储的二进制文件。

第二种方法，就是用人们常规处理数字格式的方法——一次处理一个十进制数，将数字编码为文件。人类就是用这样的方式来处理文本和标点符号等的，因此这种格式通常称为文本或 ASCII 码文件。ASCII 码是美国信息交换标准代码 (American Standard Code for Information Interchange)的简称。对于一个字节的存储单元来说，可用以对小于 256 的正整数进行编码，或者说一个字节可编码的数有 256 种。ASCII 代码包含数字、小写字母、大写字母、一些特殊符号(例如 "$" 或 ">")以及一些具体的操作键(例如 Escape 键或 Tab 键)，这些数字和符号都被编码为 0 到 255 的整数。每一个 ASCII 码用一个字节存储，我们存在文件中的数字，甚至包括缩进和空格键也是如此。这些文件通常适合在编辑器或文本处理器中使用，也可以打印出来或在无程序支持下阅读，如图 3.1 所示。

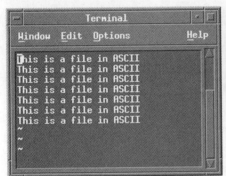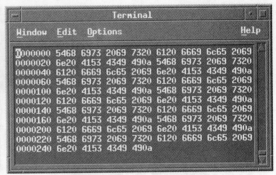

图 3.1　同一个文件用两种不同形式表示(左：ASCII 码；右：十六进制)。十六进制文件中，第一列是行号

数据的逻辑结构要求我们，在脑海中构建一个心理模型(mental model)，如何用物理数据来表示地理特征？正如一幅地图就是一幅平面的、用符号来表达其覆盖景观的纸质模型。

在传统的地理信息系统和计算机制图中，地图数据有两种基本的数据模型，而属性数据则只有一种。按数据结构，地图数据被划分为矢量格式和栅格格式，而属性数据只有二维表结构的平面文件一种。图 3.2 就是使用 uDig 开源 GIS 软件对朝鲜半岛进行放大后所生成的图。

在卫星影像图及其缩放图中，可以看到世界各国的矢量格式的海岸线。但当我们放大矢量图像时，在大比例尺条件下，就看不清楚它的细节。然而，当我们的放大比例超过原有的地图数据的比例尺(1∶1000 000)时，就会看到海岸线是由一系列连接在一起的直线构成，就像在连线图(connect-the-dots diagram)中看到的一样。在其他影像中，一张来自国防气象卫星计划的运行线性扫描系统的卫星影像，被处理成能看见夜间光的影像。这些遥感数据是由像元构成的，每个像元代表地面 2.7 千米范围。在这幅卫星影像(也称卫片)中，不仅能清楚地看到南北朝的分界线，而且在放大时能看到影像数据变成的一个一个像素方格或马赛克。在这个例子中，海岸线数据就是矢量数据，卫星数据是栅格数据，在接下来的小节中，我们将看到它们存储地理数据方法上的优缺点。

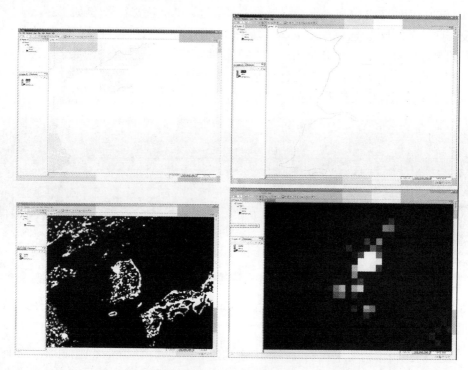

图 3.2   朝鲜半岛和平壤市影像放大两倍后矢量和栅格显示情况。该例用的是 uDig GIS 软件

3.2   栅格数据

假设我们使用皮尺和金属钉来分割地球表面，把地面分成由方形单元格组成的巨大的格网，在发掘考古遗址时就经常采用这种方法，这时，如果我们将表达地表信息的属性数据分配到每个单元格中，那么，具有不同属性值的方形阵列网格就构成了地图。栅格数据模型就是采用这种格网来表示地图的，格网由地图坐标系的坐标确定，这种模型及数据结构能很好地表达地图数据。格网中的每个单元格就是一个地图单位，所以在 GIS 地图中每个单元格代表屏幕显示点或像素，或地理坐标系的坐标围成的方形地块。像素是计算机监视屏幕显示的最小单位，如果用放大

镜来看计算机显示屏幕或是电视机，会看出图片是由无数个这样的小像素组成的。每个三角形的像素是由三个荧光点组成的，它们分别为红色、绿色及蓝色。把一幅地图以栅格方式输入计算机时，必须为格网的每个单元赋值。所赋的值取自地图上实际的数字，例如数字高程模型(Digital Elevation Model，DEM)中的海拔，或者更常见的指标值，这个指标值是独立存储于属性数据库中的地图属性的数量表达。许多栅格数据是通过遥感技术获取的，用一个机载传感器以方形单元格或数码相机像素单元对地面进行"扫描"时，得到的就是栅格遥感数据。扫描仪也可以将现有的硬拷贝地图或图像转换成网格数据。图 3.3 列出了 GIS 系统最常见的一些栅格数据实例。

数字栅格图　　　　　　　　　　　　　卫星影像

航空数字影像　　　　　　　　　　　　数字高程模型

图 3.3　栅格数据的例子

在图 3.4 中，列出了栅格数据的关键要素。第一，单元格(栅格或像元)大小决定了数据的空间分辨率，单元格的大小既可用地图尺寸表示、也可用地面度量表达。例如，经常提到的 30 m 分辨率的 Landsat 卫星数据，意思是影像上每个单元格代表地面上 30 m × 30 m 范围。地图的格网单元可能用几个像素来表示，而在纸上可能会用一个既定颜色的、特定大小的点来表示。第二，栅格数据有边界。地图区通常用矩形边界表示，栅格数据是由行和列组成的矩形，这样一来，即使地理信息系统中不想存储研究区域(例如州界)外的格网数据，也要对格网单元进行赋值(常用一个代码表示"出界")。第三，地图特征格网表示有时不能完全匹配，如线条宽度不均匀，点必须移到格网的中心或交叉处，面必须有自己独立编码的边。有时必须预先就要判断格网中哪些连接点是合理的。如取一个独立的单元，允许连接北、南、东、西四个方向，就像中国象棋里"车"的走法，或者，可以允许沿着对角线方向移动。选择哪种方式在对地理信息系统数据存储和使用地理特征上具有重要的决定作用。第四，在处理一个格网时，通常一个特征占据一个格网单元，也就是说，格网具有这个特征的属性。在多数情况下，地图数据并不像这样简单。例如，土壤数据通常是依据每一层上沙、泥土、黏土的成分的百分含量来分类的。

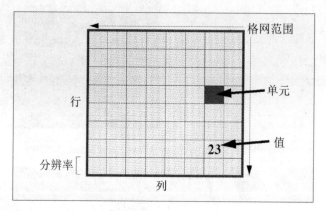

图 3.4   栅格格网要素

最后，如果一个格网的组成单元足够大，甚至还能够存储格网中的最大属性值。曾经在电子表单中存储人名的人也许明白：即便用 8 个字符就可以存储"Jane Doe"，但有时仍然要考虑为更长的名字留出空间，所以每个格网单元都要预留额外的存储空间。由于格网的行列数决定着格网单元的数量，因此数据的存储的空间急剧增加(或许是成倍)。格网的存储空间通常是呈平方地增加，用更多的 8 位(比特)字节来存储越来越大的属性数值。在格网中，用于存储最大属性值的比特数目称为比特数(bit depth)。例如，如果以米为单位来表示海拔，则至少需要 16 位来存储高程值。

然而，栅格格网有许多优点，比如易于理解，能够快速检索和分析，便于在屏幕和计算机显示设备上以像素为单位进行显示。

美国俄勒冈州波特兰市的 Metro GIS 项目负责人马克·博斯沃斯(Mark

Bosworth)，将栅格数据喻为音乐，他说栅格数据就像莫扎特的音乐(参见图 3.5)：详尽、乐调重复，高度结构化而又不失优雅，即便可能有"太多的音符"，但伴随着缓慢而优美的节奏，也能把音乐的主旋律谱写成一种极好的单一结构。矢量数据更像贝多芬的音乐，它以跳跃、大胆的线条从一个地方快速而准确跨到另一个地方。

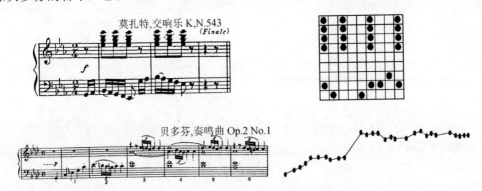

图 3.5　数据结构就像音乐一样

矢量数据

对于地图数据而言，另外一种重要的数据模型就是矢量数据结构。矢量数据结构是由点构成的，每个点根据其精确的空间坐标值来表示。对于一个点或者一组点来说，矢量数据就是一个坐标系列表。用一串有序坐标点对来表示线，也就是说，列表中点对的顺序就是它们在地图上绘制或用于计算时的顺序。需要指出的是，线就是按此方向来读取点的，矢量数据面是由一条或几条相邻线组成的闭合空间。

矢量数据在表示地图上线状地理特征时具有明显的优势。例如河流、高速公路和边界线。矢量数据只在需要的地方精确放置点位，而不像栅格数据那样，不管需不需要格网单元的属性信息都得存储它。一个正方形是由四条线连接四个点构成，例如，可以用较少的点表示直线，较多的点来表示曲线，用这种方式就能很好地获取一条曲折的线条。采用矢量数据结构，只需要用几千个点就能勾绘出地图的轮廓，远远少于栅格数据结构采用的格网单元。此外，要把矢量数据投影到另一地图空间或坐标系统，每个点一次就能准确进行坐标变换。栅格数据则不同，数据的重新投影实际上是很难的。用音乐作比喻，矢量数据更像贝多芬的音乐，如图 3.5 所示。矢量数据模型用的是那种能准确快速地从一个地方到另一个地方的跳跃的粗线条。矢量数据模型在地理特征表示上直接而不累赘，图 3.6 展示了一些最常用的地理信息系统矢量数据集。包括美国人口普查局的 TIGER 文档、国家地理空间情报局的 VMAP0 的世界地图轮廓和美国地质调查局的数字线划地图。矢量数据结构是现行的基于 Arc/node 地理信息系统数据结构的基础。

美国统计局的 TIGER 文档(威斯康星州)

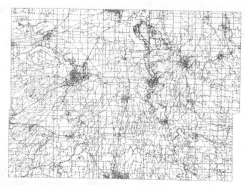

美国地质调查局的数字线划地图(Dodge Co.，WI)

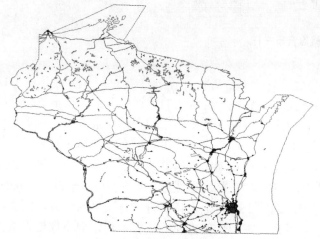

国家地理空间情报局的 VMAP0

图 3.6   一些典型的矢量结构的数据

由于矢量数据对地理特征的严格表达和高效存储，使其在精度上具有优势。矢量数据很适合喷墨或激光绘图设备，如在同一时间要对地理特征进行完整的绘制。就像我们将在 3.4 节讨论的拓扑那样，矢量数据也可调整用于存储与其他地理特征连通性的信息。不足的是，矢量数据结构不擅长表示连续变化场的变量(如地形)，后面讨论的不规则三角网除外。如果一幅地图的区域填充了阴影或颜色时，就不适合使用矢量数据结构。

3.3 属性结构

我们几乎很少讨论属性数据的结构，只简单提及它是平面文件(flat file)。平面文件是用来表示如何在表格或列表中存储数字的文件。属性模型也是一种用行表示记录、列表示属性的格网。如图 3.7 所示，平面文件并不是真的需要一个结构，它可以是简单的数据项列表，变量值以记录或元组方式按照文本逐行写入文件。从概念模型理解，平面文件就是一张由属性列和记录行组成的二维表。由于对象的位置可以用两列表示的点或其他形式进行存储，所以我们没必要关心属性数据存储的空间顺序。最简单的例子是，一幅地图可以存储成一个平面文件。

```
"City_fips","City_name","State_fips","State_name","State_city","Type","Capital","Elevation","Pop1
990","Households","Males","Females","White","Black","Ameri_es","Asian_pi","Other","Hispanic","Age
_under5","Age_5_17","Age_18_64","Age_65_up","Nevermarry","Married","Separated","Widowed","Divorce
d","Hsehld_1_m","Hsehld_1_f","Marhh_chd","Marhh_no_c","Mhh_child","Fhh_child","Hse_units","Vacant
","Owner_occ","Renter_occ","Median_val","Medianrent","Units_1det","Units_1att","Units2","Units3_9
","Units10_49","Units50_up","Mobilehome"
05280,Bellingham,53,Washington,5305280,city,N,99,52179,21189,24838,27341,48923,411,943,1453,449,1
256,2903,7101,34814,7361,16389,18950,663,3186,4576,2758,3937,3766,5237,300,1381,22114,925,10793,1
0396,89100,371,12808,368,1198,2267,3317,1229,73235050,Havre,30,Montana,3035050,city,N,2494,10201,
4027,4955,5246,9313,15,790,65,18,116,787,2017,5949,1448,1835,4401,116,714,728,497,702,1039,1076,6
8,347,4346,319,2362,1665,56000,242,2576,57,278,651,303,86,334
01990,Anacortes,53,Washington,5301990,city,N,99,11451,4669,5506,5945,10945,62,192,154,98,233,725,
1981,6276,2469,1420,5818,151,833,916,437,711,1032,1777,76,255,4992,323,3181,1488,85300,342,3724,1
21,134,380,353,0,200
47560,MountVernon,53,Washington,5347560,city,N,99,17647,6885,8459,9188,15809,78,200,245,1315,1921
,1526,3349,10322,2460,3163,7294,291,1025,1657,802,1182,1695,1772,136,583,7167,282,3914,2971,78500
,359,4138,154,248,791,1014,171,592
50360,OakHarbor,53,Washington,5350360,city,N,99,17176,5971,8532,8644,14562,757,153,1455,249,916,2
196,3582,10164,1234,1971,8481,178,538,845,421,577,2493,1580,85,388,6173,202,2379,3592,86500,411,3
315,301,177,1004,872,0,405
53380,Minot,38,NorthDakota,3853380,city,N,1580,34544,13965,16467,18077,33098,380,724,261,81,268,2
467,6276,20983,4818,7537,14938,289,2225,2215,1753,2545,3511,3735,152,1006,15040,1075,8406,5559,56
200,279,8308,400,893,1920,1901,276,1215
```

图 3.7 一个带有空间内容的平面文件例子

早期的计算机制图经常采用这种方法。就像栅格格网一样，必须以二维表的单元格来存储属性值，如图 3.8 所示。

我们前面已经提到过，这些属性值必须以某种方式将平面文件中的数据与地图数据进行关联。对于栅格格网而言，可以在格网中存储指标值或在平面文件中存储表示指标属性的任意属性值。例如，在一块表示土地利用的地图上，1 表示森林，2 表示农田，3 表示城镇。对于矢量数据表示而言，稍微复杂一些。点数据很简单，我们甚至可以把坐标信息放到平面文件里面。然而，线和面由不同数量的点组成，再一次需要通过点名或"ID"来区别线条，并且将整条线的属性保存在平面文件中。

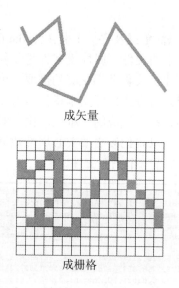

```
4753456  623412
4753436  623424
4753462  623478
4753432  623482
4753405  623429
4753401  623508
4753462  623555
4753398  623634
```

成矢量

平面文件

成栅格

```
0000000000000000
0001100000100000
1010100001010000
1100100001010000
0000100010001000
0000100010000100
0001000100000010
0010000100000001
0111001000000001
0000111000000000
0000000000000000
0000000000000000
```

图 3.8   图形文件转换为平面文件的简单方式

　　我们也可以用同样的方法来处理面，不同的是需要用线平面文件表示多边形或面文件。例如，如果我们把线条称作弧段，就可能同时需要多边形属性表文件和弧段组成的多边形文件。在弧段/节点(Arc/nod)的结构中，有一个单独的多边形文件，它的一个属性对应一个多边形，这也正好是面类型数据所需要的。同样地，如果基本单元是线或点，那么属性就会随特征要素一同存储。

　　到目前为止，我们只是简单接触了 GIS 中使用的数据模型。在后面的几个小节中，首先，我们将深入探讨属性数据在文件中的存储方式及探索过去 40 年中数据存储技术的发展历程。然后，在下面的几个小节中，将详细探讨 GIS 用来存储地图数据的不同逻辑和物理数据模型。多年来，这些技术都随时间推移而不断进步，并有了显著提高。我们将看到 GIS 数据提供商采用的一些格式。在本章末尾，还提出 GIS 用户在不同格式和系统间移植数据时遇到的一些技术难题。

　　在第 5 章中，将更详细地讨论属性数据文件存储的逻辑方式。暂时想一下平面文件是什么，简单的方式就是回顾图 3.7 的内容，平面文件就是一张表格，它用列来存储属性，用行来存储记录值。我们预先已经知道每个属性存储的信息类别(而不管它是文本的还是数值)以及数值的大小等，然后就能按次序将其写入文件。对于每个记录，都能用 ASCII 代码作为每个属性项(在数据库中，通常称为字段)的值。在每一个记录值的末端，又开始新的一行记录，这样，文件就变成一种带有行和列的表格或矩阵。

现在，便很容易理解一些数据库操作实际所起的作用了。例如，如果想做数据排序，就要对文件中的各行进行重新编号。如果想要找出其中一个指定的记录，就要进行逐行搜索直到查找成功，然后显示出来。如果我们可以将这些数字进行二进制编码或生成排序文件，那么使参考频率最高的记录位于文件的开头，往往能大大提高操作速度。大多数据库管理系统(Database Management System，DBMS)正是采用这种方法，有的是采用非常巧妙的方法往文件中输入记录。如果你使用的是数据库管理软件，或者甚至在个人计算机(PC)中使用电子数据表格程序，就会注意到这些文件将记录保存到一个位置。渐渐地，GIS 软件与通用的数据库管理系统有了软件接口，甚至可通过 Internet 连接加以使用。通过 Internet 在不同位置存放不同数据的数据库称为"分布式数据库"。许多 GIS 软件包都带有管理分布式数据库的软件，通常称为"服务器扩展"、"数据库引擎"或"数据仓库"。

属性结构化的另一个重要部分是数据库字典，它要求所有表示特征的属性序列必须以文件方式写入。有时，用一个单独的文件就可以完成，但数据字典通常写在数据本身前面的文件顶部或数据头。这样做的优点在于可以提前预知数据的类型(例如，文本、整型或浮点数据等)，而且有利于检查记录的内容。所以，GIS 软件中的属性数据库部分是相当简单的。属性数据库最简单的情形是由一个逻辑表组成。最复杂的情形是一个目录中有可能包括多个文件。从数据管理的角度看，属性操作是很容易、轻松的。遗憾的是，地图的处理比较难。

3.4　地图的结构化

地图至少是二维的，因为在地球表面表达特征存储时，它有经度和纬度，而在地图空间，则有指东向的 x 坐标和北向的 y 坐标。在特征的表示在存储时，对其规模进行了缩小，而这些特征可以是点、线、面，甚至是体。点特征的处理是很简单的，很容易想到除了用 GIS 绘制点，事实上对点特征的表示并不需要 GIS，因为它可以列在平面文件中，x 和 y 坐标可以像常规属性一样存储在标准数据库中。线和面的特征复杂得多，因为线和面有不同的形状和大小，所以平面文件中记录的长度也不同。一条溪流和一条公路会由不同数量的点来获取，所以不太适合用属性数据库来管理。

然而，也不是说必须录入点。在 3.1 节中，提到地图数据的两种基本模型、矢量和栅格数据模型。一个地理信息系统通常采用两种格式来处理数据，但想要直接进行地图比较，例如叠加操作时，就只能用一种结构来进行地图检索和地图分析。选择哪种数据结构直接影响到 GIS 的操作。数据结构也会影响进程中的错误类型和数量以及用于显示的地图类型。因此，有必要依次详细地讨论每种数据结构的数据组织方式。

3.4.1　矢量数据结构

矢量数据结构最早应用于计算机地图制作和 GIS，一是因为它容易从数字化仪中获取；二是在表示诸如土地利用等复杂特征方面更加精确；三是它容易在喷墨输出设备(如绘图仪)进行绘图输出。奇怪的是，早先即使出现了不同的技术和方法来数字化地图，几乎也没有人会想着制定一个数字化地图的标准。包括最早的带有(x，y)坐标的 ASCII 码文件，但很快，它们在数据大小方面变得越来越难处理，在这种情况下，二进制文件应运而生。

第一代矢量文件只是一些简单的线条，以任意点位置开始，以任意点结束，这是对制图员绘制地图方式的重复。显然，要在纸上画一条线就要提起笔，但是，可以在沿着这条线方向的任意位置提笔开始画。这些矢量文件由一些长线条、许多短线条甚至二者的组合构成。这些文件一般都用二进制或者 ASCII 码写入，并用一个标识符号或者代码坐标来表示线条的结束。早期的数据库，例如中央情报局(CIA)的 World DataBank Ⅱ 就是用这种方式来建立结构的。

作为计算机程序员，必须在文件中到处搜索跟踪线条，早期的 GIS 程序员尼克·克利斯曼(Nick Chrisman)将此形象地比喻为从一大盘意大利面条中挑选出一根面。现今，我们把这种无结构的矢量数据称为"地图面条式矢量数据"(cartographic spaghetti)。奇怪的是，有很多软件系统仍然在使用这种简单的数据结构，并且在众多其他数据格式被淘汰的情况下仍然沿用，例如美国前国防制图局标准的线性格式。但大多数系统允许用户以这种结构来输入数据，但现在所有数据在输入后都必须转换为拓扑数据。ESRI 受欢迎的 Shapefile 格式是一个特例。

就像采用层次系统来管理属性数据库一样，20 世纪 60 年代，人们开始用层次结构来管理空间数据。这演变成后面的弧段/节点(Arc/node)模型。许多第一代系统，包括 POLYVRT、GIRAS 和 ODYSSEYD，采用的都是这种数据模型。这种数据结构的本质是每种点、线、面特征都由比它更低一维的特征组成。所以，面特征由线特征连接而成，而线又由点连接而成。这样组织数据的好处是，我们只需以任意方式保持文件间的关联，就可以获得单独的点、线、面文件。

例如，在图 3.9 中，一个独立的多边形由两条线或弧段组成。每条线由一系列点构成。这些点沿着弧线的方向依次从一个节点到一个节点按顺序排列。点、线和多边形各自存储在单独的文件中，它们根据交叉坐标参照连接在一起。

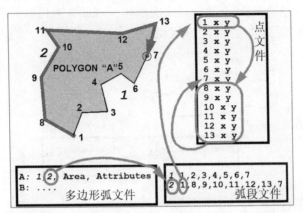

图 3.9 基本的弧段/节点模型

　　至少，我们还需要一个文件来表示多边形属性，一个文件用于列出多边形内所包含的弧段数，最后还需要一个供弧段文件参考的坐标文件。图 3.9 向我们展示了需要存储的文件内容及其之间的参照关系。例如，在弧段文件的起始位置，就涉及弧段 2 所包括的点文件，这些点又被放在前面的坐标文件中，它是由点第 8，第 9，⋯⋯等点组成。注意 "岛"，也就是内部有另一个多边形的独立多边形，需要把它存储为只带有一条弧段的多边形，这个多边形首尾相连闭合成环。类似地，有时我们有一些特征(例如，带有上半岛和下半岛的美国密歇根州)，需要将两个多边形连接成一个单独的属性集，如密歇根州的人口和人均收入。弧段/节点结构有专门的方法来解决这些难题，所以这些难题比刚开始出现时更为简单常见了。

　　在 GIS 早期发展中，许多系统把这种数据结构演变成不同的版本类型。很显然，为了节省空间，这些文件以二进制形式存储。然而，几乎没有其他方法在存储点、线和面数据方面如此有效。只要数据是有效的，这就是针对地图特征的一种功能非常强大的数据存储方式。但是，当数据中包含有错误时(其实这种情况经常会出现)，容易导致系统崩溃。

　　在 1979 年召开的首届 GIS 拓扑数据结构国际高级研讨会后，新一代的弧段/节点数据结构诞生了。这种新颖的数据结构用弧段来作为数据存储和多边形重构的基础。正如我们在 3.4 节中讨论到的，这种方法的实现也证明它有其他实际应用价值。系统还是采用以前的方式来存储点数据，但是包括在与点文件关联的弧段文件中，它们都被简化成一个弧段 "概要" 文件，如图 3.10 所示。它由一条弧线中的起始点、我们称为 "末节点" 的最后点及相关信息组成，这些信息与这个特殊的弧段本身无关，而是与它地理空间中的邻域有关。这包括下一个连接弧段的编号和位于弧段左右两边的多边形的编号。如果这条线只是一条河流或者是一条道路,这些信息就可有可无。但是如果这个弧段是构成封闭区域或者多边形的网络组成部分,那么多边形的标识码就是多边形构建的关键。

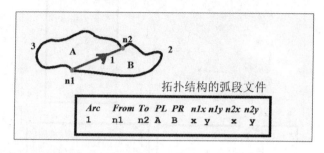

图 3.10　基本的弧段由线要素加拓扑关系构成

我们可以通过提取特定多边形所包含的所有邻域弧段来构建多边形。如果这个多边形是每条弧线的右邻接多边形,末端的节点就会被检测以了解应该被放入哪个位置顺序。弧段作为基础单位,这意味着在进行地图数字化时,用户只能一次录入一条弧段,而不能每个区域沿着边界跟踪两次。由于同一弧段在这两种情况下都能被准确调用,所以这种碎屑多边形错误是完全可以避免的。

矢量数据面临的一个难题是,它实际上不能很好地解决地理表面的连续变化度量的表达,例如地形的起伏和气温的连续变化。一个研究团队设计了一种新的数据结构来解决这个问题,我们称之为"不规则三角网"(triangulated irregular network),或者简称为 TIN,如图 3.11 所示。实际上,这个 TIN 也是一系列带有坐标的点。与这些点一起存储的还包含不规则格网拓扑信息的文件。这个不规则格网由一系列的三角形组成,而这些三角形是由狄洛尼三角网中的点连接而成的。以这种方式来绘制三角形是最理想的,因为改变其中任意一个三角形,就会使这个三角形及周边邻接的三角形表达的地面有很大的改变。

我们可以建立 TIN 的两类要素,一类是带有包含连接点的弧段信息的文件,另一类则是包含构成三角形的所有数据的文件。作为存储地形或高程数据的一种方法,TIN 广泛应用于地表可视化和地理工程中。我们也可以利用 TIN 轻松生成等高线,可以用 TIN 构建区域的三维场景视图,可以用 TIN 估算数字景观中水流方向或计算工程建设中土石方的填挖量。与 GIS 交叉使用的计算机辅助制图系统(CAD)和测绘软件也使用 TIN 作为其数据结构。视频游戏系统需要存储海量的虚拟地形和景观,它们也会以 TIN 作为其数据结构。事实已经证明,TIN 能够高效存储地表数据,并广泛适用于开发 GIS 新用途。

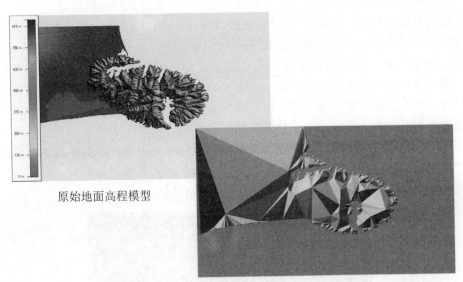

原始地面高程模型

TIN在更详细的地形区域增加的三角形数量

图 3.11　针对地表的 TIN 三角形覆盖了新西兰南部岛屿的海岸线部分。原始数据来自 STRM 的 90 米数字高程模型

3.4.2　栅格数据结构

栅格或格网数据结构为许多地理信息系统软件包的出现奠定了基础。格网数据结构具有强大的数据存储能力，这些数据组成了带有行和列的数组或者阵列。每个像元或格网单元包括一个数据值或是在属性库中指向关联的索引编号。例如，一个像素包含数字 42，也就是说像素与数字 42 或者 Anderson Level Ⅱ 土地使用/覆盖系统中的"落叶林"一致，也或者说，它就是属性文件中第 42 个记录的内容。

为了将数字写入文件中，我们可以用任何需要的属性代码，也可以用行和列数或是一个属性值的最大宽度来考虑文件的开头，接着再将这些数据以二进制形式逐行逐列写入文件，这种带有开始和结束的长二进制数据流就像一件拆散的毛衣。当我们读取数据时，只需把它们放入相应正确的栅格单元中。

栅格数据结构系统的一个主要优点是，在计算机内存中，数据本身能构成地图。例如，要比较一个格网单元与其他周围像元的关系，可以通过考虑查看前后行列格网的值来操作。然而，栅格数据并不能很好地表达线和点数据特征，因为那样会使线和点变成一组格网单元，如果这些线有很小的角度就需要跨跃多个格网，这些线就会断开或者变得"拥挤"。然而，在矢量数据结构中需要 TIN 支持的连续表面变量就很适合用栅格数据表达，尤其适用于遥感数据或是扫描数据。

栅格数据面临的一大难题就是混合像元的问题。图 3.12 提供了一个例子。照片显示了湖面轮廓斜视图的一部分。在左下角的单元中，只有一种土地类型——"裸地"，所以，这个像素明显是属于一类的。在它上面的单元中，有两种类型的属性：裸地和植被。即便一个湿的印迹明显指出水体格网单元，但仍然很难将每个像素归为一个类别或其他类别中。一种处理方法是，在 GIS 中，通常将非专属某类或其他类的像元归为边缘像元。这样做的结果是，当涉及多个类别时，我们还得为这些像元的分配制定规则。例如，将一个混合像元分配到占据大多数区域的类别中，否则，我们就只有容忍边缘像元和混合像元的存在。甚至当边界非常完全清晰的时候，矢量数据表达可能优于栅格数据，也要用栅格数据。

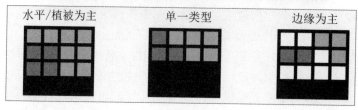

图 3.12 混合像元问题。我们可以逐一分配。这是一片覆盖大多数像素的区域，边缘可以分配一个独立的数值。只要我们保持规则的一致性，三个选择都可以接受

在地理信息系统中，至少设计了三种方法来解决栅格中通常包含的冗余数据或缺失数据的问题。例如，图 3.13(参见插页彩图)展示了 2009 年 2 月美国国家海洋和大气局(NOAA)的 MMAB 海上浮冰分析结果。一些区域(如陆地)根本没有任何海上浮冰，但这些没有海上浮冰数据的区域是有用的(用粉色表示)，或者说，这些冰被云层给遮挡了。

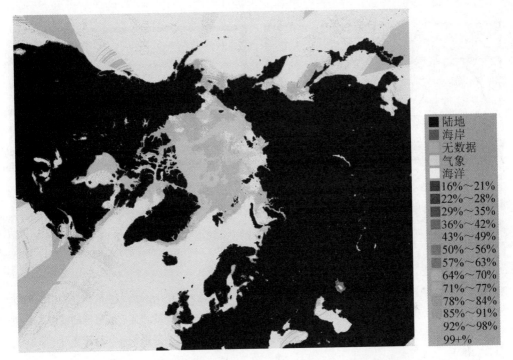

图 3.13　带有缺失数据和冗余数据的例(NOAA 卫星在 2009 年 2 月进行的海冰分析)

　　第一种方法是称为"游程长度编码"原理的压缩。沿着每一行，只要属性发生改变，属性相同的像素数就被存储下来。如果一整行都是同一类别的话，那么我们只需存储类别和像素数，相当节省存储空间。然而，当栅格数据变得越来越多样化时，在原始格网上，我们节省的存储空间便越来越少。许多 GIS 软件包和行业标准的图像格式都使用游程长度编码。

　　第二种减少栅格数据存储空间的方法就是，用区间编码或叫 R-树编码。在 R-树编码中，栅格数据以特征边界框进行存储，即矩形框包含所有特征并与格网排列在一起。如果需要的话，可以为这些特征建立索引并进行单独存储。随后，一个搜索命令就可以检查每个边界框，从而确定是搜寻那部分格网还是跳过它。在处理一个格网的时候，这样做可以节省大量搜索时间。图 3.14 为我们展示了区间编码在土地利用地图表达中的例子。总的来说，R-树是一种基于最小地图边界框矩形的分级索引。每个矩形组只存储单独包含在内的小矩形块(和点)，各组间完全不重叠的边界框和组内间重叠的矩形框都能独立存储。我们可以对这些多边形进行排序、分类和搜索等，而无须读出多边形边界点。

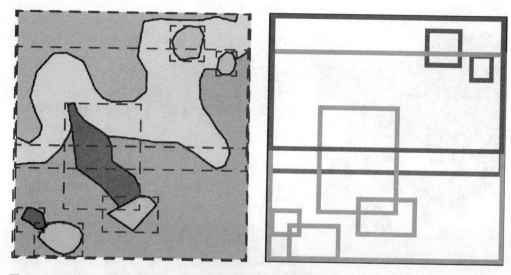

图 3.14　R 树图示。左边的地图多边形带有计算过的最小边界矩形(虚线)。它们被分成组，所以每个框及其完全包围的框都被存储起来，重叠的区域被分配到最小或最近的框中。右边框中的颜色是一种 R 树的可能排序方法，注意，这个方法适用于点、线和面

　　另一个节省存储空间的方法是采用一种称为"四叉树"的数据结构。一个四叉树将一个格网分为四个象限。只有当格网包含数据时，才能节省参考象限存储空间。然后，这个象限又被划分成四个一样大小的小象限，以此类推，直到每个象限只有一个单独的像素。如果我们进行象限分割，每个象限具有相同的属性值，显然，我们就不需要再为整个象限存储其他任何数据了。每个属性变成一区域象限，就像一个坐标参考系，如图 3.15 所示。与地理信息系统相比，四叉树编码更多用于图像处理中。它们经常用在 Oracle Spatial 这样的软件包中。基于四叉树编码的变体是图像金字塔。在这种结构中，这个图像被不断分解成越来越小的格网区域，除了用存储属性平均值来替代所有单个格网的值外，就像一个四叉树。例如，当一幅地图被缩小时，我们不需要显示所有的像素，平均水平就可以了；当用户放大地图时，更高级别的数据会取代平均水平。在图像金字塔中，图像在经过预处理后可以一次性生成所有等级，必要时存储结果以备今后使用。

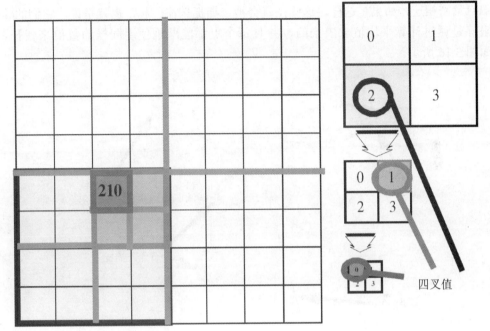

图 3.15　四叉树编码结构，参照代码 210

3.5　为什么要关注拓扑

在拓扑数据结构广泛应用于地理信息系统时，产生了一些重大的影响，直到今天，对于 GIS 数据，带有拓扑的矢量弧段/节点的数据结构也可能是使用最广的数据结构。通常，GIS 仍旧继续将弧段作为基本存储单位，并用它来存储其左右邻接多边形、正反向的弧段链以及便于检测的弧段末节点。这意味着每条线只能存储一次，而且只有末尾的端点才能被重复存储。这种数据结构的不足是，无论什么时候使用面或者多边形，都需要进行重新计算。然而，大多数程序都会保存计算结果(如计算多边形面积)，因此不需要进行重新计算。

拓扑率先赋予 GIS 自动错误检测的功能。如果有一组完全连接的多边形，它们在节点处没有缝隙，并且线条是连续的，我们就把这片区域定义为完全拓扑化。然而，当地图第一次被数字化或扫描矢量化时，基本上不具有完全的拓扑结构。拓扑可以用于检测多边形。通常情况下，在多边形的内部用一个数字化点、标注点以及跟踪内部弧段来标识多边形。当点位于多边形内部时，多边形就可以获取标注点的标注。地理信息系统能够从分离的弧段中建立拓扑。首先，每个端点是否与另一个端点紧密相连，如果是这样，这些点就会被"捕捉"在一起，也就是说，它们的(x,y)坐标是通过计算平均值求出来的，并且每个点都能准确使用同样的数值来代替，如图3.16所示。

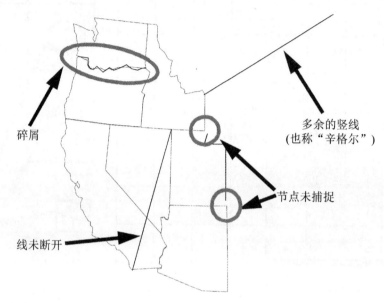

图3.16　碎屑多边形(两条线中节点不匹配)，节点未捕捉(两条线中的末节点应该是同一节点)，多余的竖线引起的(坐标值错误)和线未断开

　　此外，我们还要检查那些用相同节点连接而成的弧段是否重复出现，而且用户也会问到，哪条弧段需要删除掉。可能导致错误的一些小区域称为"碎屑多边形"，是经过两次数字化产生的，也需要去除。因此，错误自动检测出来后能被自动清除。显然，每一节点在被单独处理前，需要先将节点分离，而且，对地图来讲，多边形的大小必须达到之前保留的值，这也是很重要的。有时候我们称此数值为"模糊容限"。这些数值在处理时要特别小心，因为它们是地图特征允许移动的范围。短线、小的多边形或是一些精确测量的点位置，都有极其重要的意义。因此，在拓扑的完整性上，我们不能用自动检测来任意删除它们。例如，一幅欧洲地图应该包括安道尔共和国、摩纳哥和列支敦斯登。

　　地图数据具有良好拓扑一致性的主要优势是，当两张或多张地图要求必须重叠时，大量前期准备工作就已经完成。但我们仍需确定什么地方为线增加新的节点，如何处理生成的细小多边形和碎屑多边形，如图3.16所示。碎屑多边形的处理确实是个难题。例如，许多区域、州及国家之间的边界基本上是按着线性地物匹配的，如河流等，由于这些地物是在不同的地图比例尺上产生的，所以，即使是相同的线，但在不同比例尺下实际上也是不一样的。有些软件包可以从地图提取一条线，并将其"冻结"以备用户今后使用。这个看似微小的区别实际具有重要意义，特别是在计算面积和密度时。

拓扑还有一个优点是，许多诸如检索和分析的操作，都不需要连续调用(x,y)数据就能实现。有时，还可以进行提前检测。例如，检测一个点是否落在区域内，如果这个点落在由所有端点组成的矩形边界框外，那么这个点极有可能在区域范围外，如图 3.17 所示。这些矩形边界框是很有用的。沿着弧段方向的 x,y 的最大值和最小值通常只计算一次，并且把它们保存成弧段文件的拓扑信息。如前所示，对于栅格数据而言，它们能成为 R-树编码的基础。

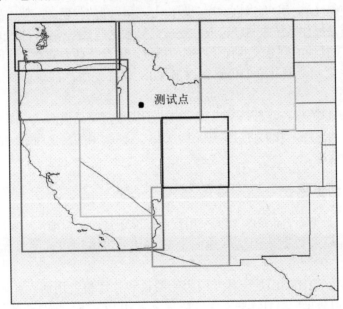

图 3.17　边界矩形：完全包含一个多边形的矩形，如果一个检测点位于边界矩形的外部，则它一定在闭合多边形外

3.6　地理信息系统的数据格式

在长达几十年的历史中，有许多种方法来构建地图数据和属性数据，大多数地理信息系统用来处理其内容的方法都截然不同，这并不奇怪。对于 GIS 用户而言，他们采用的数据结构是看不见的。甚至，我们也不需要确切知道两张地图重叠后会发生什么情况。然而，如果我们要成为一个客观、科学的 GIS 用户，至少必须全面

理解其中包含的错误和数据转换问题。不管一个 GIS 是如何将其地图进行数字化，它都必须能够从其他 GIS 软件和大多通用的数据源中导入数据，就像扫描数字化数据，然后再将结果转换成自己的交换格式。在某些情况下，这是一种开放的过程。大多数 GIS 公司已经公布或用文件说明它们的内部数据格式或者交换数据格式，包括 Intergraph 和 Autodesk 公司。其他公司则保护它们的内部数据不外传，视其为商业机密，以此希望更好地销售其数据、数据转换器以及 GIS 软件。渐渐地，GIS 软件向开放式标准数据方向发展，越来越便于数据集成。现已形成一种趋势，大多数数据都能通过万维网获得。

在许多 GIS 的操作中，都使用最为常见的 GIS 数据格式。由于现有 GIS 数据的格式众多，使得 GIS 用户往往忽略了操作中应该注意的问题。一些常见的操作，可能用程序甚至是操作系统来自动读取、处理、显示这些数据格式，例如 TIGER 格式和 DLG 格式。其他的则是一些行业标准的格式，或是一些专有格式。即使这些格式的使用有一些限制，但是它们仍然被很多 GIS 软件使用，甚至于被公布或以文件说明。

在 GIS 的世界中，这些格式中有一个小子集是司空见惯的，后面将详细讨论。然后，在本章的末尾，我们将讨论在不同 GIS 之间数据的交换问题，再关注下数据互操作方面的问题。

3.6.1　矢量数据格式

对于 GIS 数据而言，GIS 数据采用行业标准还是通用标准，主要区别在于保留的数据格式，以及数据采用实际地面坐标还是采用多种可选的页面坐标来描述地图。

惠普图形语言(HPGL)是一种专门为绘图仪和打印机使用而设计的页面描述语言。这种格式很简单，而且这些文件也是纯 ASCII 码文本。文件中的每一行都包含一个移动命令，因此一条线段连接着两条连续的线或两个点。由于这种格式减少了对文件头信息的操作，所以文件很容易写和编辑。然而，我们也可以进行改变文件头的缩放比例、大小、颜色等操作。HPGL 是一种无结构的数据格式，它不储存和使用拓扑结构。

另一种行业标准格式是 PostScript 页面定义语言。它是 Adobe 公司开发的，用于桌面系统用户和专业出版，现在已被广泛使用。这种格式是很普通，大多数激光打印机都将它作为打印设备的控制格式。至少在矢量模式中，PostScript 是一种页面描述语言。这意味着，根据打印页的大小，如一张页面为 $8\frac{1}{2}\times 11$ 英寸大小的打印纸，坐标系都是既定的。

PostScript 虽然使用的是 ASCII 码文件，但它有一个特别复杂的文件头，而这个文件头控制着大量的功能，例如字体、样式和缩放比例。PostScript 是一种真正意义上的程序语言。它必须在解译后才可以查看。有许多商业和共享的软件包都可以用来查看 PostScript 文件，而且许多文字处理器和图形处理软件包也能读写这种格式，但相比读取格式，这些软件更多的是写入。在地理信息系统中，PostScript 通常用于输出或打印完成后的地图而不是数据本身。

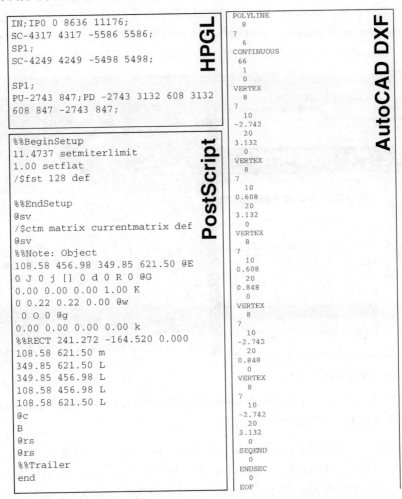

图 3.18　一些供选择的行业标准矢量数据格式。文件头已经移除。在每种结构中，图表都是一样的四点组成的矩形

　　另一种常见的 Adobe 文档格式是可移植文本格式(Portable Document Forment)，或简称为 PDF。许多打印文本、入场券、程序以及网上行程安排都是使用这种带有图形对象的格式。这种格式的是 GeoPDF 格式特有增强版本，它是由 Adobe 的合作伙伴 TerraGo 技术公司开发的。经美国陆军工程兵团认证，这种格式已被采纳，用于国家地理空间情报局(National Geospatial-Intelligence Agency)的 E 型图表程序的地图分发。它们的主要区别在于数字地图上的基础参考信息可以用于笛卡儿坐标系统，这种坐标系统在接收端可以被转换为地理信息系统的坐标空间。这就意味着，这些地图同样也是纸质地图，而且能作为地理信息系统的数据源，如图 3.19 所示。TerraGo 的 GeoPDF 桌面版本甚至在数据查看器中嵌入了有限的 GIS 功能。

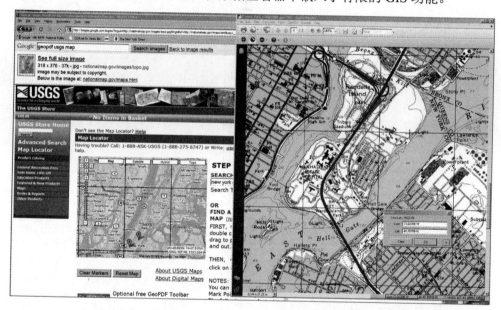

图 3.19　美国地质调查局(USGS)的地图电子商店，用 Google Maps 搜索窗口显示 GeoPDF 格式的文件。当我们用 TerraGo 的 GeoPDF 桌面版进行显示时，地图上可使用许多基础的 GIS 功能注意，可以显示点的坐标

　　Autodesk 公司推出的流行的 CAD 软件包 AutoCAD，它的数字交换格式(DXF)普遍用于绘制数据。AutoCAD Map GIS 软件也使用这些格式，AutoCAD 用自己内部的格式来进行数据存储，用 DXF 格式在计算机和软件间实现文件交换。这些文件也都是简单的 ASCII 文件(虽然有二进制格式)，但是在 DXF 格式中，有一个很大并带有强制性说明的文件头，在文件头中包含大量具有重要意义的元数据和文件的默认信息。

虽然 DXF 格式不支持拓扑关系，但是它仍然允许用户在独立的图层中保持各自的信息，这与 GIS 概念类似。DXF 对于详细制图(如线宽、线型以及文本)提供了强有力的支持。除了使用栅格数据格式的 GIS 软件，几乎所有 GIS 软件中都植入了 DXF 格式。一些 GIS 软件能直接用 AutoCAD 或其他 CAD 软件来管理其内部文件。

　　DLG 和 TIGER 两种格式现在已变得非常普及，因为许多重要的数据都采用这两种格式。数字线划地图(DLG)格式用于美国地质调查局的国家测绘部门。DLG 格式的文件可利用两种比例尺，这些比例尺来自于他们获取的系列地图，如图 3.20 所示。这两种比例尺是 1∶100 000 和 1∶24 000，大多数国家的数据几乎都采用 1∶100 000，1∶24 000 比例尺则被小部分国家用于非常详细的数据描述。

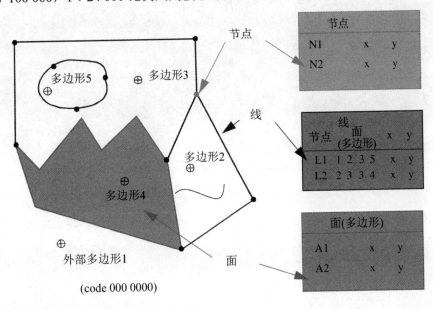

图 3.20　数字线画图编码格式示例

　　数据格式以 ASCII 文档形式进行说明。它们采用通用横轴墨卡托(UTM)大地坐标系，并截取至 10 m 来反映其坐标精度和节省存储空间。特征都是在单独的文件中处理的，如水文、地势(等高线和地形特征线)、交通和行政边界。许多 GIS 软件在导入这些数据格式时，通常需要一些额外的数据处理，例如需要以字节数来记录一些固定线条长度，如图 3.21 所示。

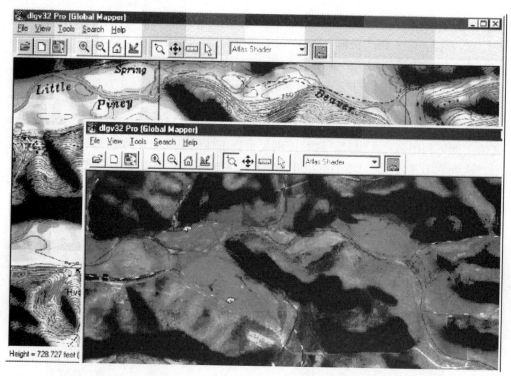

图 3.21　用 dlgv32 DLG 浏览器软件显示美国地质调查局获取的 DLG 样本

　　TIGER 格式来自于美国人口普查局的点计地图,这个部门一般十年进行一次人口普查,如图 3.22 所示。这些格式是矢量文件,而且包含拓扑关系。实际上,它们的上一代 GBF-DIME 文件推动了拓扑数据结构的普及,因为它们由弧段/节点结构类型排列而成并用单独的文件来存储点、线、面,再通过交叉引用来进行点、线、面间的关联。TIGER 格式在术语上称点为"零单元",线为"一单元",面为"两个单元"。这个交叉索引表明一些特征能够编码为地标,这些地标包括河流、道路和永久性建筑等等,它们能让 GIS 的图层无缝匹配在一起。

　　TIGER 文件普遍用于全美(见图 3.23),包括波多黎各(Puerto Rico)、英属维尔京群岛及关岛。这种文件以地图块的形式存储每个村庄、城镇和城市,甚至用地理编码块来处理街道地址编号,这说明地址匹配功能是可行的。相当一部分 GIS 在很大程度上依托于这种地址匹配功能,包括网上的一些地图应用,例如谷歌地图。这些数据显然也可参照美国人口普查局,所以,人口、种族、住房、经济及其他数据,TIGER 文件都可以使用。这些数据已经在电子表格中并很容易以属性形式添加到特征中,进而形成人口普查数据地图。

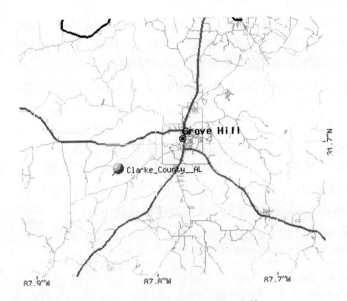

图 3.22　1999 年人口普查时阿拉巴马州克拉克县的 TIGER 文件

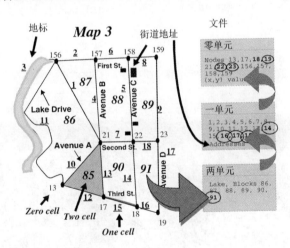

图 3.23　美国人口普查的 TIGER 数据结构

　　更妙的是，整个国家的数据都可以以最低成本放到网上。大多数 GIS 供应商和一些独立的数据提供商，提供了更新的、增强版的 TIGER 文件作为它们自己的产品。虽然经过了拓扑改正，但 TIGER 文件仍被人们批判为地理精度不高。更多最新的 GIS 功能被添加进去以提高地理位置的精度，许多 GIS 供应商也都增强了 TIGER 文件。在本章末尾，我们会在"GIS 人物专访"部分补充讨论 2010 年的人口普查。最后，一种名为 geobrowsers 的流行矢量软件格式，通过客户端软件，例如

Worldwind、ArcExplorer、Google Earth 还有微软的 Bing Maps 来进行类似于 GIS 的数据服务。Google，锁眼标记语言(KML)都用这种格式，它能使用户很方便地存储点、线、面，并能将栅格图像注册到谷歌应用程序接口。

图 3.24 展示了一个典型的 KML 文件。另一个更标准的格式是可扩展标识语言(XML)的拓展，称为"地理标志语言"(Geography Markup Language，简称为 GML)，GML 能让坐标位置嵌入网页，使地图应用软件能够根据位置和地图程序的接口，如 Google Maps 和 MapQuest 来进行网络数据分类。另一种标准格式是 SVG，即可缩放矢量图形，它的结构与 KML 相同，它能在除微软 IE 外的所有浏览器上使用。这种 XML 语言允许在网页上定义矢量，当用户放大时，它能相应增加分辨率来进行数据重绘，从而避免了其他数据格式的不足。

```xml
<?xml version="1.0" encoding="UTF-8"?>
<kml xmlns="http://www.opengis.net/kml/2.2">
<Placemark>
<name>New York City</name>
<description>New York City</description>
<Point>
<coordinates>-74.006393,40.714172,0</coordinates>
</Point>
</Placemark>
</kml>
```

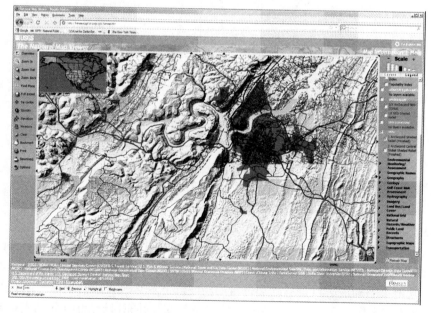

图 3.24　KML 的例子(摘自：维基百科)

3.6.2　栅格数据格式

随着网络时代的到来，栅格数据格式的使用范围已经超过了矢量数据。因为许多栅格数据在存储网络数字图像和数码照片时都采用同一格式。图像格式特别容易创建，所以有很多种格式。为了在网上传输图像，一些格式进行了优化处理。这些格式也是最常见的。栅格数据格式在文件组织管理上大多数是相似的。这些格式中很少使用到 ASCII，大多用二进制代码。通常，这个文件结构是一个具有固定长度，带有关键字或表明该文件格式的"魔数"(magic number)的文件头。文件头中至少包括一个记录表示比特深度(称为"图像深度")、行数以及列数。

这些文件头包含一个可选的颜色表，这张颜色表能使数据文件由一些指数组成，例如数字 1、2、3、4，等等。每个指数相应对应着一个数值，通常是在每三个字节中就有三个 0～255 之间的数值，这三个数值分别表示红，绿，蓝(R,G,B)的颜色强度。例如，如果一个图像文件只有四种颜色组成，分别是红，绿，蓝，白，就没有必要在每个像元里都存储数值，如白色的 RGB 值(255,255,255)。相反，颜色表将白色赋为 0，红色赋为 1，绿色赋为 2，蓝色赋为 3。与 24 位全彩色图不同，直到现在，没有一个像元大小会超过 2 位(两位可以存储十进制数的 0～3)。这样就节约了大量的空间，因为记录大小是将所有行数乘以所有列数后得出的值。

图像文件的最后一部分就是数据本身，通常是所有的行列数据。由于一些格式被填到文件尾，使得文件的总字节数成倍增加，例如 512 个字节数。对于许多 GIS 文件而言，我们并不需要颜色，而是想用各种比特数据来存储单波段文件。例如，高程可能是几千英尺或几千米，这样每个像元就不只需要一个字节来存储数据了。另外，如果像元数据只有一些简单属性，例如仅仅几种土地覆盖类型，在格式需要的情况下，可以将同一个值分配到每个红、绿、蓝值中。

有许多应用程序可实现栅格格式之间的转换。它们中包括 Image Alchemy 和 XV。许多软件也能读取和存储大量的栅格格式，一些能将栅格转换为矢量，反之亦然。一般情况下，这种功能都包含在 GIS 软件包里。

标记交换格式(TIF)也是一种常见的栅格格式，它采用游程长度和其他图像压缩机制，并有大量公用的多种形式。图形交换格式(GIF)是由在线网络服务机构 CompuServe 推广普及的，但是现在作为一种公开的格式，它在图像数据部分采用相当复杂的压缩机制。联合图像专家组(JPEG)格式，则采用一种可变分辨率的压缩系统，这种压缩系统基于可用空间，提供了部分或全局分辨率复原。常见的互联网数据格式 PNG 或可移植的网络图像文件格式也采用这种数据压缩方式。这些文件格式中，只有 TIF 通过流行的 GeoTIFF 格式来为地理数据提供支持。GeoTIFF 格式包含一个次要的 WRL 文件，这个文件中包含 TIF 文件的坐标值。美国地质调查局(USGS)的 1∶24 000 比例尺的系列扫描地图就是采用这种数据格式。许多 GIS 软件可以轻松导入 GeoTIFF 文件，并能从 WRL 数据中读取坐标以恢复其地理坐标。

最后，PostScript 行业标准还包括一种图像格式，称为"封装的 PostScript 格式"，简称 EPS。实际上，它是一种非常简单的图像格式，在一般的 PostScript 文件中，是逐字将十六进制编码值植入到图像宏块中。许多 PostScript 设备和程序都不能处理这种格式，但是那些带有更大内存容量和更强大功能的软件设备可以。对于 GIS 使用而言，这种格式用来存储图像比存储地图更好，而且它很少用来存储数据，相反，它通常用来驱动打印机和绘图仪以生成 GIS 地图。

一种栅格数据格式如果被用户广泛接受，通常就能用 GIS 软件包或独立的应用软件直接读取。

这是美国地质调查局的数字高程模型格式。这种格式来自于发布的两类数据，一个来自 1∶24 000 比例尺的 7.5'×7.5'四分之一标准图幅的 30 米高程数据，另一个来自 1∶250 000 比例尺的 3 角秒的数字地形数据，后者原先由国防制图局提供，现在由美国地质调查局发布。这些数据都是文档格式的，由于涉及地图投影，所以有点复杂。美国所有 DEM 数据都是无缝镶嵌的 30 米的矢量数据，称作国家高程数据库(National Elevation Database，NED)。在 National Map Viewer 中，可以使用 NED 的 DEM 数据及其他数据源，例如一些州的高分辨率的 LiDAR 数据，如图 3.25 所示。其他的 DEM 文件，如航天雷达地形地图任务数据(Shuttle Radar Topographic Mapping Mission)，美国 30 米分辨率的数据以及全球大部分地区 90 米分辨率的地表覆盖都可以使用这种数据格式。

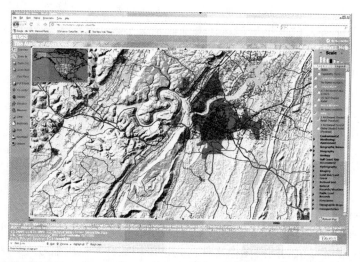

图 3.25　在 National Map Viewer 中看到的田纳西州的(Chattanooga)。晕渲地貌来自 30 米分辨率的航天雷达地形图数据(STRM)。右侧菜单列出了美国可用的 DEM 格式数据图层。SRTM 数据覆盖全球大部分地区，这些数据是用比较粗的 3 角秒或 90 米分辨率表达的

3.7　数据转换

我们认为，有两种方法可以实现数据转换。首先，正如我们这一章中看到的，矢量和栅格格式经常用不同的方式来存储类似的 GIS 数据。GIS 软件从两种方法中选择一种来处理这两种类型的数据。一些系统采用了专用格式，然后提供工具或导入选项将数据转为自己所需要的格式，特别是基于栅格数据的 GIS，就采用这种方法。另外，系统还支持每种数据类型的原始文档格式，而且当操作需要执行数据格式统一时，会明确要求 GIS 用户转换数据格式。计算机程序或部分 GIS 都能实现矢量到栅格或栅格到矢量之间的数据转换。虽然本书不打算全面讨论这些操作如何实现，但必须清楚矢量到栅格的转换，线用栅格单元来沿着线的走向进行填充或多边形内部直接用栅格单元填充，这相对简单。但从栅格到矢量就相当复杂了。(Clarke，1995)

栅格格式通常由扫描仪扫描输出，当 GIS 要求矢量数据录入时，在大多数情况下，都需要一套特殊的软件或甚至是一台专用计算机来完成栅格到矢量的转换。但当涉及大的数据集或高分辨率精度要求时，由 GIS 来完成栅格到矢量转换非常耗时。程序必须设法逐像元追踪每条线，算出其末节点的位置，并生成这条线的矢量线。常常，这些线条因为栅格的作用而呈现锯齿效果，所以必须进行平滑处理。如果这些线条太粗，有时还必须进行细化处理，但是，这样会产生错误连接点和环，如图 3.26 所示。

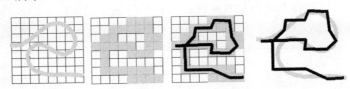

图 3.26　矢量和栅格数据格式之间转换时造成的错误。原先蓝绿色的线被叠加到矢量化的栅格等同线上，导致主的拓扑错误

第二种实现数据转换的设想认为，不考虑数据转换时数据格式之间的差异，而是考虑由于使用不同 GIS 软件的计算机系统之间的差异，这种情况非常普遍。

不同的当地主管部门会围绕不同的软件来改进它们的 GIS 操作。不同项目采用多样化的数据格式来进行 GIS 数据的传递。数据交换的情况也是不可缺少的。在州和地区边界，数据跨过边界应能保持数据匹配的连贯性，就像数据从一幅地图到另一幅地图的匹配样。

可以确定的是，在 GIS 的发展历史中，数据极少具有通用性和共享性。甚至，州级和市级 GIS 虽努力寻求数据的一致性，但通常也是数据间存在矛盾，甚至为 GIS 数据而竞争。我们从相当一部分项目中发现，与其在一个不易于交换的数据集中转化 GIS 数据，还不如将这些数据重新数字化和匹配容易。并且，这已经成为许多 GIS 供应商的营销策略，使他们的数据格式本质上成为专有，而且这种格式无文档描述，因而它们不能在其他软件的导入/导出模块中使用。所以在过去，数据交换只能被描述成杂乱无章的操作。

　　一个典型的例子，在不同项目之间，尤其是在同一个组织里，如果没有数据交换或数据重用，就会造成数据浪费和重复。将一个单独的、标准的数据集进行全面改进和增强是一个很好的解决方法，更别提 GIS 操作最终还要将这些数据统一拿回来做分析和显示了。正如我们在 3.5 节中所看到的，一些行业标准格式对数据交换非常有用。但仍然存在两方面的问题。第一，没有一个行业标准格式可以用于交换拓扑数据，而仅仅只能用于转换图形信息。第二，行业标准格式有多种格式，所以每个软件中必须带有大量的格式转换器。

　　GIS 数据格式和口头语是平行的(见图 3.27)，但我们都是独立理解它，单纯用知道的英语或用我们学的一点法语去理解。然而，如果我们想和一个只会讲俄语的人交流，我们就需要一个同时会讲英语和俄语或同时会讲法语和俄语的人，后者正如我一样，我讲法语时，要想达到最后的理解和交流，就得进行两次语言转换。任何一个玩过小孩子"打电话"游戏的人都知道这个过程的结果。在进行 GIS 操作过程中，我们完成数据的未知精度，数据源、投影以及未详述说明或不完全匹配的属性。在一幅县地图上，所有的小溪和河流都看得见，而在另外一幅地图上，只能看见主要的溪流。可能有人认为是气候比较潮湿的缘故，但实际上，这种差异主要由解译和缺少标准造成。

> We can get by in isolation by knowing English alone, or perhaps we learn a little French. If we wish to speak to someone who speaks only Russian, however, we need someone who speaks either English and Russian or French and Russian
>
> Мы можем обойтись в отрыве зная английский в одиночку, или, возможно, мы узнаем немного французский. Если мы хотим говорить товарищу которые говорят только в России, однако, мы нуждаемся которые кто-либо говорит на английском и русском или французском и русском языках.
>
> Nous pouvons le faire sans connaître l'anglais, ou peut-être nous en apprendre un peu français. Si nous voulons parler camarade qui parlent seulement en Russie, cependant, nous avons besoin de quelqu'un qui parle l'anglais et le Russe ou le français et les langues Russe.
>
> We can do it without knowing English, or maybe we learn a little french. If we want to talk comrade who speak only in Russia, however, we need someone who speaks English and Russian or French and Russian languages.

图 3.27　多重翻译的例子。第一段的两个句子，Google 翻译，先从英语翻译成俄语，再从俄语翻译成法语，最后从法语翻译回英语，经过两重过滤后，原来的英语句子发生了变化

在 20 世纪 80 年代中期，美国致力于制定 GIS 行业标准，接着在 1992 年通过了美国联邦标准。这个联邦信息处理标准 173 被称为"空间数据传输标准"(SDTS)，由于其极其复杂，因此这个标准内容必须相当宽泛。这个标准不仅需要提供参考目录、一套专业术语和一系列完整的地理及地图特征，还必须涉及数据精度和更为宽泛的元数据问题描述。这套专业术语为特征和数据结构创建了术语集。这已变得司空见惯了。

结果，不同标准的安装启用，就产生了矢量、栅格及点数据的配置文件。矢量配置文件标准的数据集可用于 DLG 及 TIGER 数据。这些标准为 DLG-SDTS 和 TIGER-SDTS。同时，许多 GIS 厂商已经包含一些导入/导出工具来读取用 SDTS 格式或用 SDTS 说明的数据。回到前面的口语例，我已经说服俄罗斯人去学英语。幸运的是，世界上其余大多数人也这么做了。我们要花几个小时来辩论讨论过程中每个人语言里用词的确切含义。这个标准已经延伸到包括地理空间数据和元数据在内的多个方面，而这些标准仍然由美国联邦地理数据委员会(Federal Geographic Data Committee)制定。

并不是只有美国民用绘图机构在独自寻求针对数据交换的地理信息系统信息标准。在北大西洋公约组织(NATO)的成员中，已经研发出一个名为 DIGEST 的交换标准。这个带有矢量数据轮廓的格式叫"矢量产品格式"(Vector Product Format，VPF)。这种格式因通过光盘来发布世界数字图表而广为人知。同样致力于数据交换标准化的还有德国、澳大利亚、南非、欧盟以及国际水文组织提供的世界航海图表数据(DX-90)。当数据的使用变成全球化项目而非地方和国家项目时，国际化数据交换能力的重要性就凸显出来了。例如，在国际维和及灾难援助方面离不开合作关系。因而在很多不同的国家和组织中，都有 GIS 数据的交换(Moellering and Hogan，1997；Moellering 2005)。

随着 GIS 的发展，专有数据格式也激增，呈现出多样化趋势。政府和行业部门寻求了一种方法来解决"互操作性"的难题，这种互操作使数据能够在不改变的情况下在不同 GIS 和应用之间移植。结果是，开放地理空间联盟股份有限公司(Open Geospatial Consortium, Inc. OGC)，一个由几百家公司、政府机构和大学联合而成的国际行业联盟，共同参与研发可用的公共接口规范。OpenGIS 规范为互联网和基于位置的服务提供了协作性解决方案。所有标准都由工作小组制定，过去致力于网络服务、应急制图和地理对象抽象。附带的效益是大量的开放数据源、自由分发工具和插件程序，使 GIS 数据变得更普遍，同时尽可能缓解了"翻译中意义丢失"的问题。

在第 10 章讨论 GIS 前景时，我们将再回到这个问题。显然，开放的数据交换有助于开发和使用 GIS。SDTS 的制定和改进历经多年，阻力重重。然而，GIS 未来的优势在于，当数据能够被导入/导出时，能使我们更高效地使用 GIS，而且它能让用户把精力集中在数据分析的科学性和常见信息使用的有效性上，而不是数据如何获取的问题上。

3.8　学习指南

要点一览

○ 所有 GIS 软件必须在计算机内部将地图和地理数据转换成数字。

○ 我们如何将地图转换成数字，这将直接影响着它在 GIS 中有多大用途及下一步如何分析。

○ 数据存储在由位、字节、ASCII 编码、文件和程序目录组成的物理结构中。

○ 地图数据也需要一个逻辑结构，即如何用数字表现它所描述的特征。

○ 历史上，GIS 已经使用栅格，矢量和平面文件数据结构。

○ 栅格地图是由行和列组成的格网，并且每个单元都有一个对应的数值。

○ 单元的数值可以是个实际值或是指向实际值的指针。

○ 格网有分辨率、范围、行、列和空值。

○ 每个单元只能够有一个"占有者"的属性。

○ 栅格数据易于理解，易从存储中获取，并且可以快速显示，但是文件非常大。

○ 矢量数据是一些用坐标表示的点。这些点以不同的方式连接起来描述线、区域和表面。

○ 一些矢量数据是有方向的。

○ 矢量数据具有有效性，特征不能重复且准确。

○ 举到的例子有 TIGER 文件，VMAP0 和 DLGs。

○ 矢量可以存储拓扑关系，形成三角网来表达表面。

○ 属性逻辑上可以视为平面文件，即由行和列组成的表，而表中的每个单元都有一个属性值。

○ 平面文件不能很好地保存地图，因为矢量线可以有任意数目的点。

○ 数据库管理系统可以管理平面文件及其数据字典。

○ 在平面文件上，点可以简单用 x、y 坐标值的方式列出来。

○ 矢量最好用来表示土地利用、道路、溪流和分界线。

○ 没有拓扑关系的矢量叫地图面条式矢量数据。

○ 每个特征由比它更低维数的特征组成，如面、线和点的组成。

○ 弧段/节点模型有一个点文件，这个文件是一个由多边形构成的弧段文件，该模型还有一个多边形文件。

○ 在矢量模型中，岛和多边形中的洞都属于特例。

○ 所有地图数据都含有错误，但存储拓扑关系可以帮助我们找到这些错误。例如重

　　复的线、裂片和未捕捉在一起的节点。

○ 地图拓扑的单元是一条没有点的线。但是带有连接弧段和边界多边形的信息。

○ TIN 适用于计算机辅助设计、地形、三维和可视游戏。

○ 栅格数据很广，但很适合计算机内存存储。

○ 点和线不适合用栅格来表达。

○ 栅格数据模型对内部多边形及其边缘会有混合像元难题。

○ 采用游程长度编码、R-树编码、四叉树编码及图形金字塔，可以更有效地操作栅格。

○ 拓扑结构允许在模糊容限范围中进行错误自动改正和清除。

○ 有了拓扑关系，我们不必读取特征上的所有点就能进行许多分析。

○ GIS 使用不同的数据结构，因而用不同的格式存储数据。

○ GIS 应该能够读/写大多数通用数据格式。

○ 格式可以是公开的、通用的、行业标准的和专有的。

○ 矢量格式通常用于描述页面上而非地图上的位置，格式包括 PostScript，PDF 和 HPGL。

○ 地理学上的矢量格式的例子有：GEoPDF、DXF、GML、DLG、TIGER。

○ 地理浏览器和 WebGIS 使用 KML、XML、GML 和 SVG。

○ 栅格文件包括一个文件头、一张颜色表和数据。

○ 栅格格式的例子包括 TIFF、JPEG、PNG、Encapsulated PostScript 和 DEM。

○ 地理栅格格式包括 GeoTIFF。

○ 地理数据应该很容易从一个 GIS 功能环境移植到另一个功能环境中，甚至从一个计算环境移到另一个计算机环境中。

○ 这通常意味着要进行栅格到矢量的转化和矢量向栅格的转换。

○ 所有数据随着结构的转换而改变，就像语言在多重翻译后意义发生改变的问题一样。

○ 美国和其他地方都致力于数据标准的制定，使 GIS 的互操作性增强了。

○ 互操作性已经成为 OpenGIS 的规范，这是非常重要的。

○ 在没有错误和结构不变转换数据的情况下，GIS 分析人员可以集中精力进行数据分析，而不是处理烦人的数据格式问题。

学习思考题

地图数字表达

1. 用一张图表或地图来说明数据存储中的抽象层次。用"物理"和"逻辑"

表示来标记。并标注位、字节、文件、目录、数据库、数据格式、数据结构、数据模型和地理信息系统。

2. 集体讨论为什么不同的 GIS 软件会有不同的数据结构。

3. 用电话簿中的黄页部分制作一列属性。需要多少个字段？它们中哪些是空间属性？

结构化地图

4. 使用网络资源中一篇关于 GIS 技术应用的文章或第 10 章中的一些例子，列出在 GIS 的应用分析中，哪些用的是矢量数据？哪些用的是栅格数据？

5. 向一个孩子解释本章开头，达纳·多普林(Dana Tomlin)描述的矢量和栅格的含义。

矢量数据结构

6. 写出自己对以下词语的定义：地图面条式矢量数据、点文件、弧段、多边形、拓扑、正向链接、左接多边形、不规则三角形格网。

栅格数据结构

7. 画出下面几个名词的示意图：像素、分辨率、格网范围、粗线、混合像元、多边形边界、数组。

8. 为什么特殊像元里的属性在进行地理编码时被认为是错误的？

为什么关注拓扑

9. 写出你自己对拓扑的定义。画一张由弧段连接而成的由一两个多边形构成的简单图表，给这些多边形标记为 A，B，C，弧线标记为 1，2，3 等。然后，用一个表格来创建弧段文件。将第一个弧段记为弧段 1，第二个弧段记为弧段 2，以此类推。在表中额外增加几列表示正反向连接和左右连接多边形。怎么处理这个"外部"问题？怎么处理多边形内部的"洞"问题？

地理信息系统数据格式

10. 列出下列 GIS 数据格式的三个特点：TIGER、DLG、DEM、TIF、GIF、JPEG、KML、DXF、PostScript。

数据交换

11. 列出共享 GIS 数据的利弊。在一个公司、一个直辖市、一个州或是国家之间，数据共享方面存在着哪些瓶颈？

12. 访问 OpenGIS 联盟网站，概括它们已经制定的数据结构标准。

3.9　参考文献

Burrough, P. A. and R. A. McDonnell (1998) *Principles of Geographical Information Systems*. Oxford: Oxford University Press.

Clarke, K. C. (1995) *Analytical and Computer Cartography* 2 ed., Englewood Cliffs, NJ: Prentice Hall.

Dutton, G., ed. (1979) *Harvard Papers on Geographic Information Systems. First International Advanced Study Symposium on Topological Data Structures for Geographic Information Systems*. Reading, MA: Addison-Wesley.

Moellering, H (ed.) (2005) *World Spatial Metadata Standards: Scientific and Technical Characteristics and Full Descriptions with Crosstable*. International Cartographic Association, Elsevier.

Moellering, H. and Hogan, R. (1997) *Spatial Database Transfer Standards 2: Characteristics for Assessing Standards and Full Descriptions of the National and International Standards in the World*. International Cartographic Association, Elsevier.

Peucker, T. K. and N. Chrisman (1975) "Cartographic Data Structures." *American Cartographer*, vol. 2, no. 1, pp. 55 – 69.

Peucker, T. K., R. J. Fowler, J. J. Little, and D. M. Mark.(1976) *Digital Representation of Threedimensional Surfaces by Triangulated Irregular Networks (TIN)*. Technical Report No. 10, U.S. Office of Naval Research, Geography Programs.

Tomlin, D. (1990) *Geographic Information Systems and Cartographic Modelling*, Englewood Cliffs, NJ: Prentice Hall.

Samet, H. (1990) *Design and Analysis of Spatial Data Structures*, Reading, MA: Addison-Wesley.

3.10　重要术语及定义

地址范围：在一个街区或某条街道的一侧，数字最小的门牌号到最大的门牌号之间的范围。

弧段：用一串连续的点来表示的、以具有拓扑意义的位置开始和结束的线段。

弧段-节点：早期矢量 GIS 数据结构的名称。

区域：用一条封闭的线构成一个边界表达的二维(面)特征。

数组：格网的物理数据结构。数组是大多数计算机编程语言的一部分，也可用于存储和操作栅格数据。

ASCII：美国信息交换标准码。在这个标准中，地图通常用字符，如阿拉伯数字表示二进制位的字节长度顺序。

属性：属性是描述一事物度量或特征的数值。属性可以是标签、类别或数字。属性也可以是时间、标准值、字段或其他度量单位，如数据采集和组织的项目、表格或数据文件中的列。

AutoCAD：Autodesk 公司研发的主流 CAD 程序。常与 GIS 软件有接口，用于数字化，特别是平面图设计和工程制图。

街区面：街区中，某条街道的一侧，在两条街道的交叉处之间的范围。

边界矩形：地图上，沿 x、y 方向延伸最大范围定义的矩形区域。所有特征(二维的(面)特征，由一条线(闭合形成的一个边界)来表示)必须全部在这个边界矩形内部或边缘上。

字节：8 个连续的二进制位。

位：计算机内存中可存储的最小单位。它只有"开"和"关"两种状态，并且用二进制数编码。

CAD：计算机辅助设计。用以生成技术图或设计图的计算机软件。

地图面条式矢量数据：一种松散的矢量数据结构，它只能按顺序来识别特征的属性。

颜色表：它是数字图像文件文件头记录的一部分，用以存储基于单个指标值的颜色说明，单个指标值存储在图像文件的数据中。

计算机内存：计算机内部预留出来用于存储和完整读取一系列非任意字节的位置。

数据分析：用有序数据来检验科学假说的过程。

数据库：任何可进入计算机的数据集合。

数据字典：数据库的一部分，包含文件、记录和属性信息，而不只是数据本身。

数据交换：在类似 GIS 软件或共同利益团体之间进行的数据交换。

数据格式：针对特征或记录的物理数据结构说明。

数据模型：信息系统中对数据采用的逻辑组织方式。

数据检索：数据库管理系统取出之前存储的记录的能力。

数据结构：一个地图特征或属性进行二进制编码的逻辑和物理方式。

数据转换：在无法进行信息交流的计算机系统之间和不同 GIS 软件之间进行的数

据交换。

DBMS：数据库管理系统，GIS 的组成之一，允许对包含属性数据的文件进行操作和使用的计算机工具。

十年人口普查：美国宪法规定，每 10 年要对人口数量及其居住地进行调查。

十进制：人们用 10 个手指(0 到 9)表示所有数的计数系统。

狄洛尼三角形：构成无重叠的三角形及其边的一组不规则点的最佳分割空间。

DEM(Digital Elevation Model)：数字高程模型，高程格网阵列的栅格格式。

DIGEST：北大西洋公约组织为空间数据转换制定的标准。

DIME(Dual Independent Map Encoding)：双重独立坐标地图编码，用于美国人口普查局地理地图基础文件的数据模型，是 TIGER 的"前身"。

DLG：数字线化地图，美国地质调查局用于大比例尺数字地图线编码的矢量数据格式。

数字高程模型：数字化地形的数据格式，包含一系列地形高程测量数据。

重复数字化：同一特征被数字化两次。

DXF：AutoCAD 数字文件交换格式。它是地图文件交换的行业标准格式，是一种矢量数据格式。

编辑器：用来浏览和修改文件的计算机程序。

高程：大地基准面上的垂直高度，常以米或英尺为单位。

点计地图：设计用于显示一个区人口普查点的地理范围和地址范围的地图。

EPS(Encapsulated PostScript)：PostScript 语言的一个版本，用于数字图像的存储，以便后期显示。

末节点：一条弧段中连接另一条弧段的最后一个点。

导出：GIS 系统将数据输出为一个外部文件及非本系统格式文件，以备 GIS 外或其他 GIS 使用。

粗线：超过一个像素宽度的线的栅格表达。

特征：一个景观组成部分的单一实体。

字段：一条记录的一个属性项的内容，以文件的形式写入。

文件：存储在计算机存储设备中的字节集合。

文件头：文件中包含元数据而不是数据的第一部分。

FIPS 173：美国联邦信息处理标准 173，联邦信息处理标准是美国地质调查局和国家标准与技术机构共同维持的。它为在不同计算机系统中进行 GIS 数据转换规定了一个标准的组织和机制。FIPS 173 说明了术语、特征类型、精度规范以及正式文件的传输方式。

正/逆左向链：随着弧段的移动，弧段上连接正反向弧的标识符会向邻接的左边弧
　　段移动。

正/逆右向链：随着弧段的移动，弧段上连接正反向弧的标识符会向邻接的右边弧
　　段移动。

全连接：一组正反向链中，始末节点完全匹配的弧段。

GBF：地理底图基础文件，由 DIME 记录值组成的数据库。

地理表面：由连续的测绘地理现象表达的空间分布，就像描绘在地图上一样。

GIF：可交换的图像文件、栅格图形或图像格式的行业标准。

格网单元：矩形格网中的一个独立单元。

格网范围：与格网所对应的地面或地图的区域范围。

十六进制：人们用 16 个数表示所有数的计数系统。

分层：基于多组完全封闭的子集和多种层次的系统。

HPGL(Hewlett Packard Graphics Language)：惠普图形语言，在页面坐标中，用于
　　定义矢量图形的专有设备语言，不是行业标准语言。

行业标准格式：一种公认的数据组织方式，一般由专门的机构发起。

图像深度：在数字图像中，每个像素存储的二进制位数。

导入：一个 GIS 系统从外部文件或非本系统格式中提取数据以备本系统使用的
　　能力。

内部格式：在程序中，软件用于存储数据的 GIS 数据格式，并且这种格式不适合
　　其他软件系统。

标注点：一个在多边形内部数字化的点，当进行多边形拓扑重构时，分配多边形
　　标注和标识符。

地标：针对地理特征而不是人口统计特征的 TIGER 格式术语。

图层：数字地图的一组特征(点、线、面)，它们组合在一起表达一个共同主题，并
　　与其他图层同时配准，GIS 的一个特征以及大部分 CAD 软件的数据就是一个
　　图层。

线：由一串连接坐标点表达的一维(长度)地图特征。

逻辑结构：用于将数据编码成物理结构的概念设计。

魔数：根据专门需求而设有特定数值的任意数字。

矩阵：由给定行列数组成的数字表格。

元数据：是描述数据的数据，常用于查询和提供参考信息。

混合像元：指对一个单一地物范围格网像素单元包含若干个地物属性的现象。
　　混合像元通常出现在特征的边界处，或特征定义有误的地方。

数据缺失：没有特征和记录可用的数据元素。

节点：弧段的末端。起初，它是指地图数据结构中任何有意义的点。后来，仅指具有拓扑意义的意义点，例如线的末端。

页面坐标：在地图上，用于放置地图元素的一组坐标参考值。它是地图的几何位置，而不是地图所代表的地面几何位置。通常，页面坐标用英寸或毫米来表示点距离标准纸张左下角的位置，例如 A4 或 $8\frac{1}{2}\times11$ 英寸大小的纸。

物理结构：一部分计算机内存在一组文件或内存设备中的机器映射。

像素：显示设备分辨率的最小单位。通常用于在最高显示分辨率下表达一个格网单元。

点：一个零维地图特征。例如一个单独的高程点规定至少要用两个坐标值来表示。

多边形：由多条边组成的环及其内部的面状特征。例如，地图上的湖泊。

内接多边形：由一个环所包围的空间，也被认为是多边形的一部分。

左接多边形：随着弧段移动，标识符与左边多边形邻接。

右接多边形：随着弧段移动，标识符与右边多边形邻接。

PostScript：Adobe 公司的页面定义语言。一种既为打印机页面布局设计，同时也是矢量图形行业标准的解释语言。

四叉树：一种基于格网象限数据属性冗余消除的栅格数据压缩方式。

RAM：随机存取存储器，计算机内存中设计用于快速存储和计算的那一部分。

栅格：一种基于格网单元的地图数据结构。

环：一条线自身闭合形成的一个封闭区域。

游程长度编码：一种基于格网行属性的冗余消除的栅格数据压缩方式。

R-树：利用边界框相互交叉重叠的性质来组织特征的空间数据结构。

SLF：国防制图局早期的一种数据格式。

裂片：由于数据录入或重叠错误产生狭小多边形，这种错误是不允许在地图中出现的。

捕捉：使给定半径范围内的两个或以上的点相互间变成同一个点，通常取其坐标平均值。

空间数据传输标准：这个正式标准规定了不同的计算机系统间传输 GIS 数据的组织和机制。SDTS 经过正式认可，成为美国联邦信息处理标准(Federal Information Processing Standard, FIPS-173)。SDTS 规定了术语、特征类型、精度说明以及一种针对任何通用地理数据传输方法的正式文件。这个标准对于特定数据类型，如矢量和栅格，其子集被称为矢量配置文件。

电子表格： 一种能让用户在带有行和列的表格中输入数字和文本并能用表格结构保存和操作这些数字的计算机程序。

表格： 将记录值输入行和列的数据组织方式。

TIGER： 一个基于零单元、一单元和两个单元的地图数据格式。美国人口普查局在街道等级图中使用的格式。

TIF： 标签图形文件格式，一种行业标准的栅格图形或图像格式。

TIN： 用于存储表面(通常是地理表面)属性的一种矢量拓扑数据结构。

容限： 假设特征被错误定位到同一系统不同版本中的最小距离。

拓扑错误清除： 指数字矢量图的这种状态，所有应该连接的弧段连接到具有相同坐标的节点，地图，且多边形由弧段连接而成，各个弧段不重复，也没有断开或遗漏。

拓扑： 描述特征邻接度和连接度的特性。用地理编码特征对拓扑数据结构进行拓扑编码。

USGS： 美国地质调查局，美国内政部门的下属机构，美国数字地图数据的主要提供单位。

矢量数据： 一种地图数据结构，它使用点或节点以及连接部分作为地理特征表达的基本结构单元。

体： 用一系列面封闭成一个表面(GIS 中通常指上表面)，以此来表达一个三维特征(体)。

VPF 矢量数据产品格式： 在 DIGEST 中，针对矢量数据的一种数据传输标准。

零/一/二单元： TIGER 数据结构中分别用这样的术语表示点、线、面。

3.11　GIS 人物专访

蒂姆·特雷纳(Tim Trainor，简称 TT)，美国人口普查局地理处负责地理区域和制图产品的首席部门助理

KC: 您的工作是什么？它与 GIS 有哪些关联？

TT: 我负责人口普查局管理的所有地理区域。这包括法定的地理区域、地理区域的统计和管理。我还负责所有的地图产品，我们派遣实地人口调查员统计收集数据，并同时发布人口普查结果，这是两种截然不同的工作。我们在工作中许多不同的地方，都使用到 GIS。我们开发并维护 TIGER 数据库，因此我们更多使用 GIS 技术处理每天的日常基础工作。我们过去并不这样做，但现在，我们开始真正利用它。我们已经用 GIS 技术来制图，并且，从软件开发的角度而言，我们已经成功挑战极限，改善了地图设计和地图产品自动化进程。

KC: 美国人口普查局是否聘用过修过 GIS 或地理课程的学生？

TT: 在国际地理学联盟的会议上，我才知道美国人口普查局可能是世界上招聘地理学家最多的部门。我不知道这个消息的可靠性，但我们部门有 300 人，这些人

中有一半以上是地理学家或制图人员。由于我们要努力力利用 GIS 技术来开展工作，所以我们要招聘有地理学文凭或更高学位并有 GIS 专长的人士。也就是说，我们不仅招聘地理学家，还必须得招有专业技能的地理学家。

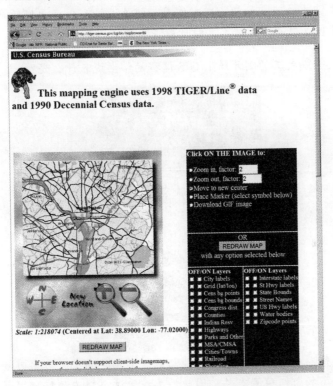

KC:　对于 2010 年的人口普查，美国人口普查局有没有扩展 TIGER 数据库的计划？

TT:　当然。我们在这个方面做了大量工作。我们正在调整 TIGER 数据库来获得更高的精度。例如，我们将所有的街道中心线都调到 7.6 m 的精度级别。实际上，我们现在获得的大多数据都比这个好得多。因为我们计划在 2009 年的地址详细调查中，使用全球定位系统技术(GPS)来获取全国每个住宅单位信息。为了把住宅单位放置在正确的人口普查区中，我们必须确保街道排列在正确的地理位置上。同时，我们已经把传统的内部数据库结构移植到 Oracle 商业环境数据库中。我们已经为 TIGER 研发了一个新的数据模型，这意味着，从我们的角度来看，我们要重新进行所有应用程序和软件的开发，我们现在也正处于这个过程当中。

KC:　谈谈您之前的 GIS 的教育背景？

TT: 我获得了历史学的本科学位。毕业后，我在苏格兰格拉斯哥大学的地形测量科学系进行制图方面的工作。我对测量学和摄影测量懂得不多，主要还是在制图方面。在那里，我学会了如何管理制图工程，知道了制图的整个过程，了解这个过程中需要的所有细节知道人们是如何为设计和生产更好的产品而努力工作的。不管这是什么技术，我想这些就是我从中得到的最大收获。

KC: 您想对大一或大二的刚开始上 GIS 课程的学生说点什么呢？

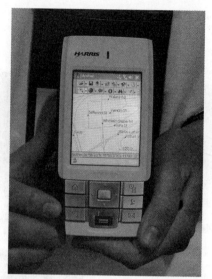

TT: 我想说的是，在生活中你很少遇到与地理不相关的事。万事万物都有位置，或者说每个事物都与位置有关。因此，要探究这个观点，好好思考，并且针对自己所见、所观察和所经历的事物追根溯源。如果你这样做，会真正爱上地理学的。

KC: 非常感谢！

第4章
地图计算机录入

　　"他正把我们引向灾难。"空军长官大吼道，他害怕得发抖。坐在他的身后的陆军长官更害怕，叫喊着："你不是想说我们偏离地图册吧？""我就是要告诉你这个！"空军指挥官叫着，"你自己看看。这就是本火红地图册的最后一幅地图了！我们在一小时前就已经路过那里了！"他翻看着地图册。然而在所有的地图册中，最后两页都是空白的。"我们肯定是在这儿的某个地方，"他用手指向空白页接边处。"这是哪儿？"空军指挥官叫道。年轻的飞行员笑着对他们说："所以他们才总是将两张空白页放在地图册的最后。那是特意为新发现的国家准备的，需要你们自己把它们补上。"

——罗尔德·达尔(Roald Dahl)，《吹梦巨人》，P161-163(1982)

4.1 模拟地图与数字地图

  大多数人认为地图是绘在纸上的。其实地图可以挂在墙上，放在地图橱柜里，也可以装订在书本、地图册、街道指南、报纸和杂志中。每年有数以百万计的地图从国家出版社印刷出来，整齐地叠放在每辆汽车的储物箱里。传统的纸制地图可以称作**真实地图**，因为我们可以触摸到它，可以把它拿在手上，折起来，或随身携带。相反的是，计算机要求我们重新对地图进行简要定义。在数字时代，特别是GIS 时代，地图可以是真实的，也可以是**虚拟的**。

  虚拟地图是待绘制的地图。它是计算机内部信息的组织形式，无论在什么时候或什么情况下，只要我们需要，就可以通过这种方式运用 GIS 生成地图。例如，我们可以获得道路、河流以及森林有关的地图信息，但是只有 GIS 才能决定仅将需要的森林和河流显示在地图上。每一幅真实地图只是虚拟地图显示在媒介上的一种渲染形式，这样就产生记录的地图形式。大多情况下，我们用纸张作为地图介质，但是我们逐渐地在计算机屏幕上显示地图。

  GIS 中使用地图方式已经在某种程度上从真实地图转变成虚拟地图，除非收集到新的野外数据。另外一种方式就是将纸制地图进行转换，从一张纸质或模拟地图转换成数字化或数字形式。我们以纸张，有时是胶卷、胶带或其他形式的介质开始，以一串存在计算机文件内部的数字结束。这个转化过程称作**地理编码**，我们可以把这个过程定义为空间信息转换成为计算机可读取过程。一些 GIS 软件商是很乐意帮你获取需要的数据，但需要花费大量成本。研究表明，在一个典型 GIS 项目中，从找到适当的地图，到通过地理编码完成从真实地图到虚拟地图形式的转换，通常在时间和成本上就要花费 60%～90%，不过，这是一劳永逸的事。一旦我们有了数字地图形式，就可以在 GIS 中为不同的用途反复使用和投影地图了，除非需要数据更新。随着时间推移，越来越少的地图会只以纸制而非数字形式存在。

  GIS 中使用的数字地图实际上可分为三类。一种是已经有数字地图，我们只需要找到它或购买它；另一种是没有数字地图，我们必须对纸质或者其他介质上的地图进行地理编码转换成数字地图；第三种情形，可能是因为地表变化，数字地图根本不存在，这样我们可以用遥感、航空摄影、测量或者全球定位系统(GPS)收集野外数据来制作新地点的第一幅地图。有时我们需要的数字地图已经存在了，只是对它们进行地理编码的人不愿意和我们共享，甚至需要花钱购买才可以使用。即使我们能得到需要的数字地图，但它们也有可能不适合 GIS 的具体应用，甚至已经过时或者不能表达出我们需要的特征。最终，我们还是得对自己需要的部分地图进行地理编码。

在涉及地图数字化方式——扫描和数字化之前，我们可以看看是否已经有数字地图数据。如果我们找到数字地图，稍花精力，就可以用一些转换程序和 GIS 数据格式转换知识，重新使用我们手中有的地图了。这些地图中许多能够直接输入到 GIS 中，甚至不用去探究文件和数字存储结构。在这一章中，我们将带领大家学习各种风格的数据，它们的格式以及在地理编码过程中信息在地图中的存储结构。

现在，很少有 GIS 项目从一开始就不用数据。收集大量数据，并将其转换成多个政府部门可以共享的格式，这样就好比为建一座大楼打下了坚实的基础。这里的诀窍就是，在哪儿查看数据，当你找到想要数据时如何处理它，以及怎样将数据输入到 GIS 中。

4.2 查找已有的地图数据

通常纸质地图的查找是从地图图书馆或者网络地图图书库中完成的。最有可能保存地图并提供地图学研究的，通常是一些研究性图书馆、大城市或附属重点大学的图书馆。地图管理员通过计算机网络来共享数据和实现地图数据搜索。越来越多的人使用图书馆和计算机网络来查找人口普查数据和其他数字地图。

寻找地图信息的另一个途径就是在书中查找。首先是德鲁·戴克(Drew Decker)所著的《GIS 数据源》(2000)；USGS 的托马斯(M. M. Thompson)的《美国地图》(1987)，这可以用来很好地查看现在已出版的美国地图。另一个信息源，尤其是有关世界数据的信息有《世界地形图目录》(Bohme，1993)。在约翰·坎贝尔(John Campbell)《地图使用和分析》(Campbell，2001)一书的附录中介绍了如何使用地图系列以及它们的索引，该书还列出了许多其他的信息源，特别是第 21 章中，"美国和加拿大的地图提供商和信息源"，书上附带的网址 *http://auth.mhhe.com/earthsci /geography /campell4e/links4/appalink4mhtml* 也作了重申。网上不仅有大量的地图数据信息，而且还有可以显示地图的开源软件，在《制图技巧：电子地图小窍门和工具》一书(Erle、Gibson and Walsh，2005)也有提到。

许多情况下，国家和地方政府都收集纸质地图。地方规划或建筑许可办通常能找到你的居住地或公园和商业用地地图，不过你得提前预订。给公众提供地图服务的质量如何主要取决于政府办以及它们的政策和服务范围。一些大型机构有他们自己的地图管理部门。国家高速公路管理局，公园服务机构或工业发展组织部门都可能有它们自己的地图，有些是免费的或花费很少。

　　商业公司出售地图数据，有些还会提供地图数据的搜索付费服务。大多数商业提供商销售的影像数据可以通过网上数据库进行搜索和浏览。许多商业机构不仅把有的数据打包给你使用，而且只要你付费还会帮你进行数据数字化或扫描，甚至可以把数据写成 GIS 格式。TeleAtlas(*www.teleatlas.com*)和 Yahoo 两家公司就提供这种服务，它们提供的数据能通过自己的 WOEID(where On Earth Indentification)地理参考系统来参照位置点。

　　当然，每一个公司有他自身的优势来销售各类地图。然而，商业公司不考虑数据成本，而对一些新生企业就要关注这些了。这些数据起初都只被一些大公司、政府、房地产开发商等使用。作为降低成本的首选，通常最好开始用免费的公共数据，大多数情况下，这些数据已经足够了，甚至远远超过你 GIS 所需要的数据。

　　公共机构使用的数字地图数据是由联邦政府数据控制的。在美国，数字地图是创建在联邦水平上并为联邦政府服务的，它是美国人民的财产。除了明显涉及国家安全的一些敏感数据(即使现在的一些间谍卫星数据可以获得)外，其他数据都可以使用。《信息自由法案》保证每个人都有权从联邦政府取得一份数字地图复印本，数据分发或复印的成本可能不会超过数据提供的合理边际成本。

　　然而，并不是所有的地图数据都必须以这种方法从政府那里获取。政府机构已把向任何需要地图数据的机构提供免费数据作为自己的工作职责。计算机网络的发展不仅使大多计算机用户可以访问到地图数据，而且数据使用方式更加灵活便捷。

4.2.1　网上数据查找

　　数据查找的最好方式就是在万维网(WWW)上搜索。大多数计算机都安装了网页浏览器，比如 Opera、Firefox、Safari、Chrome 或 IE 浏览器，你可以用它以关键字或其他方式进行搜索。万维网是一个连接电脑和服务器的设备或网上数据存储器。新一代的地理浏览器使得网络搜索越来越具有地理特征。每个重要的机构都有万维网服务器或**网关**，从那里可以搜索和下载数据。简而言之，大量的数据都可以通过这种方式找到。

　　许多美国政府机构都创建和分发数字地图，但数据主要来源于三家机构，且每家数据格式都不同，并已经在 GIS 中广泛应用。这三家机构分别是美国地质调查局(USGS)，它属内务部的一部分；美国人口普查局以及美国国家海洋和大气局(NOAA)，这两个都隶属于商务部。它们提供的数据涵盖了陆地及其特征、人口、气候、大气和美国周边的海域。还有许多其他提供在线空间数据的机构，包括

NASA、EPA、FEMA 等。

　　这三家主要的机构在这里都值得进行详细的说明。通过一些公共信息服务机构和计算机网络服务器，尤其是互联网都能很容易从其中任何一家机构中寻找到数据。许多情况下可通过数据交换中心来跨机构定位到数据。

4.2.2　美国地质调查局

　　USGS 是通过它自带的连接到无缝数据服务器国家地图浏览器（*http://nmviewogc.cr.usgs.gov/viewer.htm*）的在线存储器，公开分发数字地图产品数据。USGS 的数字数据产品分为六种：数字线划地图(DLGs)、数字高程模型(DEMs)、土地利用和土地覆盖数字数据、数字制图文本(信息系统地理名称，GNIS)，数字正射影像(DOQ)以及数字栅格地图(DRG)。国家地图视图门户网站如图 4.1 所示。USGS 一直致力完善美国数据信息的覆盖范围，并且通过连接到国家地图浏览器的无缝服务器来分发地图数据产品。用户首先通过在线浏览地图来确定出兴趣区域，然后在数据设置被识别后开始查询。服务器从大的数据文件中"裁剪"出所需要的这些数据，将它们通过文件转换协议直接转换成用户需要的通用格式，包括 GIS 主流软件包支持的格式。这些数据模型和结构在第 3 章已作过介绍，大多数 GIS 软件包能直接读取这些格式。举个例子，对加利福尼亚州的圣克鲁兹岛的数据搜索，产生了 38 个数据集，包括了 7 大门类，涵盖了由 USGS、NOAA、美国林务局以及美国鱼类和野生动物管理局提供的行政界线、水文、影像、土地利用/土地覆盖、建筑和交通数据(见图 4.2)。当点击 Landsat(地球资源卫星)数据时，就自动向国家地图无缝数据服务器发出了查询申请，返回 2002 年的 Landsat 卫星数据，它是由两景影像基于 NAD83(1983 北美基准)的 GeoTIFF 格式拼接而成的。

　　这些数据可直接通过解压交换文件导入并读取到 ArcView3.2 和 uDdig(见图 4.3)软件中。许多 GIS 软件包都能直接读取大多数政府部门使用的通用数据格式，包括采用元数据来提供坐标和投影信息。

　　USGS 也分发用 NOAA 的 AVHRR(高级甚高分辨率辐射计)分类出的土地覆盖数据。这些数据是由 EROS(地球资源观测系统)数据中心以 1km 的地面分辨率在网上分发的。还以同样分辨率显示用两周数据合成的北美及全球的植被指数数据。这些 Landsat 影像和多分辨率的土地特征数据库与全国土地覆盖数据一致。通常会在国家地图浏览器中加载热点数据集，比如，追踪龙卷风，这些数据集是从合作机构和当地地方政府部门那里获取的。

图 4.1　国家地图的浏览器：*http://nmviewogc.cr.usgs.gov/viewer.htm*

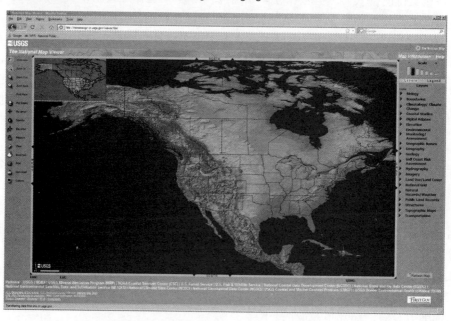

图 4.2　通过 USGS 的无缝数据服务器从国家地图上搜索和下载数据

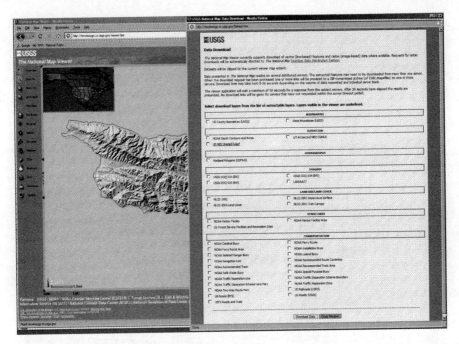

图 4.3 从图 4.2 上下载的加利福尼亚州的圣克鲁兹岛的 Landsat 数据，分别导入到 uDig(左图)和
ArcView3.2(右图)GIS 软件包

4.2.3 美国国家海洋和大气局(NOAA)

NOAA 致力于海洋和航空导航系统的研究，即将数字化航线图、以全球定位系统为基础的位置信息以及实时环境信息进行自动融合。例如，将日常的气象图、卫星雷达影像以及飞行员空中交通控制中心使用的地图进行融合。美国水域航行大船只需携带 NOAA 的航线图。NOAA 包括的机构有，国家大地测量局，它负责维护精确的国家 GPS 控制点；国家气象局以及卫星和气象信息服务局，后者负责一些重要地图卫星数据的运营和分发。

隶属于 NOAA 的国家地球物理数据中心，已经发布了大量的数字地图数据集，包括全球和美国的数据，大多是近期的，包括一份经纬度分辨率的详细海洋测量和地表地形地貌数据，同时还包括了地球表面的大地测量和磁场数据，如图 4.4 所示。NOAA 负责维护几个交互式地图数据门户网站，这几个网站支持 ESRI 网络地图服务器来查询数据。数据以多种格式提供给用户，同时也支持多种 GIS 软件。如图 4.5 所示的世界地形数据集，它是下载经过解压后直接被 QuantumGIS 软件打开显示的结果。

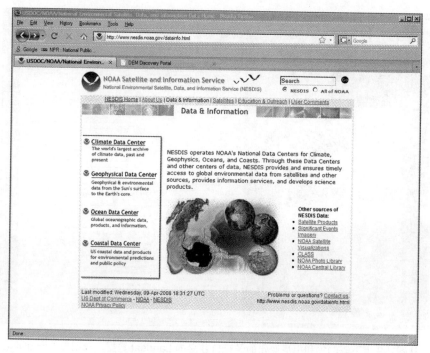

图 4.4 NOAA 的地理空间数据门户网站。一个特别有用的网络工具，可以在 *http://www.ngs..noaa.gov/TOOLS/*上找到。这些工具支持 GIS 中通用的多种地理空间数据的投影变换，坐标系统和基准面的转换

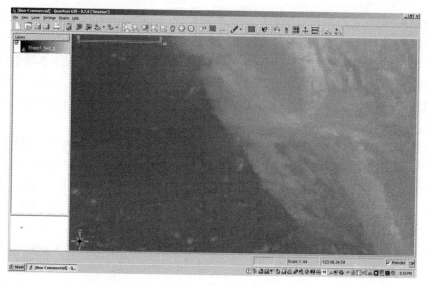

图 4.5 NOOA 上下载的加利福尼亚州数字地形图数据，用 QuantumGIS 软件显示

NOAA 也负责国家大地测量，承担起国家大地控制测量数据和基准坐标测定以及格网系统定义等职责。

4.2.4　美国人口普查局

美国人口普查局地图是根据成千上万普查人员按街道地址调查的数据绘制成图的，这个数据十年更新一次。像 1990 年的人口普查，人口普查局开发了一个叫 TIGER 的集成地理编码及拓扑参照系统。正如我们在第 3 章中所见，TIGER 系统将街区表面或街道部分看作是地理单元，并且将制图学的对象看成具有不同维度的点(节点)、线(线段)和面(街区，普查区或者调查区)。在 TIGER 术语中，点是 0 维、线是 1 维、面是 2 维，如图 4.6 所示。地理对象具有几何属性(G)，拓扑属性(T)或者两者都具备(GT)。图中展示了一个普通街区由三个具有几何拓扑属性的多边形组成(GT 代表几何属性和拓扑属性)。这个街区包含一个位于 GT 多边形 2 内的点状地标(Parkside School)和位于 GT 多边形 3 内的面状地标(Friendship Park)(数据来源于 2000 年人口普查数据)。只具有几何属性的实体通常是地标性建筑，在 TIGER 地图上可以显示出它的细节特征。国家 TIGER 文件已更新到 2006 年、以 ESRI 的矢量数据 shapefile 格式，从 TIGER 的网站下载，网址是：*www.census.gov/geo/www/tiger/tiger2006se/tgr2006se.htlm*。

一个大型合作团队致力于准备这些地图，从而为 1990 年人口普查做准备，并且这些地图更新到了 2000 年的人口普查。地图数字化最初是与美国地质调查局合成完成的，但是现在为了 2010 年的普查工作已完全修改了。这些地图是通过网络与人口普查数据一起分发的。虽然并不是所有的 GIS 都要进行属性数据处理，但实际上每个 GIS 都允许直接输入 TIGER 文件系统。TIGER 是第一个显示全美街区信息的 GIS 数据库。TIGER 的一个重要功能是实现地址匹配：它是在 TIGER 文件中以属性文件匹配街区或人口普查区来进行地址搜索，也就是说，单独从地图上找出街道地址列表的地理位置。地址匹配用街道号和名字，再加上城市名，然后用这些信息来共同决定地址的地理位置。比如，单双号是分布在街道的两面的，并且每一个城市街区，门牌号增加 100，所以可推断门牌号为 7262 的房子应坐落在沿 7200 开始在偶数门牌号那一边街区的第 62 号。许多网上和 GPS 地址匹配系统就是以这种方式用 TIGER 文件从用户信息中确定出街区地址的。

这些文件也是绘制其他信息特征的基础地图，如图 4.7 所示。为了提高精度以及包括应用 GPS 野外数据收集(见第 3 章中 GIS 人物专访)，TIGER 文件正在升级和更新成 2010 年的人口普查数据。在美国 TIGER 数据已经成为大部分 GIS 和移动地图运行软件的基础数据，并且在国家经济和政府工作中扮演着越来越重要的角色。

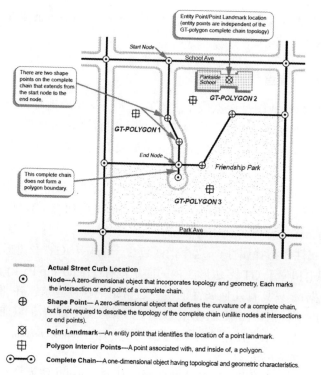

Entity Point/Point Landmark location (entity points are independent of the GT-polygon complete chain topology)

Start Node

There are two shape points on the complete chain that extends from the start node to the end node.

GT-POLYGON 1

GT-POLYGON 2

Parkside School

End Node

This complete chain does not form a polygon boundary.

Friendship Park

GT-POLYGON 3

Park Ave

Actual Street Curb Location

⊙ **Node**—A zero-dimensional object that incorporates topology and geometry. Each marks the intersection or end point of a complete chain.

⊕ **Shape Point**— A zero-dimensional object that defines the curvature of a complete chain, but is not required to describe the topology of the complete chain (unlike nodes at intersections or end points).

⊗ **Point Landmark**—An entity point that identifies the location of a point landmark.

⊞ **Polygon Interior Points**—A point associated with, and inside of, a polygon.

⊙—⊙ **Complete Chain**—A one-dimensional object having topological and geometric characteristics.

图 4.6 TIGER 中的基本单元，0 维、1 维、2 维

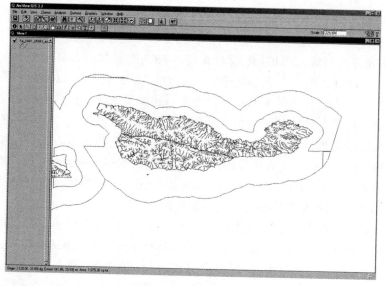

图 4.7 用 TIGER 文件显示的加利福尼亚州的圣克鲁兹岛水系特征

4.2.5　其他联邦数据

美国政府在联邦数据委员会的领导下，创建了国家空间数据基础设施(NSDI)，一整套数据仓库和目录，能够进行相互索引。NSDI 的门户网站，包括地理空间一站式门户 *www.geodata.gov*。这意味着不同的机构可以很容易地找到数据。同时，还有一个大型存放非政府数据源的数据交换中心和数据共享库，GIS 用户可以在那里获得和分发他们收集和处理的数据。当然，要提供好的元数据——有关数据的数据——这是数据交换的基础。有许多简单有效的地理浏览器可以分发联邦地理数据和帮助查找数据，也就是说，帮你找到适合的数据图层。这儿有一些例子，USGS 的自然灾害辅助系统(nhss.cr.usgs.gov)(见图 4.8)，NASA 的 Worldwind(worldwind.arc.nasa.gov)，Google earth 和 Google map 以及亚历山大环球旅行者数字图书馆(clients.alexandria.ucsb.edu/globetrotter)(见图 4.9)，这些门户网站主要提供美国官方数据。很快你就会发现，那里不仅有大量的美国官方数据，而且下载和在 GIS 中使用这些数据都是相当容易的。

公开创建的数据通常是一个文件夹，包含元数据，这样就方便将数据植入 GIS 中。

图 4.8　从 USGS 的自然灾害辅助系统上搜索和下载的圣克鲁兹岛自然灾害 GIS 数据

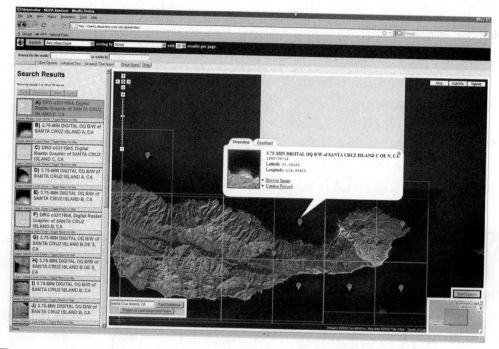

图4.9　在亚历山大环球旅行者数字图书馆中搜索到的圣克鲁兹岛的地图(clients.alexandria.ucsb.
　　　　edu/globetrotter)

4.2.6　创建新的数据

当然，能找到现有的数字地图是件好事，但通常众多不同的数据格式才是 GIS 分析面临的基本难题。数字地图和它们的模拟数据一样，规定要有一个既定的地图比例尺。边界线、海岸线等等，这些在进行最初地图数字化时，反映了线状地物抽象的概略程度。此外，地图通常以不同的精度水平进行数字化，这是由于原始地图已经过期，或在它们数字化后过期，也可能是出现了错误或它们的精度有问题。同一地区的两幅不同的地图很难在每个细节上都匹配。然而电脑是不能像人的思维一样解决这种差异，人的思维可以推理出信息的可靠性，比如它的时效性原则，等等。

总之，不管你喜不喜欢，如果你迟早要用到 GIS 的话，你就要学会自己阅读数字化地图。尽管这是一个枯燥、费时、令人沮丧的工作，但其中涉及的学习过程会大大的提升你对 GIS 中数字化地图使用限制的认识。坚持与学习总要比因缺乏实际操作经验而出现无数差错和判断失误好得多。随着时间的推移，我们的靴子在前进过程中会出现数字的(或者至少是虚拟的)"泥土"。

4.3 数字化和扫描

在地理编码的历史上采用了许多不同的方法。起初，一些比较早的 GIS 软件包要求手动完成地图的编码和输入工作。这项任务不仅花费大量时间，而且往往会出现错误，并且修改错误困难。自从特殊用途的数字化硬件出现后，特别是硬件成本大大降低后，所有的地理编码都用计算机来完成。

有两种方法已逐步应用到地图计算机信息化。一种方法是数字化，它是以模仿手画地图的方式，通过用悬挂在灵敏数字面板上的光标来跟踪地图。第二种方法是计算机通过扫描地图来"识别"地图。两种方法都有效，并且有各自的优缺点。最重要的是，数据上承载的地理编码的方法以及地图初始比例尺特征，几乎在某种程度上影响了后期 GIS 的操作结果。

4.3.1 数字化

用一个光标跟踪一幅地图进行地理编码有时称为**半自动数字化**。这是因为除了机械装备外还涉及人工操作。数字化意味着要使用数字化仪或者数字面板(见图 4.10)。这项技术随着计算机制图和计算机辅助设计的发展而发展起来，并为了新的需求植入到计算机硬件中。尽管如今一些灵活多变的方法已大大取代了这一方法，但有时仍在使用这种扫描方式。然而，这里同样还是要讨论这种方法，因为大多历史数据集都是以这种方式获取的，所以在这个过程中产生的固有误差是永远存在于现存的数据中的。

图 4.10 用数字面板和光标进行半自动地图数字化

数字面板是一个与数字和电子设备相关的绘图桌。它的主要部件是一个平板表面，通常在上面放了地图、触针和光标，这样就可以将所选取的点以数字信号方式输入到计算机。获取点位置的方法可能会有不同。

　　用三个或更多的数字化坐标点进行地图坐标配准，通常是右上角的横纵坐标，左下角的横纵坐标及一个其他角点坐标。通过这些点的地图坐标和原始数字化仪图像坐标，计算出所有的参数，使数据转化成地图坐标。许多地图录入和数字化软件包需要四个控制点来计算地图几何关系，所以为获取更好的配准精度，对控制点进行反复数字化再取平均坐标是可取的。

　　点的录入通常一次完成，每录入一个点就要停下来录入诸如标注或高程属性。线是由一连串的点方式录入而成，而且必须有一个末链标志来结束，即在链的末尾形成节点以便结束输入。湖泊或州这样的面状地物通常数字化成线的形式。有时最后一个点(捕捉)能自动闭合。最后，需要对点进行检查和编辑。数字化软件或者 GIS 都具有编辑特征的功能，比如删除和增加一条线或者移动和捕捉一个点。数据编辑好后准备在 GIS 中集成，通常 GIS 中有一个单独的模块来进行数字化和编辑，这样地图就能使用了。通常 GIS 中地图错误主要来源于先前数字化录入过程及其局限性。

4.3.2　扫描

　　第二种数字化过程是自动数字化，或更常见的扫描数字化。你可能在电脑商店或广告上见过扫描仪，或你见到用于扫描文档的平板扫描仪。滚筒扫描仪常用于地图扫描。这种形式的扫描仪接收一幅平整地图，常与一个滚筒紧紧夹在一起，并且以很短的距离增量来扫描地图，当地图被照亮时，用点光源或光栅来测算光响应量，如图 4.11 所示。扫描的精度越高，耗时越长，数据集越大。这类数字化的主要区别就是线特征、文本等是按实际宽度扫描的，而且为方便计算机识别具体的地图，对象必须作计算机预处理。一些绘图仪也能进行地图扫描仪的工作，反过来也一样。对地图扫描而言，地图应当整洁，并且没有折痕和标记。通常扫描用的地图不是纸质地图，而是地图底片、聚酯薄膜离析物或用于地图生产的图版。**线化自动跟踪器**就是一种可选的地扫描仪，这种扫描仪手动移到一条线处，然后让它自动跟踪这条线。线化自动跟踪器主要用于连续线的跟踪，如等高线。这些扫描仪和其他的一些扫描仪在 CADD(计算机辅助制图与设计)系统方面是非常有用的，通常是输入工程图与手绘图。

　　便捷台式扫描仪以其高分辨率和低成本已经成为重要的地理编码设备。扫描过程通常从准备地图开始，地图要整洁就需要尽可能保持线条的一致与干净。接下来就是将地图放在台式扫描仪上。告诉软件扫描哪个窗口，预览扫描，扫描及保存扫描结果文件。整个过程会很快，不过，必要的仔细和注意避免许多麻烦。台式扫描仪或低分辨率的扫描仪很少能满足 GIS 的需要，但可以将一幅草图输入地图编辑系统中继续处理。这样，一幅野外草图可以作为生成 GIS 最终地图的数据源。

图 4.11　正在使用的大幅面扫描仪(来源：USGS)

扫描时必须要明确扫描的比例尺和分辨率。在图 4.12 中，同样一幅加利福尼亚小派山一部分地图，7.5 分的 USGS 标准地图图幅，以四种不同的分辨率进行扫描。扫描了 100 毫米连长的矩形区域。在 1：24 000 比例尺下，这段距离就是 24 000×100=2 400 000 毫米，即 2400 米。

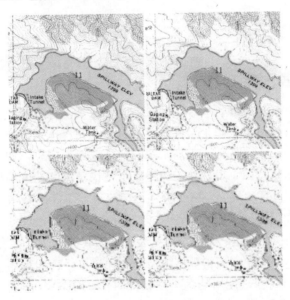

图 4.12　加利福尼亚小派山局部滚筒扫描仪图像，地形图标准图幅比例尺为 1：24 000。左上方为 200dpi，右上方为 100dpi，左下方为 50dpi，右下方为 25dpi

　　虽然图 4.12 所示的是扫描地图上 100 mm × 100 mm 的一部分，但是扫描的像素密度是以每一英寸上的像素点决定的。以 200 的每英寸点数(DPI)扫描可以转换为每毫米需要 7.87 像素点，使得扫描的地图方格大小为 787×787 像素点。

　　同一区域同样以 100DPI 扫描，或每毫米 3.937 个像素点，对一幅影像来说就是 394×394 像素点。同样的地物在两幅扫描图上，第一个图上一个像素相当于地面 3 米，第二个图上一像素相当于地面 6 米。对地图的精度来说，重要的不是打印的浓度，而是与之相对的比例尺。地图上非常细的线的宽度，比如小的溪流，大概是 0.2 毫米。

　　在 24 000 比例尺下，表示这条溪流实际上有 4.8 米宽，比像素大小为 200 DPI 的扫描图上的实际要大，但比 6 米的 100 DPI 的扫描图上的单个像元要小。大多数的线是间断的，只是偶尔有像素与线一致。这种情况可以在图 4.12 中清晰可见。这种方式丢失的特征称作"**信号缺失**"，实际上，**信号缺失**可能是地图上丢失的特征，或是使它看上去像背景"**噪声**"。如果投影格网、格网标记或对随后的处理来说丢失了必要的特征细节是非常危险的。另一个扫描时需要注意的是铅笔线、咖啡污渍、纸张褪色，尤其是避免出现皱折和折痕。同样，如果扫描的地图要双面印刷，你可能会在扫描仪上看到重影，也就是两边都看得见。对于这个问题，我们将会在 4.6 节中见到。

4.4　野外和影像数据

4.4.1　野外数据采集

　　在 GIS 项目使用的数据中，越来越多的来自于野外采集数据、全球定位系统和影像综合数据。野外数据采集采用标准测量方法。在这些定位方法中首先应在野外建立**控制点**。然后还需要采集额外点来跟踪特征或地形信息，如用测量仪器设计角度和距离量测一系列特征点追踪线的边界。全站仪是最高精度的标准测量设备，它既是数字记录器，也是测量仪器，如图 4.13 所示。它们利用激光测距原理通过棱镜反射器来计算距离。便宜一点的设备，如经纬仪、工程用经纬仪以及应用一些测距技术的水准仪叫做**视距仪**，它是通过透镜装置来读取校准杆上的数据。

　　数据记录在笔记本中，通常数据随后输入计算机，再用程序将方位、角度和距离变成横纵坐标及高程。使用的这类型软件叫作 COGO，它是"坐标几何"的缩写，而且许多 COGO 软件包要么能将数据写成 GIS 格式或者写成能直接转换的文件。野外测量普遍用于土地调查、生态学、考古学、地质学、地理学中。许多要求不细致的测量通常采用粗略野外手绘图法、网格法、断面法、点抽样法以及便携式 GPS。多数情况下，GIS 软件可直接在野外数据采集设备上运行，比如 ESRI 公司的 ArcPad 软件。

图 4.13　全站仪在柬埔寨的班陶伊王宫考古学测量中应用

4.4.2　屏幕数字化

以扫描方式进行 GIS 数据采集有许多优势。手工数字化扫描地图的一套标准化程序可以方便拓展地图录入和更新，这可以用多种方法实现。学生们可能认为将影像输入可视化编辑程序是最简单的，比如 Adobe Illustrator 或 Coreldraw，或导入像 AutoCad 这样的 CAD 程序。如果地图有清晰的线条或扫描过的跟踪线，会有像 ArcScan 这样的自动软件包和 GIS 模块来提取连续线条，并将它们转换成矢量线。但打印文本和重叠的线状要素(例如一条公路穿过另一条跨桥公路)，这些特征采用上述方法提取就很困难。一幅旧的矢量地图与更新过的影像能反映出一些新增加的要素，比如随着城市的扩张，在边缘地区新增的居民区和道路。有时，可以从影像中提取要素来创建新地图，随后，在影像中找一些已知位置的特征点来配准地图是很重要的，这样地图就可以配准成和已有 GIS 数据具有相同的几何特征了。

如图 4.14 所示，如何从一幅影像中提取矢量，然后输入 GIS 的过程。虽然这个过程带有点主观性，但通过从视觉上检查要素及新影像和已有数据的匹配是很重要的。当数据完全匹配时，最好是编辑已有图层而不是创建可能有错误的新矢量图层。最后，既然扫描有分辨率的限制，最好在进行矢量化录入时不要改变地图的比例尺、分辨率或坐标。矢量图层准备好后，就可以通过控制点来进行坐标变换。通过对栅格扫描数据 warp 处理进行地图配准，这样地图就从影像坐标空间转换到 GIS 的坐标空间，就更容易在平面几何图形中发现一些潜在的错误。

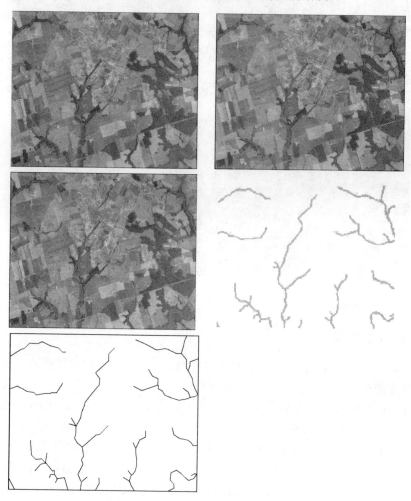

图 4.14　屏幕数字化。影像及其与来源不同的小比例尺矢量水系(红色)叠加结果。添加的矢量图层用于获取水系的细节信息(紫色)。所有的线状地物(蓝色)是通过红色和紫色综合来提取。这些线是通过手动跟踪出来，并以高分辨率转换成一个新的数字化水系图层(左图)

4.4.3 GPS 数据采集

测量过程的第一步是控制设置，通常是要找出 USGS 的控制点(基准点)或用 GPS 来完成。同时用两台 GPS 以差分方式接收信号，可以达到分米级的控制点定位精度。GPS 数据同样可以用软件进行事后处理以达到更高精度，或用广域差分系统(WAAS)进行实时改正。米级精度的控制点的获取相对容易些。这些点可以作为继续向外扩张测量控制网或加密控制点的基础。图 4.15 显示了 USGS 用极高精度的 GPS 设备进行 2005 年卡特琳娜龙卷风后的控制测量。

图 4.15 通过在一个固定点连续不间断读取数据来建立 GPS 控制点。把大量读取的数据进行平均从而得出更精确的坐标。这些数据随后可以用差分改正来提高其他点的定位精度。图片来自于 USGS

GPS 是由 24 颗中轨(20 000 km 左右)地球轨道卫星组成的系统，每一颗都发射时间信号。在任何给定的时刻，一天 24 小时中，最少有 4 颗卫星位于地球上每个点位的地平线以上。当一个 GPS 接收机被激活后，最近的卫星被定位，且卫星信号被接收机收到。通过对来自不同卫星信号的时间差的解码，结合来自卫星自身轨道的数据(称作**星历数据**)，就可以解决三个未知量：经度、纬地度和高程。许多接收机可以直接进行坐标系统和基准面间的任意转换，并且大多数可以直接将数据下载到计算机上。一些 GPS 设备可以直接以通用的 GIS 格式进行下载。

2000 年 5 月前，由于在美国 SA 政策(用户选择性服务)蓄意降低精度作用下。GPS 信号以粗捕获码(C/A)模式的精度仅有 75～100 米。

SA 政策的使用是出于美国国家安全考虑，不过美国现正在决定取消该项政策，随着 SA 政策的取消，正常的 GPS 定位精度就有望提高到 10～25 米了。

通过用两台设备，一台位于已知点，另一台作为"移动"设备，就可以测量并消除误差，通常在收集数据后，将两台设备的数据输入到计算机上处理，这就是差分 GPS 模式的使用。可以通过无线电接收器或连接到能在野外接收到差分改正信号的移动电话来实现差分 GPS。这种改正信号的广播有助于提高美国导航系统，在其他地方也作为广域增强系统(WAAS)，同样可以为私人机构提供服务。

大多数手持 GPS 接收机能把数据下载到计算机软件，目的是提高定位精度，或将数据输入到 GIS 中集战，从而进行事后 GPS 信号处理。

有些时候，GPS 接收机能将地图显示与手持设备有机地结合起来。而其他情况下，GPS 设备与软件(包括 GIS 软件)一并将 GPS 点位直接显示在地图上。几家 GPS 厂商现已提供便携式数字化助手软件，甚至在 GPS 接收机内置移动电话。

公司生产的 GPS 芯片与数据记录器连接，就能用来跟踪动物、人和汽车，比如 Trackstik，如图 4.16 所示。

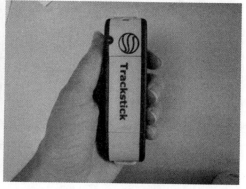

图 4.16　GPS 个人跟踪设备(Trackstick)，在 UCSB(加州大学圣巴巴拉分校)校园制图中应用。图片来自：朱莉迪·勒穆特(Julie Dillemuth)拍摄的加尔吉·乔德赫瑞

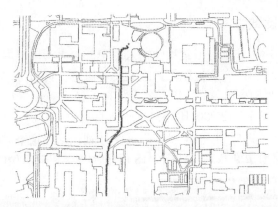

图 4.16　GPS 个人跟踪设备(Trackstick)，在 UCSB(加州大学圣巴巴拉分校)校园制图中应用(续)。

图片来自：朱莉迪·勒穆特(Julie Dillemuth)拍摄的加尔吉·乔德赫瑞

对于 GIS 来说，GPS 是一种高效的数据采集方式。现正在开发其他的 GPS 系统，如中国的 COMPASS 计划和欧洲的 Galileo 计划。广义上的概念称作"全球卫星导航系统"(Global Navigation Satellite System)。GPS 的一个难题是，当天空被山峰或植被遮挡时，易出现延迟误差。信号在任何给定的时间会随着卫星分布的几何位置发生变化。有一种误差的度量方法是位置精度衰减因子法，简称为 PDOP。许多手持接收机出于精度考虑，会提醒用户误差太大。如图 4.17 所示，两台 GPS 接收机在同一位置上，在不同时间上接收到的数据。图中由于植被覆盖的影响、PDOP及高大建筑对信号反射产生的多路径误差，这是很明显的。

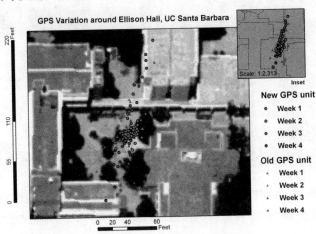

图 4.17　在 UCSB 校园中两个点上收集 GPS 数据，用了两台接收机接收了四周的数据。注意误差的传播以及周围的建筑和植被。地图和数据收集是由艾德林·多尔蒂(Adeline Dougherty)完成的

4.4.4　影像和遥感数据

对 GIS 来说，影像数据是很常见的输入图层。大多数情况下主要是航空相片，像 USGS 的数字正射地图或卫星影像。国家航空摄影计划通过国家地图局可以提供美国各种比例尺的地图服务，而且私人公司也可以销售影像。数字正射影像四分象限图(DOQQ)，相当于 1∶12 000 比例尺水平，具有 1 米的地面分辨率，在一些地方，如城市，分辨率可以达到 0.16 米。当前的计划包括以这个精度水平(0.16 米)覆盖全国，并在之后实时更新数据。如图 4.18 所示，数字正射影像例子。

图 4.18　USGS 的数字正射影像四分象限图，在 ESRI 的 ArcView 中显示，包含了椭圆草坪和白宫。注意，白宫上方的分辨率降低了(下面的影像缩放图)。相片下方的参考点是零千米里程碑标记

DOQQ 包含了华盛顿特区的椭圆草坪内的零千米里程碑标记，位于白宫的南部。注意数据分辨率的不同，粗分辨率的影像只包含了白宫以及其邻接的城市街区。在本书的最后一章中我们将再对此进行讨论。这些数据及其他一些商业影像通

常用于像 Google Earth 一样的在线地图搜索工具。

Landsat(美国地球资源卫星)自 1972 年以来，获取了世界上很多地方的影像。它采用了三种扫描设备，多光谱扫描仪 MSS(the Multispectral Scanner)、专题制图仪 TM (the Thematic mapper)和增强型专题制图仪 ETM$^+$(the Enhanced thematic Mapper Plus)，影像的地面分辨率分别是 79 米、30 米和 15 米。这些影像都被几何改正为空间倾斜墨卡托投影，并且通过国家地图无缝数据库可以在 GIS 工程中应用。由于程序的缺陷，全球覆盖数据可能会不连贯。一些其他卫星也会获取影像数据，包括法国的 SPOT 卫星系列和以前的加拿大 RADARSAT。其他的商业卫星数据供应商，包括 Digital Globe 公司的 Quickbird 和 Ikonos 影像。另外一些小型 GIS 项目也经常使用极轨卫星 NOAA 搭载的 AVHRR(Advanced Very High Resolution Radiometer)、NASA 的 MODIS 以及 NOAA 的地球同步的 GOES 气象卫星，就像在每天晚上电视天气预报节目中看到的一样，如图 4.19 所示。GIS 中使用的影像通常用来提取地图要素，比如道路、建筑和湖泊。影像通常通过自动处理来显示植被、土地覆盖和其他地图层。如图 4.20 所示，Landsat 7 的影像，以及它的增值产品，来自于国家土地利用数据库的土地利用分类图和土地覆盖图。

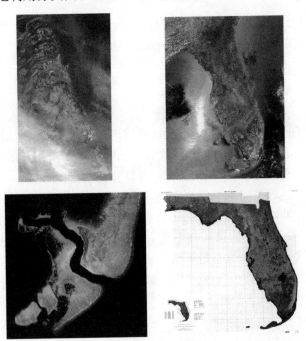

图 4.19　一些 GIS 中应用的佛罗里达州各类卫星影像节选。从左到右：ASTER、MODIS、Ikonos、Landsat 合成图。(来源：USGS,NASA)

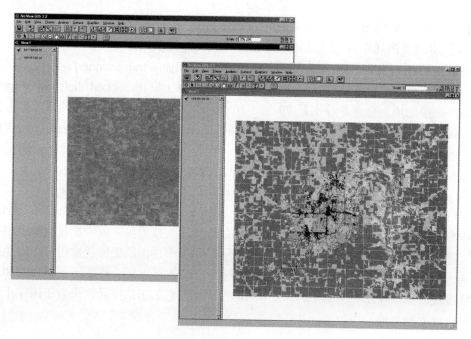

图 4.20　GIS 中应用的 Landsat 数据，并分类出土地利用和土地覆盖状况，例子来源于国家土地
覆盖数据库(南达科他州的苏福尔市)。(来源：USGS)

4.5　数据输入

　　地理编码是 GIS 数据输入的一部分，通过地理编码可以将一幅地图输入到计算机。然而这不是全部的过程，因为到目前为止我们还没有涉及 GIS 属性录入。一个属性就是一个值，通常是数字，它是 GIS 存储特征中包含的信息。例如，我们要对一条道路特征进行地理编码，那就要在地图上，从一个道路交点到另一个交点来提取道路路径，称作纯地理编码。我们还要告诉计算机一条道路的长度和弯曲度，及任何其他 GIS 需要知道的信息。与道路有关的属性，也许有州路线号、修建的年份、路表性质、通行车道、道路是单行道还是双行道、它经过了几座桥、每小时车辆通行量等，这些值是道路的**属性**。这些都是 GIS 分析的基础，我们还得以某种方式将它们输入到计算机中。

　　平面文件是属性表达的最简单形式。一个平面文件就像一个数据表格。表中的列就是属性，表中的行就是要素本身。表中的每一行就是一条记录，但是使用的名字取决于你要传达的信息。计算机专家把行叫做**一元组**，统计学家会将其称作一个样本或观察。程序员可能称之为**地理对象实体**。这些叫法相似，但**记录**听起来更简单些。

看一下图 4.21 中的平面文件。这些记录及属性与我们上面讨论的道路有关。这个属性表由几部分组成。首先，它有属性名称。设置属性意味着就决定了每个特征的值是什么。设置的时候，就很容易预见将要收集的信息，然后就会在表中为其预留一列。第二，要有记录。一条记录通常在每一列中都有一个值。像电子表格软件和一些数据库软件程序一样，允许你单击表中的每一单元格并且输入一个值。不过，建立表格要规范些。每一个属性值应仅有一属性名与其关联。比如，如果我们想把"US11"输入路面性质(Surface)属性列中，很明显会出错。每个属性都应该有几个特性，这些通常都应预先知道。下面是我们需要考虑到的一系列问题。

纽约到到网上的地图特征

ID #	特征	名称	路面性质	车道	每小时交通流量
1	Road	US 11	tarmac	3	113
2	Road	I 81	concrete	4	432
3	Road	Lisk Bridge Road	tarmac	2	12

值，是与属性记录相关的数字或文本

属性有一名字，且每个记录都有一值

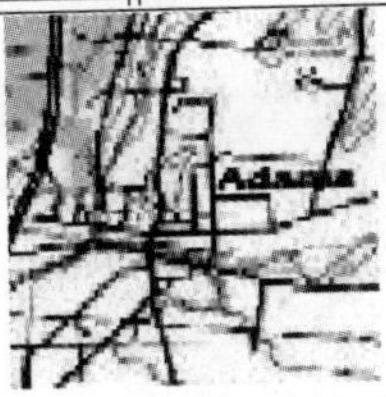

记录，一特征的所有属性

图 4.21　以平面文件形式组织的属性表

1. 值的**数据类型**是什么？比如，值可以是文本、数字、十进制数值，或单位，如米、每小时的车辆数，等等。

2. 值的有效范围是多少？比如，百分数的应该在 0 到 100 之间。允许负数不？对于文本，允许的拼写和选择范围(称作**类别**)？对于文本，字符串的最大长度？

3. 如果表中缺了一个单元格会怎样？例如，一条记录中可能会丢失像图 4.21 中所示的每小时交通流量这样的属性，因为没人去数过这个数。像这些情况，通常像-999 或 NULL 这样的缺失值标记就会用上。很明显，如果我们能将行或列的值加起来或是平均，我们也不用去计算这些了。

4. 允许属性值重复吗？图 4.21 中，如果对 81 号州间道路需要录入两条，一条北行，一条南行的，会怎样？交通流量统计、路面性质状况等可能会不同，而且会有它们自己的记录值。这种情况下，"NAME"属性值就会完全一样。

5. 哪个属性是**主键**？主键是两个数据库间的关联。所以图 4.21 的例中，"ID#"属性是在数字化地图时加在道路上的匹配标志。否则，所有的属性将会"空间缺失"。

许多这类问题我们在开始建立数据库时就要考虑到。在数据库管理器中允许属性建立的工具称作**数据定义模块**。它通常有自己的菜单、语言等等，而且可能需要程序员而不是通常的 GIS 用户来设置它。在某些情况下，就像随同数字地图数据样，属性数据能从现有数据源中找到，比如连接到 TIGER 文件的人口普查数据。这种情况下，属性和特征之间已经在地图上建立了关联。然而，如果有新的数据或出于个人的目的建立了我们自己的数据库，我们就必须建立关联且自己检查。

以上所有信息的完整目录叫做**数据字典**。预先有了数据字典就可以控制部分 GIS 数据的录入，电子表格软件或是我们选用的数据库程序对我们输入的每个值进行检查。有时我们把数据和值一个个地输入到称作**数据输入模块**的特定数据库管理器中。通常我们按预先存在的设置将所有记录导入到 GIS 数据管理器中。有一些更为通用的数据库和电子表格软件支持指定数据格式的转换。最简单的形式就是，将每个属性及其标注写成文本文件形式，一个属性一行，有时以逗号和引号隔开，这样就可以包含空白和其他符号。例如，图 4.21 中的数据可以拆分成图 4.22 中的文件形式。

对新的 GIS 数据，属性输入处理最终落到某个人身上(通常是工资最低的人)，一条一条地将属性值输入到数据库管理器的数据输入模块中。这些数据通常源于某种数据形式，这是由数据采集人员辛苦记录下来的。

一些数据输入系统优于其他系统。最起码，在录入时系统会检查每条属性值的类型和范围。最好的情况是，如果软件允许你复制一条记录将其修改成一个新值，删除或在输入时改变输入错误的值，系统会以警告或提示信息让你注意错误，以便及时改正错误，这是很有用的。没有软件包会允许数据丢失，除非计算机崩馈、文件已满或用户按错了键。

```
Attribute_labels = "ID #", "Feature",
"Name" , "Surface" , "Lanes", "Traffic" , "per hour"
"1",
"Road",
"US 11",
"tarmac",
"3",
"113"
"2",
"Road",
"I 81",
"concrete",
"4",
"432"
"3",
"Road",
"Lisk Bridge Road",
"tarmac",
"2",
"12",
"4"
```

图 4.22　图 4.21 平面文件的一种松散结构或 ASCII 文本结构形式

　　大多数 GIS 软件包几乎支持使用任何一种电子表格软件，比如微软的 Excel，或 MySQL，PostgreSQL 或 Access 的数据库系统。一些软件要求你使用 GIS 自带的数据库输入系统，而且只能使用它。尽管所有的系统都在这章节中提到了，但各自间有细微差别。

4.6　编辑和检验

　　许多早期的地理编辑系统只带一些有限的编辑功能。它们允许数据输入，但是错误检查是事后过程，而且错误改正是通过删除记录，甚至重新录入整个数据集来完成。地理编辑过程中我们所能做的事情是减少错误，或让错误更容易被检查出来，这是我们应该做的。最基本的就是，对于线数据和面数据，可以自动的处理一致性问题，并且可以检测到任何不连接的线或未闭合的多边形，并向用户发出提示信息。线间的连接、面的边界明确以及面中点的包含称作地图**拓扑**。实际上，拓扑在地图检查阶段都会涉及。

　　在地理编码中避免错误最简单的方式，就是保证错误能尽早的被检测到，而且随后容易改正它们。对错误信息来说在数字化过程中的视频显示和音频反馈是基本的。GIS 软件应当明确地说明错误会导致什么状况出现。一个普遍的地理编码错误是在数字化的时候因数据超出了磁盘容量而溢出。这样就有助于在错误出现时，帮助识别错误和掌握错误产生的原因。

一些容易检查的错误，如碎屑多边形、多余的竖线、多边形倒置、线未断开或我们在第 3 章讨论未捕捉的节点。比例缩放和倒置的错误是在地图挤压时产生的，就像电视上放映宽屏电影开始或结束的字幕样。这些错误通常是归结于不正确的数字化仪安装程序；也就是说，在建立地图几何关系时，录入不正确的控制点会产生系统误差。多余的竖线是在零值或极大数据值被真实坐标值错误替换而产生的随机硬件或软件错误。多余的竖线有时被认为是反常的。拓扑方面的错误、线丢失或线重复以及节点未捕捉通常是由于操作错误产生的。

数据绘图有助于拓扑检查，因为不能绘图的数据通常编码有误。同样地，尝试给多边形填充上颜色通常会检查出缝隙以及在复杂多边形网状物中看不见的碎屑。对位置的精度的最好检查方式是，与更高精度的源地图进行对比。属性数据绘图相当于**数据列表或报表**。大多数数据管理系统都具有生成报表、将属性以表的形式列出或将它们整齐地格式化进行打印和检查的功能。你应当逐条地检查属性和它们的值。然而，即使属性和地图已经通过检查被验证了，但关联中仍可能存在错误。例如，纽约市的数据库中一个简单的街道名就有超过 20 种拼写形式。

GIS 通常允许生成检查图，就是简单地标绘出多边形内或是邻接线的主键 ID 或标注。这些烦琐的地图检查工作是绝不能省略的。不进行数据检查就带着错误直接进入优美的图形制作或进行 GIS 分析，可能会导致任何令人尴尬的结果，甚至是生死攸关的严重后果。一个在位置和属性地理编码上正确的数据集没必要逻辑上一致。因为对拓扑数据来说逻辑一致性是最容易检查的。拓扑上，通过数据检查来查看所有的链是否在节点处相交、链是否正确地环绕多边形循环、还有内环是否完全在周围的多边形内闭合。另外，属性检查可以保证属性值落入正确的范围，而且所有地图要素都能被准确表达出来。

每个人都会说他/她的 GIS 数据是精确和正确的。很明显，这包含了几种情况。位置精度，也就是说地图上显示的位置表达了真实世界的正确位置。当然，地理编码的地图和"最佳"地图间会有不同。位置误差有时能被检查或测出来，最好是和更高精度的地图，或和像 GPS 定位那样的精密野外测量仪器结果进行比较来检测。另一方面的数据精度指的是属性的准确性。一幅地图就表象而言可能是完美的，但是道路和河流都可能错误地标记成电线。可以把这类错误看成是误分类。当 GIS 数据已经进行数据库管理系统后，就可以进行数据检测了，甚至可进行自动数据检测。

最后一个问题就是比例尺和精度问题。用于地理编码的地图有专门的比例尺，如 1：24 000。如果是这种情况，GIS 就允许我们同其他比例尺的数据进行比较时，如 1：250 000 的数据，一些编辑就不适合了，比如属性、要素的概略化处理、地图其他特性，在两种比例尺下是不同的。同样，所有的 GIS 中数据都有与之相对应的精度水平。如果一条高度细化的线被地理编码成实际只接近 10 米宽，与更细化表达的数据的线比较就会成问题。一般来说，我们要像对纸质地图那样来关注和考虑数字地图的局限性。然而，许多人把数字地图看成是绝对正确的，而不考虑模拟地图数字替代形式的低劣来源。明智的 GIS 用户应当了解和理解 GIS 数据库中错误的数量和分布。许多错误来源于地理编码方法和过程出错。一些错误会随着数据管理、存储、检索、GIS 使用和分析的进行而增加。对错误的理解是 GIS 进行有效操作的关键。

4.7　学习指南

要点一览

- 模拟地图是真实的，并且展示在像纸质这样的介质上，而虚拟地图是由数值组成的。
- 地理编码是将空间信息转换成计算机可读形式。
- 将地图录入计算机和对录入数据的处理通常占去 GIS 项目的大部分时间和费用。
- 地图可以以数字形式存在，可用或不可用，或只存在于纸质上，或根本不存在，但不管怎么说，GIS 用户迟早都要数字化地图。
- 开始 GIS 项目最好是考虑使用免费的现成数据。
- 美国联邦政府允许任何人都可以通过互联网获得大量的数字地图数据。
- 可以通过查询书籍、图书馆和互联网找出存在并可以获得的数据。
- 大多数机构通过门户网站和在线搜索系统允许用户下载和在 GIS 软件中使用地图数据。
- USGS(美国地质调查局)通过国家地图、浏览器和无缝分发系统来提供 DLG(数字画线地图)、DRG(数字栅格地图)、DEM(数字高程模型)、DOQQ(数字正射影像象限图)、GNIS(地理名称信息系统)和 LULC(土地利用和土地覆盖)数据。
- NOAA 提供导航的航海图、GPS、测量学以及实时数据资料，如气象图。
- 美国人口普查局分发与人口普查的属性信息匹配的数字 TIGER 街区地图。
- TIGER 文件是大多数通过地址匹配进行地理编码的基础，比如用房屋号、街区、城市名来寻找位置。

○ 美国联邦政府运营的 NSDI(国家空间数据基础设施)提供跨机构进行数据搜索的门户网站。

○ 地理浏览器是在互联网上浏览和搜索地理信息的最新方法。

○ 创建新的数据意味着半自动化数字化、扫描或野外数据获取。

○ 数字化使用数字面板，GIS 就相当于绘图桌。

○ 源地图固有的错误和比例尺会在数字化创建时嵌入到 GIS 数据中。

○ 扫描创建了输入地图栅格化或影像栅格。

○ 如果以低分辨率扫描，会丢失要素，而且不可恢复。

○ 屏幕数字化使用扫描影像和地图通过人工矢量编辑来更新和创建新的地图。

○ 野外数据可以来自测量仪器、野外记录、GPS 或者实地制图。

○ GPS 是实地准确采集点和线位置信息的高精度方法，而且数据可以在高精度水平下载到 GIS 中使用。

○ 许多影像和遥感方法提供的数据在 GIS 中使用，可以使用屏幕数字化获取或自动处理显示出土地利用、植被、人工要素等。

○ 属性数据可以通过 DBMS 数据输入模块导入 GIS，或者应用像电子表格软件这样的工具输入到文件中。

○ 数据字典具有数据自动检查和验证有效性以及减少数据错误的功能。

○ 一个 GIS 应当容易检查出错误并修改错误。

○ 用带有错误的数据进行 GIS 分析可能会带来尴尬、危险，甚至是生死攸关的后果。

○ 应当用高级权威的独立数据源进行精度评估。

学习思考题

模拟地图到数字地图

1. 列举出可能只以模拟形式找到的地图例子，并且记下将它们输入计算机时可能遇到的问题。比如，古代历史地图、20 世纪 20 年代的道路地图和地球仪。

找到现有的地图数据

2. 用本章的例子，找到并下载感兴趣的网上公开数据。在找这些数据时是否很顺利？将这些数据录入到计算机上有多简单？将这些数据导入 GIS 有多简单？将查找和获取美国乡村数据同其他国家的乡村数据进行比较。

数字化扫描

3.　制作一个需要非标准数据的可进行多 GIS 应用的表格。哪种数据获取方式最适合这些应用？比如，来自考古发掘的野外数据、有关污水管泄露的通用数据、圣诞鸟数量统计的数据。

数据输入

4.　设计一个简单的调查表，然后和 10 个朋友一起填好它。再在纸上设计一个数据库来接收这些表格的信息。会碰到什么问题？怎么解决或者将问题的影响降到最小？

编辑和验证

5.　数据编辑会采用什么样的软件工具？说出一些在地理编码中能通过编辑来改正的常见错误。为什么一条记录中一个属性值会是无效的？数据库管理器的哪部分有数据编辑和验证功能？

4.8　参考文献

4.8.1　参考书

Bohme, R. (1993) *Inventory of World Topographic Mapping*. New York: International Cartographic Association/Elsevier Applied Science Publishers.

Campbell, J. (2001) *Map Use and Analysis*, 4nd ed. New York: McGraw Hill.

Clarke, K. C. (1995) *Analytical and Computer Cartography*, 2nd ed. Upper Saddle River, NJ: Prentice Hall.

Decker, D. (2000) *GIS Data Sources*. New York: Wiley.

Erle, S., Gibson, R.,. and Walsh, J. (2005) *Mapping Hacks: Tips & Tools for Electronic Cartography*. Sebastopol, CA: O'Reilly.

Thompson, M. M. (1987) *Maps for America*. 3rd ed. U. S. Geological Survey, Washington, DC: U.S. Government Printing Office.

United States Census Bureau (2000) *TIGER/Line File Technical Documentation*. On-line at: http://www.census.gov/geo/www/tiger/tiger2k/tiger2k.pdf

4.8.2　网址

U. S. Geological Survey http://www.usgs.gov

National Map Viewer http://nmviewogc.cr.usgs.gov/viewer.htm

U.S. Census Bureau http://www.census.gov/tiger/tiger.html

NOAA http://www.noaa.gov

John Campbell's information sources http://auth.mhhe.com/earthsci/geography/campbell4e/links4/appalink4.mhtml

4.9　重要术语及定义

地址匹配：使用一个街道地址，如 123 主大街，与一个数字地图关联，将街道地址放到地图上已知位置上。例如，地址匹配一个邮件名单，将邮件列表转换成地图而且允许在地图上将名单中的地址特征绘制出来。

模拟：将要素或对象表现在另一种有形介质上的表示方法。比如部分地球用纸质地图来模拟表达，或原子用乒乓球表示。

属性：包含在要素度量或值的一个要素特征。属性可以是标注、类别或是数字；它们可以是日期、标准化的值、实测或者其他测量观测值。它是数据采集和组织项目，是表或数据文件中的一列。

数据字典：一个数据集所有属性的一个目录，连同所有在数据定义阶段加载在属性值上的约束条件。包括值域、值的类型、类别列表、有效值和缺失值以及字段的有效宽度。

数据输入：将数字输入到计算机的过程，通常是属性数据。尽管大多数数据通过手工录入，或通过网络获取、从光盘等形式输入，但野外数据可以来自 GPS 接收机、数据记录器，甚至通过键盘录入。

数据输入模块：是数据库管理器中允许用户在数据库中输入和编辑记录信息的地方。这部分模块通常允许输入和修改值，而且可以通过数据定义在数据上加载数据约束条件。

数字化：也称作半自动数字化。也就是采取人工地理编码的方式；一幅地图放置在平板上，工作人员通过光标跟踪出地图要素。地图上要素的位置通过每次数字面板操作人员按键来反馈给计算机。

数字面板：一种通过半自动数字化来进行地理编码的设备。数字面板看起来像一个制图桌，但却是易感光的，这样地图可以通过面板上的光标跟踪出来，位置可以被识别、转换成数字，而且可以导入到计算机。

信号缺失：用比地图要素获取时更低的分辨率扫描时数据的丢失。要素达不到半个像素尺寸就会完全丢失。

滚筒扫描仪：是一种地图紧贴在鼓上，当光束或激光照亮时滚筒在扫描仪下转动的地图输入设备。从地图上反射的光随后被扫描仪检测到，并以数字的形式记录。

编辑：对地图数据和属性数据进行修改和更新，通常用 GIS 软件功能完成。

平面文件：一种数据组织的简单模型。数据以表格的形式组织，变量值作为项目，记录作为行，属性作为列。

平板扫描仪：地图放置在玻璃表面的地图输入设备，扫描仪在地图上移动并将地图转换成数字。

FTP(文件传输协议)：在计算机之间传输文件的标准方式。是一种分组交换技术，这样错误在传送时可以被检测和改正。FTP 允许文件，甚至是大型的文件在互联网或是另一种兼容网络计算机之间传输。

网关：一个将所有服务器和其他计算机连接到一个项目或一个组织的单点入口。比如美国地质调查局，尽管共有几十台计算机遍布全国，但是只有一个单点入口或网关连接到信息源。

地理编码：将模拟地图转换成计算机可读的形式。地理编码通常采用的两种方法，即扫描和数字化。

互联网：一种计算机网络。任何连接到互联网的计算机可通过网络与任何连接的计算机共享数据。互联网提供通用的交流机制，称作协议。数据搜索、浏览工具以及其他工具使得在互联网上冲浪都是一件轻松的事。

介质：一种地图媒介，是选择用来生产地图的物质。比如纸张、胶卷、胶带、只读光盘、计算机屏幕、电视影像，等等。

网络：两台或更多的计算机连接在一起，这样就能进行信息、文件的交换或者其他形式的交流。网络的一部分是硬件，通常是电缆和像调制解调器这样的通信设备，另一部分是软件。

NOAA(美国海洋和大气局)：商务部的一个部门，是一个为导航、天气预报和美国物理特征提供数据和地图的机构。

真实地图：一种设计和绘制在永久的像纸或胶卷类介质上的地图。具有可感知的形式，是构建地图时所有设计和编制共同的结果，比如选择的比例尺、设置图例、颜色选择，等等。

报表：一个数据库中所有记录的所有属性值列表。为了与原始资料核实以及检查验证，报表通常打印成一个表格。

扫描：将地图放置在一个表面，并用光束进行扫描的一种地理编码形式。表面上每个小点或像素的反射光以数字格点的形式记录和保存。扫描仪可以以黑白灰度或彩色进行工作。

服务器：一台连接到网上的计算机，其主要功能是作为其他用户数据共享的信息库。

流模式：一种半自动数字化地理编码方式，伴随着光标按钮而形成的连续点流。这种模式通常用来数字化狭长的要素，比如溪流和海岸线。它能快速地生成数据，多余的或偏离的点通常会在 GIS 中通过自动的线概括处理及时删掉。

TIGER：一种建立在零维、一维、二维上的地图数据格式；被美国人口普查局用在全美街道水平地图上。

拓扑：地图特征间关系的数据数值描述，通过邻接、连接、包含、邻近关系来编码。因此一个点可以在一个区域的内部，一条线可以连接到其他线，一块区域可以有邻接区域。描述拓扑关系的数据可以像属性一样在 GIS 中存储，而且可以用于验证和其他描述及分析阶段。

美国人口普查局：商业部的一个机构，提供每十年的美国人口普查地图服务。

USGS(United States Geological Survey)：美国地质调查局，属美国内务部，是美国数字地图的主要提供机构。

验证：在属性数据中将数据项放入记录的过程，在数字化或是扫描过程中录入的地图数据通过检查来确保其值落在期望的范围内，并使其分布具有意义。

虚拟地图：一种未被看成有形地图的地图；它可以是一套所有可能的地图。例如，同样的数字地图和数集可以作为所有可能的虚拟地图系列，但只可以选用一种，才可以在固定的介质上渲染出一幅真实地图。

4.10　GIS 人物专访

艾伦·米莱斯(Alan Millais，简称 AM)：GIS 专业学生、未来的空军领航员

KC:　您一开始是怎样对 GIS 产生兴趣的？

AM:　自我有记忆开始，我周围都是地图。我的父母收集了大量的地图，当然，GIS
　　　出现的时候，他们是最早开始使用 GIS 的一批人。上高中时，我妈妈会开车
　　　带我到她工作的地方给我看 GIS 地图——哇，这真是太奇妙了。所以，当我
　　　还在读高中时我就决定从事地理学。

KC:　所以您还在高中时就接触了 GIS？

AM:　对。早在高中时我妈妈就带我去参加 ESRI 的会议。

KC:　现在您依次学完了 UCSB 的 GIS 课程，您从中学到了什么？

AM:　更多的是一种内在的工作和对它的理解。在第一节课的第一次实验课上，你
　　　会想，"天哪，这将是一个很漫长的过程"，但是，最后，你已经进入到
　　　GIS 理论和抽象的一面，更像其他所有的科学。最后，我不仅对怎样使用 GIS
　　　以及按哪个键有更实际的理解，而且知道它是怎么引起的、需要由什么引

发、它放在怎样位置。在毕业评价调查上，我将高级 GIS 项目班列为我大学中学到最多的课程，因为我们——在圣克鲁兹岛上做的项目，根据调查和最后的输出结果来看，可能是我在大学阶段做得最具综合性的项目。我们也在今年的 ESRI 会议上展示了我们的项目，并带到了地图展览上。

KC： 圣克鲁兹计划的目的是什么？

AM： 我们扫描的 19 世纪的手绘地图，并做了大量的工作，随后处理了许多新的卫星影像。我们对数据进行地理纠正，并扫描了许多地图。对于我来说，GIS 之所以能处理那么复杂的对象，是因为我使用你能想象到的每个数据源来完成这个项目。GIS 能明确的展示出他强大地功能，是因为许多你宝贵的时间会大量地流失在这个项目的一些细节上，而相反的不是把 GIS 项目看成一个整体，并提出问题。

KC： 告诉我一些您暑假的有关工作，您做什么以及您是怎么得到这份工作的？

AM： 我在凡图拉市的 GIS 办公室工作，我没有做任何直接和 GIS 相关的事。他们仍在使用 ArcView3，尽管他们做了大量修改。但是我正在创建市中心重点开发区的 3D 模型，并希望将它导入 GIS。我们画出了外立面并纠正了屋顶线、修正了诸如建筑高度此类的问题，而且希望把它导入一个 3D 数据集，看看在相应的地方加上山和背景会有什么效果。但这个项目还没有真正的开始。我想我能在 Google Sketchup 中实现，但我还没有发现一个能处理这么庞大数据的GIS。

KC： 现在毕业了您打算做什么，是不是潜心于 GIS？

AM： 我会参加空军做一名领航员。我将用 GPS——是一项 GIS 工 作，但不是坐在桌子前的传统模式。我参加空军是为了当飞行员，然后可能会离开去 NGA 工作。我不知道这个过程中会有什么变化，因为我有个相当长的服务承诺，而且一旦我离开将会在 GIS 方面留下遗憾——我有许多事情要做。我仍计划攻读地理学硕士学位。

KC：您会给一个刚上 GIS 的第一节课的新生提什么建议？

AM：我会说要有耐心。不管你基础水平如何，学习起来有多顺利还是困难，都要有耐心。如果你懂计算机，开始菜单的实验是令人很沮丧的，但当你不懂时，你就会觉得很有用。当你深入学习程序的时候需要大量耐心，因为它有很多的功能使你很容易在 GIS 中迷失。同时，我会建议，尽量多花时间在实验上，因为虽然课程是很有用的，但是除非你一直在计算机上做 GIS，否则你会漏掉一些东西。

KC：谢谢，也希望您在新的事业中一帆风顺。

第 5 章
什么在哪儿

"如果你不知道自己的目标，你终将一事无成。"

——尤吉·贝拉(Yogi Berra)

5.1 基础数据库管理

GIS 能回答两个问题："是什么？"和"在哪儿？"，更重要的是，GIS 可以回答"什么是在哪儿？""哪儿"与 GIS 所有操作背后的地图有关，并与数字表达准确位置的方式有关，而"什么"则关联了特征、大小、地理特性及其最重要的内容——属性。通过本书第 1 章中介绍的查询工具箱的定义，在地图上定位出特征位置，从而获得其信息。

这些问题并非无关紧要，通常在处理"在哪儿"的问题时，数据组织方式往往会被打散。以电话簿为例，电话簿的目录都是按姓氏字母的顺序规则排列的，仅能提供相对的位置(街道号)和门牌号。所以，很有必要为每个新区建立一个全新的电话簿，该电话簿可查询出住在其他镇上或河对岸你的朋友的电话号码，这确实是一大难题，因为这需要你不仅要有邻居号码的电话簿。

例如，对于用户来说，很难通过地理搜索，找出同住在一个独立城区的所有人的电话号码。数据检索的秘诀就是通过数据组织，获得所需数据记录的属性值。在第 3 章里已经介绍过，用不同方式将 GIS 中的图形部分存储到计算机中。任何特定地理信息系统采用的数据结构，及其地图的编码结构，完全取决于数据使用时如何轻松地找到记录，并提取出有用的属性值。再者，属性数据和地图数据有不同的访问途径，简单来说，GIS 就是访问存储成数据文件的一个计算机程序。显然，如果用户想对海量数据进行 GIS 交互控制操作，数据的访问速度就很重要。

在逻辑层次，数据访问需要构建一个理论数据模型，它是通往数据大门的钥匙。在中世纪，很多信息的记录都依靠大脑，僧侣靠脑力花大量时间去记大教堂里的壁画，以便在脑海里获取图片的外观和内涵。这样使他们在以后学习类似于《圣经》书本上的内容时，可以清楚地记得每一章、每一节、每一行，甚至每个字的位置，如图 5.1 所示。背诵了一节，然后这节相反的也就被记下来了。僧侣们每背诵一节，就会想象自己走到了"大教堂"的某个地方，而这个地方刚好刻有背诵的内容，这个"大教堂"并不是真实存在的，只是一种视觉记忆，这就是一种数据模型。如果没有这样一个数据模型，数据就无法被搜索并提取出，因而数据变得毫无价值。

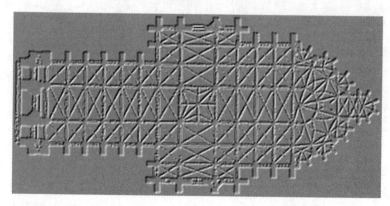

图 5.1　一种中世纪记忆法，用相应的文本来记位置。也是一种地理数据模型

我们可以定义一个数据模型，作为一种存储和检索信息的逻辑结构，这是按计算机的方式记忆所有我们需要使用的地理信息系统数据。与我们在第 3 章讨论的数据结构不同，这种数据结构主要与数据在计算机上的物理存储文件有关。正如我们所看到的，这意味着一个地理信息系统必须至少有两种数据模型，这两种数据模型间必须有一个桥梁把属性和地理特征关联起来。这就是地图数据模型和属性数据模型。第 3 章中我们列举了一些地图数据模型存储和组织方式。本章，我们将介绍属性数据模型，并进一步探究该模型如何在地图及属性数据库中进行辅助定位查找并提取数据。

数据库管理系统(DBMS)起源于计算机科学，但它也有着和地理信息系统一样庞大的用户群，包括成千上万的公司、会计人员、大专院校、银行等需要用计算机保存和整理数据的机构。最早的数据库管理系统可以追溯到 20 世纪 70 年代早期，在使用大型计算机的时候，人们通过打孔机和打孔纸进行数据录入，这项技术被称为自动数据处理。

随着我们前面从 GIS 的角度已经讨论过的技术的进步，数据库管理也经历了它自己的变革：微机、工作站、网络、低成本大容量存储器、交互式和图形用户界面等演变。然而数据库管理极大地受到知识经济爆发所带来的影响，它把属性数据存储成文件。面向对象数据库系统是最新的数据库管理技术，在 GIS 中有时会采用这种数据管理方式，这将在第 11 章中介绍。

随着时间的推移，不管属性数据有没有真正地放到文件里，数据库管理系统的各部分始终是要保持一致。数据库管理系统中允许用户创建一个新数据库，规定属性的个数、长度、取值范围和用户的权限，这种用来定义数据的语言叫做数据定义语言(*Data Definition Language*)。然后利用 DDL 再创建数据字典，一个包含所有属性有效值和范围的目录。每个 DBMS 都有查看数据字典的功能，数据字典本身是元数据(有关数据的数据)的重要组成部分，通常在不同的软件系统间移植数据库时需要数据字典。例如，美国人口普查局开发并维护的一个数据库管理器——综合微机处理系统(IMPS)。利用这个系统，可以在调查中设计数据字段来收集信息，并给每一字段指定标签、数据类型及值等。如图 5.2 所示是一个数据字典模块的屏幕截图。一旦用户创建了数据字典，就能在此基础上建立用来收集数据的数据表，并能将其导入到 GIS 中。数据字典另一个重要功能是维护数据库目录大多数 GIS 软件包通过打开一个新的设置，把地图与表格关联在一起，通常称为一个目录。GIS 用这个目录来追踪数据、文件以及文件的更新，并且往往有工具来帮助创建、编辑和删除目录或项目。这是很重要的，因为在一个专业的 GIS 环境下，经常有多人同时在操作一个 GIS 项目，而且所有的人都需要查看到最新的数据配置。

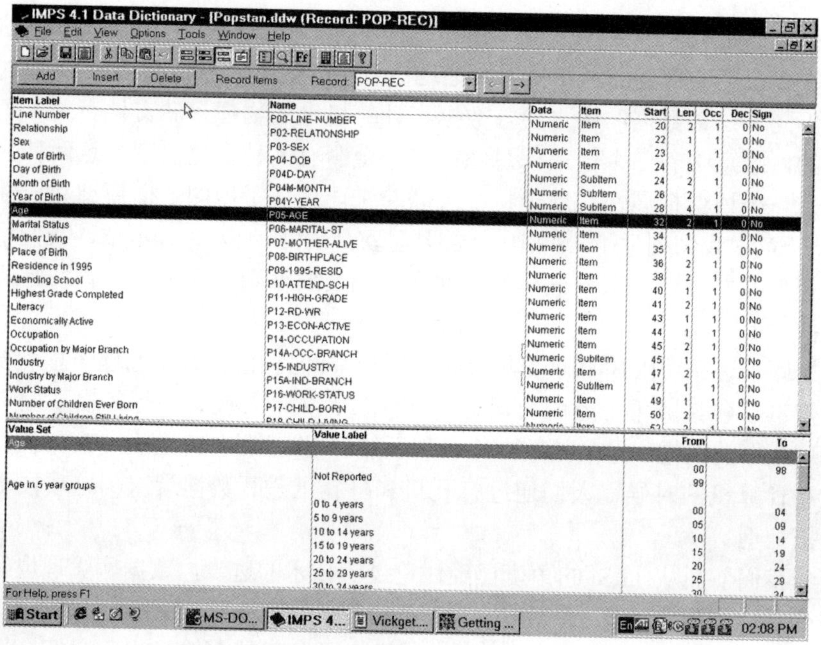

图 5.2　美国人口普查局的综合微机处理系统数据字典编辑器

　　数据录入是最基本的数据管理功能，因为大多数属性数据的录入都是千篇一律的，可能是从纸质记录中转录过来，DBMS 的数据录入系统能够通过数据定义语言强调数据字典录入的范围和限制。例如，如果一个属性是包含一个简单的百分数范围"0～100"，数据录入员想输入"110"，那么 DBMS 就应该拒绝接受这个值并发出警告。在互联网时代，数据录入更多的都是在网上完成的。每当你填写书本订单、预订机票或更新你的空间简介(见图 5.3)时，你都是在用一个在线表格通过 DBMS 的数据录入模块(以及一些互联网协议)发送数据。DBMS 在数据录入时就显示出数据字典的值。例如，如果你要填写一个州的名字，而你只能在滚动条中 50 个州名中选择一个，这样就不会有拼写错误发生了。

　　所有数据录入都容易出现错误，在录入前(或录入过程中)应该对数据进行核实。解决的方法通常是生成一份报表或以标准数据形式打印出一个数据副本，从而就可以和原始数据进行核对，或让用户来确定。即使这些数据没有错误，大多数数据库也必须进行更新以反映出数据变化，比如当你更新了地址或电话号码，因此需要通过数据管理系统的数据维护功能插入、删除、修改记录，或改变数据字典本身。更新时要小心谨慎，因为这种修改创建了一个新的数据库版本。有时候，为了反映整体的变化或反映历年的数据，更新是批量进行的。目前，越来越多的计算机程序可以进行自动更新，例如在多个计算机文件和记录中修改你的电话号码。

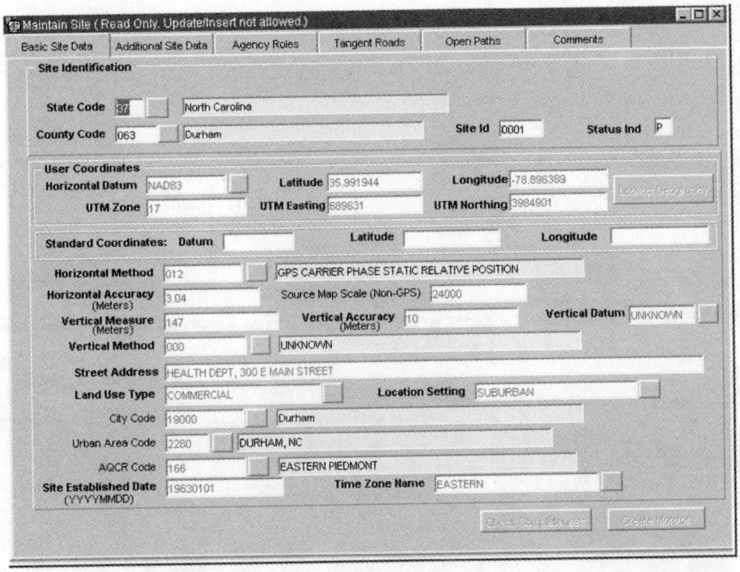

图 5.3　航空质量技术传输网络系统中地理空间数据在线录入界面，由美国环保署提供，见网址

www.epa.gov/ttn/airs/airsaqs/

　　在前面的数据录入工作完成之后，DBMS 便可以继续执行更高级的功能了：排序、重新编号、提取子集以及数据搜索功能。例如，一个学生档案的数据库记录可以根据学生的平均绩点找到所有的平均绩点低于"C"的学生。再举一个重新编号的例子，一个包含家庭住址和邮政编码的学生资料数据库，需要按邮政编码重新编号以减轻邮政员的工作量。提取子集涉及使用查询语言，查询语言是 DBMS 的一部分，它是一种允许用户进行数据交互来创造一个满足给定搜索条件的新数据集的语言，如查找所有修读 100 个学分以上可以授予学位的学生。最后，我们往往还需要在公共端设置专门的查询功能，例如，学生可以在公共端输入他们的学号来查询出指定学期的学分。所有的这些功能都是数据库管理系统的一部分，只是在不同的系统中操作不同而已。然而，所有的这些功能都可以在数据库管理系统和地理信息系统中共用，如图 5.4 中所示的这些查询例子。第一代数据库管理系统采用层次结构来进行文件组织。例如，一所大学包含一个或多个部门或学院，学院可能又包含一个或多个单一学科(如地理学)的系，一个学科又包含一群主修这门学科的学生。各专业的学生都归属于各自的系，每个系都归属于各自的学院，然后所有的学院组成了一个完整的大学。分层文件结构就是按照这种方式组织文件的。一个顶层目录可以包含部门列表或一系列部门目录，到下一级部门目录，就是各系的列表或系的目录，每个系的目录下面又有一个文件包含了学生的记录，一个学生信息就是一条记录值，包含诸如学生姓名、年级、家庭住址、各科成绩等属性值。第一代的数据库管理人员正是采用这种数据模型来组织文件和记录的。我们熟悉的 PC 上数据文件和文件夹组织机制就是采用这种数据模型。

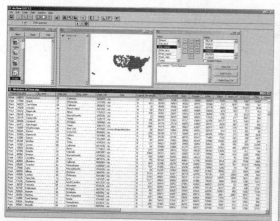
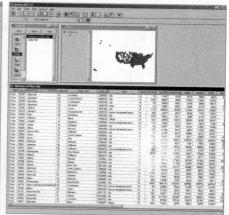

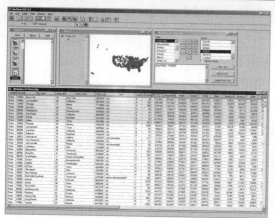

图 5.4　ArcView 3.2 中进行表的数据库操作，左上图：查询 Name="圣巴巴拉"；上图：美国城市名称排序；左图：人口超过 100 万的城市。每个例子的查询结果都可以在表及图中看见

　　然而现实生活并不像层次模型那样简单，在许多情况下，记录间关系都是相互重叠的，就像地理数据一样，这些我们将会在后面讨论。现在，我们来分析一下一个国家的行政划分层次。一个国家的行政单元按从上到下的顺序依次为：国家—省(州)—市—县(区)。对于大部分的国家，这是可行的，然而对于纽约市则不然，纽约市下属五个自治区，就纽约政府而言，每个自治区都有一个具独立行政权力与职能的县。这样看来，简单的层次结构模型已经不再适用了。因为层次模型基本上只支

持一种情况，按照层次数据模型，需要将"城市"记录包含在"县"文件中，但事实上却恰恰相反，"城市"的文件包含了"县"的记录。

另一个复杂的例子就是"多重关系"。以一所简单房子为例，它地处一个火警区、一个警区、一个学校区、一个投票区、一个人口普查区。五个数据库，每一个都有不同的层次结构，并通过五种完全独立的方式来获取这座房子的属性信息。虽然每个数据库可以存放不同种类的信息，但有时可能需要把所有的数据都整合到一起使用，但是，在有些时候，层次模型根本不支持这种操作。

直到 DBMS 发展到关系数据库管理系统的出现和使用才打破了这种数据管理的僵局，这一理论在 20 世纪 70 年代取得突破性进展，在 20 世纪 80 年代取代了所有现存的数据库管理系统，占统领地位。直到今天，关系数据库仍然占据数据库管理系统的主导地位。其实关系模型很简单，从用户的角度来看只是平面文件模型的扩展。主要的区别在于数据库可以包括几个平面文件，每一个文件又可以包含几个与记录关联的属性。借用上面提到的房子的例子，这个房子现在可以被看作是几个数据库中一个单独的记录，这些记录间不存在层次关系。如果仍要考虑层次的话，我们可以分区域来保存独立文件或使用诸如邮政编码的代码显示该区域。

例如，看一下表 5.1 和表 5.2。第一个表中列出了几种加利福尼亚有名的比萨饼店销售的比萨，他的店面遍布国内外。这张表看上去就像一个菜单，这个是用来订餐，例如，可以通过价格，或配料成分来选择出适合自己的比萨饼。这张表包含了比萨饼的三种属性：名称、配料以及价格。

表 5.1　比萨的种类

比　萨	配　料	价格
烤鸡腿	烧烤调味酱，高达干酪及马苏里拉奶酪，烤鸡腿、红洋葱及香菜	12.99
鸡肉汉堡	水牛酱汁、腌制烤鸡、配制马苏里拉奶酪、胡萝卜、芹菜及戈尔根朱勒干酪	12.49
芝士梨	焦糖梨、戈尔根朱勒干酪、羊奶干酪、马苏里拉奶酪、焦糖、洋葱及榛子片屑	12.49
芒果咖喱鸡	烤鸡、芒果、洋葱、红椒及马苏里拉奶酪咖喱汁	11.99
牛肉香菜	烤牛排、红辣椒、洋葱、香菜酱、蒙特里杰克干酪、马苏里拉奶酪、番茄沙拉及香菜	12.99
牙买加鸡肉	加勒比酱汁秘制、牙买加烤鸡、马苏里拉奶酪、苹果木熏肉、不辣洋葱、红椒、黄椒及绿洋葱	12.49

续表

比　萨	配　料	价格
加利福尼亚风味	菜果木熏肉，烤鸡及马苏里拉奶酪，罗马西红柿，裹蛋黄酱的冷藏生菜片及鲜鳄梨切片	12.79
墨西哥薄饼	香辣鸡块、微辣辣椒、干椒、马苏里拉奶酪及英奇兰朵奶酪，烤玉米和黑豆沙拉，香菜及秘制柠奶油酱	11.99

表 5.2　比萨店营业点

地　点	街道地址	邮编	儿童餐	雅座
阿纳海姆	西朗利大道 123 号	92802	有	无
阿卡狄亚	南古德·查尔德大道 909 号	91007	有	无
贝克斯菲尔德	兰德公路 31 号	93311	有	有
贝弗利山	南麦奎尔博士 212 号	90212	有	有
布瑞亚	地理商场 1458 号	92821	有	有
布伦特伍德	圣费尔南多路 1555 号	90049	有	有
伯班克	北圣瓦莱利奥 202 号	91502	有	有
卡诺加公园	自由峡谷大马路 931 号	91306	有	有
喜瑞都	洛杉矶·屋索斯商场 444 号	+1703	有	有

　　表 5.2 是这个比萨菜单上提供的位置信息表。这张表格也有自己的属性，它主要与这家比萨店的位置和提供的服务有关，这张表格可以用来选择附近能提供某种服务的比萨饼店等。把一张表制成平面文件在 GIS 中使用，一种方法是将所有表格连接在一起。在连接的表格中，需要用一行来列出每个比萨店的比萨饼的种类。因为有 8 种比萨饼和 9 个销售地点，我们就需要一个 8×9=72 行、8 列的平面文件，但是这个表又会存在一些重复信息。最好是有两张表格，这样不仅使占用空间更小，而且表格更容易组织，又可以用来维持不同类型的信息以及提供不同的服务。我们在订比萨饼时，必须选择一个地点，一个或多个专门的比萨饼，我们也可能需要另一种包括派送地点、姓名、电话号码、比萨饼数量等内容的表格。

　　这个系统的优点就是，必要时我们交叉引用多个文件，甚至是改变它们。实际上一个相同配料，相同类型的比萨饼，由于位置的不同，价格也不一样。这当然可以，因为每个比萨饼店都可以根据自己的情况制定菜单和价目表，而不需要参考其他店。事实上，像这种 72 行 8 列的集合文件是非常死板的，要是某个店卖完了某种比萨，他们就必须得更新每个店的一个文件。

　　这些比萨的价格是灵活可变的，比如说我们要制作一个特别的比萨饼，来自布莱德的带奶酪的野牛鸡肉比萨，我们就需要根据各种比萨的价格进行寻价。这在每个表中通过一个唯一标志符来实现的。例如，某一特制的比萨饼上的邮戳时间和日期，并有一个代码来标识店的位置。这是识别每一比萨饼的唯一标识，并允许多个表间交叉引用。

关系数据库中各部分重要的是，与常规属性不同的是作为标识的专门属性。我们为每个记录分配一个唯一标识符，例如，比萨邮戳的日期和时间或一笔交易号(例如，订单号 546)，这样就能将它与其他比萨区别开。这种"关键字"属性可以作为平面文件之间的联系。"关键字"属性是唯一的，因为它允许我们从一个数据库或其他相关数据库提取各种属性和记录。我们可以把数据保存在一组相互关联的文件中，每一文件都可用，并录入了数据。这些文件都可以编辑、更新，在不影响其他文件的情况下进行搜索。

关系数据库管理器包含了一套新的数据管理命令，允许使用"关键字"和"连接"。典型的操作是，从具有公共"关键字"属性的两个表中进行"关联"和"连接"操作，输出相关操作，并将其合成一个单独的数据库。这样的关系数据模型和属性，允许将记录分成不同的文件进行存储和维护，也允许用户进行任意属性和记录的组合，只要它们是由一个"关键字"属性连接的。对单个特征来说，一个数据连接操作会带来许多不必要的子记录，如不同日期的多个记录，所以在连接数据库时应小心谨慎。

5.2　属性搜索

大多数地理信息系统软件包，都包括一个基础的关系数据库管理器，或仅建立在现有数据库系统上，然后通过数据库管理器的功能进行属性搜索。所有 DBMS 都具有数据显示的基本功能，也就是说，在数据库中显示所有属性，显示属性中的所有记录，并显示所有的现有数据库。大多数也允许将记录以特定的版面和样式输成标准形式，称为报表生成器。如果我们需要一个数据库的纸质副本来进行数据检查和验证，报表生成器就可以发挥作用了。

在真正谈到数据检索时，数据库管理系统必须支持 query 类的查询功能。正如我们所看到的，一个数据库应有足够的数据查询能力，任何记录都能被独立出来，任何子集都很能轻松地找到所需的记录映射。我们有时也可能会想重新编辑整理属性。Find 操作是最基本的属性搜索，通常，通过查找功能来找出单个记录，例如我们可以通过查找功能找到"圣巴巴拉市"。通过 search 或 browse 实现属性查找或定位，浏览逐个记录，直到找到一条用户需要的记录为止。sort 操作可以按字母顺序进行字段排序。注意，排序有可能会处理或漏掉缺失值，而这些缺失值可能具有重要意义。

restrict 操作允许用户检索所有记录数的一个子集，它是通过在属性值上加一个约束条件。例如，我们可以用一个日期限定搜索到所有 12/31/1999 前的记录，或者人口超过十万的城市。一个 select 操作允许我们从另一个数据库中选择出一些属性，从而形成一个带有少数属性选择项的新数据库。通常我们把这些记录和属性与另一个关联的数据库系统进行 join 操作来完成。就像我们将要在第 6 章看到的那样，compute 操作允许我们计算属性值，为属性指定值，或者进行属性间的数学操作，如一个属性除以另一个属性。我们通常用 renumber 操作对属性进行重排，将属性变成我们符合我们规定的值。比如，我们可能想找到属性中的所有低于 50% 的数据并将它们变为 0，如果是超过 50% 的，我们就将其与另一个数据层进行二进制合并。

例如，在一个州人口和面积的数据库中，用一个 states 命令行语，将一个地区的人口和面积通过计算生成一个叫做人口密度(population-density)的新属性。

```
compute in states population_density=population/area    计算州人口密度=人口/面积
                                                        <返回 50 条记录结果>

<50 records in result>
```

这就创建了一个新的属性，我们可以将其重新编码成 high(3)、medium(2) 和 low (1)：

```
restrict in states where population_density > 1000
<20 records selected in result>
recode population_density = 3
<20 values recoded in result>
join result with states replace
<20 records changed in state>
   recode population_density = 2
   <12 values changed in result>
   join result with states replace
   <12 records changed>

   compute in states where population_density !=3 or 2
   <18 records changed>
```

这就完成了重新编码，我们现在可以通过新的编码值进行排序了。

```
list attribute in state population_density
< In database "state" attribute values for
```

```
"population_density">
<1  18   records>
<2  12   records>
<3  20   records>
   <no missing values>
   sort result by population_desity
<50 records in result>
     Replace state with result
<50 records changed>
```

在这次交换操作中，一次只能输入一行命令，通常必须将命令组合起来才能得到预期的效果。值得注意的是，许多数据库系统通过在临时工作集(在例子中成为result)上进行运算，但是必要时，这些临时工作集被放到现有的数据库中。许多DBMS 都使用菜单，用不同的查询语句、关键词和命令来达到同样的目的。

属性搜索结束之前，假设用这些工具进行简单的距离搜索。仅仅是为了找到每个记录离一个点的距离，但我们必须做两次减法、一次乘法和一次平方运算，然后进行求和以及开方运算(假定是平面坐标)。显然，纵然数据库系统有着强大的功能，但在地理搜索只使用了一些低级的帮助功能。

5.3　地理搜索

假设我们要进行属性搜索，我们看看下面的搜索和检索命令：show attributes，show records，generate a report，find，browse，sort，recode，restrict 以及compute。当我们要在一个 GIS 中进行空间数据搜索和检索时，一些空间操作可能与上面的操作是一样的，而有些可能会更复杂。下面我们先讨论简单的检索操作。

在地图数据库中记录则不同，它是特征。对于空间数据而言有一些专门的属性，这些属性与坐标及其度量有关，再加上线和多边形的特征。显示属性就是检查新的空间属性组成，例如它们的真实坐标，弧的长度和多边形的面积。注意，这些已经相当重要了。它们可能是 5.2 节那个计算人口密度例子中面积数据的来源。现在对这些属性运用属性搜索功能会得到空间结果，例如，我们可以找到所有长度大于某一给定值的弧或所有面积大于一公顷的多边形。

要在空间上显示所有记录，要么在地图上显示所有属性或所有特征。GIS 空间操作关心的是，生成一张地图让我们能看到检索的信息。如果我们想生成一份报表，等于从空间上要生成一幅符合制图标准的完整地图，包括标注、元数据、图例等。

　　浏览功能是通过在地图上高亮显示实现的。我们可以把某个或多个特征标记上颜色从而区分开来。有些 GIS 软件允许闪烁显示单个特征来以达到较好的可视化效果。我们发现许多 GIS 软件把查找叫做 identify 或 locate；也就是说，使用指针设备(如鼠标)指向一个特征，然后可以从属性数据库检索到所选特征的属性，如图 5.5 所示。

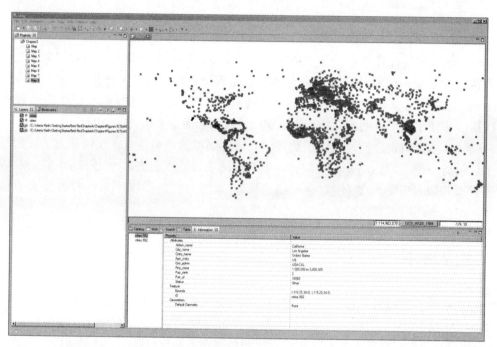

图 5.5　用 uDig GIS 从全球城市数据库选择出洛杉矶市

　　实际上 GIS 具有非常强大的空间检索功能，即地图浏览和特征提取，尤其是 GIS 安装在便携式计算机上，并且是用手持 GPS 接收机获取位置特征的时候。我们也可以通过在地图上标记单个特征来进行检索，所有具备这种特征的点，都会出现在我们拖出的矩形或利用绘图工具绘出的不规则图形内。如图 5.6 所示，空间搜索功能的例子。

　　排序操作从空间上讲意义不大，通常是在给定的 GIS 环境下，通过检查空间格局来生成一个属性序列。我们可以将发生在美国的龙卷风事件按照造成的死亡人数排序(见图 5.7)，这与属性重新编码一样。在 5.2 节提到的例子中，我们通过重新编码将密度值转化成高、中、低三个属性值。我们可以直接用这些重新编码的属性值制作人口密度的等值线图或渐变色调图，这在第 7 章将会进行介绍。

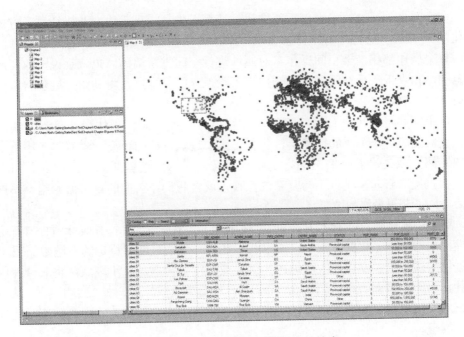

图 5.6　在 uDig GIS 通过拖出一个矩形进行世界城市地图的空间搜索

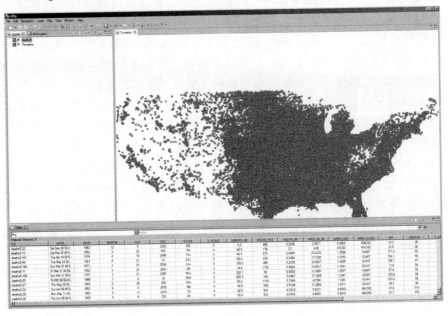

图 5.7　根据美国 1950—2008 年发生的龙卷风数据表，按照造成的死亡人数进行表内排序，地图
　　　　上红色高亮显示的是造成 5 人以上死亡的龙卷风，例子用 uDig 显示

在空间上，属性的操纵，重新编码、计算操作是随显示特征及特征显示方式而变化的。例如，我们可以计算和显示一个新的属性，例如 5.2 节的人口密度。然而，每个操作都相当于空间操作。对属性进行空间重新编码，也就是说，改变属性的范围，相当于一个空间融合。例如，去除孤立的像素点，将其归并到包含它们的或最优邻域中。

在空间环境上可进行属性计算，如距离、长度、面积、体积计算和变换。例如，我们能产生一个新的地图层，包含了离最近点特征的距离，沿着一条小溪到下游的距离，或是沿着公路网的行走距离。可以显示出这些新的地图层，并用它与 GIS 数据层联合起来进行更为复杂的操作，就像我们在前面的章节讨论组合属性查询命令，可获得最终的结果。

剩下的就是 Select 选择和 Join 连接操作了。Select 选择操作意味着提取特定的属性，从而降低了数据库宽度。通过初步选择，我们只能用特定的专题数据或 GIS 数据层来进行检索操作，改变地图比例尺或范围。提取一个小区域，将其合并成一个县，将土地覆盖类型从二级合并到一级(从七类变成一类，如城市用地)。从一个完整水系网上提取出主要河流，或在粗比例尺下生成主要河流线，这些都是地理选择的例子。

GIS 中最常用选择操作是缓冲区操作，也就是说，只选择出位于给定一个点、一组点、一条线或一个多边形距离内的部分地图或要素。例如，限定搜索出西非国家感染疟疾的村庄中，距医疗诊所在 10 多千米以上的村庄有哪些，或限制搜索出距离湖泊 200 米范围内的避暑山庄。点缓冲形成一个圆形区域，线缓冲形成像"虫子"样的区域，而面缓冲形是在周围形成更大的区域，如图 5.8 所示。

Join 连接操作是在多个平面文件间通过属性合并进行数据库的交叉重构。在比萨饼的例子中，在地理学上称地图叠加。地图叠加是在地图上产生一个与原地图位于同一空间的新地图。地图上每一个新生成的多边形就有一个新的属性记录，它存在于与地图叠加相关的扩展属性数据库中。这表明用地图叠加产生的区域进行地图搜索是可行的。例如，把城市健康区与邮政编码进行叠加，我们就能使用集成了健康状况、意外等，及邮政列表上的人口、种族、收入及其他变量的数据了。连接地图层与叠加地图就可以进行计算，例如，患有心脏病的人的人均收入，或确定出那些易患老年病的年龄组。例如，图 5.9 显示了图 5.8 中缓冲区(位于道路、河流 100 米的区域)与海拔超过 246 米的区域。叠加操作有必要生成多个查询，从而产生一些中间结果，如左边图例所示。

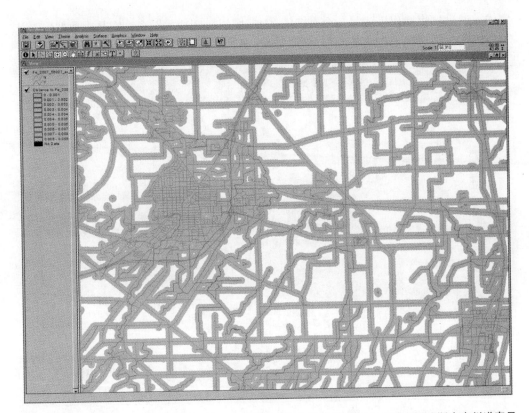

图 5.8　用 ArcView 3.2 创建的道路和水系缓冲区，数据来自于美国人口普查局威斯康辛州道奇县的 TIGER 文件

　　属性数据库管理器的功能来源于多个操作的依次使用。GIS 检索操作也是如此。例如，我们用图 5.9 人口普查叠加数据，乘以离点表示的医院计算距离，医院数据也可以是电话簿黄页给出的**地理编码的数据**。我们能够显示出地图，或许显示成红色，可以看出在一个特别的选择区内，大多数人住在离医院很远的地方。一些地理查询明确地定义了不适合进行属性查询。地图显示可以轻松地通过放大与缩小来改变相应的显示分辨率。一些查询还可以通过地理特性或拓扑来完成空间搜索。

　　有一整套地理搜索可以查询和测试出点、线及面间的关系。例如，我们可以选择出位于一个或多个区域内的所有点。连接操作就能让我们把点的属性加载到面属性上。比如把来自于气象站的天气统计数据加载到行政区上。典型的 GIS 搜索，如搜索多边形内的点，多边形内的线及距离一条线的点。如果这个点是油田，线是河流，这就很值得分析了。在进行地图叠加时，还可进行地图层的权重操作，也许构建一个叫做"土地适宜性"的复合图层，按照早期规划人员采用的地图叠加方式来完成。通过加权操作生成另一个有名的 GIS 图层，叫成本距离，它是由数据层与计算距离的集合，图上成本低的点可能是最佳商业选址。

图 5.9 图 5.8 同样的区域显示的地图叠加，图中紫色的区域是离道路或河流在 100 米，并且海拔大于 246 米的地方

最后，还可以进行一些非常具体的地理计算。如视线计算的例子，进行通视性分析或基于地形对地图上某点进行可视性分析。利用地形数据产生的坡度图和坡向图，或坡度方向图，可用来评价可持续发展或进行潜在洪涝灾害的评估；还能用来测量大街上的交通流量，从而用于预测交通拥堵状况；或地图显示数据模型综合输出结果或预测结果图，可用于地震灾害预测。

5.4 查询界面

数据库管理和地理信息管理都要求用户以适当的方式进行数据交互。第一代 DBMS 和 GIS 都仅用 batch-type 技术进行数据交互操作，这通常是与操作系统、磁盘的物理管理等密切关联。这类操作可以追溯到打孔卡，所有进程必须事先经过深思熟虑，并且每个进程通过执行不同的命令来产生一个文件(或一堆卡片)。

在交互式计算机已经很普遍时，命令行成为数据查询的工具。在 DBMS 的控制下，一次把命令输入到计算机，而在用户等待命令执行时，计算机通过计算完成相应的命令响应。许多 GIS 软件仍然沿袭这类交互操作，它还允许使用宏。宏文件包含了一次要执行的命令组合。如果在宏文件中检测到错误，就停止宏文件的执行，等待纠正错误后再执行。

典型的命令形式，是由一个操作关键字加上一些可选或必选的参数构成，如 IMPORT、OVERLAY、SELECT。参数可以是文件名，与任务相关的数值，选项的名称，或其他相关的值。如果一些参数漏掉了，许多 GIS 软件包则会提供一些默认参数，如果命令中不带参数，则软件会根据所给定的默认参数来进行命令响应。最庞大的 GIS 软件包可以提供成百甚至上千条命令，从而以多种方式来执行一些特别的任务。

现在大多数 GIS 软件通过操作系统完全综合了专门的界面 WIMP(Windows、Icons、Menus and Pointers)，如 Windows 或 X-Window。最常做的是通过菜单进行选择，当要求输入参数时，可为用户弹出消息窗来提供一些必要参数的选择。有时也可以通过滚动条、窗体或通过按键、选择或按钮等屏幕工具来设置值。图 5.10 显示了用窗口组成的查询。

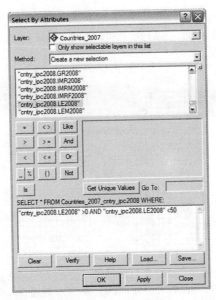

图 5.10　ArcGIS 9.3 的查询例子(图由印第安纳·琼斯提供)

近年来的另一个趋势就是，大多数 GIS 软件还包含一种语言或宏工具来自动重复任务。例如 ArcGIS 使用的 VBA(Visual Basic for Application)、MapInfo 中使用的

MapBasic 以及 Arc/Info 遗留下的 AML。有些情况下，这些语言也可以与图形用户界面(GUI)工具结合，例如，以菜单的方式列出选择。因此任何 GIS 用户现在都可以成为一个程序员，用查询工具为其他用户建立起专门的任务。在大型 GIS 操作中，由于技术培训和员工的时间紧迫，经验匮乏的 GIS 用户通常会选择自动简单的 GIS 分析，如日常查询和简单的数据库更新。

最后，GIS 也努力尝试提供一套数据库交互命令，那样所有的用户采用标准界面处理关系数据库。结果是，结构化查询语言(SQL)，在日常数据库管理中因其多用途而被广泛接受，即便其在 GIS 中应用较少。有些人也认为，所有的 GIS 操作，在 SQL 操作中都是可能实现的。而另一些人则已试图将 SQL 的功能扩充到空间操作上。如果考虑 DBMS 间的差异，这是值得尝试的。几乎所有的 GIS 软件都支持 SQL，尽管有时差别细微，但常是通过菜单界面和向导工具来完成。

大多数 GIS 软件在属性库管理上，通常稍落后于其背后的商业数据库系统，因商业数据库系统有更多的日常数据管理。然而，更多的新接口的出现，对宏的广泛支持和视窗系统，使 GIS 软件更能将"显示和感知"集中在一起，尽管 GIS 要实现所有的这些功能还得经历很长的历程。尽管 GIS 应用的丰富多样性及其应用领域的快速发展，GIS 操作标准及查询机制的建立仍得耐心等待。

然而，Dana Tomlin 在做一个非常简单而常用的 GIS 分类或查询操作，他喜欢把 GIS 的操作描述成语言，他把它们描述成四种：local、zonal、focal 和 incremental，如图 5.11 所示。

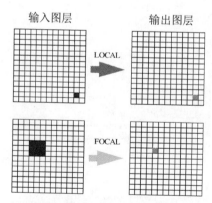

图 5.11　Dana Tomlin 在地图代数据中的地图操作，输入数据(栅格)通过 GIS 变换可输出像元值，它是通过函数：(1)不同图层间同一像素点的值(local);(2)图层上邻接像素的值(focal);(3)小块区域的值，也许是图层上属于同一类别的像素(zonal); Incremental 操作是基于空间排列产生一个新值，如从高程数据中生成每个格网点的坡度

用 Local 函数计算一个或多个现有图层中每个位置点的新值。而 Zonal 函数操

作计算现有图层中每个位置的新值，而这个图层与另一个图层中的位置区域，如多边形相关。Focal 函数操作计算现有像元值、距离或邻域位置方向的新位置值。最后，一个 Incremental 函数计算出每个位置的新值，以此作为该位置上一维、二维及三维地图上不同部分的尺寸和形状特征。这四种操作及其组合可分出各种各样的 GIS 处理步骤。许多 GIS 软件包允许将操作步骤保存成模型，从而应用到新数据的重复操作或信息的更新，如图 5.12 所示。这个步骤中，我们已经包括了大部分 GIS 要素：输入、存储和检索。许多人认为，GIS 最重要的功能在于分析。正如我们所看到的，大多数 GIS 操作都被看作是有关位置和属性的空间变换。他们以一个或多个地图层输入，再输出新的地图层。在分析中，生成的新地图是为了解决问题。在第 6 章中，我们讨论 GIS 分析的本质。在现实世界中，利用 GIS 分析功能来解决一些潜在的空间问题，这是永无止境的。

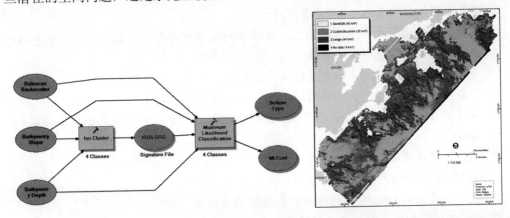

图 5.12 查询脚本的例子，ESRI 的 Model Builder 多元统计分析示意图，输入数据(深度、坡度及后向散射声音)及地图生成的处理步骤。来源：美国地质调查开源报表 2005-1293 的内大陆高分辨率地质图，从日本那霸市到英国格洛斯特市，美国马萨诸塞州。制图来源于：Walter A. Barnhardt, Brian D. Andrews, and Bradford Butman (2006)

5.5 学习指南

要点一览

- GIS 能回答"什么是在哪儿"的问题。
- 从数据库或地图中获取有关特征信息的过程就是检索。
- 有效的数据检索秘笈就是数据的组织方式。

○ 数据模型是支持数据存储和检索的理论结构。

○ GIS 数据组织需要属性数据模型和地图数据模型。

○ GIS 通常包含或支持一个数据库管理系统。

○ DBMS 起源于计算机和信息科学。

○ DBMS 包含数据定义语言，用于定义数据字典。

○ GIS 数据目录允许管理多个文件、图层、项目和版本。

○ 所有的 DBMS 都支持数据录入和检索。

○ DBMS 支持查询、属性查询，包括排序、重新编码、提取子集和搜索运算。

○ 查询是用户与地图数据和属性数据交互的方式。

○ 第一代数据库管理器采用层次结构，虽这种数据模型有很多弊端，但空间数据库中仍有许多例子采用这种结构。

○ 关系数据库管理已成为数据库管理的标准。

○ 关系数据库由多个平面文件构成，这些平面文件在必要时，通过所有记录中都存在的唯一关键字属性进行关联。

○ 有独立的关系文件就表明关系能被管理起来，如单独的更新。

○ 关系数据库管理器有一套通用的命令，用 SQL 进行标准化。

○ 对于产生新的数据集合或数据库的重新组织，必须采用一些命令，如 join 和 select。

○ DBMS 有创建正式或标准报表的模块。

○ DBMS 能够为字段、记录和数据库生成和计算新值。

○ SQL 和其他的 DBMS 操作通常缺乏空间查询能力。

○ GIS 包括了相当于关系查询的操作，如 identify、select、recode 和 merge。

○ 空间融合叫做叠加。

○ 空间选择通常是缓冲区操作。

○ 一些空间查询采用拓扑，如邻接和诸如距离的空间特性。

○ 空间搜索是针对点、线、面字段进行的。

○ 一些空间查询涉及整个地理空间，如 DEM 的可视区域分析。

○ GIS 通常用命令、菜单或向导来支持查询。

○ GIS 随后的许多功能都来源来图层间的查询操作。

○ GIS 也包含重复查询操作工具，例如用程序或脚本语言。

○ 大多 GIS 软件可以直接使用 SQL。

○ Tomlin 把 GIS 操作和查询分作 Local、Focal、Zonal 和 Incremental 四种操作。

○ GIS 查询是分析的基础。

○ GIS 通常可能以不同的方式来实现相同的查询结果。

学习思考题

基本数据库管理

1. 制作一个表，列出 DBMS 的组成部分。每个 DBMS 组成中，哪个完成特定的任务？表中加一列，用来简要概括出每部分的作用。例如，数据录入模块可以录入"允许用户向数据库录入属性数据。"增加一列，用来列出属性数据库和地图数据库的相似之处，如"报表生成"和"地图显示"。
2. 使用数据库管理器，如微软的 Microsoft's Access 或 MySQL，创建一个与本章中比萨例子类似的数据库。表完成后，使用关系数据库的 join 操作创建一个单独的平面文件。在 join 操作前后数据文件有多大？为什么？

属性搜索

3. 列出并定义出用户可用于属性搜索的 DBMS 工具，各种搜索工具的区别是什么？如 find 和 browse 的区别。

地理搜索

4. 对于点、线、面要素有哪些地理检索工具可用？这些地理检索工具又如何组成 GIS 的复杂查询？
5. 举一个 GIS 查询的例子，结果分别是 Tomlin 四种地图操作。

查询界面

6. GIS 用户可用的用户查询界面主要有哪些？用户可将它们从一个软件包移植到另一个软件。各自的优缺点是什么？作为 GIS 新用户，你会选择哪种？

5.6　参考文献

Berry, J. K. (1993) *Beyond Mapping: Concepts, Algorithms and Issues in GIS*. Fort Collins, CO: GIS World.

Burrough, P. A. (1986) *Principles of Geographical Information Systems for Land Resources Assessment*. Oxford: Clarendon Press.

ESRI (1995) *Understanding GIS: The Arc/Info Method*. New York: Wiley.

Huxhold, W. E. (1991) *An Introduction to Urban Geographic Information Systems*.

New York: Oxford University Press.

Peuquet, D. J. (1984) "A conceptual framework and comparison of spatial data models." *Cartographica,* vol. 21, no. 4, pp. 66 – 113.

Tomlin, C. D. (1990) *Geographic Information Systems and Cartographic Modeling.* Englewood Cliffs, NJ, Prentice-Hall.

Warboys, M. F. (1995) *GIS: A Computing Perspective.* London: Taylor and Francis.

5.7 重要术语及定义

属性：一种录入的数值，它反映了一个特征的度量或值。属性能被标注、分类或数字化。他们可以是日期型、标准化的值，或是字段或其他度量。是数据收集和组织的项目，它是一个表或平面文件的一列。

批处理：从文件中提交一组计算机命令执行，而不是用户与计算机直接交互录入命令。

浏览：一种重复检测记录的搜索方式，直到检测到合适的记录。

等值图：用于显示数值数据地图，它是对一组区域通过：①数据分类成等级；②将每一等级显示成渐变色调图。

计算：数据管理命令，用一个或更多属性数值来计算一个用命令创建的新属性值。

数据定义语言：DBMS中允许用户建立一新数据库的部分，用来说明有多少个属性，属性类型，属性长度，每个属性数值的范围，用户可允许编辑的属性个数。

数据字典：一个数据集所有属性的目录，在数据定义过程中，在所有属性上放置限制性说明。包括值的范围和类型、分类列表、有效及默认的值，字段的有效宽度。

数据录入：向计算机录入数值的过程，通常是属性数据。虽然大多数数据能手动录入或通过网络，或从光盘等获取，但是野外数据可以通过GPS接收机，或数据记录器，甚至通过键盘录入。

数据模型：信息系统中数据组织的逻辑方式。

数据库：任何计算机可用的数据集合。

DBMS：GIS的一部分，允许操作和使用包含属性数据的工具集。

默认值：在不需要用户修改的情况下，GIS提供给用户的一个参数或选择的值。

特征：组成景观的单个实体。

平面文件：一种数据组织的简单模型。这些数值被组织成一个表，把变量值作为表的项目，表的行是记录，列是属性。

文件：逻辑上存放在计算机存储结构上的数据。

Find：一个数据库管理操作，目的是基于属性值进行单个记录或特征记录集的定位。

Focal：一个 GIS 操作或查询，用一个或多个图层中像元及其邻接像元数据来产生一新的像元值。

地理搜索：一个基于地理特性的 GIS 查寻操作。

层次数据模型：一种属性数据模型，完全包含子集及许多数据层的数据模型。

高亮显示：GIS 用户用于显示一特征或要素被成功查找到的方式。

identify：在地图上交互采用一指示设备，如鼠标，来查找空间特征，

incremental：一种 GIS 操作或查询，用一到多个数据层，通过整个栅格的迭代运算计算出新图层的栅格值。也通常被看作是一种全局操作。

join：将记录和属性进行合并，从而生成不相关但重叠的数据库。

关键字属性：一个相关记录的唯一标识符，可以作为贯穿关系数据库中所有文件的公共字段。

Local：一个 GIS 系统操作或查询，用一个或多个图层的同一像元数据创建一新像元值。

Locate：见 identify

宏：一个写成、编辑成程序，并提交给 GIS 用户界面的命令语言接口。

菜单：用户界面的组成部分，允许用户从现有列表中作出选择。

叠加：一个 GIS 操作，具有公共地理基础的图层间基于空间位置的连接。

参数：一个数值，文本字符串的值，或其他需要的值，它是提交给 GIS 的命令结果。

查询：提问，特别是用户向数据库管理系统或 GIS 进行提问查找。

查询语言：DBMS 的一部分，允许用户向数据库提交查询。

关联：DBMS 合并数据库的操作，根据用户的查询要求，而不是数据的物理存储，对多个数据库按关键字属性进行重新组织的过程。

关系模型：基于具不同属性结构，但有公共关键字属性关联的多个平面文件记录的数据模型。

重新编号：DBMS 中用于改变属性序号或范围的操作。

报表生成器：数据库管理系统的一部分，它能用数据库中所有记录属性值生成一个列表。

Restrict：DBMS 查询语言的一部分，它允许从一个平面文件中选出一个属性子集。

检索：数据库管理系统和 GIS 能返回先前存放的记录的功能。

搜索：任何能够成功检索记录的数据库查询操作。

Select：用于从一个数据库中提取记录集的 DBMS 命令。

排序：根据属性记录的值，按顺序排列记录。

SQL(Structured Query Language)：结构化查询语言，关系型数据库管理系统的一个标准语言接口。

提取子集：提取数据集的一部分。

更新：将全部或部分数据集替换为新的或修正过的数据。

验证：在数据库中检查所有记录的属性值是否正确的过程。

Zonal：一个 GIS 操作，在一个或多个图层中，用属于同一类别或斑块的聚集像元生成一新像元值。

5.8　GIS 人物专访

马克·博斯沃斯(Mark Bosworth，简称 MB)——美国俄勒冈州 Portland Metro 首席 GIS
分析员

KC: 马克，给我们谈谈您的工作？

MB: 我在俄勒冈州 Portland Metro 做 GIS 分析。最近成为"首席 GIS 分析员"，这
样我就上了专业技术轨道，而不是管理道路。每天我都要"以 GIS 方式来思考
问题"来度过(借用汤姆林森博士的话)。

KC: 什么是 Portland Metro？

MB: Metro 是一个特殊的政府机构，负责波特兰都市区"区域划分问题"，主要是
土地利用和交通规划问题(还有一些其他感兴趣的领域，像固体废物管理，区
域娱乐设施和俄勒冈州动物园的规划)。我们是全国唯一当选的区域政府，涉
辖范围包括 25 个城市及城市周边的三个县。

KC: 你们用什么 GIS 软件？

MB: Metro 自 1989 年就成了 ESRI 的用户，实际上，我们的用户数不"低于 3 位
数"。我们使用了 ArcGIS 桌面应用工具和许多其他的 ESRI 软件包：
ArcReader 和 ArcExplorer，用来发布只读类应用的最流行的软件平台。但我们

也用一些不同的解决方案——包括增加开源平台的利用——特别是基于网络制图应用。

KC: 哪些教育背景为您在 Metro 的工作奠定了基础?

MB: 我刚受聘到 Metro 时,他们只购买了 UNIX 工作站,这时我在系统管理方面的经验就非常关键。那时起我们就把它移植到一个更高级别的企业 IT 环境中,并凭我的经验把空间数据、分析及一般性的 IT 集成问题结合起来。不是说我在制图上天资很高或是精通,但我善于逻辑推理和空间过程思考。而且值得庆幸的是,我与一个赋有天资的专业人员在同一团队工作。

KC: Metro 的其他成员又有哪些教育背景呢?

MB: 我们团队成员来源于多种背景,而且我认为这就是我们真正的优势所在。我告诉我的学生,我自认为分析地图学和 GIS 的学士及硕士学位,是那种"会变戏法的小马驹"。我的整个职业生涯都集中在 GIS 上。我教过的很多人及与我在 GIS 上共事的很多人都有着丰富多样的背景,这真是太棒了。和我共事的

GIS 人中，他们来自于生态学、林学、地质学，我们一个同事甚至是中世纪建筑学博士——你会惊讶地发现这些迟早会派上用场。

KC: 请您列举出 Metro 用 GIS 做过的代表性项目？

MB: 以 Metro 各种各样的卷宗为例，我们涉及城市土地开发问题，自然资源保护或恢复，交通分析等等。我们大多数项目主要与土地利用与规划有关。例如我们一直和保健领域专业人员合作的项目中，研究区域生长或变化对人口存活率及密度的影响。我们用 GIS 对现有条件进行分析，并对将来的可能性建模。

KC: 什么是 Metro's growth boundary？Metro 是如何用 GIS 来维护它的？

MB: Urban growth boundary(UGB)是 Metro 在处理我们区整个城市形态规定的主要工具。它是一个行政边界线，用于把城市开发类和农地及林地区分开。我们已经考虑 30 年间几乎相同的配置，这就有助于确定发展模式及区域内扩张。我们设计了专门的 GIS 程序支持 UGB 效果的监测和测量；我们还维护空地调查及局部区域的调整，这样我们就知道区域吸收增长的能力。

KC: 能给我们举个空间分析的例子吗？

MB: 最近，我们在做建筑环境对健康和人体行为影响的研究。我们对近 20 年的一组人群做了一个专门纵向研究——用回归分析来确定主体身体健康及行动与其直接的空间环境的关系。GIS 在开发土地利用特点及环境变量的定量化——如与中转站、公园及其他设施的距离，对于人口和城区服务及整个城市形态也是同样的。

KC: 你们有什么特别的可视化方法？

MB: 我们有一个优秀的制图团队，他们能创造性地使用 GIS 数据。一个流行的产品就是 3D 增强挂图，它用彩色来描绘区域，并开发了专门用于 3D 眼镜的调色板，这种图俗气但吸引人。最近我们用 LIDAR 数据进行了多种可视化方式的开发——特别是 3D 机制。建筑环境的 3D 显示——建筑物和设施以及自然环境的 3D 显示——树、植被、地形，这些都是我们可视化产品中开发的新兴数据集。

KC: 在 GIS 中您使用开源软件吗？如何用？

MB: 我们有许多基于生产应用的开源软件。特别是我们在分发许多网络地图服务时，采用的 MapServer 软件。www://bycycle.org/是一个很有趣的开源应用软件，它采用了 MapServer 和 Google Maps API，它可应用于推荐自行车具体线路，就像 MapQuest 样，在 Google Map 的制图中对我们的行车线路设施作 mash up。

KC: 今后的十年里 Metro 打算做什么？

MB: 确切地讲，我职业生涯的趋势是空间信息和空间处理工具的访问，这个趋势越来越明显和可行。过去 GIS 专家研究的领域正变成非 GIS 专家涉足的领域。一般来说，我认为这对 GIS 和地理学讲再好不过了。我相信，十年内，我们会遇到越来越多的令人信服和精细的显示及可视化技术。引人入胜及多方位的可视化将成为空间数据互操作的标准方式。而且 GIS 将不断拓展。

KC: 非常感谢您接受采访。

MB: 谢谢，乐意效劳。

作者注释: Portland Metro 的网站是: http://www.oregonmetro.gov/

第6章
为什么在那儿

"我滑向雪球滚动的方向，而不是在原地不动。"

——韦恩·格列茨基(Wayne Gretsky)(当有人问他成功的秘诀，他这样回答)

6.1 描述性属性

前面的章节中已经提到，一个 GIS 系统至少包含两个部分：属性部分和地图部分。当属性数据被特定的数据库管理系统管理时，它的分析功能与其他统计信息区别不大。本章我们将把重点从 GIS 数据的建立和管理转向对信息的实际操作应用上。为了更好地理解用数字表达的信息，我们必须以系统和定量的方式，也就是说用易于理解的统计信息来描述数据。但是，如果说这就是 GIS 的功能，那么 GIS 相比于其他任何主流的、用作信息分析的计算机统计软件包就没有多大优势了。

地理信息系统分析功能的独特之处就是属性数据与地图能建立关联，然后用我们能想到的统计方法描述数据，再对其地理特性进行自动处理，最终以地图可视化的方式表达。

　　就像我们这章后面要提到的，这种方法相对于其他方法更奏效，因为我们也可以用第 2 章提到的地理特性来进行统计查询。这就是说 GIS 不仅能回答与特征关联的"在哪儿"，还可以回答"为什么在那儿？"。我们可以得出这些问题的准确答案，并且把它以地图的方式显示出来或进行地图分析。正如本章所述，当地理信息系统用于分析问题时，能给用户以惊人的分析能力。

　　本章以如何描述属性类数据作为开头，还包括直方图的可视化、均值及均方差的数字化表达。除此之外，本章还介绍了一些用数字描述二维空间或平面坐标时，根据其空间属性进行简单量测的方法。如图所示，地图统计描述功能开始用数字来说明地图，均值和均方差都具有视觉和地理学意义。

描述性属性

　　回顾前面第 2 章开头部分所讲的数据库基本结构，正如我们看到的，所有的数据都可以被看作是一个结构化的二维表。表的行是记录，列是属性。每个属性的记录都包括一个值，该值包括一系列诸如文本，数字等数据类型。例如，记录号为 357 的一个 "日期"的属性值可能是"7/7/2009"，这个值是由三个数字组成的(一个是月，一个是日，一个是年)，但是为了便于数据库管理，它通常被看做是一个文本类型。此外，作为 GIS 数据库，最少一个属性要与地图关联。且作为最基本的要求，一个点的 x 坐标和 y 坐标要分别作为两个属性。从这个简单的例子可以发现，地理数据可以是点、线、面以及它们间组合成的地理特征数据。

　　本章中，我们将选择一种地理现象，例如龙卷风，通过对龙卷风发生的每一阶段进行检查、查询、测试，来解释美国龙卷风发生的规律及其给人类带来的伤亡。任何调查的首要问题是提出研究课题或对问题描述来进行数据分析。我们也许有兴趣想知道为什么会造成伤亡，以便制订计划来拯救受灾的人。我们可能会关心建立龙卷风预警系统或断定长期以来龙卷风的频发趋势是否归因于全球变暖。对每个案例的分析都是以相同的步骤开始的，即以可视化或统计方式来描述数据。这有助于建立方法模型或说明要解决的问题，甚至说明如何去解决问题。

　　案例中使用的数据来自美国国家海洋局和大气管理局的龙卷风数据库。可以在网站 *http://www.ncdc.noaa.gov/oa/climate/severeweather/tornadoes.html* 上找到这些数据。数据的格式设计是为了能够根据地面影响范围来计算龙卷风的破坏程度。更多的有关龙卷风破坏程度及其级别的信息可以在网站 *http://www.nssl.noaa.gov/edu/safety/tornadoguide.html* 上查找到。

　　表 6.1 列出了在 1950 年 1 月 1 日到 2006 年 12 月 31 日间，美国 49252 龙卷风

数据记录的前 20 条记录。它同时包括了非空间属性和空间属性。例如，非空间属性包括龙卷风发生的具体日期和时间、等级和破坏程度以及它造成的伤亡数等。空间属性其实就是龙卷风波及的洲和国家，烟雾登陆点的经纬度以及龙卷风影响区域的宽度和长度数据。

表 6.1 这是龙卷风数据库中的前 20 条记录。数据来源是美国国家海洋和大气管理局

(http://www.ncdc.noaa.gov/oa/climate/severeweather/tornadoes.html)

DATE	YEAR	MONTH	DAY	UTC	STATE	F_SCALE	LENGTH_iv	WIDTH_YD	WIDTH_MI	AREA_SQ	AREA_LOG	AREA_CLA	DPI	DEATHS	INJURIES	TDLAT	TDLON	LIFTLAT	LIFTLON
1/3/1950	1950	1	3	1700	MO+	3	9.500	149	0.08470	0.80430	-0.09460	MESO	3.20	0	3	38.770	-90.220	38.830	-90.030
1/3/1950	1950	1	3	1755	IL	3	3.600	129	0.07330	0.26390	-0.57860	MESO	1.10	0	0	39.100	-89.300	39.120	-89.230
1/3/1950	1950	1	3	2200	OH	1	0.100	9	0.00510	0.00050	-3.29130	TRACE	0.00	0	0	40.880	-84.580	0.000	0.000
1/3/1950	1950	1	13	1125	AR	3	0.600	16	0.00910	0.00550	-2.26320	DECIMICRC	0.00	0	1	34.400	-94.370	0.000	0.000
1/13/1950	1950	1	13	130	MO	2	2.300	299	0.16990	0.39070	-0.40810	MESO	1.20	0	5	37.600	-90.680	37.630	-90.650
1/26/1950	1950	1	26	130	IL	2	0.100	99	0.05620	0.00560	-2.24990	DECIMICRC	0.00	0	0	41.170	-87.330	0.000	0.000
1/26/1950	1950	1	26	300	IL	2	0.100	133	0.07560	0.35520	-0.44960	MESO	1.10	0	2	26.880	-98.120	26.880	-98.050
1/26/1950	1950	1	26	2400	TX	2	4.700	133	0.22670	2.44440	0.35110	MACRO	6.80	0	0	29.420	-95.250	29.520	-95.130
2/11/1950	1950	2	11	1910	TX	2	9.300	389	0.22670	2.44440	0.83320	MACRO	27.30	1	12	29.670	-95.050	29.830	-95.000
2/11/1950	1950	2	11	1949	TX	3	12.000	999	0.56760	6.81140	0.83320	MACRO	27.30	1	12	29.670	-95.050	29.830	-95.200
2/12/1950	1950	2	12	300	TX	2	4.600	99	0.05620	0.25870	-0.58710	MESO	0.80	0	5	32.350	-95.200	32.420	-95.120
2/12/1950	1950	2	12	555	TX	2	4.500	66	0.03750	0.16870	-0.77280	MESO	0.50	0	8	32.980	-94.630	33.000	-94.700
2/12/1950	1950	2	12	630	TX	4	8.000	833	0.47330	3.78640	0.57820	MACRO	11.40	0	1	33.330	-94.420	33.450	-94.420
2/12/1950	1950	2	12	715	TX	1	2.300	233	0.13240	0.30450	-0.51640	MESO	0.60	0	0	32.080	-98.350	32.220	-98.330
2/12/1950	1950	2	12	1210	TX	3	3.400	99	0.05620	0.19120	-0.71840	MESO	0.60	0	32	31.900	-96.550	31.570	-96.550
2/12/1950	1950	2	12	1757	TX	1	7.700	99	0.05620	0.43310	-0.36340	MESO	0.90	0	32	31.900	-94.200	31.880	-94.120
2/12/1950	1950	2	12	1800	MS	2	0.100	99	0.05620	0.00050	-3.29130	TRACE	0.00	0	0	34.600	-89.120	0.000	0.000
2/12/1950	1950	2	12	1800	MS	1	2.000	99	0.05620	0.01020	-1.99020	MICRO	0.00	0	15	31.800	-94.200	31.800	-94.180
2/12/1950	1950	2	12	1800	TX	3	1.900	49	0.02780	0.05290	-1.27660	MICRO	0.20	3	0	34.480	-92.200	0.000	0.000
2/12/1950	1950	2	12	1830	AR	1	0.100	99	0.05620	0.00560	-2.24990	DECIMICRC	0.00	0	0	34.480	-92.200	0.000	0.000
2/12/1950	1950	2	12	1900	LA	4	82.600	99	0.05620	4.64620	0.66710	MACRO	23.50	18	77	31.970	-94.000	33.000	-93.300

图 6.1 是龙卷风所有登陆地点的地图，它采用 uDig GIS 软件平台。图中只用了一个小点符号来描述大量龙卷风数据，所以即使地图有明显的东西向，也很难分析出下一次龙卷风的登陆点。通常分析的首要步骤是选择和抽样，在这个案例中，如果要分析出龙卷风对人类的影响，没有必要对 49252 场龙卷风作处理。也许理想的做法应把注意力仅集中在那些造成伤亡的龙卷风上面。这样就把数据集减少到 6625 条记录大小，从而更易于数据的可视化管理和分析。

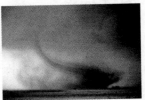

图 6.1 左：美国 1950—2006 年的所有龙卷风登陆点。地图显示使用的是 uDig GIS。右图：绳龙卷风(数据来源：国家海洋和大气管理局 NOAA)

图 6.2 的龙卷风地图只显示了发生伤亡的龙卷风数据，它不仅显示了龙卷风的破坏程度，而且对高发期和低发期内发生的龙卷风数据作了一个基本的等级划分。即便稍微一瞥也能发现，这种复杂数据集高度结构化地表达了龙卷风发生的时间和空间模式。我们能用空间分析来揭示数据潜藏的结构吗？显然，我们要仔细地从视觉上和统计上检查数据的形式，提出可以通过测量检验的格式和结构假设。

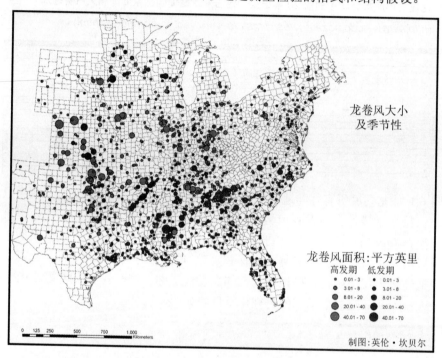

图 6.2 在 1956—2006 年期间，造成人员伤亡的美国龙卷风发生的位置，影响范围的破坏程度和发生的季节性。图由劳伦·坎贝尔(Lauren Campbell)绘制

6.2 统计描述

在开始着手用统计方法检查数据之前，有必要用多种图形工具做一些数据探索性分析。在过去里，有许多非空间数据可视化显示方法。很多情况下，这在流行的电子表格程序中就体现出来，比如 OpenOffice.org Calc，更不要说那些统计软件包，如开源程序软件 VISTA、R、SAS 或 SPSS。几乎很少有 GIS 软件包能直接绘制所有(甚至部分)非空间数据的图形。还有一些应用软件，如 GeoVista Studio，可专门用于交互式进行地理空间数据探索。

6.2.1　统计图

图 6.3 显示了一些龙卷风数据的样点图,用来同时表达不同龙卷风的属性。需要注意的是,这些属性数据中一些值是确定的(比如说:龙卷风的破坏程度),其他是用数字表示的,并且在一些情况下这些数据是周期性的,比如说月份。不同类型的龙卷风散点对应于不同的属性数据。仔细查看图 6.3 就可以发现龙卷风造成伤亡的原因:龙卷风的高发期是集中在四月;破坏最为严重的往往是波及范围小而不是波及范围大的龙卷风;通常发生在格林尼治标准时间(GMT)的午夜(大约当地时间下午 6 点);大多数的龙卷风从破坏程度上看都属最低级别的。在这些可视化方法中,只能用散点图来进行一个变量和其他变量的比较。对这些数据从头到尾的进行深入分析,就很容易找出各个变量之间的关系,然后再用空间分析来揭示出这些变量关系的地理特性。

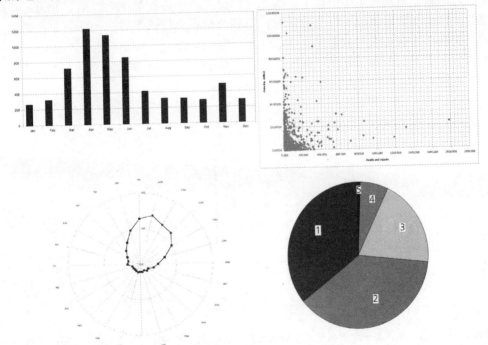

图 6.3　龙卷风数据的统计图。左上:直方图——每个月内龙卷风发生的频率。右上:龙卷风登陆点及造成伤亡数的散点图。左下:雷达图—— 一天不同时间上龙卷风导致的伤亡情况(格林尼治标准时间 GMT,本地时间减去六小时,注意时间是逆时针显示)。右下:龙卷风的破坏程度级别饼状图

6.2.2 箱型图

最早的非地图统计图形是由约翰·图基(Tukey，1977)发明的箱型图。它是用五个描述性数字来描绘数值数据的分组，这五个数字是：①表示最小观测值；②表示下四分位；③表示中间值；④表示上四分位；⑤表示最大观测值。一个箱型图可以看出哪些观测数据与其他数据相比是异常点，而且这些数据的分布是朝一个方向还是朝其他方向倾斜的。

这些值简单明了地反映出数据属性值从高到低的分布模式。用两个刻度记号表示了最大值和最小值，中间的柱子越高，数值范围就越大。箱型主要集中在中间值上，如果数据是按数值大小排列的话，那么高于和低于这条线的数据应该各占一半。这个值不应该对一些异常高或异常低的值敏感。最后，这个所谓的"箱型"是一个矩形，其高度是由这些数据的第一四分位和第三四分位决定的。也就是说，如果所有的数据值都位于中值以上，那么上四分位就会再次把该组数据一分为二，同样的，当所有数据值位于中值以下时，下四分位也会把该组数据一分为二。因此，一半的数据根据其值大小都应位于箱型内。图 6.4 就是一个典型的箱型图，它用一个箱型图来表示一些龙卷风的属性变量。很明显，它的分布不是均匀或随机的，而且许多结构仍然有待探索。

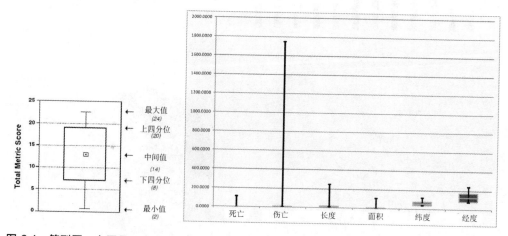

图 6.4 箱型图。左图是一个典型的正态分布数据的箱型图(资料来源于：EPA 环保署)。右图：一些龙卷风数据的箱型图，它是用 Excel 生成的。一些 GIS 软件的脚本语言也可能直接生成箱型图

6.2.3 均值、方差和标准差

在最后一节介绍的中值，仅仅是属性记录值在排序时候的中间值。当所有的记录的总数是奇数时，就只有一个唯一的数作为中值。但是，对于总记录是偶数时，我们需要两个中间值的平均数作为中值。用数据{13,3, 7,6,15,1}为例，当我们对这六个值排序时，就是{1,3,6,7,13,15}，我们必须把"6"和"7"取平均，得 6.5。值得注意的是中值的优势是对异常值不敏感。比如说，如果我们把 15 换成 115，中值还是保持不变。中值术语称为一种"集中趋势度"，因为它是通过选择一个单独的数字来表示整个数据集。

另一个集中趋势度的方法在不需要先把数字排序的情况下也能计算出来。这就是说，要计算均值或平均值，我们只需要将属性值加起来再除以属性值的个数就可以了。例如，6625 场龙卷风中造成的死亡人数是 4783 个，得出平均值是 0.72196，因此每场龙卷风的平均死亡率为 0.72196。同样的，那些造成人员伤亡的龙卷风中导致受伤人数的平均值为 12.3645。很显然，这个平均数被一些异常数据影响了。死亡人数和受伤人数的中值分别为 0 和 3。图 6.5 是伤亡人数的数据绘制成的直方图，每一幅直方图是一个由横纵轴组成的柱状图。柱状的高度是属性落入某一类别的数字。并且，柱状本身就是一组数据被分割成的类别。这两个柱状图的分布(幸运的)都倾向零。这样看来，这个例子的中值和平均值都不是一个好的集中趋势度。

现在让我们看看龙卷风的另一种属性。即龙卷风发生月份中所在的日期规律。这样，中值是 15，平均值是 15.5093，他们之间区别甚微。中值是一个准确的值(因为 31 是奇数)，并且平均值可能比中值更具代表性。还有一个额外要注意的因素，就是根据这些直方图的值(见图 6.6)，在每个月的最后几天，龙卷风的发生频率明显下降。根据常识我们知道，"9 月有 30 天，……"这意味着有 5 个月没有 31 天，1 个月没有 30 号或 31 号，这些月份中有 3/4 没有 29 号。

这是一种比较均匀的分布模式，涵盖了各种值域范围，除了在月底有所下降外，我们可以把龙卷风看做是一个随机数，它可能在每月的每天中具有同样的发生概率。然而，这个分布还是不均匀。31 天内发生了 6625 场龙卷风，所以我们猜想平均每天有 6625/31=213.709 场龙卷风发生。该月的第三天的值看起来比平均值更大而第 17 天又减小了。就出现了这样一个问题，这些值的高低起伏是随机的，还是他们之间的重要差异值需要作进一步分析再能发现呢？为了回答这个问题，我们不仅应该知道分布的集中趋势，还应该预料它内部的变异情况。

简言之，我们需要知道每天发生次数离平均值的均方差，这个值称为标准差。它的计算方法是首先计算平均值，然后用每个值减去这个平均值得出。如图 6.7 所示的垂直实线的长度。

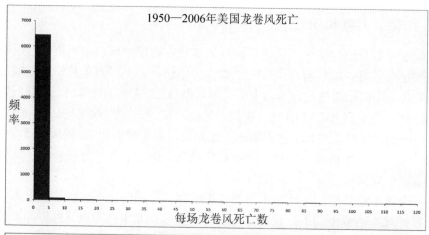

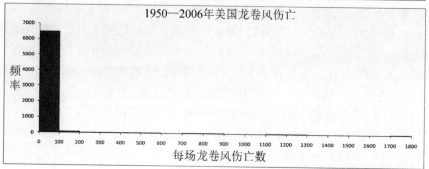

图 6.5　这是美国在 1950—2006 年间，6625 次龙卷风所造成的人员伤亡人数的直方图。注意，这些都是倾斜分布

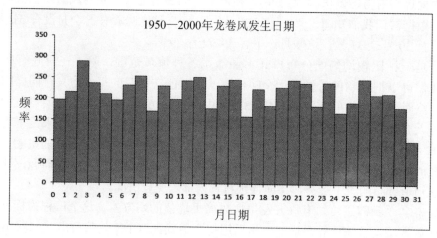

图 6.6　1960—2006 年间，在美国造成人员伤亡的龙卷风发生月中，每天发生龙卷风的频率

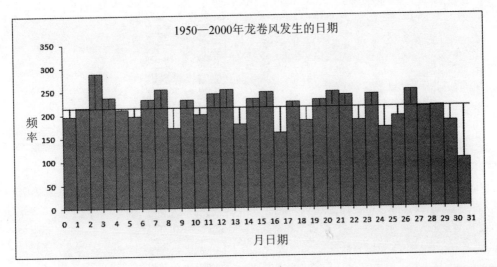

图 6.7 龙卷风发生月的日频率，水平黑线表示每月预期平均值(该数为 213.7)，垂直线是表示每天发生的次数与平均值的差值。注意，有些是在平均线之上，有一些在平均线之下

值得注意的是，小于平均值的龙卷风发生频率和大于平均值的频率是大致相同的，这是随机数的另一个特征。用每个值减去平均值时，结果有负值和正值，处理的方法就是把结果进行平方。这样负值乘以它本身始终是正数。再把这些平方后的数取平均数(即把所有的平方数相加，然后除以所有值的个数)得到平方数的平均。然后我们再开平方根使数据与开始的数据单位相同。这可以用电子表格软件完成，或使用标准的统计软件实现，如图 6.8 所示。用这种方式，我们也可以把另外的重要统计量制成表，如方差平方和，称作总方差。

龙卷风发生周每天平均值是 36.115 场龙卷风，四舍五入到小数点后三位。我们可以在平均值 213.709 上减去或者加上这个数，得到一个数值范围：177.595～249.824。我们可以把这些数据也附加到直方图上去，如图 6.9 所示。注意，当我们这样做时，一个月只有少数几天龙卷风发生的频率不在这个范围内。如果我们用两个标准差来代替，则数值范围就变成 141.48～285.939 了。当我们这样做，每个月中只有两天不在这个范围内，即 3 号和 31 号。

我们已经想到为什么 31 号低得出乎意料，因为 12 个月只有 7 个月有 31 号。3 号那天又是异常高，当然这可能是由于随机性造成的。还同样可能是由于一些自然的未知因素使得龙卷风在每月的第三天变得更具危害性。如果把 31 号的值减去两个标准差就远远低于平均值了，而 3 号的值加上两个标准差就非常接近平均值了。我们需要用一些方法在给定的任何水平上对龙卷风发生的概率性进行估计，从而找出是否还存在其他含义。

Day of the Month	Frequency	Freq. - Avg.	Squared
1	197	-16.70968	279.2134057
2	216	2.29032	5.245565702
3	288	74.29032	5519.051646
4	237	23.29032	542.4390057
5	211	-2.70968	7.342365702
6	197	-16.70968	279.2134057
7	232	18.29032	334.5358057
8	254	40.29032	1623.309886
9	171	-42.70968	1824.116766
10	231	17.29032	298.9551657
11	199	-14.70968	216.3746857
12	244	30.29032	917.5034857
13	253	39.29032	1543.729246
14	178	-35.70968	1275.181246
15	232	18.29032	334.5358057
16	247	33.29032	1108.245406
17	160	-53.70968	2884.729726
18	225	11.29032	127.4713257
19	186	-27.70968	767.8263657
20	229	15.29032	233.7938857
21	246	32.29032	1042.664766
22	240	26.29032	691.1809257
23	186	-27.70968	767.8263657
24	241	27.29032	744.7615657
25	169	-44.70968	1998.955486
26	194	-19.70968	388.4714857
27	249	35.29032	1245.406686
28	212	-1.70968	2.923005702
29	216	2.29032	5.245565702
30	183	-30.70968	943.0844457
31	102	-111.70968	12479.05261
Sum	6625	Sum of Squares	40432.3871
Mean	213.7096774	Mean square	1304.270552
		Standard deviation	36.11468609

图 6.8　用电子表格计算龙卷风发生月日数据的标准差

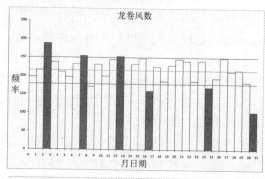

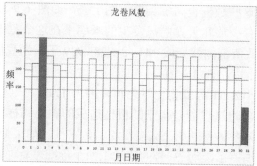

图 6.9　1950—2006 年间危害性龙卷风一月内日发生频率直方图。上图：加(减)标准差。下图：加(减)两倍的标准差

6.2.4　统计测试

　　标准差的一个特点就是，当我们使用一种已知分布时，可以计算分布曲线下，落入任一值与平均值加上或减去不同标准差值间的面积比例。我们用一个称为正态分布的标准分布曲线，或者根据其形状描述成"钟形曲线"。这种曲线是 1733 年亚伯拉罕·棣莫弗(Abraham de Moivre)首次描绘的。

　　如果假设我们分析时将其看成作一个正态分布，我们可以使用曲线方程和曲线下方的面积来估计一个值位于曲线内或者曲线外的随机概率。例如，每个月的第三天，龙卷风的发生频率为 288，与平均值之间的方差是 74.29032，它的标准差是 2.0571，这个值被称作为 Z 值。使用表格，或在线计算器(比如说，*http://www.danielsoper.com/statcalc/calc02.aspx*)，这样就得出曲线上小于 0.980157 值的一个面积累加值。一个随机的数比它大的概率是 1.0-0.980157，或 0.019843，相当于不到 2%。这个概率很小，但不会超过我们能接受的范围。特别是涉及到当成千上万的龙卷风，时间跨度达 56 年之久。另一方面，每月 31 号的 Z 值是-3.09319，对应的曲线的面积是 0.0009908。它所占面积比还不到十分之一，换句话说，我们可以 99.9%确定这个值不是随平均数随机变化的。显然，这个值出错了，对于这个差异的合理解释应该是月份天数变少了。

　　统计检验最后需要注意的两个地方是：首先，图 6.10 我们所看到的面积可以用来检验一个值是否与平均值不同，即它比平均值大还是比平均值小。我们所要做的就是加上不同的面积。其次，我们需要考虑自己所分析的数据是否适合用钟形曲线。一个理想的正态分布只能在观测数据量很大时适用，此时错误完全是随机的，并且一个个体样本能充分代表"总体"；或者数据涵盖所有可能的值。在龙卷风的例子中，我们把没有造成伤亡样本从成千上万个总体中划分出来。当我们查看每场龙卷风的人员伤亡数时，数据集的一些变量就变了。有可能是报道人员伤亡数时多报了或少报了，而且受伤人数更容易少报。这点在接下来分析的时候应该注意。

　　计算出全部总体的标准差通常是一件很难甚至不可能的事。在我们的案例中，这可能是美国历史上所有发生的龙卷风的等效表。当我们根据样本，标准差计算时都希望从总体中随机抽样得到。样本越少，我们总体标准差的值偏差就越大。实际上，我们低估了这点。通常我们为了弥补不足，在计算方差时，观测量用 *n*-1 而不是 *n*。这是样本标准差和总体标准差的无偏估计值在叫法上就能区别开。

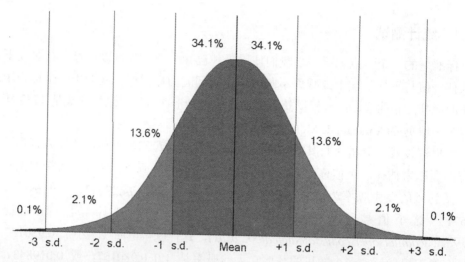

图 6.10　正态分布曲线(也称钟形曲线)和高斯分布。百分比显示的是位于曲线下方每个标准差之间的面积百分数。位于平均值一倍标准差间面积百分比是 68.27%，两倍标准差间的面积百分比是 95.45%，三倍标准差间面积百分比是 99.73%

总之，当中值和平均值能较好的描述集中趋势度时，我们还需要测量均差的方差。计算标准差的一个好处就是，我们可以把这个值与理论上的正态曲线进行比较，这样就可以为观测值分配概率。如果我们取一个概率水平，比如说 95%，我们能测试一个值来看它是否是随机的，或者是与其他值是否明显的不同以及是否值得做进一步的分析。这些值里面有可能包含了一些错误(比如说 31 号的例子)，或者它们也可能需要作进一步的检查。如果这些数据存在于一个 GIS 里，我们就可以运用空间分析，并且得出这些不常见的值分布的地理空间的位置。

6.3　空间描述

在前面的章节中，我们看到了如何用统计方法来描述单个属性值。空间数据处理时首要也是最重要的要素就是最少需要两个空间度量，一个是指东向的横坐标，另一个是指北向的纵坐标。我们可以把空间描述归纳为同时描述空间数据的两个属性。

用最简单和最基础的方法，我们可以重复上面提到的位置数据属性描述来得到空间描述。在这种情况下，我们可以把两个独立的坐标值，即横坐标和纵坐标，每个都看成是一个单独的属性，实际上它们也确实如此。就像我们开始讨论单个属性值样，讨论属性值的最大值和最小值以及范围的概念。当用属性描述坐标时，首先要描述出它的最小横坐标和最小纵坐标，然后再相应描述它的最大值。这两个点定义了一个矩形，矩形的两个边长分别是横坐标与纵坐标的范围，这个矩形内包括了所有的点。

这被称作点的边界矩形，是我们先前就碰到的一个概念。它可以通过对记录的横坐标进行简单排序找出第一条记录和最后一条记录，然后对纵坐标进行同样的重复步骤。注意，当数据采用经纬度坐标或投影坐标时，边界矩形的使用要特别小心。边界框的大小是数据的范围。通常用不同的数据集显示边界框来匹配不同的范围。图 6.11 包括了一个导致最高死亡人数的龙卷风的边界矩形。

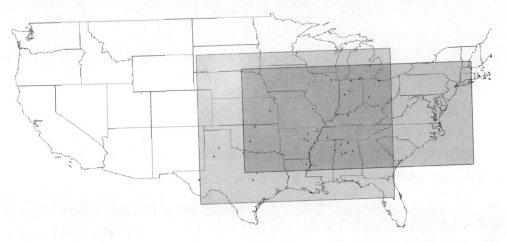

图 6.11 边界框的空间描述。红色框包括了所有的造成 20～39 人死亡的龙卷风发生地点。紫色框包含了造成 40 人以上死亡的龙卷风发生的地点

6.3.1 均值中心

在上一节，我们把一个属性的所有值相加并除以这个属性值的个数得到了该属性的平均值。我们可以对两个独立的属性值同时这样求平均值，即用对横纵坐标或经纬度分别求其平均值。当我们对龙卷风数据进行这样的处理的时候，有两个感兴趣点，即登陆点和升高点。注意在这些龙卷风数据中，很多只有第一个而没有第二个。在这种情况下，我们只能把它留在那里不计算。如果这样做，可以得到龙卷风的一个登陆点的平均位置在帕斯科拉，密苏里州(36.275484，-89.839066)和一个平均升高点，即帕尔马，密苏里州(36.609759,-89.779371)。两个地方都紧邻著名的新马

德里圈，并且它们之间相距 37.492 千米，(用 USNG 坐标计算出它们的坐标分别是 16SBF4499118227 和 16SBF5139655168)，并与格网北向方位夹角为 9.84 度。通常龙卷风只在东偏北方位上连接矢量点，这本质上是对美国中部普通暴风雪踪迹完整描述。这两个点如图 6.12 所示。

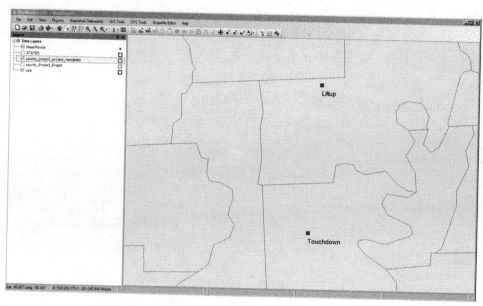

图 6.12　MAP GIS WINDOW 中显示的龙卷风数据集平均登陆点和升高点

这两个值(*x*,*y*)意味着可以得到一个点，即均值中心，有时也称为质心。它具有现实的地理位置和专门的地理名称。选择这个点(在这种情况下)来代表一个地理分布。采用均值中心是选择质心代表一组点的一种方法。点、线、面特征也可以有质心，可以选用几种方法中任一种来计算。要注意的是，均值中心点比其他典型代表点更容易受异常值的影响，比如说中值中心。

图 6.13 是位于北达科他州的拉格比市一个地方的照片，它声称是北美的地理中心。虽然这是一座令人向往的纪念碑，但是它附近的餐馆可能主要依靠游客来经营餐饮做生意，这应该是很明显的。不像其他的一系列点，一个完整的大陆可以有多个质心点。比如，这可能是离任何海岸线最远的点，也可能是所有组成海岸线的点的中心，也可能是边界矩形的中心，还可能是在北美绘最大圆的中心。世界年鉴鉴定出来的北美的地理中心是在皮尔斯县，北达科他州，而不是在拉格比，它是在巴尔塔(48° 10' N, 100° 10' W)以西 10km 处的地方。平均中心的计算方法也随着地图投影、大地基准和椭球而不同。游览这个点根据标志就可以判断出，拉格比是北美

地理中心，其对北美的定义是否包括墨西哥、阿拉斯加、格陵兰或夏威夷还不太确定。显然，任何地方这类纪念碑都是一样的。

 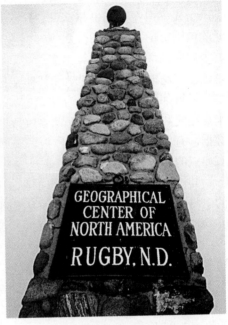

图 6.13 这座位于北达科他州的拉格比市的纪念碑，被认为是北美的地理中心。摄影：克莱特·弗拉纳根(Colette Flanagan)

6.3.2 标准距离

正如我们在最后一节计算属性的标准差，我们还可以计算 x 和 y 的标准差。这样做的时候，我们必须考虑到，距离只有在考虑投影的时候才具有实际意义。我们使用了纬度余弦值，为经度中每一度的长度进行一个简单的修正。这忽略了一个事实，地球不是一个球体，但是它简化了数学方法。赤道上经度和纬度的 1° 是111.319km。同样我们可以计算出与平均值的方差，把这些值平方，然后再取 6625条记录的平均值。我们也可以把 x 和 y 的平均值平方后加起来，然后取结果的平方根。当这个值计算完成，我们得到一个标准距离，没有偏差的话即 839.9km。这是一个很大的距离，这意味着均值中心的总体分布相当分散。一些 GIS 软件用一些脚本来计算均值中心，标准距离和其他的中心图解统计量。

6.3.3   最近邻域统计

均值中心和标准距离的测量方法让我们知道，从 1950 年开始，美国最危险的龙卷风主要集中在密苏里州东部，位于正北与东北方向间，是围绕中心分布的非常广泛的范围。但是，它的分布规律又是什么呢？是均匀分布还是集群分布的呢？回答这个问题的关键就是计算出表达空间分布情况的度量值，即最近邻域统计。这种度量法已广泛地应用于地理学和其他学科中。

最近邻域统计，被称为 R，它是两个密度比。首先，必须用一个特定的多边形来点相交和密度计算。对于龙卷风数据，我们用到了 48 个发生频率较低的州的概要数据，有 6532 个点在这范围内。一些 GIS 提供的算法中有用凸包取代完全包围所有要点的多边形。

其次，我们在计算空间点的期望值或平均密度时，是用面积来除以点的数量的。将其转化为一个距离，而又因为平均间距在两个方向，所以我们取它的平方根并除以 2。这个值就是最近邻域统计的分母。对于分子而言，我们计算观察值的最近距离。也就是说，对于每一个点，我们都要判断周围哪个点离该点最近，然后把这些所有距离相加起来除以总的点的个数。因此，R 就等于平均最近领域距离除以距离期望值。如果点之间距离过密，观察的距离过小，那么该公式的极值趋近于零并且 R 值很小。当两点间距离尽可能分离时，R 的最大值是 2.15；当点在一个规则的格网范围内，R 值取 2.0；当点随机分布时，R 值取 1。这个范围如图 6.14 所示。

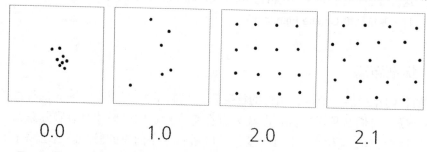

图 6.14   最近邻域统计的极限，R 值(不是精确的)

无论是利用地理信息系统脚本，如 ArcGIS 里最近邻域分析的扩展模块(*http://arcscripts.esri.com/details.asp? dbid=11427*)，还是使用最基本的 GIS 工具，都能计算出点分布的 R 值。注意，当面积过大时，等面积投影的要求和保持局部距离及方向不变是相矛盾的。使用脚本，计算出落入美国范围内 6532 个点的 R 值为0.72218。这个值的分布有点随机，但并没有测试出它与群集分布有什么不同。所以这样的数据也许最好被描述成聚集成团状分布。图 6.15 显示了所用到的点和地图。

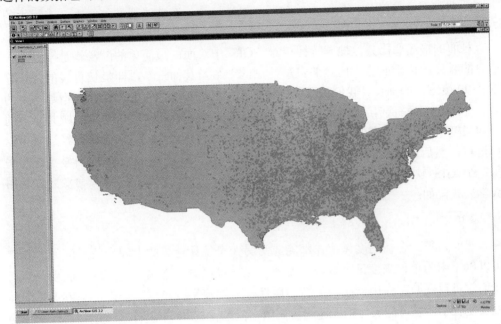

图 6.15 ArcView 3.2 的最近邻统计的加载脚本，该脚本需要一个多边形和点图层来计算 R 和其他值。如图所示，龙卷风导致的人员伤亡的 R 值为 0.722

6.3.4 地理特征和统计

在第 2 章我们就知道，地理特征根据在地图上的空间维数将其划分为点、线及面特征。对每种地理特征进行描述，就可以根据包含特征地理编码表达的数字文件来直接测量其空间属性。在第 6 章的开头我们使用了一组点，即龙卷风的登陆点，因为点是最容易描述的特征类型。到目前为止，我们使用一些定量方法来描述地理特征，但是许多特征的组织方式还是用语言来描述的。

例如，把点描述成聚集成团状、稀疏、不均匀、随机、有规律、均匀、分散、集群、任意、或散布；分布模式描述成有规律、拼集、重复出现、或卷曲；形状描述成圆形、椭圆形、长方形、冗长的，或像瑞士奶酪样；我们的任务是找出可以描述同一事物的语言个数。虽然有更复杂的度量方法可明显用于高维地理特征的描述，但是边界矩形、均值中心、还有比如说像标准距离和最近邻近统计等度量可以很好的描述点特征。

线段包含若干点、一条线的长度、起始点与结束点(或节点)的距离、一条线段的平均长度和线段的方向。对一条线段有用的描述可以是实际线段长度除以从起始点到结束点的长度的比值,这叫做直线度指数,对于一条直线,这个值是 1。而对于密西西比河,这将是一个很大的数字。虽然这个值在曲线或波纹线上会有很大的方差,但方向可以定义为从正北开始沿顺时针方位旋转(线的整体"趋势线")。

对面的描述要比其他地理特征更难。GIS 中对面的最简单的度量就是平方米、边界的长度,位于面边界内点的数量,洞的个数及其伸长率,即最长直线的轴长除以其 90 度方向的轴长。我们还可以把边界矩形区域划分成空间最大填充指数为 1 的面。如果这个面有邻接区域,我们数一下有多少个,或判断面与邻接区域共享边的平均长度。并不是所有的这些数字都能用 GIS 轻易算出来。有时候必须经过多个运算过程,然后在属性数据集中创建和计算信息,最后传递回去用做地图显示。几乎每一个 GIS 软件都有一个计算命令,它一般存在查询处理器中。计算命令允许使用数学公式,如:

```
COMPUTE ATTR5 = (ATTR2 + ATTR3)/ATTR4
```

然而,每一个新的度量值,都能成为另一个统计计算的中间步骤。例如,我们可以以千米为单位来度量区域内河流的长度,以平方千米来度量区域的面积,然后我们就可以在数据库中创建一个新的属性作为河流密度,用区域内每平方千米的河流长度表示。这可能成为感兴趣的数据值,然后在 GIS 中进行区域地图表达。多边形面积计算太普遍了,许多 GIS 软件在创建多边形文件时,不管你需不需要面积,都进行面积计算,并将其作为多边形属性保存下来。

6.4　空间分析

数字对于描述地理特征是很有用的,就像我们在第 2 章中提到的,地理查询的目的是为了检查全体地理特征间的关系,并使用这种关系来描述地图特征所表达的现实世界的地理现象。我们在第 2 章提到的地理特性包括大小、分布、模式、邻接、相邻、形状、尺度及方位。

每个空间关系都会回避了三个基本问题:①两幅地图间是如何相互匹配的?②怎样分割单个区域或 GIS 数据集的地理属性的变化?③如何运用我们学到的分析来解释和预测过去、现在或将来有关的地理地图?也许这三个问题就像在地图上 A 点和 B 点之间选择最佳路径这类问题样简单,也可能复杂到像根据城市的大小、形状及过去发展来模拟城市未来的发展状况样。GIS 赋予我们能解决以上两个例子或其中之一的能力。根据地图匹配原则,用一种简单的方法把多个地图校正到同一个地图空间,然后把它们拼接成一个复合图,这也是地图叠加分析的定义。地图叠加分析将会引出一个讨论话题就是空间建模以及 GIS 如何来增加它们的结构定义、拓扑关系检查和使用。

6.4.1 美国龙卷风导致的人员伤亡：一个分析案例

列出所有属性一整套描述性统计已经超出本书范围。反而涉及地理分析问题，即以一个简单的地理分布切入，并通过做一些预测作为结束。

我们回到本章刚开始研究的问题上，到目前为止，我们已经描述了美国 1950—2006 年间因龙卷风造成的人员伤亡的分布。迄今为止我们已经揭示的信息是有用的，但是并没有真正回答这个"为什么在那儿？"的问题。一方面，我们可以了解更多有关导致龙卷风产生的原因，比如关于大气扰动、暴风雪系统以及海洋温度。我们研究是否由于全球变暖，使得暴风雪严重增加，从而导致龙卷风的发生频率随之增加。如果我们选择了这个研究方向，我们会发现 GIS 价值是不可估量的，但是我们最后得到的信息是关于龙卷风发生的原因和地点。相反，我们会研究它们为什么会导致人员伤亡。对此，我们使用美国人口普查局有关人口及人居住地的数据来说明。

当我们开始分析龙卷风灾害的人类尺度时，会随即出现两个问题。首先，有关人类信息的独特的地理单元是由人口普查局获取的，例如，州、县、大城市统计区、街区和街道。因此，对于每场龙卷风的登陆点(或升高点)，我们都有一个包含社会数据的多边形。我们必须立刻做出判断，仅用龙卷风的登陆点就找出使用哪个多边形的社会数据。我们也选择使用县级人口普查数据。当然，龙卷风是穿越了县级界限的。这种简化的假设几乎在任何一种数据分析中都是必要的。我们必须认真记录和解释判断的理由，因为这些虽然微小，但是对稍后的结果可以会产生重大影响。接下来我们将面临一个时间问题。美国人口普查是每十年一次并且是以零年结束。因此，我们的数据包括 1950 年、1960 年、1970 年、1980 年、1990 年和 2000 年的人口普查。处理所有的这些数据是一个难题，因此我们只选择 1990 至 2006 年间龙卷风导致人员伤亡的数据。我们还是可以用 2000 年人口普查数据的，虽然它有些过时。再者，这些简化的假设是分析的必备部分，并且需要证明假设是合理的。

哪些因素可以解释龙卷风所造成的伤亡呢？自 1990 年，早期预警系统已在龙卷风经常发生的绝大部分地方设置了。这些应急包括广播网络、收音机、电视和其他媒体预警、天气预报和报警网络等。虽然有很多人能对警报有所反应，但是仍然有很多人做不到。至少什么样的社会群体能对警报作出反应呢？我们假设造成人员伤亡数龙卷风最多的发生在人口众多，且信息获取较难的地方。这可能是因为他们没有收音机或电视机，因为他们的母语不是英语，也或许是因为年纪大了。一些反映这些模式的人口普查数据的变量是年龄在 65 岁及其以上的人口百分比，以女性为首的家庭中孩子的数量，近来移民所占的比例，还有那些租房的比例。由于原始资料的数目也会有影响的，我们还收集了家庭数量和总人口的数据。这些变量的地图是用 ArcGIS 制作的，如图 6.16～图 6.19 所示。分析过程的一个重要步骤是使用一对多连接(join one-to-many)函数，来创建一个包括龙卷风数据和县数据结构的新表(数据来自人口普查数据)。这样的连接可能是因为 GIS 软件能通过使用点在多边形内的测试来决定每个龙卷风落入哪个县。最终的数据集已经有 2749 场龙卷风了。为了获得连续的地理覆盖，我们把一些没有龙卷风的县也包括在内。在研究期间，我们排除了在这期间发生龙卷风没有造成一例伤亡的州。每个地理属性都隐含了一个数据问题，下面列出了其中的一些。

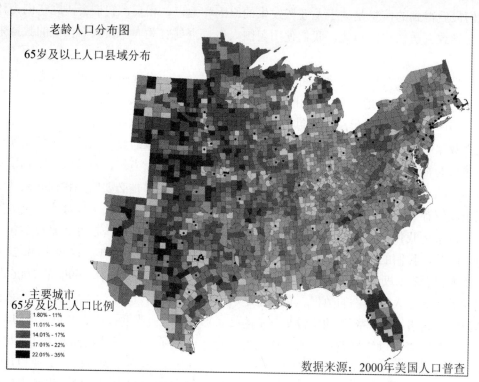

图 6.16　2000 年人口普查中 65 岁及其以上的人口百分比，并显示了主要城市的地点。图为劳伦·坎贝尔(Lauren Campbell)采用 ArcGIS 9.3 软件制作

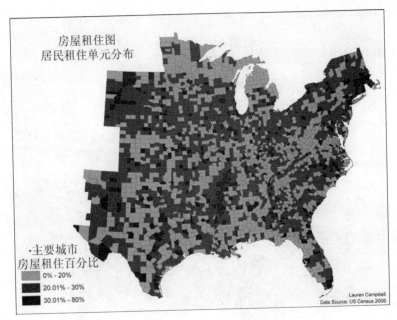

图 6.17　2000 年人口普查数据中，房屋租住百分比。图由劳伦·坎贝尔用 ArcGIS 9.3 制作

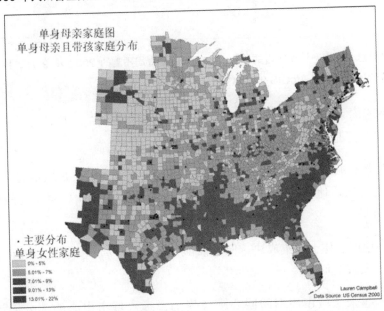

图 6.18　2000 年人口普查数据，每个县中以单身母亲家庭所占百分比。图由劳伦·坎贝尔用
ArcGIS 9.3 制作

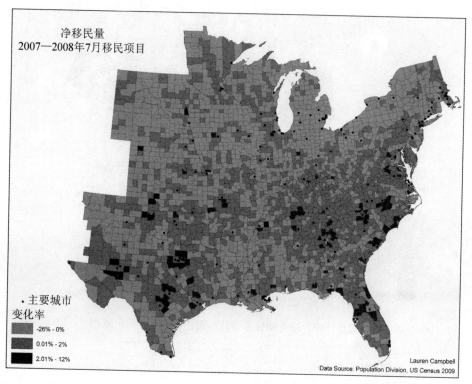

图 6.19 全县总人口中净移民所占的比例。这是人口普查局预测的 2008 年 9 月的数据。该图由劳伦・坎贝尔用 ArcGIS 9.3 制作而成

大小：大部分分布覆盖了整个影响区，州与州之间有些狭带。那是否需要每个州逐个分析还是整个区域就只做一次分析呢？

分布：一些带有城市位置的空间分布布局。结构分析城乡村还是城市呢？还有一些高发地区，比如说，密西西比河谷和新英格兰的租住房屋。这些应该单独分析吗？

模式：每幅地图总体上聚集成块，但每幅都有其区域格局。如在北部和西部地区，移民人数是负的。

邻接：这看起来是城市周围的同心圆环格局。远离城市中心的部分应该列入分析吗？

相邻：农村与城市梯度具有明显不同，同样的，一些全州范围内的距离应该列入分

析吗？

形状：在某些情况下，州的内部往往比他们的边界值更小，那么与州边界的距离应
列入分析吗？

尺度：在跨陆地、州及各城市附近都有不同的结构模式。是否可以使用不同的单位
(比如说州，人口普查地区)来做同样的分析？

方位：地图上较高线和较低线之间存在连接线吗？可能紧连着主要高速公路，这些
都与分析相关吗？

许多不同的统计模型可用来分析龙卷风及其对人类造成的危害模式。接下来，
我们来用一种叫做多元回归的模型。这个模型可以在许多 GIS 软件、统计分析软
件，甚至一些基本的表格软件都能执行。这个模型的目标是假设我们选择的变量是
龙卷风造成人员伤亡的原因，然后测试解释效果及调整模型，直到得出合理的结
果。最后，我们再探究模型反映出的对我们研究问题有关的信息。

6.4.2 测试一种空间模型

龙卷风造成的人员伤亡数与反应我们假说的人口普查变量间是否存在着一种统
计关系？在此提醒下，我们可以把这些人员伤亡数解释为易受伤人数和因缺乏预防
措施而变得"脆弱"的人数。我们相信这个脆弱性是反映在房屋租赁的比例，老年
人比例，移民的比例和抚养子女的个数上。如果我们必须用数学方式表达出来，我
们可以认为，龙卷风造成的人员伤亡 T 是关于人口 P、房屋租赁 R，抚养子女的个
数 C，老年人 E，移民 M 的一个函数。然后我们还必须考虑到龙卷风的严重程度。
有两种方法来衡量龙卷风严重程度，即破坏性潜力指数(D)和强度，用龙卷风严重程
度的 Fujita 规模(F)表示。

$$T = f(P, R, C, E, M, D, F) \tag{6.1}$$

这种关系可能是一种最简单的线性关系模式。或许你还记得高中的时候描述一
条直线的数学公式，(即 $y=a+bx$)。Y 是因变量，因为它的值由方程右边的值计算而
来，而且它是我们想要预测的一个变量。X 是自变量，它是我们的观测值。b 是直
线的斜率，最后，a 为截距，即当 $x=0$ 时，y 的值。

与直线方程不同的是，我们有六种这样的关系而不是一种。不过，线性模型是
相同的。回归是一种通过线性模型用数据计算最合适的线性关系的方法。它采用了

最小二乘法，也就是说，它选择了线性方程，使因变量的观测值和模型计算值的方差平方和最小。对于一个两个变量的情况，这是直线垂直方向的方差。对于多个变量，线性模型向多维空间延伸，但最小二乘原理仍然是一样适用的。

然而，还有一个问题应注意。正如我们上面所见，只有在我们的样本数据是从正态分布的总体中随机选取时，通常才可能进行统计关系的假设检验。我们从对龙卷风数据的初步检测可看到，情况并非正态分布。这也可能是由于我们引入了新的变量。所以，我们首先需要检查一下每一个变量是否近似服从正态分布，也就是说一个钟形曲线。一些变量的直方图，如图 6.20 所示。有几个度量可用于检验一个变量分布是否服从正态分布，即偏态、峰度和 Kolmogorov - Smirnov 检验。另一种方法是创建一个 P-P 图(probability-probability)，即用样本实际累计分布与正态曲线期望值的累积分布制作落成散点图。这种方式可能较优，但必须仔细检查直方图。

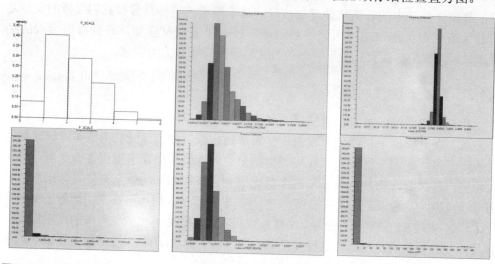

图 6.20　龙卷风数据直方图。左上角显示的是 F(龙卷风的强度 Fujita)，带孩子的单身女性家庭，最近移民的百分数，2000 年人口普查数据，租房的比例以及破坏潜力指数

变量不服从正态分布，就会违反回归模型假设的正态分布误差的假设。一种解决办法是对变量采用一个数学变换，从而使变量一端或另一端逼近正态分布模式。当然，这样就使模型有点难以理解。可以应用一些典型的变换如求方根、对数、sin/cosin。据此，分布采用了下面的数学变换。图 6.21 给出了变量变换后对直方图的影响。

$$\mathrm{sqrt}(T) = f(\ln(P), R, C, E, M, \mathrm{sqrt}(D), F) \tag{6.2}$$

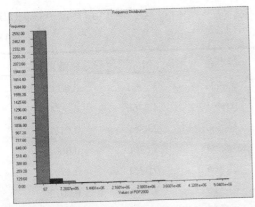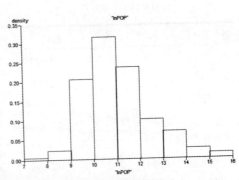

图 6.21　左：遭龙卷风袭击的县人口数原始直方图；右：自然对数变换后直方图

Fujita 尺度有点像 Beaufort 海风的尺度，分为 0～5 级。其 0 级的最大风速为每小时 40～72 英里(树枝和烟囱被吹断)，5 级的风速达到每小时 261～318 英里(房子被吹起来，汽车可以被掀出 300 英尺)(*see:http://www.nssl.noaa.gov/users/brooks /public_html/tornado*)。破坏潜力指数是一个更复杂的量，(汤普森和韦肖，1998 年)。它涉及计算龙卷风地面轨迹的长度和宽度，并对一年发生的龙卷风情况作一个总结。DPI 定义为：

$$DPI = \sum_{i=1}^{n} a_i \tag{6.3}$$

其中 n 是龙卷风的数量，a 是龙卷风破坏的面积(道路长度乘以由道路平均宽度)，F 是每场龙卷风最大的 Fujita 规模等级。因为该值与 F 有关，所以我们应该考虑这些变量间的自相关或联系。

从数据库的角度来看，以点为基础的龙卷风数据必须与全县人口普查的数据连接起来，形成一个独立表结构的龙卷风数据表。这又会是一个错误源，因为使用不同的空间单元是根据龙卷风落入的地点(县，地面道路，点)决定的。在某些情况下，不用采用连接功能，因为点上没有唯一的标识符。总之，留下的 606 场龙卷风是龙卷风数据集的典型代表。

可用开源统计程序史密斯统计软件包(*http://www.economics.pomona.edu/ StatSite/SSP.html*)来计算多元回归方程。将 ArcView 3.2 创建的 DBF 文件，用 OpenOffice.org calc

读取成其输入文件，然后保存成一个以逗号分隔(.CSV)的文件，以便输入到 SSP 中运算。

$$\text{sqrt}(T)=-2.8935+0.2956\ln(P)-3.0334R+13.0316C+0.1717E+0.2466M+0.0164\text{sqrt}(D)$$
$$+0.9491F$$

$$(6.4)$$

变量	系数	标准差	t 值	P 值
截距	-2.8935	0.8994	3.2171	0.0007
ln(P)，人口	0.2956	0.0691	4.2766	0.0000
R，租住房屋	-3.0334	1.4540	2.0862	0.0187
C，单身女性家庭孩子数	13.0316	3.5894	3.6306	0.0002
E，年龄在 65 岁及其以上的比例	0.1717	2.2865	0.0751	0.4701
M，近期移民比例	0.2466	0.0815	3.0271	0.0013
D，破坏性潜在指标	0.0164	0.0029	5.6465	0.0000
F，Fujita 级别	0.9491	0.0848	11.1981	0.0000

回归方程 6.4 的结果中，估计的标准差是 1.855，相应的可决系数或 R^2 是 0.3271，当调整自由度时，就变成了 0.3193。可决系数是由回归方程决定的方差比例。这需要调整自由度(表征变量和特例个数的一个公式)，因为增加每一个变量都有可能增加解释力度。图 6.22 中显示了将数据重变换回原来实际值时，人员伤亡的分布模型。

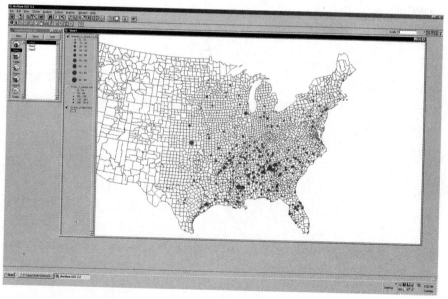

图 6.22　用 ArcView3.2 制作的 1990—2006 年因龙卷风伤亡人数的统计分布图。它由公式 6.4 多元回归方程计算而来

统计结果显然是需要解释的。首先，变量对方程解释力所作的贡献已经由方程系数的符号和标准差给出了。t-检验的值是系数除以标准差来确定的。当这个值大于 2 时结果较好，并且 P 值是在这个值之外的单边钟形曲线所占的比例，自由度的测试上面已经讨论过。结果中有三个值得注意的地方：首先，老年人口列入回归计算时并不增加它的解释力度(t 值为 0.0751)。其次，我们认为人员伤亡发生在出租房屋的比例更高是错误的。事实正好相反，在一些区域，房屋出租比例较大的地方死亡率更低，这个结果在 5%置信水平上表现相当显著(但不是在 1%)。第三也是最后一点，我们列入的变量确实显示了统计意义关系，但它们也仅仅占总体方差的33%。显然，我们的模型还远远不能解释龙卷风导致人员伤亡的原因。再次运行模式，只留下了两个变量 E 和 R，实际上将调整 R^2 减少到 0.2794。

6.4.3　残差制图

为对空间关系寻求一种更深入的理解，常见做法是在分析时，检查每条记录与当前模型的偏离度。在一个简单的线性回归内中，如果我们把自变量(x)引入直线方程 $y=a+bx$，(y 值或因变量)结果会得到一个位于散点图上下方(y 值或因变量)，即直线上下方的数值，如图 6.23 所示。

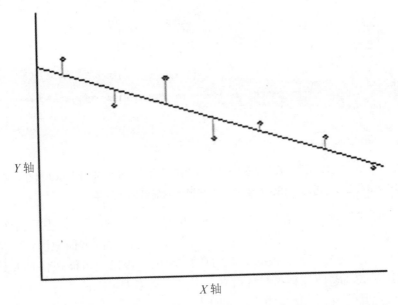

图 6.23　一个线性回归线偏离观测值。残差来源于用已知自变量计算 y 的值，再减去 y 的实际观测值

如果我们把这些值加起来，它们的和为零。这就像在 6.1 属性描述章节里我们检查过属性值离平均值的方差样。

这些数值被称为残差，每个记录的值都有一个残差，正如每个记录值有一个地理范围。同样，我们可以使用计算命令或等效的 GIS，电子表格或数据库管理软件来计算每个记录的残差。在多元回归分析中，残差值是直接由回归方程计算得到的，如方程 6.4 所示，结果用实际值相减得到。既然我们要对变量 t(龙卷风伤亡人数)进行数学变换，那首先应保持预测值和实际值不变，再将二者相减。其结果制作成图，如图 6.24 所示。

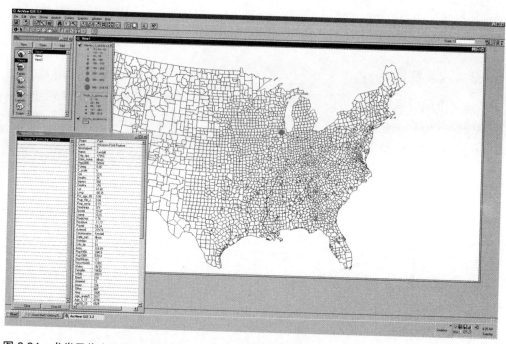

图 6.24 龙卷风伤亡人数多元回归残差图，最为突出的例子是 1990 年 8 月 28 日在肯德尔，伊利诺斯州有 29 人死亡，350 人受伤，回归模型明显低估了结果

需要对图再进行一些解释。首先要注意的是，负残差(其中模型高估伤亡人数)的影响明显高于正残差，即模型低估了伤亡人数。可能有两方面原因：一是因为因变量的偏斜(许多变量较伤亡数大偏向伤亡数更小)，该模型可能在伤亡人数较少尺度时较优。其次，R^2 表明模型只能解释三分之一的方差，因此还有一个或更多的导致伤亡人数上升的因子。迄今为止，这叫未建模方差。它可能包含在 6.4.1 章节中考虑的一些其他因素内。当然，也可能是因为龙卷风是难以预测的，因而在预测时，没有一个模型可以捕获到它的大部分变化。

在随后的例子中，我们给大家分享了一些经验。首先，空间分析大多遵循科学研究途径。我们要先显示我们所感兴趣的属性，并查看他们非空间(如直方图)和空间(图)特征。我们尝试看看地理特性是否影响了分布形态，并且是否能够解释该分布形态。然后我们构建一个地理关系模型。上面的例子是一个有关龙卷风伤亡人数和社会及龙卷风风力因子的多元回归模型。

然后，我们用一个公式来测试模型，通常是衡量我们实际数据和模型之间的拟合优势度。在统计方面，我们提出一种关系假设，引一个相反或零假设，然后制定一个检验方法接受或拒绝在这个假设的基础上得出的结果。这通常涉及正态分布的一个概率值；在统计中，取一个概率，如 95%或 99%用于接受或拒绝假设。在这种情况下，尽管这种模型有统计学意义，但是它无法预测伤亡人数，就有必要进行进一步调查。

接下来深入空间分析，我们寻求地理方面来解释这个模型为什么适合或不适合。如果模型不够优化，我们可以选择其他模型，改变这个问题的地理范围(如尺度或范围)，或包括更多的属性来扩展该模型，即建立一个更复杂的模型。真正的科学要求简单模型优于复杂模型，但当一个复杂的模型能成功地解释数据集时，它也是可以接受的。

最后，就是任何分析都需要调整选择和参数选择。在龙卷风案例中，有些数据要被剔除(包括伤亡发生率最高的数据，如 1999 年 5 月 3 日在俄克拉荷马州 36 人死亡，583 人受伤)。必须把不同来源的信息融合起来(NOAA 数据和人口普查数据)，不同的地理单元也要进行选择和比较。再选择合适的数学变换，并地地图进行解译。即便如此，模型也只能对龙卷风造成人员伤亡作三分之一的解释。但是为什么仍然使用这种模式？答案，简而言之，是用来预测。

6.4.4　预测

使用模型的最后一步，除了解释外，还有预测。理想情况下，地理属性本身以及他们的制图表达，对因变量都有一定的解释力，并且可以指向一个行动过程。例如，我们分析一种疾病，发现它在一个地区具有高发率，我们可以推测，有单个"病原体"聚集分布并且向外扩散。要证明该模型就是要找到这个地区内带病人群中的一个样本以及表明他们都与得了这种病。预测随即可以展开了，在一个地区消灭疾病的最好的战略方法就是全面进攻消灭。

我们回到龙卷风例子中，再仔细看看预测。我们用回归方程生成一个预期龙卷风导致人员伤亡图，与我们在图 6.22 中的做法一样。显然这要通过实验测试是非常困难的。但是，我们可以很容易地使用不同的数据来检验模型。我们可以尝试使用较早或最近一段时间的数据，例如1950年的数据，看看同样的模型是否能较好的表达数据。同样的，我们可以用分析过程中排除的部分地图数据，或者用加拿大和墨西哥来测试模型。显然，模型的预测能力受地理限制的，并且这些限制是可以测试和描述的。如果模型随地理位置而变化，这很有趣。实际上地球上每一个现象，甚至重力，都是随地理空间而发生某种方式变化的。如果不是这样，地理学就不可能成为一个学科，而且GIS与普通的电子表格程序相比功能更强大！即使不使用空间分析，作为一个地理模式的可视化描述，地图数据也是很有用的。

随着GIS应用的日益普遍，作为地理学解释的GIS在资源管理越来越显示出它的重要价值，地理分析的更多时间用在寻找地理信息系统数据的空间关系上。地理检测时可能要花很多时间来处理所有的现象，因为这些数据还没有经过严格的检查。这就解释了为什么GIS被一些学科快速的接受运用，如考古学、人口学、流行病学和市场营销等学科。在这些领域，地理信息系统可以让科学家能找出空间关系，这些空间关系如果没有地图学的透视镜是根本无法看到的，并且GIS的综合方面的特征就像是用高倍望远镜处理信息和数据。首次视觉上看到数据瞬间，睁大眼睛是GIS转换的一般经验。就像上个世纪的探险家们绘制出美洲和世界地图样。所以今天的GIS专家绘制了新的地理世界，表面上是无形的、看不见的，但当采用合适的工具、在适当的视野下又像水晶样清晰可见。

然而在对空间关系的搜索中，地理信息系统分析专家人数还是很少。搜索工具现在仅仅是被嵌入了地理信息系统。在制图学中，一个称为环形设计的过程常用于地图设计中。即地图生成技术规范，然后用数字制图工具慢慢调节增量直到达到最优设计。显然，并非所有增量增加都能达到最优设计的效果。许多经验足以告诉我们哪些是不能做的，然而，反复试验、不断摸索是改善地图非常重要的过程。

GIS分析中就经常用到这种过程。一个典型的分析是广泛收集数据、地理编码、数据结构化，数据检索和地图显示，并对重要部分进行多种描述和分析，接下来的步骤是预测和解释，使用这些的最终目标制定决策和规划。但是，如果没有看到空间关系，就不会得到最终的结果，而且GIS作为一个信息管理工具就丧失了潜在价值。反过来，通过分析提出一些引人注目的问题，又会促进空间关系的搜索。

地理信息系统的空间关系搜索由上述步骤循环构成，即统一的数据、预览、假设设计，假设检验、建模、地理解释、预测、并检查模型的局限性。地理信息系统的自动化及其灵活性的特点，使他能有效进行反复试验和可视化探索。在这个过程中，大多数地理信息系统组件最常用的就是数据库管理系统，用它来选择和重新组织属性(例如，关系的连接和关联)；地图显示模块用于对中间和最终的分析结果的显示以及GIS中提供了计算或统计工具。虽然在许多GIS软件包中这些功能模块非常简单，但有些还是复杂。在许多情况下，还有些空间分析工具给用户提供适当可写脚本、一些插件或扩展，所以问题最后转化为寻找和安装这些脚本插件等。

现在有一新功能被添加到地理信息系统中，即可以检验分布随时间变化的关系。GIS 中引入时间并不是特别简单的事，因为每个属性数据集及其地图都是对单个时间快照的最佳解释。然而，属性和地图都在不断变化，而且它们所表达的地理现象实际上也是动态的。即使是像地形这样表面稳定的属性，也会因采矿、侵蚀、和火山等因素所影响。几乎所有人类系统都是处在一个不断变化的状况中。即使是简单的地理范围问题，如卫星图像，往往也是拼凑起来的图片或在不同的时间创建的。

我们很容易对手中两个时期的数据进行比较。许多人类社会数据都只是每十年收集一次的，比如说人口普查，这表明比十年更快的变化就被忽视了。通过值或地图的变化，比较两个时间段的数据，只允许选择单个度量值。我们可以制图，例如，在卫星图像中的所有那些随时间推移发生了变化的区域，在两期遥感影像上是看得见的，前提是假设同一地理范围下具有相同的地图比例尺。这就给了我们一个变化的方向，例如，湿地面积是增加了还是减少了，但湿地面积增加还是减少，并不代表湿地比例增加或减小。为了衡量一个变化率最少需要三张影像或地图，如图 6.25 所示。

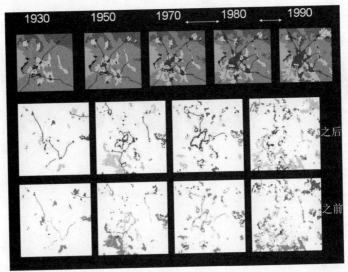

图 6.25　假设的土地利用数据(测试数据用于对 SLEUTH 的土地利用变化模型)，显示随着时间的推移，土地利用类别的变化(上)。然后通过查看从 from 到 to 的颜色变换来检查不同数据集间的变化

对时间敏感地理分布最有效的表达工具就是用动画(Peterson，1995 年)。动画使地理信息系统解译人员能看到变化的发生过程。就 GIS 而言，科学的可视化方法是非常重要的部分，因为通常在检查地理系统的动态变化比检查其形态时获取的信息更多。例如，可以想象自己看一场国际象棋赛，而一场比赛中只有三个阶段，即使有些旗子会从棋盘上移动或消失，但是整体形势大致是维持不变。

随着我们在场景中看到更多的"画面"时，我们到达这样的地步，每走一步棋都看得见，而且还可辨识出棋子移动的规律。最后，大量动画不仅让我们看到棋子移动的规律，而且还能看到下棋的人、他们的战术及整个游戏的戏剧性、他们的规律，还有这场游戏的戏剧性场景。正如地图数据有一个适当的地理图形分辨率，同样也有一个合适的时间分辨率。就像空间上的缩放样，时间也可以变得比真实时间更慢或更快以达到我们所需要的分辨率。通常在数据点间加入动画可以使图像看起来更加平滑，这个过程叫 "动画补间"。更多关于制图动画的信息可以参考书中第 21 章斯洛克姆等人(Slocum，et，al.2009)的描述。

图 6.26 展示了一些由美国地质勘探局用 GIS 制作的动画画面，它展示了全球地震分布情况。显而易见，一本静态的教科书不可能展现这种场景的动态本质，因此，用万维网的动画世界将会更好(*http://earthquake.usgs.gov/eqcenter/recenteqsanim/ world.php*)。

图 6.26　世界上发生的地震的分布，来源于 USGS(*http://earthquake.usgs.gov/eqcenter/ recenteqsanim/ world.php*)

6.4.5　地图叠加实例

地图叠加是 GIS 中最为久远的分析方法之一，实际上也是最简单的。地图叠加是一组操作步骤，它把表达不同主题的地图层放到统一的几何和比例尺空间中，以达到各主题层间信息可以交叉引用，并用来创建复杂的主题或显示它们之间的空间关联。这种分析方法我们已经多次遇到了，而且应当记得地图叠加必须要求在相同的空间范围内，同一个地图投影和椭球基准，间隔尺寸要相当(就是说，各个空间单元不论是像素点还是面，平均大小应该大致相同)，并且如果图层还使用了地图代数运算，则还要求具有相同的栅格大小和分辨率。

　　GIS 处理叠加过程的几何问题，对专题图层的处理和准备决定了地理信息系统的分析能力。可能在最简单的配置下，GIS 图层都被转换为二进制地图，然后叠加运算把地图空间变换到开阔的区域，以便符合我们所选用的空间标准。这是我们在前面章节中遇到的最为简单的叠加分析例子，GIS 方法中重复用这个例子来使叠加地图透明，并在幻灯片上将区域蒙黑，这些方法很多要追溯到 20 世纪初。

　　地图叠加的方法之一是，对所有涉及的图层进行交集 intersect 运算，以生成一组最为常见的地理单元。在地图代数运算中，栅格就扮演了地理单元的角色。这个属性被继承或传递到更小的区域中，然后随着生成越来越多的单元，属性表也变得越来越长。我们已经看到了许多矢量地图叠加产生的问题，包括碎屑多边形。盲目的地图叠加会很容易地为每个碎屑多边形分配属性，并根据该属性进行进一步分析。这个问题的一种解决办法就是，首先对每一个图层进行处理，以减少会在最终地图上出现的问题类别的数量。对每个图层进行选择查询可完成这个工作。第三种叠加方法是找到一些常用的单元，所有值都可以转换到这些单元内。作者正在进行的一个 GIS 项目中，为了解决一个海洋 GIS 中图层间明显不兼容的问题，我们将所有的图层都转化成一些基本的数据单元，然后将他们一起添加进来生成一个复合数据层。当然，不可能总是这样做，更为常用的还是通过预先选择一些数值来权衡下叠加所涉及的数据中，哪些是相对而非绝对重要的地图层。

　　例如，图 6.27～图 6.30 向我们展示了大规模全球太阳能发电厂选址时，考虑因子分布的世界地图。信息是从万维网中搜索，下载，并导入到 ESRI's ArcView 3.2 中的，用 ArcView 的投影向导扩展模块，能对地图层进行配准，并转化到一个常用的地图投影空间中。所用的专题层都认为可能与太阳能发电供需相关的信息。在供应方面，需要的图层是吸收的太阳辐射，平均预期的云覆盖以及全球地形信息。在需求方面，全球人口分布数据层，以它来产生一个缓冲区，用来限制选取太靠近主要人口密集地带的点。

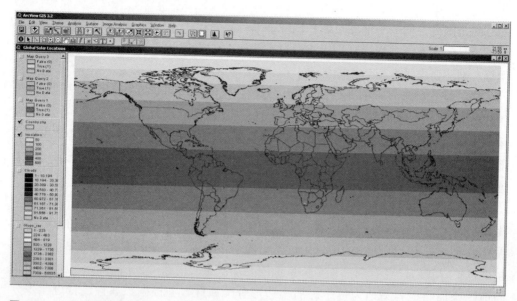

图 6.27　太阳能地图叠加例子，用 ArcView 3.2 制作的全球日照图。摘自 Robert 罗伯特·科恩瑞 (Christopherson)的《Geosystem》书中的一张图

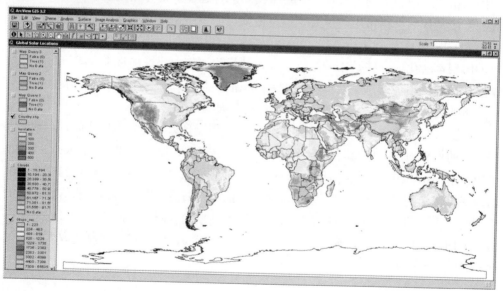

图 6.28　太阳能地图叠加例子，全球地形数据。来源：USGS，GTOPO30 数字高程模型

图 6.29　太阳能地图能叠加例子，全球平均云量覆盖。来源：UNEP 的格网数据

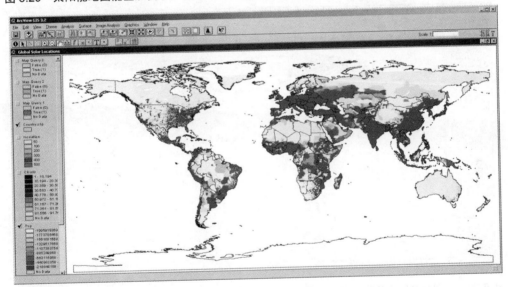

图 6.30　太阳能地图叠加例子。世界人口密度。来源：NCGIA

　　叠加例子包括创建 GIS 查询操作生成一个阈值，它本质是把一图层转化为二进制地图。查询要求从图 6.27 中找出日照水平要大于 200W/m^2，从图 6.29 中找出三级云量平均覆盖率小于 65%、70%、75%，从图 6.28 中找出海拔低于 5000 英尺 (1524m)的图层。尽管吸收的太阳能因大气密度随着海拔升高变得稀薄而增加，但地

势低且平坦的地方还是适合建大规模建筑的。把人口密度超过每平方千米 50 人的区域挑选出来，进行合并(见图 6.30)。这样产生的地图显示出大量适合建立大规模太阳能发电厂的连接区域，包括美国西南部、智利北部地区、南非、非洲撒哈拉沙漠、阿拉伯半岛以及巴基斯坦(见图 6.31)的边缘处。就云覆盖而言，对三个不同的阈值进行分析后，选用两个相关图层进行叠加分析显示。首先，各个不同的标准是主观得出的，需要进行加权，以反映其在地理信息系统解决方案中的相对重要性。例如，总的日照时数远远多于阈值，比如是 10 倍，海拔在决定太阳能发电厂的位置更为重要。

图 6.31 地图叠加例子的解决方案设置。太阳能发电厂的全球适宜区域。地图的上方是有三个查询窗口来生成解决方案设置。图 6.27～图 6.31 由杰夫·亨普希尔(Jeff Hemphill)和维斯特里·米勒(Westerly Miller)制作

　　这可以通过二进制图层乘以权重来进行调节，每一个都作为因子计入，这样权重的总和为 1，然后将图层上的因子加起来。最终的地图会反映出决定性因子及它

的重要性。不过权重的选取是非常复杂的过程。

其次，在这个例子中，解决方案区域仅被一个图层的高度影响，那就是：云量覆盖。这就是为什么在最终的地图上要用三个等级的云量覆盖。在地图叠加过程中，那些"最敏感"或关键图层往往会忽略了其他图层的作用，甚至可能将它们完全从最终的解决方案空间剔除掉。理解这个图层的灵敏度尤为重要。通常少量的测试就可以揭示关键性的图层。一些研究建议将图层看做模糊的、综合多个因素的无际旷野，并且在解决地图上创建误差范围的事物。另一个影响分析的重要因子是误差是如何产生的，例如，在各个输入图层的不同简化化处理引起的、通过叠加分析传递的误差，从而影响最后结果。

地图叠加仍然是 GIS 分析中最为常见的形式。随着缓冲区和距离变换的应用，一些非常复杂的分析也能完成。这种思想广泛应用在规划中，但也越来越多地用于所有的 GIS 应用，从火灾建模到栖息地适宜性制图中。

6.4.6 GIS 和空间分析工具

在 GIS 发展的初期，许多批评都指向一个事实——GIS 软件很少提供真正分析选项。如我们看见的，描述性的基本工具主要是那些算术运算和统计方法，而建模工具涉及允许将模型或公式编码进入系统。许多模型在网络上运行，分散在二维或三维空间中、分层扩散或基于缓冲区权重产生的概率模型等。这种模型在 GIS 使用检索工具时是易于管理的：叠加、缓冲区和空间操作的应用。然而，甚至一个简单的模型对 GIS 用户界面来说，都可以成为相当冗长的序列步骤。

几乎所有的 GIS 软件包都支持将操作与宏绑定在一起或作为模型的部分操作顺序。例如，ESRI 的 ArcGIS，包含着一组建立重复程序的地理模型工具，Model Builder。尽管这对常规分析很有用，但是进行探索性的 GIS 数据分析仍然是项不简单的工作。许多操作只能在数据库管理器中执行，而且通常 GIS 用户将数据从数据库管理器移到电子表格软件中进行分析，如微软的 Excel，或者标准的统计软件包 SAS(统计分析系统)或 SPSS(社科统计软件包)。正如我们所见的开源码和像 R 这样的共享软件工具在 GIS 分析应用中越来越流行。

在 GIS 操作分析过程中，大多数 GIS 分析功能都是同时使用统计和 GIS 工具的。例如，生成非空间地图的能力，比如散点图或是直方图通常用这种方法生成更容易些。考虑到统计软件包已被广泛接受了，并且许多科学家和受过这些软件培训及对这些软件熟悉的人，最好是折中的解决方案。GIS 软件包在统计分析时，可以通过使 GIS 和统计软件之间简便的双向数据移动来避免重复产生统计分析必需的函数。

　　总之，GIS 最强大的功能之一就是，可以将现实世界中的数据放入有组织的框架中，这个框架可进行数字统计描述，允许逻辑的扩展建模、分析和预报。检查和分析数据这个重要的步骤，是理解数据地理特性的桥梁。在本章的开头通过直观的探索 GIS 数据，以探究统计图形和地图，可以获得大量的信息和知识。

　　由于许多简单现象不能完全地被理解，当然也不能被预测，分析时不能对地理影响力以及地图要素对主要地理特性的表达进行理解，而 GIS 正好可加强这种理解能力。可惜大多 GIS 软件包只包含用于空间分析的基本工具。然而，GIS 应用人员用脚本和标准统计软件填补了空白，并且 GIS 在新模型建立方面取得了巨大进步，产生了许多不同的应用，已突破了传统地理学范围。

6.5　学习指南

要点一览

○ 空间分析是检查、查询、测试及设法解释地理现象。
○ 分析以问题开始，然后是假设，再是数据及非空间统计和空间图形描述。
○ 可视化探索有助于明确表达研究问题。
○ 属性的可视化探索工具包括箱型图、直方图、散点图、雷达图和饼状图。
○ 箱型图由五个数字显示。
○ 集中趋势度测量是将许多值概括成单个值。
○ 中值是分布排序时的中间值。
○ 平均值是记录值之和除以记录的个数。
○ 集中趋势度测量会受异常值影响。
○ 标准差是平均方差与平均值的距离。
○ 平均方差平方和是总方差。
○ Z 值是一个值的标准差离平均值的距离。
○ 理论上的正态分布遵循钟形曲线，而且可以用来计算值超过给定 Z 值的概率。
○ 一完全的正态分布，表明误差随机，样本无限大。
○ 样本越小，就越低估标准差。
○ 空间描述同时综合 x 和 y 两个变量。
○ 边界框是由 x 和 y 的最大和最小值形成的。
○ x 和 y 的均值形成均值中心，并且正态标准差形成标准距离。
○ 均值中心也是质心，反过来却未必这样。
○ 点分布的最近领域统计是，观测平均最近点的间隔，除以期望的间隔距离。

○ R 值从 0(聚集)变动到 1(随机)到 2(平方)到 2.15(3 次方)；通常在 GIS 中用脚本计算。

○ 线状地物和面状地物可用其他测量，许多需要多步计算。

○ 空间关系问题包括地图比较、空间变化、空间建模和预报。

○ 空间分析总是包括简单化假设，但必须进行论证。

○ 空间模型明确的表述了统计上可测试的地理关系。

○ 简单的空间模型是多元线性模型，可用最小二乘回归测试。

○ 这种方法假设变量服从正态分布，所以一些变量需要转换。

○ 回归使在因变量空间中，线性模型的方差和最小。

○ 一个模型可由它变量的显著性和拟合优度检验。

○ 模型给出一个预测值，再用原数据减去它得到残差，残差可以用来制图和检验。

○ 空间模型应当检验它的假设、误差、拟合度不够。

○ 误差检查可以改进模型。

○ GIS 很难检测随时间的变化，三个时段及变化率的检测是可行的。

○ 叠加分析是空间分析的一种简单形式。

○ 图层同等重要或有不同的重要性权重，分析中可用变量的复杂序列。

○ GIS 软件通常需要数据库、电子制表软件和统计软件工具做支撑，这些工具的将结果返回 GIS 进行显示。

○ 探究空间分析是门不简单的艺术。

学习思考题

描述性属性

1. 为一个小孩逐步说明如何从列出的 10 个数中，计算平均值和中值。再将其改成针对 11 个数字的说明。写一段话来解释这些数字的含义。

2. 举例说明，空间分析既与统计分析相关，但又不同于统计分析。

3. 从 USGS 的 1∶24 000 系列地图中拷贝一组对象，包括一组已知高程点、一些河流和森林区域。列举出你所能想到的度量来描述每个要素的基本地理特性，以空间维数来分类。哪种度量是最容易计算的，为什么？

统计描述

4. 围绕 GIS 分析科学调查过程绘制一个流程图。分析前要做什么必要工作？一个有效的分析会导致什么结果？流程图中哪些可能会影响调查工作的进度？

5. 根据所选的任意数据集，制作一个箱型图、散点图和直方图。你使用的软件工具中，除 GIS 工具外，还必须引入哪些工具？

6. 矢量 GIS(a)和栅格 GIS(b)中，如何计算线的长度、多边形的面积。为什么预期结果会不同？

7. 对你选数据集的一些属性值，计算其最小值、最大值、中值、平均值和标准偏差。对另外一个属性值进行重复操作，并将其值同开始的结果进行比较。

空间描述

8. 用 GIS 软件绘制出边界矩形及一组点的均值中心。

9. 下载并使用最近邻域统计脚本检测你手工输入到 GIS 中的点分布。可以将值取到多低和多高？

10. 用你的 GIS 软件来计算基于两个或其他更多变换生成新的属性，将结果以地图显示。

空间分析

11. 设计一个模型进行火灾风险评估，涉及的 GIS 数据集由植被类型和条件、土壤、溪流、地形以及风向等图层组成。模型可能会如何进行检验？

12. 用 GIS，将一幅地形图和多边形区域边界图，如县界，进行叠加。用提供的软件模型计算出每一个区高程点的方差和标准差，将结果制图，并解释它的分布。

13. 从 NOAA 下载龙卷风数据，重复本章的分析。建立一个更能解释龙卷风伤亡的模型。

14. 将本章的太阳能例子重复应用到你所在国家的太阳能选址。哪儿是产生太阳能的最佳地点？对一个太阳能发电厂来说，在单个相连的片区中，多大面积可行？

6.6 参考文献

Ashley, W. S. (2007) Spatial and temporal analysis of tornado fatalities in the United States: 1880—2005. *Weather Forecasting*, 22, 1214-1228.

Campbell, J. (2000) *Map Use and Analysis*, 4 ed. Boston, MA: McGraw-Hill.

Earickson, R. and Harlin, J. (1994) Geographic Measurement and Quantitative Analysis. New York: Macmillan.

Peterson, M. P. (1995) *Interactive and Animated Cartography*. Upper Saddle River, NJ: Prentice Hall.

Slocum, T. A., McMaster, R. B., Kessler, F. C. and Howard, H. H. (2009) *Thematic Cartography and Geovisualization*. 3ed. Upper Saddle River, NJ: Pearson Education.

The World Almanac and Book of Facts. New York: Pharos Books. Published annually.

Thompson, R. L., and Vescio, M. D. (1998) The Destruction Potential Index—a method for comparing tornado days. Preprints, 19th Conf. Severe Local Storms, Amer. Meteor. Soc., Minneapolis, 280–282.

Tukey, J. W. (1977) "Box-and-Whisker Plots." In *Exploratory Data Analysis*. Reading, MA: Addison-Wesley, pp. 39–43.

Unwin, D. (1981) *Introductory Spatial Analysis*. London: Methuen.

6.7　重要术语及定义

分析： 在检查和测试数据结构时，用于支持假说的科学探究过程。

属性： 数据被收集和组织成的项目。是一个表格或数据文件的一列。

方位： 以度数给出的角度方向，正北方向为零度角，顺时针到 360 度。

贝尔曲线： 正态分布的常用术语。

边界矩形： 由单个要素或者坐标空间中一组地理要素定义的矩形，由两个方向各自的最大和最小坐标值决定。

箱型图： 以五个概要数(最小值、下四分位、中值、上四分位、样本最大值)对一组数据进行图形描述的一种简单方法。

质心： 位于要素中心，用以代表这个要素的点。

计算机命令： 在数据库管理器中，一条命令允许属性的基本运算或属性的组合，如加法、乘法和减法。

极值数据： 一个属性的最高值和最低值，通过属性排序后，选择第一条和最后一条记录可找到。

因变量： 位于公式模型左边的变量，它的值是由其他变量和常量决定。

误差范围： 加上或减去一个估计的标准差产生的一个幅度范围，如平均值的度量。

期望误差： 度量单位中的一个标准差。

拟合优度： 一个模型中统计数据与真实数据的相似程度，表示成模型的拟合程度或力度。

直方图：对一个属性的样本值的图表描述，将每一类记录或属性中的一组值的频率用有高度的条状图显示出来。

假设：一个关于数据在某种程度上符合统计检验表达的假定。

自变量：在一个模型中的方程等号右边的变量，它的值可以独立于其他常量和变量进行变动。

截距：当自变量的值是零时，因变量的值。

最小二乘法：一种模型拟合的统计方法，建立在观测值与估计值总体方差平方和最小的基础上。

线性关系：两个变量间的直接线关系，如因变量的值是自变量的值乘以一个斜率加上一个常量。

均值：一个属性的代表值，由所有记录属性值的和除以记录的个数计算得出。

均值中心：在一个点集中，某点的坐标是该点集的坐标的平均值，则该点是这个点集的均值中心。

中值：一个数据集中对某个属性进行排序后的位于中间记录的属性值。

缺失值：一个属性的某个值被排除在算法的运算之外，原因是缺失、不可用或者已经损坏，并以这些形式表示出来。

模型：属性之间关系的理论分布。一个空间模型是由如方程式这样的给定形式决定的预期的地理分布。

多重回归：用来检验多个变量间关系的最小二乘法。

最近邻域统计：点与其最近邻域点的观测平均分离距离除以期望平均分隔距离。

正态分布：关于平均值对称并有给定的方差的值的分布。

标准化：消除一个统计的偏差效应，比如样本尺度的影响。

零假设：建立与一个与假设表达相反的陈述，假定拒绝期望实现的假设，因此就能证明假设有效。

皮尔逊积矩相关系数：是拟合度的度量方式，由两个变量协方差之和平方除以自变量方差和计算得出。其值平方(可决系数或 γ 平方)即为模型测试时"解释"变量的比例或是百分比。

总体：一个观测样本对象的全体成员。

预报：一个模型能提供超出可观测水平信息的能力。

γ 平方：可决系数的常用术语。

随机：没有明显的结构或重复。

范围：属性的最大值减去最小值，以属性单位为单位。

记录： 数据库中所有属性的一组值。相当于一个数据表中的一行。

残差： 因变量的观测值减去模型的预测值形成的差值，以因变量单位为单位。

样本： 从总体中筛选出的观测子集。

排序： 以某个属性，依据记录的值的大小来放置记录。

标准差： 对一组值离平均值产生的方差的标准化度量。用均值均方差表示。

标准距离： 相当于标准差的二维表达，由一组点集横纵坐标标准差建立的标准化距离。

表格： 将属性和记录以行和列形式组织，以便演示和分析的数据组织形式。

单位： 带有属性的值的标准化度量增量。

方差： 数值间不匹配的总和。方差是所有的数值减去它们平均值再取平方求和除以数值的个数得到的结果。

Z 值： 属性值距离属性平均值形成的标准差。

6.8 GIS 人物专访

安妮·吉拉丁(Anne Girardin, 简称 AG), 阿富汗的 AIMS 机构的数据库管理专家

KC: 嘿, 安妮。照片中哪个是您?

AG: 中间那个是我, 正在向当地员工演示如何在一全站仪中显示一块宗地地块。

KC: 您是从事什么工作的, 在您的工作中如何运用 GIS?

AG: 实际上我多处任职。原来我是一名法国执业土地测量师, 主要从事地理数据库管理。后我又供职于不同的公司: 在考古、移动通信担任地理营销顾问工作, 在 TeleAtlas 导航公司, 就是现在的 Tom-Tom 担任过程序师和数据库质量项目经理。我在法国做过下水道管网测绘工作。最近在阿富汗做土地规范化工作, 这是试点城市街道选址项目和一个叫 USAID/LTERA 项目的一部分, USAID/LTERA 项目是阿富汗的土地确权和经济体制调整项目, 它是为了确保土地所有权和提高土地经济效益。不过最近我大多是在做电子政务基础设施建设工作(阿富汗的 AIMS)。在这些工作中, GIS 是基础的操作: 位置、地点、位置。人的位置、基础设施的位置, 这些定位要素与各种信息进行关联是以便开

展更好的土地管理和提供公众服务。

KC: 什么是阿富汗的信息管理服务，在这个项目中您主要起什么作用？

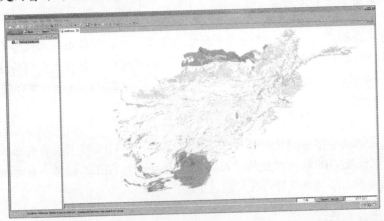

AG: AIMS 计划正在为阿富汗政府构建信息管理职能，并将信息管理服务供阿富汗所有组织共享。AIMS 力求在政府中采用一个合适的技术来管理信息管理系统。AIMS 的目的是让政府从曾经有权干涉的特殊信息系统管理活动中退出来。我是个数据库管理专业人员，我的主要任务是将各种类型的数据整理成数据模型。我们项目的目的是开发软件来对基础设施进行监控和评价，比如道路建设、学校修复和医院维护。当所有的数据整合进数据库，并且开发出软件来，我们就可以生成像资产图和其他诸如人口密度、贫困等信息的地图，而且还可以对经济增长作分析。

KC: 您接受过哪些 GIS 方面的教育？

AG: 其实，我从法国勒芒的国立勒芒高等测绘工程学院(ESGT)获得了土地测绘的硕士学位。ESGT 的课程大致分为：20%的通识科目，如数学、物理、法语、英语；20%的土地测量(大地测量学、地形测量、摄影测量学、GIS)；20%的城乡规划；20%的法律(民法、土地所有制法、法令法规、法院体系)，还有 20%的计算机科学。GIS 的学习可以分为计算机科学和土地测量。我们接受如何使用 GIS 软件(MapInfo)和怎样建立数据模型(不仅仅是地理)方面的指导。我们知道在一些城乡规划的社会实践中必须使用 GIS。

KC: 是什么让您在获得硕士学位后进入 GIS 领域？

AG: 我真正发现 GIS 这个领域是在 1998 年，我在圣迭戈参加 ESRI 会议时，当时我还在上学。当我看到 GIS 的各种功能时，真是让我大开眼界，从纽约市交通系统地图的制作，到南美秃鹫栖息地的观察。

KC: 举例说明下每天您所涉及的工作。

AG: 我首先分析不同机构处理的项目和信息类型，然后将数据转入概念数据模型，并帮助制定制图标准，使它们满足阿富汗和不同用户需求。我们将这些数据模型发布给软件开发商，这样我们就能保证数据能正确的执行并整合到软件中。

KC: 您给刚开始学习 GIS 的学生提些什么建议？

AG: 这就要取决于学生想达到的成绩了。想成为一个 GIS 技术人员的话，我会明确的建议注重 GIS 软件功能的学习。要想成为一个 GIS 工程师，就要侧重于建模方面(当然，不能忽视对 GIS 功能的了解)。

KC: 谢谢您，安妮。

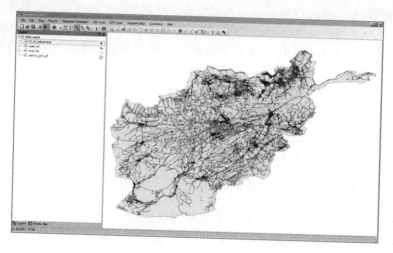

第 7 章
表面分析

"我更喜欢冬季和秋季，因为当你感受到景观的外观轮廓时，有一种孤独、冬季死沉沉一般的感觉。一些事物在它下面孕育，但整体是无法显露出来的。"

——安德鲁·怀思(Andrew Wyeth)

7.1 场和要素

在前几章中我们已了解两种不同的 GIS 地理模型，一种是基于点、线和面要素的，另一种是基于场模型的。场模型与地理空间离散模型不同，它建立在一系列空白"空值"或背景的对象假设之上。它就像世界能够完全用它所包含的对象和属性来描述样，这些对象在地图学上用点、线和面来描述。当要在地理信息空间区域上对每个点进行基于单个属性、专题或字段估算或度量时，就有必要选用替代模型。在一系列已知的单元值中，属性值是相对比较简单的，但我们的专业领域知识结构是进行空间度量的基础。

地表温度就是一个典型的例子。如果只是在气象站显示温度，或是在美国各县显示平均温度，其意义不大。相反地，我们假定地表温度是一个变化的场，而且它在空间变化是连续的。我们在指定的地方进行测量，如气象站，假设从某个地方到附近的另一个地方，温度变化是缓慢且可预测的，然后预测两地间其余区域的温度。设想两个气象站，其中一个温度记为10℃，而另一个记为20℃。现在假设从第一个点开始，然后径直到第二个点。你可能会认为温度升高的幅度就是用较高温度减去较低温度后再除以两点之间的距离。所有沿着这一路径的点，实际温度是由周围温度和被测点的距离决定的。

现在假设有成百上千个气象站。一个最简单实用预测其他地方温度的方法就是取所有各地温度的平均值。显然，所有的测量在某种程度上都对任何特定点的温度值都起到一定作用。但是，很显然近处比远处影响更大。在一定距离上，单个点的温度能有效地减少对其他地方温度的影响。例如，伦敦的温度完全不受洛杉矶温度的影响。离得近的事物比远的事物更具有相似的特性，这就是所谓的空间自相关。这种特性看起来有点凭直觉，却第一次被地理学家沃尔多·托泊所描述，因此称"沃尔多·托泊第一定律"(Sui, 2004)。

在我们讨论数字地形模型前，还要涉及最后一个有关场模型的理论。回到我们刚才举到的温度例子；如在房子里面从一个房间走到另一个房间，或者从供暖系统通风口开始穿过一间间房屋，整个房子的温度细节变化就会表现出空间自相关。但是，在某个小的区域(通常是正方形或是矩形)，温度既不比周围的点(如炉子，热水器和火炉)高很多，也不会比另外一些(如空调，冰箱和冰柜)低很多。假设在整个城市的热量分布图中，在不同的土地利用边缘处，温度会出现阶跃，如图 7.1 所示。这种温度的突变是不连续的，且当用沃尔多·托泊第一定律解释时，当然规律也跟着变了。这种不连续有可能会在均匀变化的场中出现裂缝或折痕。用场模型来处理这种情况，效果要比要素模型好。在整个地形领域里，这些地方通常就是悬崖，山脊线，河床，悬岩和洞穴。

地形或是地形地貌是我们生活的地理场。大多数的与地理有关的东西直接或间接由地貌构成。山脉构成行政边界，河流划分城镇，分水岭提供水源，景观的坡度决定我们是否能种植农作物或建房子。地貌是"自上而下"把二维的自然地图变成三维立体影像。通过数字地形，GIS 对一个趋向无穷大的数据进行计算，通过计算，从坡度分析到内部可视性分析都向我们传递有关地表层的信息。

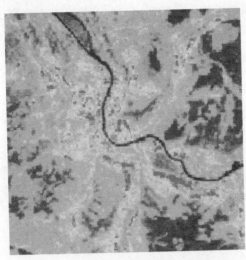

图 7.1　来自于 Landsat 7 第六波段的城市影像。红色代表温度较高的地区，蓝色代表温度较低的
地区。来源：美国航空航天局

7.2　地形数据结构

在第 3 章中，我们分析了用不同方法来把地图存储在 GIS 中。而地形图有些特别，因为我们处理的是一个区域的制高点，等高线或场数据类型。例如，在地形中，我们使用的表面高程而不是低于表面的洞或洞穴的高程。前面我们提到的不连续性和所描述的地表光滑度抑或是上述所说的任何表面，对我们如何抽样提取表面和如何在 GIS 中存储数据有着非常重要的作用。在第 3 章中我们也研究过如何将所有的地理数据以数字形式存储在计算机上，记录要素模型能很好地获取地理实体，同时能获取比场模型更好的栅格或格网模型。地形具体是指什么？在这部分我们要涉及用于存储和表达地形信息的数据结构。其中一些我们已经接触过，但是现在我们要考虑把它们处理成数字地形。

7.2.1　点或格网点

场是记录点数据值最简单的方式。在前面提到过的关于温度的例子中，你可以用 GPS 接收机来记录你的位置，用温度计来记录温度。GIS 表达是非常明确的——通过最基本的地理编码来获得一个可测量的属性值和位置。实际上，GPS 接收机已经测量出你所在位置点的高程或高度了。这个点以(x,y,z)形式来记录的，其中 x 和 y 是坐标值，z 是高程值。当然，我们需要一些参照基准来测量 z。GPS 通常使用一个已知的基准，例如 WGS84 坐标系，据此来计算与这个模型相关的高度。

仅靠少数几个点，是难以完整的描述整个表面的。大多数的 GIS 能够进行内插。在内插时，建立一个取样框，例如由经纬度构成的格网范围，然后再根据已知点在网格交叉处(或是中心)进行内插，如图 7.2 所示。有很多原因可能导致点数据的稀疏：可能是在坚硬的洞上钻孔费用太高，或样点数据很难找，如珍稀植物物种或类似的数据，比如考古挖掘中发现的数据。在取样框交汇处进行的内插我们称之为格网点。几乎用任何形状的格网点进行内插都是可能的，但是如果考虑要覆盖一个完整的区域就需要采用规则格网点，如用格网记录。有时候记录是实际测得的样本点，样本点的位置，而且我们又很难决定它们的分布。这种情况在遥感中经常出现。当点密度高时，说明我们采取的表面样点过多，需要对"点云"进行筛选或是作二次采样来选取格网点，或是取邻近点的平均值。

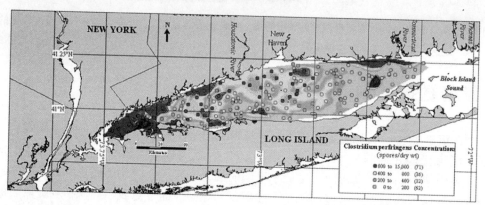

图 7.2 长岛海峡海洋沉淀物中污染因子浓度。值得注意的是，表面是通过对显示的取样点进行内插的结果。来自美国地质调查局公开的文件报告 00-304

GIS 有很多种内插方法。许多 GIS 软件都包含一个常称为反距离加权法的内插方法。在这种方法中，通常选择一个格网点，定义一个查询半径，同时查询出所有落入这个邻域内的点。然后将这些点按照反距离进行赋权，通常直到把权重增加到格网点。在邻域内，格网点处内插的值是反距离高程加权和，如图 7.3 所示。

这种内插方法的思想是离插值点越近的样本点赋予的权重越大，这样就会导致数据内部点多的地方产生孤立峰值。

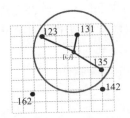

图 7.3　插值法。在处理过程中，在邻域(红色圈)内已知高程的样本点是用于估计一个位置上的
　　　　值，例如未知属性值的格网单元[i,j]。在反距离加权法中，通过已知高程(123，131，135)
　　　　点对格网单元[i,j]进行反距离加权和。其他所有的格网新值都重复采用这种方法。

　　另一种方法是采用统计理论优化插值。这种方法叫克里格插值法，该方法最早
是用于金矿矿体的开采中，它是基于区域化变量的数学理论，它把空间变异分解成
一个个偏移量或结构，却空间上独立相关且随机分布的随机噪声点。克里格方法包
含多个内插步骤。首先估计误差；然后是值间变异与距离关系的计算；再生成替代
统计模型；最后用这个模型对记录值进行估计。因为克里格内插方法用离散数据点
值获得了连续的曲面，并且对每个内插点进行方差估计，所以该方法是统计上的首
选。采用不同的内插方法，得到的结果是大不相同的，如图 7.4 所示。

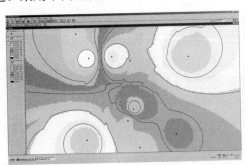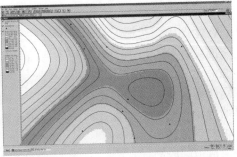

图 7.4　在 ArcView3.2 中，同样的高程点内插出不同的表面(黑色三角形)。左图：使用 5 个最近
　　　　的点，进行反距离加权平方和。右图：采用最近的 12 个点进行样条插值法，权重为
　　　　0.1。注意两种内插结果的数据范围和空间分布模式的差异

　　一种常用的地形数据，激光雷达测距数据(LIDAR)就是基于点云生成的。这些
数据是通过航天飞机或者三脚架仪器获取的。数据的采集是通过测定激光发射装置
发射小束脉冲波到地面后，再被地物反射，仪器接收所用的时间计算获得的。由于
脉冲波非常短，因此能采集到大量的点。一些脉冲波发射到一些坚硬的表面上被返
回，如湖泊或屋顶。另一些脉冲波能穿透植被和其他地表覆盖。结果就是能直接反
映表面状况的点云。点的位置是靠激光的脉冲频率，飞行的几何视场，地形以及其

他影响因素，如生成一些不均匀离散的点。软件能提取出地面的最高点与最低点，这样就得获得高精度且如实反映现实的数字表面模型了。如图 7.5 是列举出的一个点云的例子。

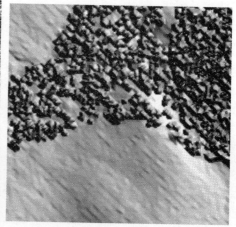

图 7.5　北卡罗来纳州局部雷达影像图细节。右图中能清晰看见点云中点的位置

7.2.2　等高线

在地图中表达地形最古老的方式就是采用等高线。等高线是由等高程的点连接起来的线。等高线的间隔是两条连续等高线之间的垂直距离，而且通常是整数，例如 2m、5m 或 20 英尺。有些规定是可以帮助理解等高线绘制的，例如当表达区域时等高线应密集。也有些通过线在符号上的变化来理解等高线，例如计曲线加粗，用晕渲线来表示封闭的坑洼地，并且在地势起伏小的地方补充虚线等高线。标注等高线也是一项技巧活。

值得欣慰的是，许多 GIS 软件包有自动绘制等高线的功能。许多可视化的内容(例如，线平滑水平、线的粗细，等等)都由用户来决定。许多 GIS 软件也支持对等高线进行进一步的修改，例如，用其他地形可视化方法绘图或在两个等高线之间用连续的颜色填充这些地区。图 7.6 中列出了一些例子。

就 GIS 的数据结构而言，等高线是用规则的垂直间隔来表达连续的二维局部景观面，从而描述一个表面。从逻辑结构上讲，他们正是由节点构成的简单矢量数据结构。因为等高线不能相交，所以他们有简单的拓扑结构，并且很容易绘制。作为地形数据结构，他们往往不足以表达景观表面的一些主要特征。而这些特征经常用到，因为原图中包含了这些信息，通常纸质地图的等高线用比较明显的颜色加以区分，如褐色。扫描这些地图很容易，矢量化等高线也简单。但当用高程值来标注等高线时就会出现问题，因为绘制的等高线和相应的高程标注点间往往不匹配。不过，他们可以用来生成准确可靠的地形数据，特别是当地图需要表达的地表很详细时，它的 DEM 可以从其他数据源获取，如遥感影像。由等高线生成数字地形数据有时会与使用的等高线高程间出现统计上的偏差。在 GIS 中有多种地形数据存储结构，他们能减少文件大小。

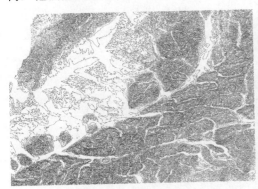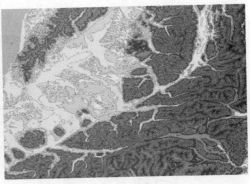

图 7.6　新西兰南岛局部等高线图。数据来源：航天飞机雷达地形测绘计划。软件：ArcView3.2
和 GlobalMapper

7.2.3　TIN

在第 3 章，已经介绍过不规则三角网或 TIN。相对于点、线和格网数字高程模型而言，TIN 往往是一个中间数据结构。他们在逻辑结构上是非常稳定的。因为他们所包含的点能用来表达景观表面中不连续的地方。在山峰，或沿着水流，山脊以及其他类型线(例如断层)上的点，通常被称为"特征点"，因为它们表达了地形轮廓。用网状结构描绘出山峰，洼地，鞍部，溪流河床轮廓，山脊线把地形分割成多面，如山坡和分水岭。

TIN 是对地形表面进行抽样的一组点，例如 GPS 采集的点数据。TIN 是由一系列顶点相交的三角形构成的，因此 TIN 涵盖了整个景观表面。研究区域的点不管在不在三角形的边上，TIN 都能表达整个地形。表面内任何点，要么是三角形节点，要么是落入 TIN 的边上，要么是落入由三个点构成的三角形的内部。

显然，所有合乎要求的三角形是很多的，但是 TIN 选择一种特殊的三角形，这种方法叫 Delaunay 三角形，如图 7.7 所示。Delaunay 三角形是由一系列顶点相交的平面三角形构成，任何点都不会落入其中任何一个三角形外接圆中。这意味着如果用 Delaunay 三角形的三个节点来画个圆，那么这个圆就不能包含其他节点。这种方法是唯一的(除了一种特殊情况)，它能对所有三角形的角度进行最小化和最大化处理，所以 TIN 能避免生成角度很小的狭长三角形。这种方法是 1934 年鲍里斯·德劳内(Boris Delaunay)创建的，并且许多 GIS 软件中把它作为工具使用，有时连用户都不知道采用了这种方法，例如，在创建等高线的中间过程中就会用到它。

图 7.7　Delaunay 三角形，是构成 TIN 的基础。圣巴巴拉市的 TIN，由 LandSerf 获得的 30m 分辨率的数字高程模型。来源：作者

　　一旦表面被分割成 TIN，它在逻辑上是由一系列三角形构成。为了匹配线和平滑平面，通常采用一些方法来匹配三角形的边。如专门引入一些表面点来作为 TIN 的补充，如水系，山脊线，道路和建筑物。所以，由 TIN 或基于 TIN 分析创建的地图是非常精确的。TIN 常用于 GIS 分析中的体积计算，例如填挖方计算。同时，TIN 也能作表面可视性分析，并且能与计算机图形系统结合起来实现多边形的快速渲染和阴影的制作。

7.2.4　数字高程模型

在第三章中我们已经谈到过数字高程模型。经常交替使用几个不同的术语来描述表面的格网表达方式。数字高程模型(DEM)是一个规则的格网单元(通常是正方形或是经纬度间隔相等的空间单元)，每个格网单元都包含一个高程值。这些值都有一个参考基准面，如 WGS84 或 NAD83。这些高程值可能是整数，这样数据量就很小，但是高程值也可能被四舍五入成高程单元的整数倍，或是以浮点型、十进制的形式存储。有时将浮点型或十进制存储高程值的数字高程模型单元叫做一个 grid 或 lattice。一种方法可以通过改变高程单位来提高垂直分辨率，如把高程存储成分米整数来替代十进制米的第一位。要注意的是 DEM 有两种分辨率，像元的一边所代表的地面实际距离，如 10m，及垂直分辨率，如 1m。

存储在 DEM 中的高程值能完好的表达地表特性。在传统的制图中(由于一些原因，例如，在绘制径流量或洪水量)，地表特征的高程会被剔除掉。这包括自然因素，如植被；人为因素，如建筑物，湖泊和水体是以水面高程显示出来了。在一些情况下，我们需要 DEM 包括景观的真实表面，如建筑物的顶部和湖底。这样的模型叫做数字地形模型或是 DTM。其他情况下，我们有时也想得到地表以上的实际测量值以及它的特征，如航天器在航行过程中拍摄到的树和建筑物的高度。这种模型叫做表面模型，通常在 LIDAR 成图时是最先被反射回来的。这些经常在 3D 建模和模拟中使用。

DEM 在 x, y, z 三维空间中有一个分辨率。由于 DEM 能包括投影地图空间，这些分辨率可能是一个常数(如 1km)，或是变化的(如，每 3 弧秒)。既然(x, y)投影成地图坐标空间了，同样也需要考虑 z 方向的基准问题，而且这个基准可能会随着投影而改变。对于 DEM 需要知道网格的范围，通常存储成行列阵列数。网格也需要元数据，例如，网格的四个角点的经度和纬度。对 DEM 进行重采样或投影是非常重要的，因为这可能会导致像元的丢失和重复。通常 GIS 是通过邻近像元内插(如取平均)来补充缺失的像元值。从周围单元插补(如求平均)填充丢失像元。这可能会得到意想不到的结果，例如使轮廓明显的湖泊或是海岸线的边缘趋于平滑。

DEM 的另一个问题就是镶嵌，如图 7.8 所示。由于镶嵌是与投影和坐标系统相关的，相邻的网格可能会精确的匹配在一起，否则就会因数据丢失而产生狭缝或数据重复。理论上，DEM 是"无缝"的，而且拼在一起是看不出镶嵌的痕迹的。而在实际应用中，由于一些小错误，基准面发生改变等等原因，通常 DEM 中的缝是看得见的。另外一个主要的问题是 DEM 是通过已知的景观特征，如河流，山脊线，湖的边界或是海岸线来配准的。许多 DEM 是通过 LIDAR 的精确测量生成的，因此它们是精确生成的。例如，一个 30m 的 DEM 几乎分辨不了山峰或是河床的准确位置。在一些例子中，例如航天飞机雷达地形测绘(SRTM)的任务数据，系统尝试用其他水体数据来使湖泊，海湾和海洋区变得"平面化"。有时这也要对河流和一些其他要素进行处理，这个过程就像"burning"(燃烧)。因此，DEM 的精度将影响地形表面数据和其他地图层的空间匹配程度，如建筑物要素，溪流和水体等。

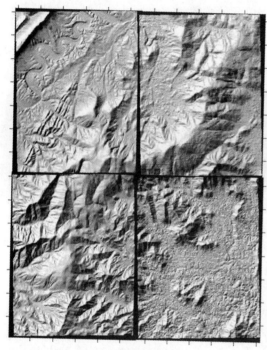
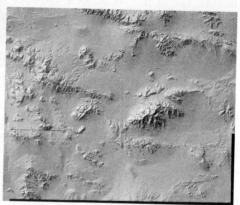

图 7.8 DEM 镶嵌时通常出现的问题。左图：用 UTM 坐标系和经纬度坐标镶嵌时出现数据丢失现象。右图：镶嵌后多余 DEM 的边仍然可见。来源：美国军事技术单位：美国地质调查局(USGS)

DEM 数据是很丰富的。在(http://www2.jpl.nasa.gov/srtm/)中可下载到除极地外的全球 SRTM 的 90m 分辨率的 DEM 数据。美国国家海洋和大气管理局也有大量的地形和深海测量(海洋深度)的数据，并且通过国家地球物理数据中心(http://www.ngdc.noaa.gov/mgg/bathymetry/relief.html)下载，同时支持 DEM 数据检索门户网站，如图 7.9 所示。

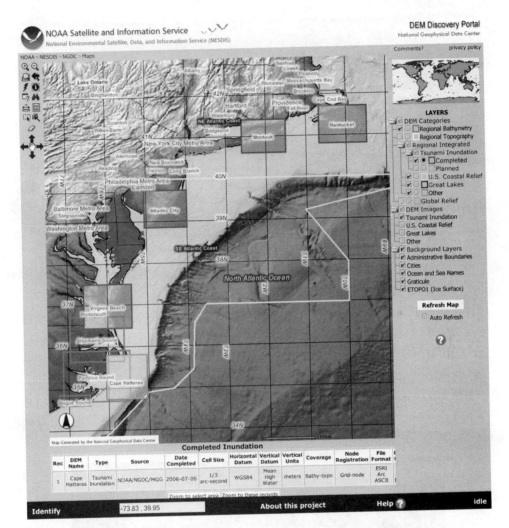

图 7.9　美国国家海洋和大气管理局的 DEM 门户网站 *www.ngdc.noaa.gov*

　　就美国而言，国家地图视图网页(*http://nmviewogc.cr.usgs.gov/viewer.htm*)就包含全美国的 DEM，包括早期的 30m 的 DEM，10m 国家高程数据库，以及在有些地方还有更高分辨率的 LIDAR 数据，如图 7.10 所示。提供了全国或局部地区 6、1、1/3 和 1/9 经纬度弧秒的数据集。还能从美国地质调查局无缝数据服务器下载到高程点，测探水深和海洋测量的数据。使用多种 DEM 数据门户网站的一个显著优势就是，下载到带有元数据的地形数据，包含投影信息和基准面。当数据被导入时，GIS 就能识别这些信息，以便进行进一步的编辑处理，如镶嵌等。

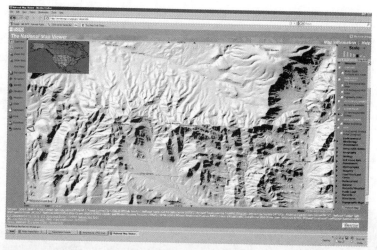

图 7.10　在国家地图视图窗口中查询数字高程数据。图中显示的是内华达州亚卡山地区 1/3 弧秒
的 DEM 山体晕渲图

　　为了补充全球 SRTM 90m 的数据，用 13 000 000 个单独立体像对创建了全球的
数字高程模型，这些像对是由日本高级星载热发射和反射辐射仪，或是 Aster 采集
的，这些仪器是搭载在 NASA 的 Terra 卫星上。NASA 和日本经贸工业部(METI)开发
了全球数字高程模型(GDEM)。从 GDEM 中扩充出来的全球地面数字高程模型中，其
30m 分辨率的数据覆盖了全球 99%的地区，从北纬 83°到南纬 83°，如图 7.11 所
示。用户可从 *https://wist.echo.nasa.gov/~wist/api/imswelcome* 中下载到以 1°存储的
Aster 全球数字高程模型。

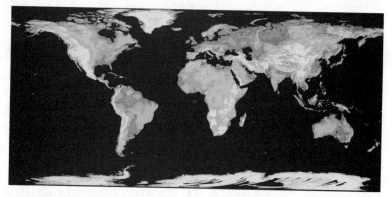

图 7.11　全球的 GDEM 数据，来自 NASA/METI 的 Aster 数据集。低海拔的为紫色，中等海拔为
绿色和黄色，高海拔的为橙色，红色和白色。见：*http://www.nasa.gov/topics/
earth/features/20090629.html*

7.2.5　体积模型和体素

　　一个体素(体积像素)是一个体积的基本构成单元，它代表了三维空间中规则网格的一个值，如：x, y, z 空间的一个单元。就像一幅影像中的一个像素或是 DEM 中的一个格网单元的 3D 表达。体素常被用于科学数据和 GIS 的可视化表达与分析。相对于像素而言，典型的体素本身并不包含坐标值，而且在大而宽的数据环境中或 3D 模型中，它的位置也不明显。

　　地形体素常被用在游戏及模拟中。通常，用地形体素用来替代高程模型，因为它能很好地描述悬崖、洞穴、拱形物和其他 3D 地形要素的特性，如图 7.12 所示。像这样凹陷的地形特征不可能在在数字高程模型或是表面模型中表达出来的，因为表面的每个点中仅能存储一个高程值的。在许多 GIS 应用领域中，例如工程选址，建筑物建模，地球物理学，地下地质学，海洋科学和地下水水文学等，地形表达是必不可少的。

图 7.12　有洞穴和悬崖的地形，用 C4 图形引擎工具(*www.terathon.com/c4engine*)制作，再经三角网点渲染、三切面顶点投影、凹缝处纹理绘制夸张与遮光处理而成。影像由埃里克伦吉尔提供并同意使用

　　一般来说，GIS 在体素表达和 3D 渲染上功能是比较有限的。许多 GIS 软件都能把数据导成能在 Google earth 和其他地理浏览器中进行 3D 显示的 KML 脚本文件，如图 7.13 所示。但是一些类似 GIS 的特殊软件可以对地表以下及其他 3D 信息进行真三维渲染。一些附加的组件和扩展模块，如 ESRI 公司 ArcGIS 软件中的

Arcscene，可以将表面用交互和动画的形式渲染成 TIN 和 DEM，如图 7.14 所示。就像网页上发布的能进行交互操作的标准地图样。还有一种方法就是创建 3D 模型，通过网络浏览器和扩展模块进行交互式操作。这种三维标准就是虚拟现实的脚本语言或是 VRML，GeoVRML 作为 VRM 的扩展，可用于网上交互式的进行地图浏览、缩放、平移及旋转。一些 GIS 软件能直接将 GIS 数据写成 GeoVRML 脚本语言，就能进行在线三维浏览。图 7.15 中展示了 GeoVRML 浏览器中 3D 模型的例子。

图 7.13 用不同可视化 GIS 软件渲染的 3D 数据。左图：Google earth(加 Sketchup)中加州大学圣巴巴拉分校的卡弗里理论物理研究所。右图：地球物理学 3D 数据，来源于美国地质调查局

图 7.14 利用 ESRI 公司的 Arcscene 3D 对潜水数据进行突出处理后，用于追踪南加利福尼亚两头条纹鲨鱼。来源：*http://www.nmfs.noaa.gov/gis/how/inventory/descriptive/stock2.htm*

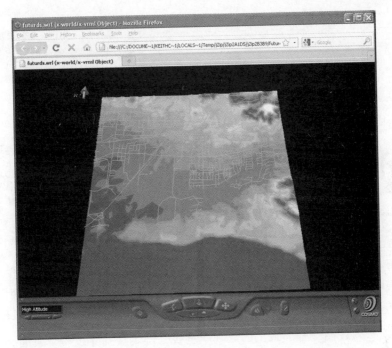

图 7.15 Goleta 中 GeoVRML 的 3D 模型，用 CosmoPlayer 和 Mozilla Firefox web 浏览器查看加利福尼亚

7.3 地形表达

7.3.1 等高线制图

就像有许多方法存储表面数据，然后再输入到 GIS 中那样，制图学上也设计了一套精细的方法来描述和渲染表面特性。通常，这些方法划分为两大类，一类是让用户能查询到高程信息，如地图上的最高海拔和最低海拔点；另一类方法主要用来创建一个表面状况的可视化心理透视影像，从而有助于影像的整体识别，这种方法也可称作度量和可视化方法。最简单的度量方法就是采用等高线。等高线是由表面上高程相同的点连接而成的。等高线上高程的确定通常有一基准，两等高线间再采用相同等高距增减，地图上大量的等高线就可表达出表面起伏状况。地形图上等高距越小，地图上的等高线就容易重叠，等高距太大又看不出地形来，如图 7.16 所示。除了用线表达外，两条线之间的区域还可以用彩色方框填充。如图 7.16 就是一个用标准地图色彩范围显示的地图。

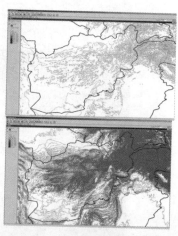

图 7.16　阿富汗的等高线地形图。地图由迈克尔·泰特杰米(Michael Titgemeyer)制作。左图：分层设色法，结果用连续的颜色填充两等高线之间的区域。右图：上图是对同一地区用 1000 m 等高距(等高线太少)，下图是用 100 m 等高距(等高线太多)表过的地形图

　　等高线必须遵循一些形式上的法则。它要么蜿蜒盘旋穿过整个表面直到它到达地图的边缘，要么自身形成一个闭合环。等高线既不能相交，也不能突然中断。当用等高线围绕一封闭的洼地时，需要作一些与等高线垂直的小细线，并指向下坡处。参考等高线，通常用比间曲线稍粗绘制，并标注上高程值。对于要表达小地形的区域，有时会增加虚线点等高线。很少 GIS 软件能兼容绘制等高线的所有功能，如标记。然而，大多数软件可以用其他制图表达方法把等高线放置在上面，如地形晕渲法。

7.3.2　山体阴影晕渲和晕染地形图

　　在传统手工制图中，用地形晕渲来产生三维效果已经有很长历史。直到有了计算机，这些方法通常以手工方式应用于地图制作中。当前在地形图中人为的去晕渲和晕染地形是很常见的事，主要是因为这些方法都被嵌入了 GIS 软件中。在地形晕渲法中，是假设来自单一方位(方位角)和高度(天顶角)的太阳光，用 TIN 的一个面片或 DEM 的单元来计算其假定太阳光的入射角。如果一个表面的面片有一个直接指向光源方向的法线(也就是说，位于表面面片中心垂直于表面的矢量)，那么这个小平面或数字高程模型单元就被照亮了。如果表面法线偏离或是与入射光线垂直，那么这些平面或单元就是暗的。光线从明到暗的变化通常是按比例的，所以影像在明暗之间整体黑白效果是平衡的。图 7.17 就是一幅晕渲地形图。简单的晕渲效果可能

不好。可以用多个光源，引入高亮效果，添加山脊线和水流来增加晕渲的对比度，结合自定义的晕渲技术来增强效果。其他增强晕渲效果的方法还可用坡度相关晕渲和非线性阴影拉伸，或引入彩色来增强效果。这些晕渲地形图常见于参考地图中，同时存在于那些将地形结构作为传递 GIS 地图信息的重要部分。自定义晕渲效果在特殊的地形制图软件中比基本的 GIS 软件中更常用。在 3D 模型中，地形自身的阴影和反射光线都包含在内了。

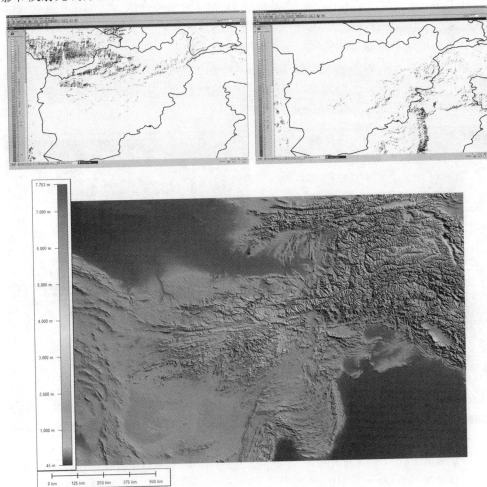

图 7.17　山体阴影晕渲和渲染地貌的差异。所有的影像都采用阿富汗 DEM。上图：在 ArcView3.2 中 315° 方位角的晕渲图(左)和 135° 方位角的晕渲图(右)。下图：在 Global Mapper 中综合了对比拉伸和套色顺序晕渲地图)

7.3.3　透视图

　　三维视图允许在地形表面内或地形表面上创建任意计算机视角。创建这样一个影像视图就意味要从一个特殊的视角点去计算部分表面，不管是看得见的还是隐藏的表面部分都能计算出来。这种方法通常借助射线追踪来完成，即从表面上的每一点开始引一条虚拟射线或矢量，同时观察在射线到达摄影机或视角点时有没有被表面的其他部分断开。在透视图上，通常生成 DEM，体素或 TIN，以便用于计算几何框架，如果表面是可视的，就选择一种颜色来表达。流行的表面色彩模型有卫星影像、航空相片或晕渲地形影像图。采用透视图很重要的一点就是，表面是否用可视空间填充了，或者表面必须用一个"基础"来描述，同时引入地形夸张也是至关重要的。在垂直方向和水平方向上用 1∶1 描绘的地形，从上往下看上去是非常平坦的，所以地形夸张是很普遍的，如图 7.18 所示。

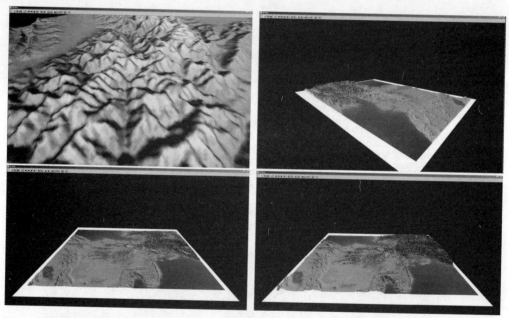

　　图 7.18　不同的透视图。左上：从场景内看到的效果，所以可以不需要边缘。右上：视角旋转后的效果。左下：地形放大到 1∶1 比例的效果。右下：地形放大约 10 倍效果。影像用 Global　Mapper 软件制作

7.3.4　移动，飞过，飞越

　　一旦 GIS 创建了一个透视图，那就可以从不同的视角创建出一幅幅地图，然后依次制作成电影或动画。在万维网中就有许多这样的例子，这种思想被嵌入到地球

浏览器中，如 Google Earth，甚至在电视天气预报节目中。专门的独立软件，或 GIS 扩展功能模块，如 ESRI 的 ArcScene，可用来绘制飞行线路，确定视角，并设置高出地表相应的高度值。不同的动画序列要求保持一个单一视角，除非放大或飞过地形；保持一定的距离范围和视角，除非在一个视角范围内围绕任一点旋转地形；或移到地形内，并在里面移动来说明一个特殊的视图，或接着某一要素如断层线。

　　用 GIS 创建一个 3D 序列是很费时的，但效果很显著。动画是用户与 GIS 交流思想极有效的方法。

7.3.5　三维地形制图

　　采用雷达 LiDAR、从机载机到地面雷达扫描器，都能生成点云和数字地面模型，并且这些数据很详细的表达地形信息，所以可以当成是真正地表景观的三维模型。许多州和机构，如 USGS 和 FEMA，近年来他们已经将大量资源用于更新数字高程模型，这些数据是借助机载雷达 LiDAR 这项新颖且精确的技术来获取。地面雷达在精细制图和工程应用中很常见。图 7.19 展示了 UCSB 大学一幢楼的地面扫描雷达点云。同时，将数码摄影与相同位置上的 3D 方法结合起来，就可以创建出一个真实建筑物。

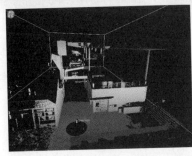

　　图 7.19　加州大学圣巴巴拉分校(UCSB)的科学工程楼的雷达点扫描图。左上：原始的点云。右上：用数码相机进行彩色显示的点云，注意正在移动的人。左下：随距离远近变化赋色的数据。右下：地面雷达扫描图。照片由杰罗姆·里普利(Jerome Ripley)提供，并由波多·博克海根(Bodo Bookhagen)扫描

如果三维模型要包含内部场景，就需一些额外的数据。这些数据既可以来源于数字化的平面图，渲染的数码相片，或根据已知测量数据用 3D 模型工具仔细绘制的图。同样的，3D 模型还可以包含地下的基础设施，如管道，污水管和电线。这样就使 GIS 软件，可视化软件和计算机辅助设计在 3D 建模和界面上形成了有效的集成。图 7.20 展示了另一个来自 UCSB 校园的例子。

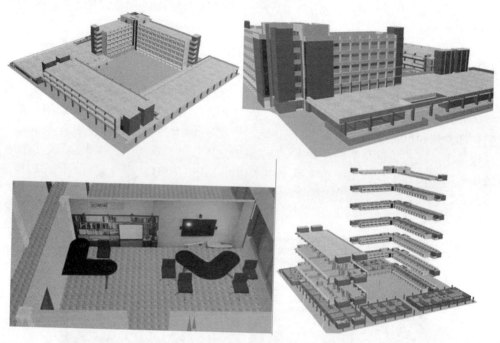

图 7.20 三维渲染 UCSB 的菲尔普斯大厅，包括了内部建筑，这是通过对平面地图进行拉伸和校正，并加上数码照片生成的。数据来自于 2008 年春季 Geography 的 176C 计划，影像由切恩·哈德利(Cheyne Hadley)、道格·卡雷罗(Doug Carreiro)、斯科特·普莱德(Scott Prindle)和保罗·缪斯(Paul Muse)提供

7.4 地形分析

虽然 GIS 在识别和显示数字高程及地形数据方面功能强大，但分析功能才是 GIS 功能中最重要的。基于地形(事实上还包括其他领域)的空间分析是以科学方法为 GIS 提供许多功能。它可以用一些衍生表面的小部分抽样数据说明，而不需要用手上现有的基础地形数据生成。

7.4.1　梯度和剖面

无论是沿着 x 轴还是 y 轴，或沿着一条路、一条河穿越地表时，就构造了一个剖面。许多 GIS 软件能生成一个横断面，用以表达沿着某条轴或是两点之间的直线形成的表面。同样可以想象绘制一幅用来徒步旅行或跑步用的地图，地图上显示了高程和道路的陡峭信息。象这样的地图通常用在地理学、地质学、考古学和其他地方。图 7.21 列举了一个例子。梯度也能从等高线地图中计算出来，等高线间距离越短，山体越陡。

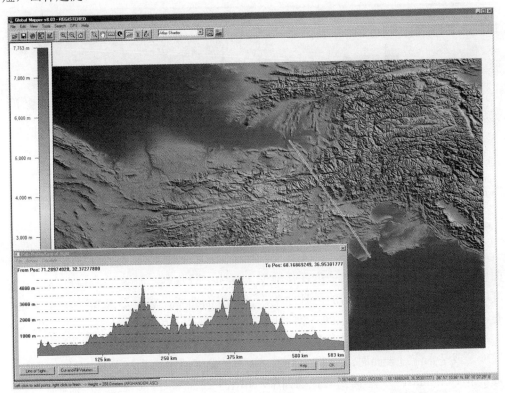

图 7.21　Global Mapper 软件中显示的阿富汗地形图，图上有一条横断线(黄色)及其产生的地形剖面图

7.4.2　坡度和坡向

就像在数学中，如果假设高度是一个有关 x 和 y 的连续表面方程，然后就能想象表面有一个坡度或是梯度。对于 TIN 表面而言，坡度有一个强度(陡峻)和方位(方

向)。在 DEM 中采用坡度和坡向以及如何计算坡度和坡向是很重要的。通常用某个像元周围 8 个方向的邻近像元作为其邻域(就是用中心像元紧邻的 8 个邻域像元),然后选择最大坡度和方位作为其坡度值使用。基本上所有的 GIS 软件都能计算坡度和坡向,并生成一个新坡度和坡向地图层,并将其值以不同级别或用连续的晕渲进行描绘,如图 7.22 所示。坡度等级图在城市规划和交通工程中相当常见。例如,进一步分析,在 GIS 中就可以计算整个区域大于 30 度的斜坡,这些可能更容易发生山体滑坡。类似地,我们能找出一座山上所有朝北的坡面,春天这些地方的雪是最后融化的。

图 7.22　阿富汗地形图。左图:坡度,由 Quantum GIS 计算。右图:坡向,用 ArcView 3.2 计算

7.4.3　基本的地形统计

坡度和坡向只是众多计算局部地形中的两个。在 GIS 中,经常计算坡度曲率。曲率属性是基于地形坡度的坡度,在数学上称为二阶导数:通常是在指定方向上坡度或坡向的变化率。最常用的两种曲率,一是平面曲率,它是沿等高线方向的变化率,另一个是剖面曲率,是沿一流向线坡度的变化率,流向线就是沿山下梯度最陡的那条线。剖面曲率是测定潜在坡度变化率,而平面曲率测定的是地形聚集和分离程度,或是水流过表面时汇集的可能性。第三种曲率,是由米特苏瓦(Mitasova)和霍费尔卡(Hofierka)1993 年提出的正切曲率,相比平面曲率而言,它在研究水流聚集还是分离上更为恰当,因为它能更好处理平坦地区。正切曲率就是与水流方向和表面都垂直的斜平面的正切函数。(1996 年由 Wilson 和 Gallant 提出)。

另一个坡度的基本描述是下坡水流方向,如图 7.23 所示。虽然有很多种方法来计算水流方向,但所有情况都是假定表面的水流是从像元中心开始,再流向出口点的。出口点是另一个像元还是多个像元,这对于确定另外一个参数是非常重要的,那就是下坡的汇水量。它是从上游像元中流入 DEM 每个像元的水流总和。当这个值很小或为零时，那么像元一定是在山峰或山脊上，也就是说在流域的边缘。另一方面，当这个值很大时，这个点就可能位于地形水系上的一个点。离水流出口点越近的地方，这个值就越大。图 7.23 给出了用 GIS 计算该值的例子。这些值有助于利用 GIS 直接从 DEM 中提取水系特征，这个转换是非常有实际意义的。

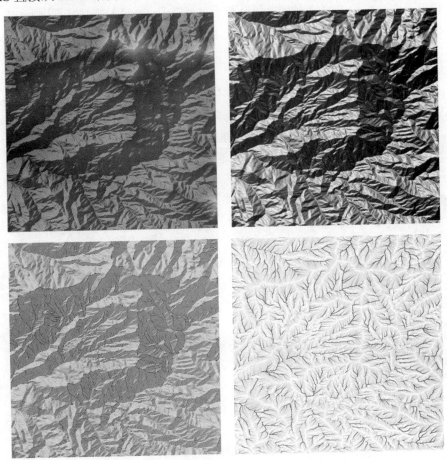

图 7.23　左上：红杉国家森林公园的部分数字地形图。右上：下坡水流方向。左下：剖面曲率。右下：下坡水量。影像由 LandSerf 提供(www.landserf.org)

7.4.4　地形特征的提取

虽然我们从地面上看地形复杂多变，但从拓扑的角度看，地形是由相当简单的模式构成。在两端，地形有高点和低点之分，分别叫山脊和山谷。从局部山脊开始沿零度梯度形成的线，叫做山脊线。相反，从局部山谷开始沿局部最小表面形成的线叫水流线或水系。表面极小原则就是排水线或是小溪。鞍部点位于山脊线和水系线交叉处，这些点既是最大值又是最小值。如果把表面上这些线连接起来，就生成了通常叫做地形轮廓或地表网的网络结构。这一网络结构在地理学上于 1975 年首次被恩兹所描述(Warntz and Waters，1975)。

利用下坡汇水量，就很容易找到地表上小到零(山脊)和大到制高点(水系)的所有值。把这些值计算成高分辨率就可以将交叉地表断裂连接起来，通常是计算较平滑的表面，或在较小的格网单元内计算相同值完成。结果是能表达地形的栅格地图或矢量地图，同时山峰、凹处和鞍部也提取出来了。

图 7.24 与图 7.23 显示对同一数据的不同处理过程。不同 GIS 软件是在不同程度上提取地形轮廓特征。这个处理过程最好采用 GRASS 软件(就是后来的 Quantum GIS)。一旦地形轮廓提取出来，也就创建了流域和流域界。在进行地表水流、洪灾、侵蚀等有关的地图创建和分析时，创建这些区域是非常重要的。图 7.25 显示提取的特征用于预测排水系统的位置，该方法无论是单一盆地还是全国范围内都实用。

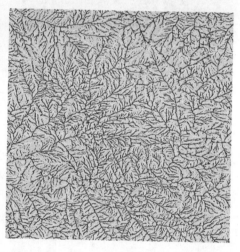

图 7.24 从红杉国家森林的 DEM 中提取的地形特征。左图：晕渲地貌图。右图：地形特征。蓝色是水系，黄色是山脊，红色是山峰，绿色是鞍部

举个分析功能的例子，一旦计算和提取了水系网，就可根据水系的斯特拉勒级进行分级。这个系统中，是假定所有水系的水源都在同一水平上。当两条级别相同的水系相连时，它们就增加 1 个级数。通常排水系统是通过分析与高程，排水面积，坡度，曲率等相关的水系级数而定的。一旦水系的级数计算了，它就可以作为水系的属性部分以备进一步分析。图 7.26 列举出了如何提取斯特拉勒级数的例子。

图 7.25　左图：用阿富汗 SRTM 的数字地形数据计算的水流方向；叠加的矢量水系是来自 AIMS 数据库。右图：计算汇水量，以数字化形式显示了潜在排水系统。地图由迈克尔·泰特杰米 (Michael Titgemeyer)制作

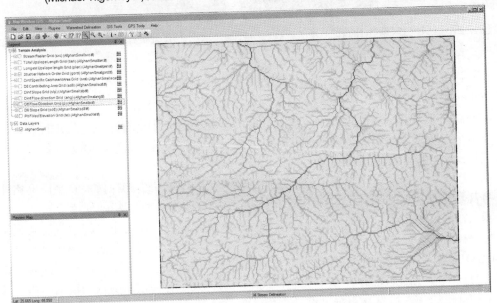

图 7.26　在 Map Window GIS 中利用 TAUDem 计算出阿富汗的斯特拉勒(Strahler)支流级数，水系越深，它的斯特拉勒等级就越高

7.4.5　通视性和视域分析

　　要进行转换的地形数量很大时，有个设置非常有用的。假设在地形上选取任意两个高程点，从一点到另一点画一条矢量来查看这条矢量是否与地形相交。如果线与地表相交，那么观察者在其中一个点上就看不到另一点上的物体，反之亦然。这

种特性叫做通视性。在一定距离，地球曲率和其他因素的影响限制了可视范围。如果从单一位置上计算出所有能见视点，就生成了一个称为视域的多边形。从该位置看，视域内所有点都能看得见，如图 7.27 所示。

图 7.27　红杉国家森林公园的 DEM。红色阴影是从地图中心山峰右边能看见的区域。影像由 Global Mapper 生成

　　计算视域的有利地方是山顶，手机天线塔，无线电发射器等。视域内不仅能看到山顶上的太阳光，也能收到来自无线电发射器位置上的无线电信号。视域分析被用到高速公路和滑雪胜地规划，以及寻找哪些地方适合观看海洋或是标志性建筑。军事上，有助于了解一条路在哪儿，例如在一个特殊位置上发现一辆车。借助 GIS 进行视域分析，在规划或决策分析中是非常重要的。

　　在进行后面的讨论之前，我们对地形转换已经作了初步的探讨，它是用网格作为其数据的结构。许多这些选项在格网上很容易操作，或在某种程度上用点云表示。在一些例子中，如通视性计算，计算机负荷会很大。在这个实例中，通常采用另一种结构，如 TIN，首先从地形中提取出 TIN，然后再确定是否有必要对所有的 DEM 进行计算。人们已经注意到，在地形视野或通视性中如有准确的地平线时，精细的 TIN 数据比 DEM 更好。总之，这章介绍了大量有关地形数据的数据结构、显示和分析选择。虽然这里强调陆地表面，但这些方法也同样适用于水深测量及任意连续表面的 GIS 计算。

7.5　学习指南

要点一览

○ GIS 能使用表面或场模型处理连续变量。

○ 在场模型中，单个属性通过空间抽样而来，然后假定其是连续的，如气象站测得

的地表温度。

○ 场模型中相邻区域的值是最接近的。

○ 在一定距离内，一个点对场模型中值的影响能减少到零。

○ 空间自相关性被看作是拖布勒第一定律：距离越近相似性越大。

○ 地形和其他表面可以有断痕或不连续。

○ 地形不连续地方指的是悬崖，山脊线，河道，悬岩和山洞。

○ GIS 能计算不同派生地形，它有助于分析。

○ 大多 GIS 仅能处理地表以上的面，在特定的位置上采样。

○ 一个简单的地形模型是用点来记录高程，再内插成规则的格网点。

○ 如果样本点太少，必须进行内插；如果样本点太多，就是抽象出一个点云。

○ 两种插值方法——反距离加权法和克里格法。

○ LiDAR 雷达常用在地形制图和密集点云创建。

○ 用等高线描述地表已有几百年历史，它们是高程相同的点连接而成的线。

○ 许多 GIS 软件支持等高线自动绘制。

○ DEM 从等高线中提取而来，但在高程上存在一定的偏差。

○ 在地形模型中，TIN 能包含地表上的关键点。

○ TIN 用独特的 Delaunary 三角形连接采样点。

○ TIN 支持体积计算和等高线绘制。

○ DEM 网格有范围，即垂直和水平的分辨率。

○ DTM 是添加了表面特征的 DEM，如建筑物和树。

○ 对 DEM 进行投影或镶嵌时会出现问题。

○ 低分辨率和精确的 DEM 在地图上可能和其他表面特征不匹配。

○ 网上有许多 DEM 可以下载。

○ 一个体素是可视化和建模的三维网格单元。

○ 体素能够描述表面表达面的不连续。

○ GIS 通常需要特殊的扩展功能来处理三维模型。

○ GeoVRML 是 GIS 的一个标准的 3D 软件。

○ 制图学用许多方法来表示表面：等高线，分层设色，山体阴影晕渲，阴影渲染，
  透视图，动画和三维可视化。

○ LiDAR 雷达点云可以和三维地形模型一样精确。

○ 三维模型可以和 GIS、CAD 及可视化安装包完好的集成。

○ 地形分析起源于地表横切面的二维计算。

○ 大多数 GIS 可以计算表面坡度和坡向。

○ 许多还能计算基本地形参数：坡向，平面曲率，剖面和正切曲率，水流方向和汇

水量。

○ 可以从地表面网中提取山脊线，河道和重要点等地形参数。

○ 这些地形参数可以形成排水网及流域。

○ GIS 支持表面通视和可视域分析。

○ 视域和流域分析在其他 GIS 分析及规划中非常重要。

○ 陆地表面分析的知识同样可应用到水深测量和抽象的地理表面分析中。

学习思考题

地理场

1. 用表列出用场模型比要素模型表达更恰当的地理现象。如人口稠密度，发病率和天气数据。确定哪种地形数据模型更适用于处理 GIS 中的每个属性。

2. 集体探讨下在特殊地理场中会出现哪些空间不连续性，比如空气污染率。哪些原因会引起空间不连续呢？在 GIS 中怎样处理它们？

地形数据结构

3. 选择一个特殊的地理场变量，结合第七章中介绍的任意几种地形数据模型的优劣。对于一个具体的任务，它们中哪个最优，哪个最差？

4. 当用 TIN 模型操作时，哪种地形应用和转换更为简单有效？

5. 地形数据存成点云的优劣有哪些？思考下点云在实际地表面中变得密集或稀疏时会出现什么情况。

地貌表达

6. 选择一个位置(最好是一座山或山脉)，尽可能从 USGS 的无缝数据服务器中提取一个高分辨率 DEM。在 GIS 软件中尽可能用这章讨论过的地形表达方法，如等高线，阴影渲染，透视图等，哪种地形表达方法最好：①地形的公制特性(就是高程)；②地形的视觉影像。

7. 采用 GIS 数字要素模型，从数字等高线地图中尽可能录入较多的点，再标注上高程，然后用反距离加权法或克吕格法将样点内插成表面，减去最初生成等高线的 DEM，对差值结果做出解释？

地形分析

8. 本章简要研究了各种基本地形参数。每种地形参数在获取时有哪些特点？通过阅读书籍和科研论文来。

9. 可视化地图通常有哪些应用？尽可能列出较全面的理解。DEM 的高程误差是如何影响每一项应用的？

7.6　参考文献

Chu, T. H.and Tsai, T.H. (1995) Comparison of accuracy and algorithms of slope and aspect measures from DEM, *in Proceedings of GIS AM/FM ASIA '95*, pp. 21-24, Bangkok.

Jenson, S. and Domingue, J. (1988) Extracting Topographic Structure from Digital Elevation Data for Geographic Information System Analysis. *Photogrammetric Engineering and Remote Sensing*, Vol. 54, No. 11, pp. 1593-1600.

Moore, I. D., Grayson, R. B. and Ladson, A. R. (1991) Digital terrain modeling: A review of hydrological, geomorphological, and ecological applications. *Hydrological Processes*, Vol. 5, pp. 3-30.

Rodriguez, E., Morris, C. S. and Belz, J. E. (2006) A global assessment of the SRTM performance, *Photogrammetric Engineering and Remote Sensing*, vol. 72, no3, pp. 249-260.

Sui, D. Z. (2004) Tobler's First Law of Geography: A Big Idea for a Small World? *Annals of the Association of American Geographers*. 94(2): 269 - 277.

Warntz, W. and Waters, N. (1975) Network Representations of Critical Elements of Pressure Surfaces. *Geographical Review*, Vol. 65, No. 4, pp. 476 - 492.

Wilson, J. P. and Gallant, J. C. (2000). *Terrain Analysis. Principles and Applications*. New York: J. Wiley.

7.7　重要术语及定义

坡向：在坡面上特定点的方向，通常为最大坡度值的方向。

海洋测深学：与地形相当的水体研究，研究湖泊或是海底三维水深。

burning：在水流特征位置，如河床，人为的降低其数字高程，以便更准确地描述其特征。

等高距：在等高线地图中，相邻等高线之间的垂直距离。

等高线：表面上高程相同的点连接而成的线。

等高线地图：地形高程的等值线图。

挖、填方计算：把地表填平或挖成斜坡需要增加或移除的土方量的计算与信息管理，例如沿一条路挖填的土方计算。

Delaunay 三角形：一种将不规则空间点集划分成互不重叠的三角形和边的空间最优划分方法。

DEM：数字高程模型，高程的栅格阵列。

数字地形模型：地表特征以上的表面模型，包括建筑和植被。

下坡流向：地形表面上，沿下坡方向的地表水流方向的汇水量。

流域：地表降水沿山下流入水体流经的区域，如河流，湖泊，水库，河口，湿地，大海或海洋。

高程：参考基准上的垂直高度，常以米或英尺为单位。

场变量：在空间表达上连续的地理值。

飞过：数字地形模型晕渲的动画，观察者眼睛位置可穿过或围绕表面移动。

飞越：用数字地形模型晕渲的动画，观察者的视野中充满了地表坡向。

地理浏览器：一种 web 浏览器，用户通过它可对地理信息进行地理空间可视化的交互操作，如移动、放大等。

geoVRML：一个允许导入特定真实世界坐标系统的 VRML 扩展软件。

梯度：多元线性关系中的常数，也就是一条线向上与向下增长的比率，同坡度一样。

网格：一种逻辑地图数据结构，由大小相同和包含唯一属性值的像元组成的矩阵阵列。

格网单元：在矩形格网中的一个单元。

格网范围：与地面或是地区的地域范围相匹配的网格。

海拔：参考基准面上的垂直距离。

晕渲：用一个明显的阴影效果来突出地形，这样地表就会呈现不同的明暗度，就像在低太阳高度角下一样自然。

插值：一种产生新数据值的方法，用户利用一组已知离散点数据在一定范围的格网点上生成新的数据值。

通视性：能够从一个点看到另一点的位置和特征的特性。

反距离加权法：一种插值方法，通常已知离散点集对未知点值的权重是与其未知点的距离成反比。

等值线图：将所有值相同的点连成线组成连续线而构成的地图。

KML：Keyhole 标记语言，是一种基于 XML 语言架构，它用来表达地理标注和基于 web 可视化，二维地图和三维地球浏览器。

克吕格插值：一类地统计方法,将观测值附近的不可观测的位置内插一个随机值。

lattice：某个表面上范围内的逻辑格网，它可以承载任何表面属性值。

LiDAR：激光探测和测距仪。

镶嵌：一种数据处理方法，它能将那些独立编辑、但地理空间上又相接的数据进行拼接时出现的融合的问题处理掉，特别是在 DEM 中广泛应用。

峰值：全部或局部地表的最高点或最大值。

点云：在特定(x, y, z)空间中的大量观测点。

格网点：规则抽样框中的点，其表面值是内插或采样而成。

剖面：一个地理样本在垂直方向上的 3D 横断面，通常用来表示表面形状。

栅格：基于格网单元的地图数据结构。

射线跟踪：一种在图像平面通过像元跟踪光的技术，例如检查它们与表面的交点。

参考基准：一个对地球表面三维高度的基本参考标准。该数据是通过定义椭球体，地球模型及海平面而获得的。

地形起伏：在一段地形中最高海拔减去最低海拔。

山脊线：地表上连接一座山峰到另一山峰之间局部最高点的线或是从山峰到鞍部的线。

鞍部点：在地表不同方向上的点，它既是该表面的最高点又是最低点。

无缝：不同编辑生成的数据在拼接时能达到消除数据间差异的效果。

晕渲地貌：使用晕渲和其他技术可视化技术来描述地表形态。

坡度：一个沿表面的多元线性关系中的常数，也就是海拔增长率。见梯度。

测声：在一个点上测量水的深度。

空间自相关：变量值在空间上与自身具相关性的现象。

高程点：在地面上测得高度或高程的一个点。

SRTM：航天飞机雷达地形测绘计划(SRTM)，由它获得的高程构成了最完整的地球数字地形数据库。SRTM 由机载雷达系统组成，该系统于 2000 年 2 月搭载在航天飞机上。

山峰：地表局部最大高程值，通常是一些重要地形特征，如高山顶。

表面：通过连续观测地理现象来表达的空间分布，就像在地图上绘画。

坡度曲率：表面的二阶导数，通过量测一平面切线到该平面的坡度得到。平面曲率是沿等高线坡向的变化率。剖面曲率是沿着最陡下坡线的坡度变化率。正切曲率通过测量垂直于水流方向和表面的倾斜面正切函数而得。

表面不连续性：表面上的一个点，一条线，或是一个面，空间自相关是暂时的中止，比如悬崖。

地表小平面：任意地表分割面，比如一个格网单元或是 TIN 三角。

表面模型：有关地理场属性的一种抽象假设。

表面网络：表面上连接所有山峰点、凹点和鞍部点而生成的线构成的几何网络。

表面法线：过某点与表面垂直的矢量，通常是局部坡度最大值的正切平面，与最大坡度值的方向一致。

地面样点：从表面上提取的用以表达该表面的任意点集。

地形：地形形态的三维表达。

地形夸张：在地形表达中，将与 x 和 y 方向垂直或 Z 轴进行放大。

地貌表示法：制图中描述地形起伏的一种方法。

地形轮廓：一个包含地形特征的表面网络，如断裂线、排水线和山脊线。

TIN：一种用于存储体积属性的矢量拓扑数据结构，通常是地理表面。

拖布勒第一定律：任何事物都与其他事物相关，但距离近的比距离远的地物相关性更大。

地貌学：研究或绘制地表形状和特征及描述其特性的科学。

视域：从表面上一些点引一条到观察者位置的矢量线，如果这条矢量与表面不相交，那么这些表面点所构成的区域表面就是视域。

体素：一个体积要素，在三维空间中代表一个规则的网格值。

VRML：一种在万维网上用来表达三维模型的 ISO 标准文件格式。

流域：一条河或小溪以及其支流所流过的整个区域。

7.8　GIS 人物专访

布莱恩·克利兹(Brian G. Lees，简称 BL)，地理学教授，物理数学和环境科学院院长，UNSW@ADFA (新南威尔士大学—澳大利亚国防军事学院，堪培拉，澳大利亚)

KC: 您所受的教育对您日后从事 GIS 工作起到了什么样的作用?

BL: 以前，我是一名 RAF 的领航员。领航员的训练涉及一些地图制图(包括规划和一些测量学)，气候学，高数和更多其他学科。这些为我以后的工作打下了坚实的基础。我离开 RAF 后便结束了空中测量工作，为澳大利亚国家地图制图机构做高精度摄影，地理勘查和早期的雷达遥感。在采矿工业日益衰落时，我去上了大学。我获得了悉尼大学的 BA(荣誉学位)和哲学博士学位。我的论文是关于沙滩沉淀物动力学的研究，哲学博士论文是做陆棚沉积动力学研究。这对我产生了很大的影响，不仅为统计学打下良好的基础，知道了许多力学和认知理论。在我们着手用自制的电子设备来创建冲浪区时，我从自然地理学中掌握了计算机技能。

KC: 您是如何对 GIS 产生兴趣的? 同时在您的 GIS 身涯中有专门的研究区域吗?

BL: 1985 年，我在澳大利亚国家大学地理部门工作。在那儿我不仅教地貌学，这是我应聘的岗位，而且还从事遥感和 GIS 研究。我帮助管理大学在 Kioloa 的野外测量站。第一堂课讲授的是手动计算器和栅格制图胶片数据集的使用方法。在一年内我们学习了 GIMMS(来自于爱丁堡大学的基于矢量的制图软件)和 Dana Tomlin 地图分析安装包。我开始教授许多与 GIS 有关的地貌学,地貌计量学,侵蚀模型和水文学。这对于 Kioloa 周边的教学数据集、习题及其土地管理的建立是非常重要的。从而产生了一个有关土地类型建模、决策支持和数据融合的专业。如果关注这些模型的误差来源,就会对 DEM 及 DTM 的误差进行更严密的检查。

KC: 澳大利亚的学生在学习 GIS 中都做些什么?

BL: 在澳大利亚,大多数大学的地理学、测量学、考古学、地质学、流行病理学、工程学和环境科学都教授 GIS,这儿比欧洲更侧重于土地类型制图上,但是与美国一样都是交叉在一起讲授的。

KC: 请谈谈您编辑的 International Journal of GISscience,同时谈谈它在全球 GIS 研究中作用。

BL: 在很长一段时间内,IJGISc 都是第一个,而且是地理信息科学领域唯一个学术期刊。这本期刊由艾瑞·科波克在爱丁堡大学建立,这所大学是计算机制图和 GIS 的先驱者之一。皮特·费舍尔在 1994 年接管同时担任主编,直到 2007 年我接手。我们发表的论文量稳步增加,同时我们将在 2010 年再次增加以应对投稿的增长率。期刊的成长非常准确地反映了在这一领域专业水平的增长。我们希望这期刊是反映社区产生的最好研究成果及其相关性。这是少有的真正国际化 GIS 期刊之一;我们欧洲编辑和亚太编辑、美国编辑都很忙。

KC: 在地形分析中您主要做什么?在澳大利亚,专门从事地形分析的人员做什么?

BL: 由于教学和研究强调地表覆盖和地貌演变建模,很自然我就对地貌计量学和水文建模也产生兴趣,包括土地退化和土地盐碱化建模。这是受澳洲国立大学的影响,摩尔和麦克·哈钦森也在那工作,并且安迪·斯基德摩尔和约翰·葛朗特也在那做研究。我的工作是和许多学生一起共同寻找误差源及陆地覆盖建模,土地盐碱化预测、土地退化和提炼录入的变量。由于 DEM 是所有这些研究的基础,因此,在完善 DEM 生成和建模时评估地形变量上耗费了我很多时间。由于澳大利亚非常关注缺水,土地盐碱化等问题,这自然成为许多其他澳大利亚研究者的焦点。这项工作使我们足以解决其他问题,这些似乎是无关的,但是事实并非如此,如市内的犯罪恐慌模型的建立。

KC: 您对 GIS 初学者有什么建议吗?

BL: 学习 GIS 和其他课程不同。要投入很多时间和脑力劳动。但是所有的付出都是值得的，GIS 技巧能让你能以最佳的方式解决问题。唯一的捷径就是动手做，不断地找方法，不断地犯错误。

KC: 您还有其他要解释的吗?

BL: 在就业需求饱和之前，不要认为有五年的时间来学习 GISc 课程，这是极为错误的。我们不能再犯更多的错误了。

KC: 谢谢布莱恩。

第 8 章

GIS 制图

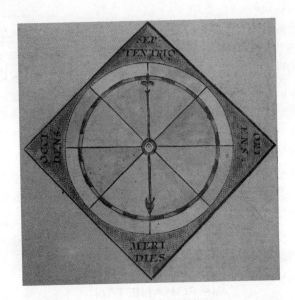

在被问及引入墨卡托北极、赤道、热带、带和子午线有何用处时，贝尔曼会大吼说："这些只是常规的标志啊！"

——路易斯·卡罗尔(Lewis Carroll)，《狩猎的斯纳克》

8.1 地图的组成

地图可以定义为现实世界的相关特征在地理世界内整体或者部分的图形描述，这些特征用符号替代，并放置在其缩小比例的正确空间位置上。就像我们熟知的地图是空间信息的仓库一样，这些空间信息是 GIS 的数据来源，同样也是 GIS 工作的最后阶段。借助 GIS 的功能进行信息提取、分析和重构，最后与 GIS 用户及用 GIS

挖掘知识的决策者进行交流。许多 GIS 中的地图可以是仅用来进行信息浏览的临时性地图，也可以是一幅为了表达思想而取代图片和报表的永久性地图。

　　有必要回到第 2 章 GIS 起源于地图学的问题讨论 GIS 正确制图所需要的关键信息。不管地图的上下文环境是什么，地图都有一个可视化的结构。就像英语句子必须遵循语法和句法结构才能被人理解，地图也应遵循视觉上的语法。从本章开始，我们先讨论各种地图的名称以及哪些名称是必要的。然后再来描述如何用 GIS 系统显示地图，如何根据 GIS 中数据的各种属性及地理特性来选择合适的地图。接下来再讨论地图设计，总结一些制图人员设计的用来选择地图符号的制图规则，如色彩的选取及地图的有效布局。

　　就像地图有结构，这个结构可以根据我们在进行地图显示时所采用的载体不同而变化。通常 GIS 用计算机而非传统的纸质地图来控制地图的显示。直到计算机制图出现许多年后的现在，制图人员才开始懂得如何用显示介质来进行地图设计。这也就是要考虑 GIS 的重要原因。

　　首先，我们要定义用于地图中的一些术语。图 8.1 显示了一系列制图要素。一个制图要素是构成一幅地图的基础单元，同时也是所有地图组合的基础。每个要素应是存在的，一些情况下例外。地图的两个基本部分是图形和底图。图形是地图数据本身的主体，也是在地面坐标系中相关的地图部分。一幅地图上几乎所有其他部分都位于地图使用的页面坐标上，用该坐标来定义地图布局本身的位置，而不是采用任意一种世界坐标系。在最终地图上还采用方格图或格网，通常还有一个指北针来作为两套坐标系的关联。图形部分、底图及图例都是符号。图例通过在页面坐标空间上把文字和符号紧挨着放在一起，实现了符号译为文字。

图 8.1　地图要素集，包括标题、整饰线、比例尺、图例、参考数据、数据来源及其他关键要素。地图由迈克尔·泰特杰米(Michael Titgemeyer)提供

边框是显示介质上(纸张、窗口、计算机屏幕或其他媒介)超过地图整饰线的那部分要素(见图 8.1)。在特定的环境下，在这些空间内还应加入一些额外的信息，如地图版权、制图者姓名或者日期。整饰线是地图上的可视化边框，通常用单粗线或双粗线围绕整个地图构成一个矩形框。从设计的角度来看，整饰线为页面(即制图设备)坐标系提供了基础，在页面上以英寸或厘米为单位。

文本信息是地图不可分割的部分。没有文本，地图就不完整。文本信息包含在标题(它们的措辞表达了地图的主题，并传达了整个地图的"感觉")、地名、图例、地图资料说明和比例尺中。比例尺是地图上用以表达地面坐标空间和地图页面坐标空间关系的可视表达。当地图在不同的显示设备和窗口进行投影或渲染时，地图比例尺的代表分数就会改变，所以图形比例尺是最佳选择。地名放置要遵循一套严格的规则，都要放置在基于地图空间内的图形和有关特征上。点、线、面特征要遵循不同的放置法则。同样，在处理名称和特征符号重叠的问题上也有法则可循。图 8.2 列出了一些放置规则。

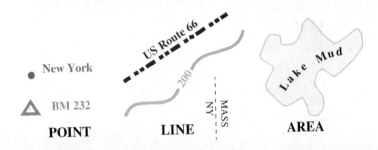

图 8.2　一些制图标注放置规范。点：标注在右和上以避免重叠。线：沿线方向标注，如果是一条河，必须沿河流弯曲方向标注。文字应从左往右、从上往下读。多边形：根据多边形图形和垂直形状，标注在稍微弯曲的线上

最后，插图是一张放大或者缩小的地图，是设计用来放置到地理环境的地图或放大感兴趣区域，它的详细程度对主地图比例的说明是非常有用的。插图需要有自己的一套制图要素，虽然它们通常被高度抽象，甚至许多要素被省略。为了避免混淆主地图和插图，插图的图形和底图必须清晰可辨。例如，许多美国人就误认为阿拉斯加和夏威夷是脱离圣地亚哥的两个小岛屿。

8.2　地图类型的选择

纵观 3000 多年的制图历史，制图人员设计出许多方法来用地图显示数据。划分

这些方法的方式就是看一下如何用几何维度来显示属性。因此，我们就有了点地图、线地图、多边形地图以及三维视图。

许多地图同时能显示一些或所有的点、线、面特征，这类地图通常称为"常用地图"。专题地图仅仅是表达一个或两个主题或是图层信息的地图，这类图层通常为了使用方便而采用编码、着色和分组。在这一部分，我们看一下可用的地图类型范围。一个基本的概略或参考地图(见图 8.3)显示了地图数据最简单的属性。图 8.31 中显示了阿富汗中央情报局世界概况入口的位置，以洲和海洋命名的世界概略图就是一个例子。一般的参考地图，通常能显示出一系列(包括地形、河流、边界、公路和城镇)特征，叫"地形图"，如图 8.4 所示。

图 8.3 参考地图，来源：*https://www.cia.gov/library/ publications/the-world-factbook/*

地形图通常位于 GIS 图层后用作参考信息。一幅点地图(见图 8.5)用点来描绘特征的位置，并且可能在基础地理底图上显示人口分布之类的信息。图片符号地图(见图 8.6)采用一个有意义的符号(例如头骨和十字架)，来定位龙卷风伤亡人数之类的点特征。分级符号图(见图 8.7)除了符号大小随属性值大小变化外，其他都是一样的。用圆表示的例子中，圆被分为一系列的大小等级，这种情况的地图我们称之为"分级符号地图"。典型的几何符号可以采用圆、矩形、三角形或阴影的"球形"。

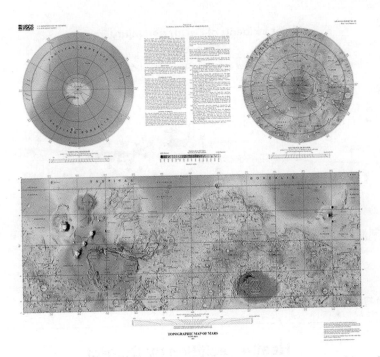

图 8.4 地形图。USGS 显示地火星地形图，来源：*http://wrgis.wr.usgs.gov/open-file/of02-282/*
注意坐标投影

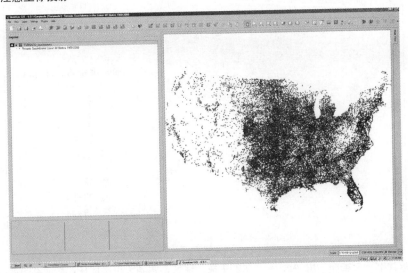

图 8.5 点地图。1950—2006 年间龙卷风在美国 48 个州登陆的位置点，地图由 Quantum GIS 软
件生成

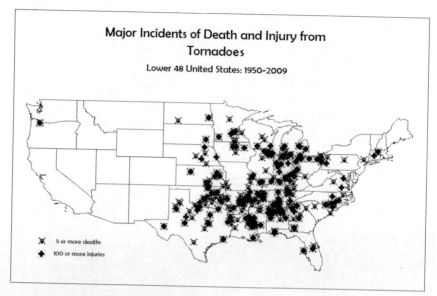

图 8.6 图片符号或素材地图，此例用 QGIS 软件生成

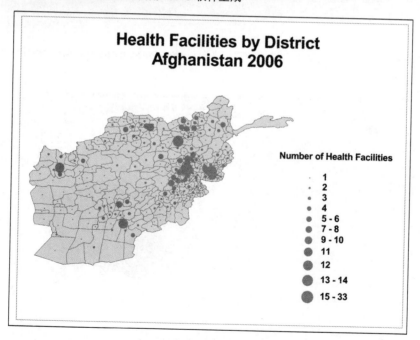

图 8.7 成比例符号地图。用 ArcView 3.2 生成，注意，圆圈大小是成比例的或分组的(分级的符号地图)。理想状况下，小圆圈应被大圆圈挡住

网络地图显示了具有相同属性的一组连接线。地铁线路图、航空路线图、溪流和河流的地图都是例子。流向图(见图 8.8)也是一样的。但是它采用线的宽度来显示其数值大小，例如，用来显示空中交通容量或一个水系的水流量。水流方向可以用箭头来表示。

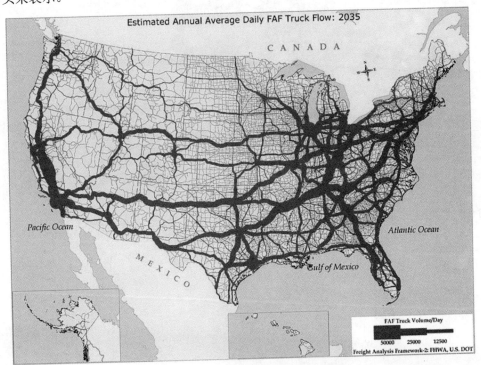

图 8.8 流向图。2035 年的货运交通的货运分析框架预报。来源：阿拉姆·非科普(Alam, Fekpe)和马吉德(Majed)，参见：*http://ops.fhwa.dot.gov/freight/freight_analysis/faf/faf2_reports/reports7/*

等值图是常见的阴影地图，其数据已经分类，州或国家的区域根据其属性值大小来涂上阴影或加重着色或减少浓度，如图 8.9 所示。大多数 GIS 软件包都能制作这类地图。注意，这些地图应该在以下情况下使用：它们的计数和数字已经标准化为比值或密度来显示。否则，区域将只能纯粹靠大小来控制图形显示，这样做没有实际意义。这种图上的变化，未分类的等值线地图采用了连续变化颜色或色调，而没有采用上面提及到的分类的步骤。区域定性地图(见图 8.10)只是简单给出了一个区域的颜色或图案。例如，地质图上岩石类型的颜色，或者是来自于遥感图像分类中的土地利用等级。

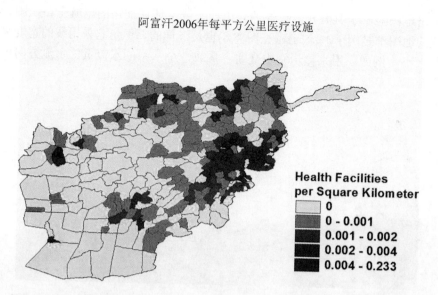

图 8.9　等值线地图。值是根据区域大小来分级的，然后涂上阴影，由 ArcView 3.2 制作

图 8.10　土地利用地图，区域定性地图的例子。根据区域的不同类型采用不同的颜色。来源：
　　　　USGS NAWQA 程序，基于 GIRAS 土地利用数据

另一种描绘区域数据的方式实际上会使地图发生扭曲，所以显示特征的区域与属性的大小成比例。这些地图通常被称为统计地图，是与地图差不多的图表。生成统计地图有几种方式。例如，一些形状上不连续，或保留了拓扑结构，但大小扭曲的单元(见图 8.11)。统计地图通常用专门的独立软件包，或者 GIS 的脚本语言生成。许多这类脚本都可用来生成统计地图。统计地图上信息源自 NCGIA 的网站，称为统计地图中心网站。(*http://www.ncgia.ucsb.edu/projects/Cartogram_Central/*)

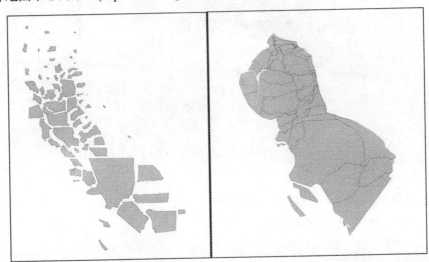

图 8.11　统计地图，用加利福尼亚的县及面积与人口成正比的多边形数据生成的图。左：非邻接统计地图。右：邻接的统计地图。地图由史蒂夫·德莫斯(Steve Demers)制作，来源：统计地图中心(NCGIA, USGS)

有几种方法可以显示体积数据。从块状图表来看，不连续的数据通常显示出阶梯式统计表面，如图 8.12 所示。

标准的等值线地图(见图 8.13)是一幅线与值相同的点相连接而成的地图。假设表面是连续的，这就使那些突然断开的线平滑了。与地形相当的等高线图，有其特定的基准和等高距。地势图的不同是在等高线之间内填充上一颜色序列来说明高程的变化。影像地图和教室里的地形图都是用这种方式来成图的。

从三维渲染表面透视图看，都是一个个的栅格渔网(见图 8.14)，格网变形的地方正是产生三维效果的地方，当用图像或者渲染的地图覆盖表面而不用格网时，生成现实透视图(见图 8.15)。后一种方法常用于动画效果。地图中的地形通常是模拟山体阴影实现(见图 8.16)，阴影的明亮程度是计算机模拟的，并用灰阶或彩色图的方式来显示表面。等高线的明暗照度是不同的，阴影算法仅应用于等高线本身。

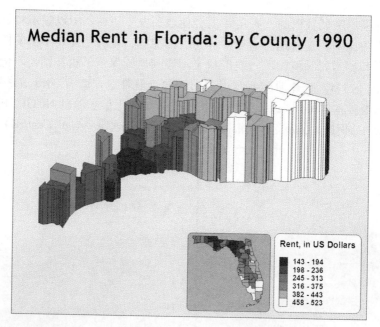

图 8.12 阶梯统计表面图。在明显的 3D 方法中，表面高度与数据值是成正比的。由 Golden Software MapViewer 5.生成

图 8.13 等值图(等高线)。区域显示的是新西南的南岛区域，来源于 SRTM 数字高程数据，ArcView 3.2 制作

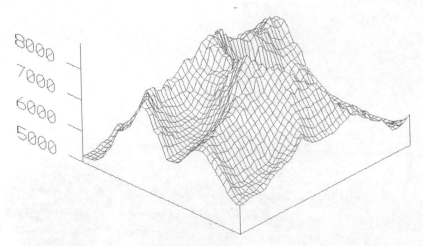

图 8.14　三维栅格渔网透视图。珠穆朗玛峰山峰区域。来源：作者，Analytical and Computer Cartography

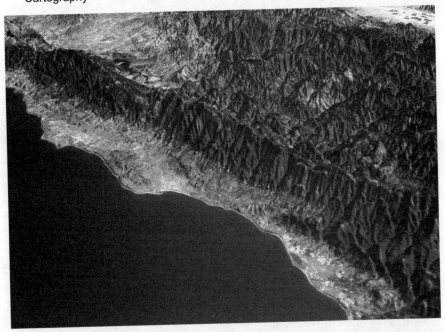

图 8.15　现实透视图。影像是 Landsat 的 TM 覆盖在 USGS 的 DEM 数据上生成的。图像由马丁·哈罗德(Martin Herold)和杰夫·亨普希尔(Jeff Hemphill)制作，并允许使用

这儿的倒数第二张图是影像地图(见图 8.17)，值是根据颜色色调或单色网格变化的。最原始的和假彩色影像图就属于这一类，如正射影像图。

图 8.16　地形起伏山体阴影。例中，灰阶中加入了色彩来模拟山体阴影，由 Globalmapper 软件
　　　　生成

图 8.17　影像地图。圣弗朗西斯科部分影像，彩色数字正射四分图。来源：USGS

最后同样重要的是，最灵活且最有用的地图不只是显示单一属性，还可以将不同维度的参照特征，如点、线、面放置了名称和特征标注的体结合起来。用颜色和类型将不同主题区分开来。这就是熟知的地形图。在地形图中为不同地图类型设计越来越多的特征。例如采用阴影来表达地形起伏的影像图，如图 8.18 所示。如今，几乎所有的地形图都是用 GIS 生成。

图 8.18　地形图。点、线、面、体和标注文字融为一体显示的地图，注意，把影像地图整合成一幅标准的 USGS 的地形图

到目前为止，我们已经讨论了各种类型的地图。当要显示 GIS 数据的一些既定特点时，GIS 用户就应该想到用这一系列方法。在这本书的前面，我们将地图中的特征分为点、线、面和体。这些 GIS 地图数据的特征是明显不同的。例如，一个三维位置，通常需要经度、纬度和高程。此外，属性信息的类型决定采用哪种方法制图。

图 8.19 将这部分涉及的制图方法，根据要表达的 GIS 特征的空间维数划分放到一个框架中。同样的，地图的类型能让我们对属性本身的性质做出特定的假设，不仅是它们的图形表达。例如，一幅城市参考地图包含点信息和文本属性，即城市名称。成比例圆圈地图要求，每个点的属性必须是整型或浮点型。等值图要求属性为浮点型，这已经归到渲染地图类别里了，这些数据要求同样在图 8.19 中给出。

	Feature Present	Categorical Attribute	Numerical Attribute
Point	Dot map Picture symbol map	Graduated symbol map	Proportional symbol map
Line	Network map	Symbol hierarchy map (e.g., major/ minor roads)	Flow map
Area	Area qualitative map	Choropleth	Cartogram
Volume	Relief shading Perspective view Image map		Stepped statistical surface map Isoline map

图 8.19 根据地理特征的维数和属性类型划分的地图类别

在制图方法的选择上，特别常见的错误是，等值图数据仅仅是简单的"计数"，例如人口总数，而不是数值，比率或百分数(相反，应该在这些区域中心采用比例符号制图)。

由于地理区域尺度的问题，那些更大的区域看起来"更"简单。在不必要的时候，人们会选择分类属性的方法，或者用许多分级来进行符号化(见图 8.20)。其他问题大多是有关地图设计的问题，这将在 8.3 节中讨论。

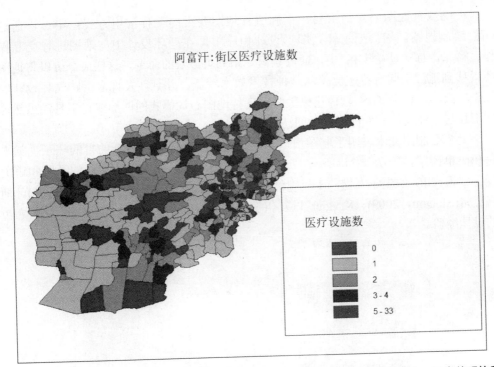

图 8.20 GIS 中容易出现的地图符号错误。标题太小；配色方案上只有色调变化，没有体现饱和度和亮度的变化；数据是原始的记数，权重没有体现与面积或人口的关系；图例太大；没有比例尺或参考格网

8.3　地图设计

　　制图过程的最后步骤：GIS 数据向地图设计的转换。值得注意的是，对于任何类型的地图，我们都可以有很多的选择，如符号、字体、颜色、线的粗细等。选择"最佳"的设计能使地图效果有非常大的差别。如果生成一幅地图要耗费巨大的工作量，GIS 用户就值得考虑下地图设计是否合理。

8.3.1　地图设计基础

　　在你选择地图类型时就已经预先决定了地图设计的一些特点。首先，在设计阶段就要想出一套均衡而有效的制图要素来制图。地图设计时在一套符号或颜色间反复试验，这个过程叫循环设计。首先 GIS 就提供了一些工具让用户可以创建、修改和重新生成地图。

正确放置地图要素很重要。正确放置地图要素的三种常用方式：第一，通过GIS 绘制地图，然后把它转到图形设计程序中，在循环设计中与地图进行交互操作。第二，特别是在 GIS 中，通过编辑一系列类似宏的命令，这些命令可以将地图要素移到地图空间的特定位置。这种技术效率较低，并且涉及许多横跨循环设计的操作。第三，许多 GIS 软件包提供多种支持地图布局模式的图形编辑工具，虽然这些工具与专业设计软件提供的不同。

大多数制图文本表明了制图员追求地图要素间的协调和清晰的目的——视觉平衡和简单明了，如图 8.21 所示。这来源于制图人员多年来不断完善的经验和审美观。作为 GIS 的先驱人物，麦凯克伦 (MacEachren，1994)、邓特(Dent，1996)、斯洛克姆(Slocum，2009)、Krygier 以及伍德(Wood，2005)给我们总结了专业制图人员的设计经验。

图 8.21 通过选择图版达到要素间视觉上的平衡，使地图版面总体上达到平衡，而且上下及左右相互对称

文本是一项重要的设计要素。地图文本应该简单明了、正确，并且言简意赅。文本也应该像制图要素那样放置。通过文本可以很容易地把地图的标题或图例标注变得很小或很大，而不必引起读图者的注意力。应仔细编辑地图文本，许多最终定型的地图都还存在一个排版上的错误，这个错误应该在一开始就被排除，或是地图上拼错了一个外文名称，这是应该被检查出来的。

实际制图时要牢记均衡地图要素：

(1) 要素的"权重"是可以根据选择的符号设置(线宽、颜色、字体等)而改变的。

(2) 在视觉上，要素间彼此要相互协调，也就是说，一些要素能自然而然的脱颖而出或位于其他要素的"上面"，刻意夸大对比度从而突出该要素的重要性，这是最有效的方法。

(3)　将所有要素组合起来目的是为了加大要素中心的吸引力。理论表明地图的"视觉中心"在高于地图几何中心 5%以上的地图位置，如图 8.22 所示。

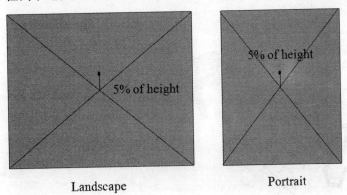

Landscape　　　　　　Portrait

图 8.22　地图的视觉中心，看图者喜欢看地图中心或注意力集中在比地图几何中心稍高的位置

8.3.2　图案和颜色

制图人员在符号设计方面已经作了详细研究，而且还有几个法则要注意。一些符号表现方法根本不适合表达某些类型的地图和某些地图数据布局。例如，在等值图上，通常会出现颜色错用，特别是在计算能提供超过千种的颜色时。等值线地图常常是通过渲染，图案或者颜色明度来生成数值的，但却很少用到那么多种颜色。从黄光逐步色彩变换到橙光的颜色序列，看起来非常合适，而从红到蓝跨越彩虹色彩的颜色序列，则使地图看上去像装饰过的复活节彩蛋那样。颜色变化适当就可以区分出同一幅地图上的对立面。例如，盈余/赤字，高于统计平均数/低于统计平均值，或是两党派选举结果。

当只用到单色调时，应用是等效的。阴影序列应该是均匀的，从暗变到亮，深色通常是高值，浅色则是低值。记住，白色或空白也可能是阴影色调，这样就使地图看起来没有那么杂乱。

另一个问题就是图案，十字交叉线的组合和点图案等会混淆读图者。把那些不匹配的图案组合起来会创造出意想不到的视觉效果，图 8.23 列出一些视觉变化。

即使是在普通地图上，色彩平衡也是至关重要的。计算机用纯色显示，眼睛通常不受影响。如果可用的话，色彩饱和度越低，就越适合制图要求。除此之外，还要遵循一些制图惯例。底色通常用白色、灰色、青色，而不用黑色或亮蓝色。等高线常用棕色，水要素用青色，道路为红色，植被和森林为绿色等。如果不遵循这些惯例就容易混淆读图的人。例如，假想下地球仪上是绿色的水和青色的土地会是什么样的！地图的色彩在白色背景和黑色背景下是完全不一样的效果，甚至在不同的显示屏和绘图仪上色彩效果也是不一样的。

图 8.23　对比两组用不同特征组合和设计符号所产生的不同的视觉效果，从左到右：线符号、图案、色调及外边框

　　颜色是一个复杂的视觉变量。颜色经常被表达成红色、绿色、蓝色三原色(RGB)，有时则用色调(Hue)、饱和度(Saturation)、明度(Intensity)(HSI)表示。这些值是由硬件设备决定的(8 位彩色，即 RGB 每一个都有 256 值，其组合就有 256×256×256 种颜色)，或是 HIS 的 0——1 的十进制数。例如，在 RGB 中，一个中灰色用(128、128、128)表示。在颜色表达上 RGB 可直接与 HIS 转换。RGB 值只表达了彩色显示器荧光粉发光的程度，而 HIS 更接近人的色彩感觉。

　　色调对应于光的波长，从可见光光谱的长波中的红色跨到末端的蓝色。饱和度是显示区域里每个单位的颜色数量，明度是色彩的照度或亮度效果，图 8.24 所示。制图惯例表明，色调是用于区分类别的，饱和度或明度是用于区分数值大小的。当几种色调同时出现在地图上时，由眼睛区分色彩，这种现象就是视场对比。由此可见，地图使用几种色调，甚至背景和线条颜色采种几种色调时，应特别小心设计。此外，眼睛能处理色调在对比度上的变化，红色和绿色对比度最强，黄色和蓝色对比度最弱。为了帮助选择颜色，尤其是在等值图中描述定量属性的变化，ColorBrewer 是一个非常有用的软件助手，它是一个由宾夕法尼亚州立大学的学生辛西娅·布鲁尔(Cynthia Brewer)制作的在线小工具。

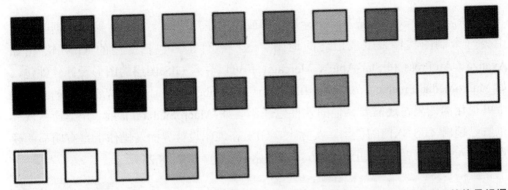

图 8.24 色彩的规格，大多数 GIS 软件都能控制颜色的色调、饱和度和明度的大小，其值是根据应用而不同的

这个工具很有用，利用它可以看出颜色组合，并选择相应的颜色，如图 8.25 所示。

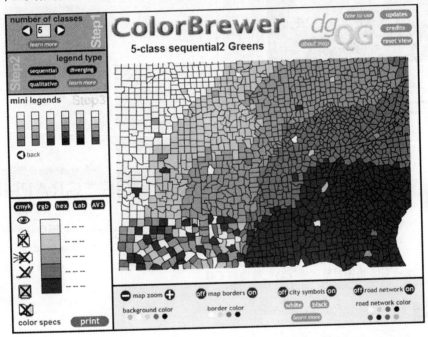

打印ColorBrewer(配色)表及RGB Excel文件单击"更新"按钮(右上角)

This material is based upon work supported by the National Science Foundation under Grant No. 9983451, 9983459, 9983461

图 8.25 ColorBrewer 的截屏，一个在线的 GIS 地图设计助手 *http://www.personal.psu.edu/cab38/ColorBrewer/ColorBrewer.html*，ColorBrewer 是宾夕法尼亚州立大学的学生 Cynthia Brewer 的作品

　　最后，在大多数情况下，无论是打印或显示在互联网上。GIS 编译数据时，会由另一个制图软件来生成最终的地图。这些软件工具包括专门的 GIS 软件(如 Avenza、ArcPress 和 Star-Apic's Mercator)和可以导入 GIS 图层的图形设计软件包，如 Macromedia Freehand、Adobe Illustrator 或 Adobe Photoshop。若要做成动画或三维可视化的效果，还需要其他的软件包或语言如 Macromedia Flash。介绍这些软件包虽已超出 GIS 入门的范围，实际上，GIS 在地图设计界面及操作上是有明显的缺点，引入一个或更多的制图解决方案是非常必要的，如图 8.26 所示。

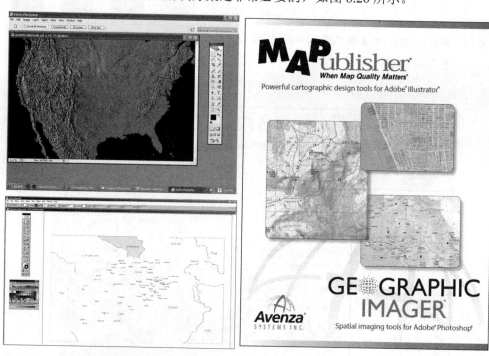

图 8.26　增强 GIS 地图发布和编辑功能可选的工具

8.4　总结

　　地图设计是一个复杂的过程。一个好的地图设计需要规划，在制图要素之间寻求视觉平衡，遵循惯例，采用循环设计以及正确地使用符号和地图类型。如果不考虑设计，当然没有必需的制图要素，看一下计算机屏幕，给人的印象是，地图效果不好。如果地图是一个复杂的 GIS 过程的结果，好的地图设计对于解译地图的人而言更为重要。正如我们看到的，制图学和 GIS 之间联系紧密。虽然，在制图时很少用到 GIS 的思想，但制图却是一个重要的阶段，因为它使 GIS 能以不同的科学方法来使用地图，并且它能传递给 GIS 用户或决策者第一视觉印象。制图后期，还须格外关注细节，这样就能大大完善 GIS 产品，使整个 GIS 过程中使用的信息流专业而完整。

8.5 学习指南

要点一览

○ 地图是有关现实世界的特征在地理世界内整体或部分图形描述，这些特征用符号替代，并放置在其缩小比例的正确空间位置上。

○ GIS 地图可以是临时的，可以是检查的结果，查询结果；或是一幅带有完整特征的地图产品。

○ GIS 地图应该反映地图设计方面的知识。

○ 最佳的地图设计就是要有一个视觉语法或结构。

○ 地图类型的选择是由数据性质和属性决定的。

○ 地图有一系列基本制图要素：整饰线、比例尺、边框、图形、底图、标注、插图、地图资料说明、图例和标题。

○ 图形是显示在地图坐标系统上，而不是页面坐标系。

○ 制图文本，特别是标签，要遵循专门针对特征维数和地图性质的放置法则。

○ 不同维数的地图专题和通用目的。

○ GIS 中的点类型地图有点地图、图片符号地图和渐进色地图。

○ 在 GIS 系统中，线型图的类型包括网络图和流向图。

○ GIS 能生成的一些体积类地图有等值图、地势图、栅格渔网图、现实透视图和山体阴影图。

○ GIS 地图设计使用到了循环设计。

○ 好的地图设计会均衡的将地图要素放置在整饰线内。

○ 视觉平衡依靠符号的"权重"，视觉等级和要素的位置。

○ 符号受制图惯例的约束。

○ 颜色是由 RGB 和 HSI 值定义的一个复杂视觉变量。

○ GIS 设计错误包括地图类型选择不正确和符号错误。

○ 用软件包将 GIS 图层发布成高质量的地图。

○ GIS 地图来源于复杂的分析过程，好的地图设计对于地图的理解是非常重要的。
○ 地图是 GIS 信息管理的方式，须格外注意完善 GIS 生成的地图。

学习思考题

地图部分

1. 用一幅你在报纸或杂志上找到的地图，找出图 8.1 标题上所列举的地图要素。然后在地图上把它们标记出来。有没有一些要素丢掉了？添上图 8.1 列出的要素后，看看地图完善了吗？

2. 用一幅 USGS 的四分地形图，或其他普通参考地图，例如一幅墙上的地图，一幅道路图或是地图册。将点、线、面特征的标注位置复制到示例图上。在这些示例图中，是否违背了文本放置的"规则"？制图者如何处理密集的标注区域，特征名称重叠的问题？

3. 说出 6 项能在地图边框内或是整饰线外找到的内容(不是咖啡色斑点)。

地图类型选择

4. 将 8.2 节所列举的不同类型地图列出来、证明特征维数划分是正确的。哪些地图类型不在这些类别里？找出不属于这些类型的制图方法的例子吗？

5. 列举适合用等值图显示的数据条件。

设计地图

6. 一个 GIS 初学者在用 GIS 生成地图时，应记住的三个简单的法则？

7. 当制作一幅等值图时，应该注意哪些设计问题？

8. 用标题中标记过的每个错误来注释图 8.21。你能发现一些其他错误吗？你能在本书其他图中找到这类错误吗？

9. 仔细阅读你现有的 GIS 文档，与 8.2 节所列举的地图类型相比，将软件生成的地图类型编成一个表。这些地图类型的子集适合数据属性的特殊维度吗？例如多边形？

10. 在你的 GIS 软件中打开一幅新地图，用系统默认的方式来生成地图。打印这幅地图，并用你从这章节学到的知识评论它的设计。

11. 使用 GIS 软件包来绘制一幅简单的等值图。GIS 的哪些工具能帮助我们选择等值数据分类？你的 GIS 软件允许你用数值而不是用比率或百分数来制作等值图吗？在选择颜色、阴影或地图布局时，有没有一些指南？应如何完善系统文档才能更好地帮助制图人员？

12. 用你的 GIS 软件把同样的数据制作成两幅不同的地图。一幅图是加大数据间的区别，另一幅图隐藏数据间的区别。将地图拿给朋友或同事看，并问他们有关布局的问题。他们会选择用单一地图类型符号表达数据的地图吗？重复操作，将同样的数据按两组符号制作成图，灰度图与阴影图、红色调图与绿色调图，看他们会选择哪一种。

13. 用地形图或你选择的任意地图，可能是你在 GIS 文档中找到的图，分析地图标注的位置。用制图书中列出的常规制图规则检查下标注的位置。GIS 能改变标注位置吗？

8.6　参考文献

Brewer, C. A., Hatchard, G. W. and Harrower, M. A. (2003) ColorBrewer in Print: A Catalog of Color Schemes for Maps. *Cartographic and Geographic Information Systems*. vol. 30. no. 1, pp. 5–32.

Dent, B. D. (1996) *Cartography: Thematic Map Design*, 4th ed. Dubuque, IO: Wm. C. Brown.

Imhof, E. (1975) "Positioning names on maps," *The American Cartographer*, vol 2, pp. 128–144.

Krygier, J. and Wood, D. (2005) *Making maps: A visual guide to map design for GIS*. New York: Guilford.

MacEachren, A. M. (1994) *SOME Truth with Maps: A Primer on Symbolization and Design*. Washington, DC: Association of American Geographers Resource Publications in Geography.

Robinson, A. H., Sale, R. D., Morrison, J. L., and Muehrcke, P. C. (1984) *Elements of Cartography*, 5th ed. New York: Wiley.

Slocum, T. A., McMaster, R. M., Kessler, F. C. and Howard, H. H. (2009) *Thematic Cartography and Geovisualization* (3 ed.) Upper Saddle River, NJ: Prentice Hall.

8.7　重要术语及定义

区域定性地图：一类用颜色、图案、阴影显示地图上一定区域内存在的地理等级。如地质图、土壤图及土地利用图。

边框：是指一幅地图上位于整饰线和介质边缘或显示区的区域，里面是用来显示地图的，通常信息是放置在边框内的，该区域通常是空白的。

制图规则：公认的制图操作。如世界地图上水域通常显示为青色或亮蓝色。

制图要素：是指制作一幅地图最基础的组成部分，诸如整饰线、图例、比例尺、标题、图形等。

等值图：是为一组区域显示数值(非简单的"计数")数据的地图，包括：①数据类型划分；②渲染每一类地图。

清晰：指地图具有的用绝对少的必要符号，使地图使用者能够准确无误地理解地图内容的可视化表达。

色彩平衡：实现地图上各色彩之间的视觉协调。主要是为了避免各颜色彼此相邻时出现视场对比。

等高距：等高线地图中，用米或英尺等度量的连续等高线间的垂直距离。

等高线地图：一种表示地形海拔高度信息的等值线地图。

地图资料说明：一种地图要素，包括地图来源、作者、版权及地图引用的属性(通常包括日期和参考)。

循环设计：指从 GIS 地图创建开始，经设计检查，完善，根据修改的地图定义重新绘图，直至地图用户对新的设计达到满意为止的这样一个反复的制图过程。

点状地图：是指利用点符号来表现特征的存在，用可视化离散点来展示空间格局的一种地图类型。当 GIS 数据是点特征时，最为常用的是点状地图，但是点在整个区域是任意离散。

图形：参考地图坐标系统而非页面布局坐标系统的组成部分，它是地图使用者重点关注的对象。图案与底图或背景形成鲜明对比。

流向地图：一种线型网络地图，通常在网络里按线宽成比例变化，交通流量或网络里的流向，并用箭头表示流向。

字体：兼容显示所有的英语或其他的语言字符的设计，包括特殊字符如标点符号和数字。

分级地图：一种用常见几何符号的大小变化来表示点或面中心属性值大小的地图类型。例如，城市可以用与城市人口成比例的不同面积的圆表示，或者圆的大小按不同人口普查区域面积比例而定，并在普查区域有代表的点上划分成饼图。

栅格渔网图：是用于显示一组剖面的三维表面地图，这些剖面常与 x、y 轴或与浏览者平行的轴线。所以表面是三维的，就像一个立起的渔网透视图。

底图：地图主体部分，不包括图形中的要素。它可以包括相邻的区域、海洋等。且在视觉层次位于图形之下。

协调：把地图各元素相互放在一起具有的一种整体美感的特性。

HSI：一种颜色系统，分别以色调、饱和度和明度值来表达颜色。

色调：由从地图表面反射或发射的光波长决定的颜色。

地势图：一种地形图，用颜色序列来填充连续两条等高线间的区域，通常用从绿到黄，再到棕色的彩色序列。

影像地图：以图像作为背景，加入地图要素作地图之用。图像可以是航片、卫片或扫描图像。通常出现在上面的地图要素有：栅格、符号、比例尺、投影等。

插图：位于一幅地图中的地图。既可以用更小比例尺显示相对位置，也可以用更大比例尺显示细节。插图可能有自己的一组制图要素，如比例尺和制图格网。

明度：单位面积发射或反射光的数量。高明度的地图表现为亮色。

等值线图：包含所有将值相同的点连接成线的地图。

标注：任何添加到特征符号上的文本地图要素，如在等高线上标注上高程。

标注放置规则：在添加地图文本、地名、标注特征时，制图人员用到的一系列规则。一些规则对整个地图通用，而其他与特定的点、线、面特征有关。科学的地图设计遵循标注放置规则，并利用其来解决标注间的冲突，标注间是不能彼此重叠的。

图例：一种地图要素，它能让地图使用者把图形符号转化成能理解的意思，通常采用文字。

线宽：地图上线的宽度。以毫米、英寸或其他作为单位。

地图：有关现实世界的特征在地理世界内整体或部分图形描述，这些特征符号替代，并放置在其缩小比例的正确空间位置上。

地图设计：是一系列有关一幅地图上所有地图元素如何布局的决策过程，诸如符号颜色如何选择以及地图作为一个已经完成的有形产品是如何生成的。是制图者运用制图知识及经验提高制图效率的过程。

地图标题：是标识地图涵盖范围和主题的文本。通常是主要的制图要素，能表达地图主题和内容。

地图类型：制图者采用的一系列制图方法和表现技术绘制各种特殊数据类型的地图。数据属性和维数通常决定了适合地图主题的地图类型。

整饰线：一个构成地图框架的实线框，用于看见地图上活动的部分。

网络地图：通过线状网络中的连接线，如公路、地铁线路、管线、航空路线等表现其主题的地图。

正射影像图：一种航空相片地图，经过了地形或其他效果的纠正。在 USGS 的制图计划中以 1∶12000 比例制作的专门地图。

页面坐标系：地图上用来放置地图要素的一系列坐标参考值，该坐标系是地图本身几何坐标而不是地图表达的实际坐标系。页面坐标系通常位于距离标准型号纸张左下角数英寸或毫米的地方。例如 A4 或 $8\frac{1}{2}\times11$ 英寸。

永久地图：在 GIS 制图过程中，设计为永久使用的地图产品类型。

图片符号地图：在某一点使用简明的图片或几何表格来表达特征类型的地图类型。例如在参考地图中，机场用一个简单的飞机状图形来表示，或野餐区域用餐桌图形表示。

地名：一种文本地图要素，可以把地理位置的文本放在离其相应的符号位置很近的地方，这样就将文本与特征关联起来了。例如将城市名作为一个文本放到实心圆的旁边。

现实透视图：一幅三维表面地图，把地形图覆盖上颜色或阴影，从透视角度看的地图。

参考地图：非常通用的地图类别，用于显示特征的常见空间属性。例如，世界地图，道路图，地图集及素描图。有时会应用在航海中，但经常是有限的几组符号，几乎没有数据。在 GIS 制图中，参考地图通常是基础图层或基本框架。

RGB：通过红、绿、蓝饱和度来定制颜色的系统。

饱和度：表示单位面积采用的颜色数量。饱和的色彩感觉很丰富或很纯，而低饱和度的颜色看起来像冲洗过或像粉蜡笔画的。

比例尺：地图上表达地图比例的部分。可以是一个数值表达式(用分数表达)，也可以是一个图形，通常是地图上的一条线，再标注上其所代表的实际线的长度，如 1 千米或英里。

模拟山体阴影图：借助计算机(或手工)产生的用阴影效果来突出地形的地图，地表呈现出不同的照度，就像在低太阳高度角下自然照射所表现出来样。

视场对比：当把两种基本效果相反的颜色放在一起时，视觉上会产生一种"跳跃"，例如红色和绿色。

阶梯统计表面：一种地图类型。区域外边框被"提升"到一个与数值成比例的高度，并且看起来是很明显，区域就成柱状了，且柱高与值是成正比的。

符号：地图上为了表达地理特征而制作的抽象的图形表达。

符号化：将地图信息转化为视觉表达采用的所有方法。

临时地图：GIS 中间过程中设计中间地图产品，其通常不符合正常的地图设计流程。

地形图： 一种地图类型，表达了一组有限的特征，但至少包含了高程和地表信息。例如，等高线图。地形图在导航和作参考地图使用最为常见。

视觉中心： 矩形地图中的一个位置，眼睛能够感知到大概高于几何中心 5%的地方。

视觉层次： 制图要素的感知组织，当靠近观察时，这些地图要素会形象的出现在重要性不断增加的一系列图层上。

8.8 GIS 人物专访

玛麦塔·艾克拉(Mamata Akella，简称 MA)，ESRI 职员

KC: 您是怎么对地理和 GIS 产生兴趣的呢？

MA: 我最早对它们产生兴趣是听我妹妹讲她在华盛顿街区国际保育组织所做的工作后。她告诉我这些，并让我看一些资料，这就是我最初对它产生兴趣的原因。

KC: 您是否也在国际保育组织工作？您在那的角色是什么？

MA: 我过去一直用 GIS 给有热点的七个不同国家发送每天的火警。同样，我也用卫星影像监测安第斯山脉的云雾林。

KC: 通过大学的 GIS 课程，您学到了什么？

MA: 我学习了 GIS 的整套知识。同样，我也得到了许多不同的观点。我意识到，我们要跳出惯性思维看问题，而不是只接受自己亲眼所见的。我们要质疑它，并且去了解数据起初是如何获得的。

KC: 您倾向于 GIS 理论还是实践？

MA: 我喜欢它的理论。因为它能让你了解数据结构等。当我在水文行政区工作时，他们的规划是我们之前没学过的，在这个过程中，我们经常会学到很多东西。

KC: 简单告诉我们您在水文行政区工作时所处的位置。

MA: 我进行了 6 个月的 GIS 实习，在此期间一直致力于它们的地理数据库建设。他们最近刚刚转换了所有遗留的纸质地图，并且将所有信息输入 GIS 中。他们现在的 GIS 有整个水域网。但仍然有许多数据不正确，因此我进行了编辑和更正。后来，我又为其他行业的工作人员制图。

KC: 在您关注 GIS 时，是否做过一些特别的项目呢？

MA: 我想应该是我们在课堂上所做的最后一个项目。在这个项目中，我们利用不同的人口统计学和环境因素以及地图叠加，探究了洛杉矶市肺结核和心脏病的潜在爆发位置，然后，我们将它与实际情况进行比较。我们在预测这些位置时，也确实做得不错。这真的很有趣，因为我们必须把所有数据组合起来，然后把它输入 GIS 中，然后通过操作使其匹配。在洛杉矶市，有 800 多个人口普查街区。

KC: 在您的教育背景中，您认为哪些课程或经验为您学好 GIS 奠定了基础？

MA: GIS 只是一个工具，但要想了解如何运用这个工具以及如何使用这个工具，这就要求你要懂得地理学和环境学的人文部分。我在环境灾害课上学到了许多东西，然后想如何能将这些东西关联起来，并把 GIS 运用到它们身上。这让你比工具本身考虑得更多——实际上超过了地图上表达的信息。

KC: 您毕业后，准备从事什么工作，与 GIS 相关吗？

MA: 我打算读研，读 GIS 相关的专业。我想做一些制图学和地理可视化的工作，而这些似乎都是以 GIS 为中心。

KC: 您会给那些要在秋季上第一节 GIS 课的新生们提些什么建议？

MA: 别让实验室把你吓跑了。这些都是值得的，并且它真的能让你懂得如何使用这类软件，你会明白 GIS 似乎无所不能，它能应用于这个世界的各个方面。

KC: 谢谢您，玛麦塔。

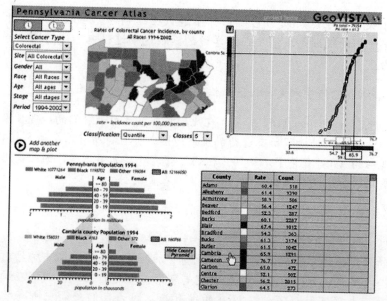

作者注解: 玛麦塔 2008 年在宾夕法尼亚大学致力于宾夕法尼亚癌症图谱研究, 并取得了地理学的硕士学位。而且和她的导师 Cynthia Brewer 博士对 USGS 地形图进行了重新设计。她的论文是用第一反应测试应急地图的理解。玛麦塔在 2008 年 10 月加入了 ESRI 公司。

第 9 章
如何选择一个 GIS

假如你只选择那些看起来可能或是合乎情理的东西，你将得不到自己真正想要的，只好将就了。

——罗伯特·弗里茨(Robert Fritz)

9.1 GIS 软件的演变

GIS 用户的首要任务之一就是决定使用哪个 GIS 软件。即使已经买了一个 GIS 系统，安装好，正好就在你跟前，你也会很自然地想知道是否还有其他 GIS 系统，那些系统会不会更好、更快、更便宜、更容易使用，有更清楚的说明文档，或更适合你的实际工作呢。本章为读者在众多的 GIS 软件中作出明智的选择提供一些必要的基础。过去有很多值得学习的东西,包括学习一些悲壮的失败,而且许多例子明确地陈述事情的整个过程。如早期的汤姆林森(Tomlinson)和波义耳(Boyle,1981)及戴(Day,1981)发表的 GIS 论文中的例子。近年来出现了大量新的免费资源,开源 GIS 软件包,从而使你有一更轻松的 GIS 学习经历。这个哲理就是受过教育的消费者是最好的 GIS 的用户,而且一个高效的用户很快就成为一个倡导者,有时可能成为一个 GIS 教育者。本章不是告诉你购买或使用哪种 GIS 软件,相反地,是希望能帮助你自己做决定。

通常来说,一个好的学习都始于一小段历史。第 1 章根据地理信息科学整体渊源,从总体上介绍 GIS 的发展。不结合具体的 GIS 软件是很难讲清楚这个问题的,接下来就详细讨论下软件的发展。

9.1.1　GIS 的 DNA

GIS 软件并不是像变魔术那样突然出现、成形的。在第一个真正的 GIS 出现并迅速发展演化之前,有一段漫长历程。正如我们在第 1 章中所看到的,智慧的先辈们开创了地理学中的空间分析、地理学定量化革命的先河,以及制图学科技术和概念认识上的重大进步。

早期的 GIS 的里程碑是由国际地理大会在 1979 年发起的国际软件调查。调查的三个卷宗封装了 20 世纪 70 年代国家地理数据处理过程,在那时产生了第一代软件(Brassel,1977)。当时大多 FORTRAN 程序执行单一 GIS 操作,如数字化、格式转换以及在一个特定的硬件设备绘图,如笔式绘图仪、地图投影变换或数据统计分析。这些软件包没有集成在一起,典型的应用就是运用一系列独立的地理操作得到最后的结果或地图。

在这时候,一些早期的计算机绘图系统已经设计出很多 GIS 功能。其中有堪萨斯州地质调查局 SURFACE II,它可以实现点到格网的转换、插值、表面去除以及表面分析和等高线制图;CALFORM 软件包可以制作专题地图;哈佛大学实验室的 SYMAP 软件是一款复杂分析软件包,它是用做计算机图形和空间分析的,但仅能在大型机上运行,并进行行式打印绘图;中央情报局的计算机辅助制图 CAM,可以从世界数据库中以不同的地图投影和特征提取地图。

1980 年,出现第一个计算机电子表格程序,这是一个由 VisiCalc 软件引导,在早期的微机上运行的"杀手级应用软件"。 VisiCalc 里只有少许的功能可以在今天的软件中找到,它第一次以简单的方式进行数字的存储、管理和操纵。重要的是,数据可以看成是电子表格中"活数据",而不是一堆计算机打印出的静态的"报表"。接着,这些功能自然的延伸到数据表与统计图关联的现在常用的统计软件中，如 SPSS，SAS 以及 R。

地理信息系统的 DNA 在于能与管理信息系统的最新进展进行交叉。早期的数据库管理系统是基于简单层次经验数据模型和早期的关系数据模型的。20 世纪 70 年代，关系数据库的出现具有划时代的意义。关系型数据库管理迅速成为行业标准，首先在商业界的记录管理中应用，而后应用于微机领域(Samet，1990)。

9.1.2 早期的 GIS 系统

在 20 世纪 70 年代后期，所有 GIS 必要组成部分都是以孤立的软件形式存在。在关系数据库管理和地图绘制程序间存在非常大的裂缝。具体软件对硬件设备的特殊要求，随着系统和硬件改变而频繁的重写、更新，使得这种裂缝还在加剧。后来，出现了一些使设备能独立的通用操作系统，如 Unix 系统，和计算机图形编程标准，如 GKS、PHIGS 以及 X-Window 缩小了这一裂缝。直到今天，它在作为 GIS 的基础上几乎也没有明显下降。这一场景为第一个真正的 GIS 的出现奠定了基础。

正如我们第 1 章所见到的，最早的真正具有所有的 GIS 功能的民用系统是 CGIS(Canadian Geographical Information System，加拿大地理信息系统)，该系统是由最初的调查系统演化而来，可进行分析和管理。主要的功能有数据几何纠正和地理编码、数据库管理功能，它是一个不带独立要素及单独用户界面的单个集成软件包。

起初，GIS 软件包用户界面不复杂，实际上是使许多用户能写简短的像计算机程序那样的脚本，或在计算机响应提示时输入高度结构化、格式化的命令。随着 GIS 系统软件的发展，为了向上兼容性的需要，也就是说，为了满足现有用户对新版本的需求，许多处理仍然以与之前大致相同的方式进行，这意味着许多系统保留了原来的用户界面，不久就被更好的工具所替代。

第二代 GIS 软件包括图形用户界面，通常涉及视窗、图标、菜单和指针的使用以及所谓的 WIMP 接口。今天的典型配置是，窗口被操作系统及功能以同样方式标准化，"继承"它们的特点。第一代的 GIS 软件采用供应商定制的窗口。后来在 Windows 系统，如 X-Window 和 Microsoft Windows 广泛应用后，作为操作系统的一部分，图形用户界面(GUI)工具成了人们所能接受的软件设计和程序设计工具。这需要对 GIS 开发商开放应用程序界面(API)。

一个典型的 GIS 系统有弹出式、下拉式以及右拉式等可供选择的菜单。选择和定位要用鼠标来指出，尽管有些系统使用轨迹球或光笔。同样的，典型的 GIS 系统可以支持多个窗口，例如，一个分配给数据库，而一个用于显示一幅地图，而且根据需要可打开或关闭任务。当关闭任务时，它们在后台运行，同时它们也以缩略图或图标形式出现在屏幕上。

9.2 GIS 和操作系统

早期的 GIS 系统在很大程度上取决于采用的操作系统的类型。早期的操作系统还很不成熟，然而却被用于 GIS 中。其中包括 IBM 的大型机操作系统、微软的 MSDOS 和数据设备公司的 VMS。这些迅速被各种基于图形用户界面(GUI)的操作系统所取代，并开始投入运作，同时微机和工作站代替了小型机和大型计算机。

在微机环境下，基于图形用户界面(GUI)的操作系统包括 Mac OS-X、Windows XP、Windows Vista 以及 Windows 7。虽然其他的系统，特别是那些基于 X-Window 标准的，仍然很受欢迎，但其用户界面很快被苹果公司的 Macintosh 机型的图形用户界面和桌面隐喻所取代了，并成为主导微机操作环境。这些操作系统环境在微机的功能上增加了三个关键要素：多任务功能(允许多个工作进程同时运行)；设备独立，这意味着绘图仪和打印机可以移出来分配给操作系统，而不是给 GIS 程序，在某种程度上，打印和屏幕字体是集中处理的，而不是在每个 Windows 程序中重复处理；同时直接连接到网络，比如 Internet 上，以拓展计算环境。

有一个系统，涵盖了自操作系统问世以来的所有功能，并席卷了工作站环境，它就是 UNIX。UNIX 是一个小巧且高效的中央操作系统，是高度可移植的计算机系统。它一直主导工作站环境，有两个原因：第一，它有完整的集成网络支持；第二，在一些公共领域出现 UNIX 所需要的完全的图形用户界面(GUI)，其中最重要的是 X-Window 系统。X-Window 系统拥有大多数领先的图形用户界面，包括 Mac OS-X 和 Linux。在许多 UNIX 系统中，用户可以切换界面以适应特殊需要或应用。一个完整的图形用户界面(GUI)编程工具箱包括 XT、Xview 以及 X-Window 的 Xlib 函数库，它们都属于 X-Window 的一部分。

从最终使用效率看，一些版本的 UNIX 和所有的 GUI 系统在微机上的运行非常有效的，包括 UNIX 发行的免费软件，如 Linux，它不仅超越了 Windows 类型的图形用户界面，而且在互联网上提供免费或共享软件。一个主要的原因是自由软件基金会的发行，包括 GNU(GNU 与 UNIX 不同)，几乎每一个版本都是 UNIX 系统的关键要素。这种开放的系统方法已经普遍被嵌入到 GIS 系统、共享软件以及免费软件系统和浏览器中。这也是基于 Java 的交互前端终于以分配地理数据在互联网上的存储。

最后，一个 GIS 系统是一种计算机程序的集合。因此，GIS 的 DNA 也伴随着计算机编程变化而发展。在 20 世纪 60 年代，最早出现的结构化程序设计语言，如

Pascal、Algol 以及一定程度的 Fortran 语言，当时鼓励程序员使用"分而治之"的方法，也就是把任务分解成若干单元然后再重复，从而能够更高效地编码。代码重复使用的工具是子程序库，这些函数库的大部分在今天仍随处可见的，实际上许多 GIS 开发演变都离不开它们。然而它们主要用来培训计算机程序员，特别是工作组。从二十世纪七八十年代开始，软件开发开始采用函数库，这样就可以被技术熟练的用户通过一个命令行界面控制调用。UNIX 是一个特别支持发展这些软件的工具，GRASS 就是一个能很好反映这一哲理的 GIS 例子。由一个熟练的用户控制命令行界面几乎可以永远胜过图形用户界面，甚至一些当代的 GIS 和 CAD 软件可以支持应用户请求使用命令行。这个方法特别适合于脚本，并通过 GIS 嵌入到直接的编程工具(例如 ESRI 公司对 Visual Basic 的使用)。GIS 极大地受到面向对象编程的影响，它许多语言及数据层的组织，特征及空间数据库都反映了这一技术特点。目前图形用户界面和允许使用的操作系统工具在 GIS 软件中已占主导地位；微软公司的 Windows 和谷歌公司的 Google Maps AP 就是例子。当前，随着开放的 GIS 及 GIS 的 mashups 技术的发展，脚本语言方法也正逐渐复兴。

9.3　GIS 功能

一个 GIS 通常不是定义它是什么，而是它能做什么。对 GIS 功能的定义也揭示了 GIS 的应用，因为它展现给人们所期望的 GIS 的功能。可以列出一些最基本的功能，而且每个 GIS 软件包都支持查看其是否具备这些功能。在地理信息系统的选择过程中，关键的步骤是彻底检查地理信息系统的功能，因为如果它不满足问题解决的需求，也将不会制定出合适的 GIS 解决方案。相反，如果一个 GIS 拥有许多功能，系统可能会信手拈来的轻松解决问题——就像用锤子钉螺丝那样简单。

在前面的章节中，我们讨论过阿波切特(Albrecht)把基本 GIS 操作划分为有限的任务集。图 9.1 列出了最小任务集的扩展，包括输入/输出功能。反过来，这些操作中很多也可以通过综合其他简单操作生成。再缩减下，剩下的操作课程和迪克尔 Dueker 的归纳 GIS 定义就非常接近了。

GIS 功能可以分为我们在本书中所用的类别，这些类别紧扣迪克尔对 GIS 的定义。这些功能就是数据采集、数据存储、数据管理、数据检索、数据分析和数据显示。这"六大重要"功能必然总成为描述一软件是否是 GIS 系统依据。我们依次来查看每一功能。

9.3.1　数据采集

就像我们在第四章中看到的，将地图输入到计算机中是 GIS 关键的第一步。地理编码至少必须包括以某种合适格式进行地图扫描或数字化输入。系统应能够接受多种格式的数据，而不仅仅局限于特定 GIS 本地格式。例如，一张缩略图也可作为 AutoCAD 的 DXF 格式文件。一个 GIS 系统应至少能接受 DXF 格式文件而不需作进一步的修改。同样，属性可能已经存储成标准的数据库(DBF)格式，并且可以直接使用或转成通用 ASCII 格式使用。奇怪的是，一些 GIS 系统有非常多限制输入格式功能，这就需要采用变通的方式来解决问题，例如采用 Global Mapper 软件 (www.globalmapper.com)，它也允许地图投影转换和坐标系统转换。

基本操作类	Task	Task2	Task3	Task4
Ingest data	Across formats	Convert	Reproject	
Measurement	Location	Distance/angle	Length/area	
Search	Interpolation	Thematic search	Spatial Search	(Re-)Classification
Location analysis	Buffer	Corridor	Overlay	Theissen/Voronoi
Terrain Analysis	Slope/Aspect	Catchments	Drainage/Networks	Viewshed
Distribution/Neighborhood	Cost/Diffusion/Spread	Proximity	Nearest Neighbor	
Spatial Analysis	Multivariate	Pattern/Dispersion	Centrality/Connectedness	Shape
Display maps	Map types	Data types		

图 9.1　经作者改动的 GIS 操作最小任务集。来源：阿波切特，1996

然而，在数字化地图之前，需要做些准备工作。不同的 GIS 软件需要以极不相同方式作大量处理工作。如果软件支持扫描，就要求地图干净，无折痕，无手写注记和污点，并且还应该放在一个固定的基准上，比如 Mylar。如果手动数字化地图，它可能需要进行裁剪和拼接，如果软件不支持镶嵌(见图 9.2)，就需要在数字化仪面板上标注已知位置和坐标控制来校正地图。一些 GIS 软件包支持数字化和高级编辑系统来进行数字化错误检查和去除处理。其他的 GIS 软件包很少有或根本没有这种功能。

我们在第 4 章也看到了，地图采集后地图编辑是非常重要的。这需要带有编辑功能的软件包或这类软件模块。对于矢量数据集，我们至少应该能够删除和重新输入一个点或线。重要的是把点捕捉到结点以及控制或融合碎屑多边形。对于栅格数据集，我们应该能够通过选择子集修改格网，改变格网大小，或改变一个特定的错误格网值。

典型的编辑功能如下。

(1) 结点捕捉，点之间彼此接近，而且实际上应该是同一点，如线段的终点都被以同一坐标值自动放到图形数据库中。

(2) 融合，重复的边界或不必要的线，例如，相邻类地图数字化边可以手动或自动的去除，如图 9.2 所示。

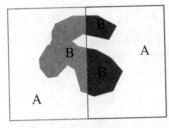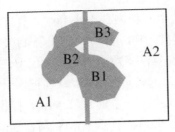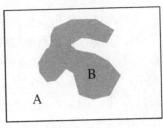

图 9.2　融合操作步骤。左：两个地图显示一个要素，一条边将整个地图边缘分裂。中部：属性和
　　　　图形数据库用三条记录来表达"B"。右：融合后，边缘线被删除了，三条 "B" 的记录
　　　　合并成一条单独要素，边界融合

　　（3）镶嵌或"拉合"，即它们可以把分别扫描或数字化相邻的地图边合并成一个无缝的数据库，而不会因纸质地图边缘不匹配产生不必要的不连续，如图 9.3 所示。例如，一条主要道路跨越两幅地图并不需要在最终的 GIS 数据库中表达成两个单独和独立的要素。

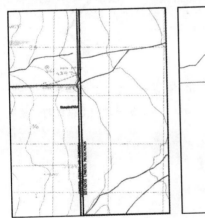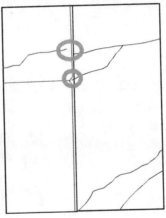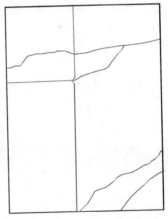

图 9.3　镶嵌的步骤。左：两个地图显示一个要素，一条旱沟，但行政边界上有缝隙。中部：地图
　　　　边缘的合并，结点捕捉到"拉合"要素。右：用连续要素和融合地图边进行地图镶嵌。例
　　　　子来源于 USGS 四分地图，位于坎贝尔的边境的纳米−墨西哥

　　另一个重要的编辑功能是地图化。许多 GIS 系统的数字化模块，扫描生成比 GIS 使用所必需的更多点。这一格外的细节使数据格式转换和显示变得复杂，从而使分析过程变慢，并导致计算机内存缓慢的问题。许多 GIS 软件包允许用户选择需要在要素上保留多少细节。大部分软件将保留最小间隔点，并通过容限值把所有点捕捉在一起，如图 9.4 所示。

　　对于点数据集，大部分 GIS 软件会把坐标相同的点去除或作平均。有些软件允许线的简化，使用多种算法中一种来减少线中点的数目。常用的方法包括根据简化要求沿线每隔 n 个点提取线(其中 n 可以是 2、3 等)以及采用道格拉斯-普克算法进行点去除，它对线使用位移正交算法来决定点是否被保留，如图 9.5 所示。如果面要素太小，就被去除，或组合在一起，许多 GIS 软件把这个过程称为聚集。还可以进行属性简化，例如，将类别归并。一个通过 Internet 提供的有用地图简化服务的网站，www.mapshaper.org。图 9.6 显示了 AIMS 阿富汗河流层，全都使用道格拉斯-普克算法将点简化到 253480，只有原来总点数的 3%，如图 9.6 所示。此类操作在地图合并或甚至不同地理比例上查看地图时是必不可少的。

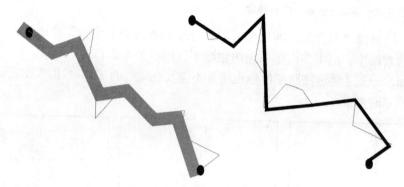

图 9.4 地图的简化包括根据一个宽度值去除沿线，在线简化附近落入一个带或缓冲区内的所有点，这个宽度值通常称"容限"。通过这种方式，数据以不同比例从地图上采集时，就可以去除一些小的错误，如碎屑多边形

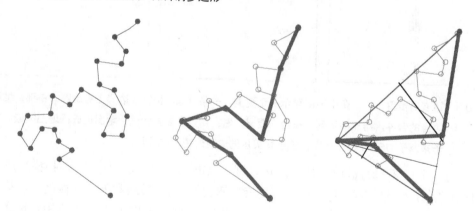

图 9.5 线简化选择。线(左)可以保持每隔 n 个点进行重采样(中)，或通过反复选择离两端点连线最远的点，并且重新分割线段(右)，直到达到最小距离，这就是道格拉斯 - 普克算法

图 9.6　使用 Map Window GIS 缩放的部分 AIMS 阿富汗河流 shape 文件，蓝色(之前)和红色(之后)分别显示了通过道格拉斯 - 普克算法简化后的河流，去除了 97%的点

　　一个 GIS 系统要实用，就必须提供超出编辑器的工具来检查图形数据库和属性数据库的特征及有效性。检查属性是数据库管理系统的职责。数据库系统应执行 GIS 的限制，这些限制在数据字典中数据库建立和存储的数据定义阶段进行详细说明。大多数这种检查都是在数据录入时进行。它检查的是确认值是否落入正确的类型和范围内(百分比数值属性，例如，不应该包含一个文本字符，应该是一个小于或等于 100 的记录)。

　　地图数据的检查是复杂而必需的。一些 GIS 软件，不支持拓扑结构，也不作任何地图操作限制。一些简单检查内容，例如，在影像地图上每一个格网单元的数值应该在 0～255 之间。这些系统存在着属性与空间表达不匹配的问题。如，没有地图会落入两个分开的区域内，也就是说，多边形地图上的区域不应该重叠或出现缝隙。当以不同比例或从不同精度水平数据源上采集地图时就会出现这种情况。

　　拓扑 GIS 系统可以自动检查拓扑关系，以确保线在结点处交汇，并且整个地图区域都覆盖了多边形而无间隙或重叠多边形。许多 GIS 软件包有自动拓扑清理、结点捕捉、去除重复线、闭合多边形、消除碎屑多边形等功能，这已远远超出了简单的检查。有些系统只是指出错误，并询问用户，是否要用编辑器去除错误。有些则更为先进，在不需要用户参与的情况下作出更正。例如在 Map Window GIS 的"Check and Clean Up"选项中，去除所有间隔距离小于指定值的点，但如果这将去除任何一条完整的线要素，处理过程就会中止，如图 9.7 所示。GIS 用户在使用自动清理拓扑时应小心设置其容限，因为它可能会去除一些重要的小要素，或不计后果的将地理空间要素的坐标进行平均，从而在地理空间移动特征。具体的 GIS 软件也许能或不能够直接进行 GPS 数据转换，或处理 COGO 系统(坐标几何)的测绘数据或遥感影像。一些 GIS 软件有两种功能，即他们既是 GIS，又是图像处理系统，如 Idrisi, GRASS, 和 ERDAS。大多数 GIS 能处理栅格数据，但也只是这些图像处理功能，例如特征增强。

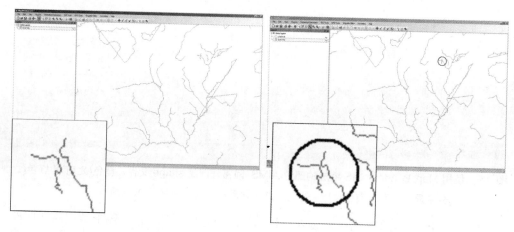

图 9.7 利用 Map Window GIS 的"Check and Clean Up"功能来简化 AIMS 阿富汗河流部分溪流矢量数据，右：原始数据。左：在 0.0005 度的距离内去除所有的点。直线是排水渠。注意用圆圈点放大时就线就没有连接上了

地理编码功能至关重要，因为 GIS 允许把多种来源的地图放到同一参照系中并将其显示，这就是地理编码软件具有能在不同坐标系，基准面和地图投影间移植数据的功能。理想情况下，数据可以转换成一些已知基准面和地图投影方程的地理坐标(正向和反向)，这完全适用于点对点的转换。然而这对于栅格数据来说是不可能的。当必须要做投影时，但又不可能有投影公式时，大多 GIS 软件包采用仿射变换来进行投影操作。仿射操作是平面几何处理，它们通过缩放坐标轴、旋转地图、移动坐标系原点等方法来进行本身坐标操作。在一些情况下，当没有好的控制点时，地图必须按统计方法进行纠正，尤其是当图层是一幅地图和影像或照片时。统计方法常被称为 rubber sheeting(橡皮拉伸) 或 warping(扭曲变换)，这是许多 GIS 软件包(见图 9.8)都有的功能。

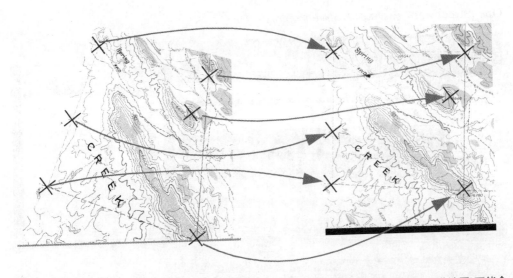

图 9.8　rubber sheeting 纠正方法。一幅不带有几何特性的地图(航空摄影相片或扫描地图)可能会
变形，以致它与其他地图在几何上不匹配。点对必须是影像和地图上表达的同一地点或要
素位置，称作控制点。在 GIS 中，rubber sheeting 将地图从几何统计上变换到参考地图
几何空间，所以两幅地图几何上匹配

9.3.2　数据存储

　　GIS 的数据存储历来都是一个与空间有关的问题——通常是系统需要多少磁盘
空间以及 GIS 应用数据使用时访问的灵活性。随着磁盘存储成本大幅下降，新型高
密度存储介质，如闪存驱动器，常见操作系统中通用压缩方法使数据存储变得不再
困难，而数据的访问更为重要。因此，当前的重点是考虑提高数据访问速度。这就
是后来出现的分布式处理，互联网，万维网。在分布式处理中，数据文件可以保存
在远程网络上，而且可以根据需要下载，或只在本地客户端上显示。因此，许多
GIS 软件包现在能够以综合方式使用元数据，也就是数据的数据。元数据支持包括
将单个项目作为一独立实体的管理系统，管理多种类别的项目，完全支持以通用格
式和在线"clearinghouses"搜索来交换元数据。USGS 的 Global Explorer、NASA
的 Global Change Master Directory 以及美国的 Geospatial One Stop 都是很好的例
子，如图 9.9 所示。加入通用库能规范元数据，使它能通过在线或离线方式搜索并
可以使用。这一成果统称为国家空间数据基础设施，这就是国家与国家间通力合作
产生的称为全球空间数据基础设施。类似产品还支持商业应用(如 ESRI 的
Geography Network ， *www.geographynetwork.com*) 和开放式协作产品 (如

OpenStreetMap，*www.openstreetmap.org*)。

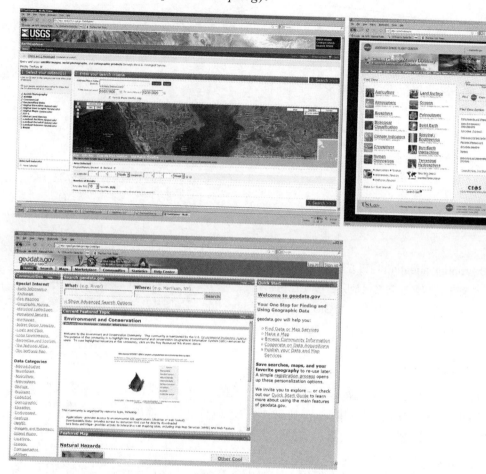

图 9.9 美国 Government 网络门户，便于数据搜索和访问。左上：USGS 的 Global Explorer (*http://edcsns17.cr.usgs.gov/EarthExplorer/*)。右上：NASA 的 Global Change Master 目录(*http://gcmd.nasa.gov*)。下：电子政务首创产生的 Geospatial One Stop (*http://gos2.geodata.gov/wps/portal/gos*)

　　在 GIS 使用时其他更大的问题，主要是系统用户界面的友好程度，包括软件功能与用户交互机制。几乎所有的 GIS 软件，允许用户通过命令行和/或图形用户界面(GUI)窗口进行交互。然而 GUI 界面太单调了，没有一些"批处理"命令方式，这样就不能在任何时候，当用户执行其他任务或要设计循环编辑稍微改变进程时进行后台任务处理。因此，大多数系统中，也包含一个"语言" 方便用户交流或设计系统功能。这允许用户添加自己自定义功能，自动重复执行任务，并添加到已有模块中。这些语言通常是命令行程序或宏，但它们也可以是现有编程语言的增强，如 Visual Basic 和 C++。这些都补充了可视化图形语言，允许用一个程序工作流图表来作为一个工作流程图，然后直接从图表中执行。ESRI 公司 ArcGIS 中的 Model Builder 就是一很好的例子，如图 9.10 所示。

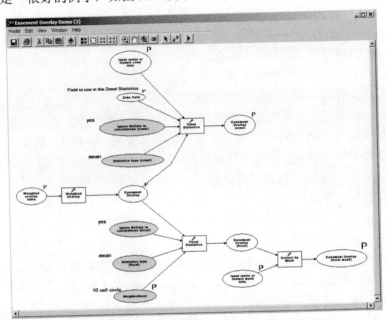

图 9.10　一个 GIS 宏的可视化应用——ESRI 的 Model Builder。例如，USGS 研究的"阿卡迪亚国家公园景观保护和附属设施规划"，来自于 PI　Jason　J. Rohweder(来源：http://www.umesc.usgs.gov/management/dss/anp_easement.html)

虽然磁盘存储没有过去那么重要，但它仍然还是一个制约因素。微机上的 GIS 软件，即使没有数据也要占用几十兆，而且在工作站上也需要占成百上千兆空间。随着数据分辨率的提高，使用越来越多的栅格图层以及需要更多细节，许多 GIS 数据集可以容易就占上 G 的数据空间。这就意味着，重要的是不仅能支持多种分辨率，例如，使用粗浏览图片来作为实物的样本，而且也应支持数据压缩。这可以改变所有分区数据集，从而满足约束(如多边形的最大数目)来支持压缩的数据格式，如 JPEG，游程长度编码，或四叉树结构。

从用户的角度来说，作为操作系统或软件的一部分，系统本身也在一定程度上为用户提供帮助。结合在线帮助手册，如 UNIX 版本，支持上下文有关的超文本帮助系统，又如 Windows 帮助功能，实际上是一个直接关联软件的在线交互超文本帮助系统，这对于新用户(以及熟练的用户)都是很重要的。这些帮助系统只用于需要时，而不会为高级用户增加不必要的基本信息。

对于一个 GIS 来说，当导入外部数据时，数据格式支持是很重要的(例如，从互联网上的公共领域数据)。理想的情况下，GIS 软件应该能够读取常见的栅格数据格式(DEM、GIF、TIFF、JPEG、EPS 文件)和矢量数据格式(TIGER、HPGL、DXF、PostScript、KML)。一些 GIS 软件只能把数据导成单一的数据结构，通常是实体到实体结构或拓扑结构。地理数据越来越多地被嵌入到常用的基于 XML 的网页中，像 GML or GeoPDF，这就不可避免的增加和现行高度可搜索数据源间的交互式操作。

对于三维数据，许多系统只支持不规则三角网。另一些系统也仅支持基于栅格的数据结构，包括四叉树结构以及能转换成该结构的所有数据结构。一些 GIS 软件包仍然延续支持专有数据格式，只能从软件供应商按成本获得。GIS 一个非常重要的功能就是能进行栅格数据和矢量数据的相互转换，能综合多源数据，如 GPS 数据和卫星影像数据，这绝对是必需的功能。矢量转栅格相对比较简单，但是，反过来则既复杂又容易出错。

GIS 功能通常支持标准交换格式的数据。在国家和国际层面上，开发了几个数据传输标准，如空间数据传输标准和 DIGEST。这些标准用于联邦机构之间的数据交换，这逐渐成为大多数 GIS 系统支持的数据输入/输出标准格式。来源于 Open Geospatial Consortium(*www.opengeospatial.org*)的 Open GIS 标准的广泛发展，极大提高了近年来 GIS 互操作。此外，许多 GIS 软件包支持通过服务器连接互联网直接链接文件，例如 QGIS 就链到 PostGIS 和网络制图服务。遗憾的是，多种数据源间的无缝输入和内容类型、尺度、基准和投影差异的即时校正仍是一个大难题。这就导致地理图形对象本体研究的出现，例如准确详细的说明数据库类型以及哪些变量与一特征有关。此类工作俗称"数据融合"，这一研究的主要目的是为 GIS 用户提供这种集自动化，准确，快速和透明一体的服务。

9.3.3　数据管理

大多数 GIS 功能来源于不仅仅能管理地图数据，而且还能管理属性数据。每一 GIS 都是建立在一个数据库管理系统(DBMS)软件功能之上。软件有一系统存储、选择性检索和重新组织属性信息的功能。数据库管理器允许我们把所有数据看成可用，这些数据都是一个简单的平面文件"表"结构格式，而且它们由单个表实体构成。实际上，数据库管理器可能将文件和存储位置上的数据隔开，并可能将它结构化成任何一种格式和物理数据模型。

一个数据库管理器有许多功能。通常，一个 DBMS 允许数据输入和数据编辑，并支持表格和输出其他列表类，有时候它独立于 GIS。检索功能通常包括基于属性值来选择特定属性和记录。例如，我们可以从美国数据库中筛选全国超过 100 万居民的城市，形成一个完全载入原始数据以及其中部分复制的新数据库。我们可以执行诸如按数值排序功能以及根据记录的标识来检索选定的记录，例如名称和数字。这些都可以通过点击地图，点击表格中的属性行，或通过使用查询生成器或语言，如 SQL 来实现。

地址匹配涉及到把街道地址列成表，例如"123 主街"，并利用 GIS 将现有数据与 GIS 地理区域进行地址匹配。这一功能的关键是常采用美国人口普查局 TIGER 文件，它包含了拓扑关联的街道和街区网格，必须参照门牌号码。通过地址匹配找到街道，并沿着街道穿过一个个街区，直到找到街区范围内和街道正确方位的门牌号。这个"地理编码"功能存在于大多数 GIS 软件中，但是按照不同的算法进行，所以精度也是不同的。例如，在我位于圣巴巴拉城的街区，房子的数量还达不到 99 就结束了，因为那条路是个死胡同。结果，当地理编码算法按街道尽头指定地址的房子数比例除以街区长度时，地址将远低于沿街区线的实际距离。地理编码实际房子位置，跟 2010 的人口普查一样，会改正这个问题，但不是算法上的改正。

从制图的角度看，数据的许多操作都是非常重要的。例如，通常从不同表中获取的地图数据要加以合并，或者有时在数据上放一个掩膜从 GIS 中剔除一些特征。从国家公园中剔除私有土地、水域或军事基地就是掩膜的例子。通常县周围的土地、卫星影像或水域都必须排除和使用掩膜。同样的，有时候数据必须以某种方式集合在一起，通过方块地形图，饼切出另一个区域，如一个州或城市边界。甚至更复杂的是，有时候用线要素，如纬度/经度格网、河流或行政边界来进行必要的分段或增加节点生成就像之前介绍过的新要素或图层。这个功能称作动态分割，可通过 GIS 自动完成，如图 9.11 所示。

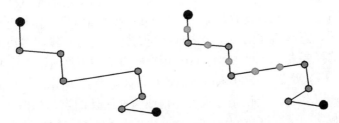

图 9.11 动态分割的使用，有必要分析时，GIS 能把一个要素分割成许多部分，然后合并，或通过增加结点(品红色)显示。每一新的分割部分都有它自己的属性。例如，它可能有必要建立一个新点来沿河流每 1 英里来标记，而且这些点与水流流向或污染数据有关

9.3.4　数据检索

　　GIS 另一个主要功能领域就是数据检索。就像我们在第 5 章看到的那样，GIS 同时支持基于属性和空间特征的检索。所有的 GIS 都允许用户进行数据检索，如果它们不具有这个功能，就称不上是 GIS 系统。然而，许多来同类别和复杂度的 GIS 在数据检索功能上也存在较大差别。

　　我们已经注意到，GIS 具有用地图作为查询工具从数据库中检索出特征的重要功能。其中有种方法，实际上也是最基本的方法，就是用鼠标或数字化仪的光标指向要素，从而查看要素的属性列表(见图 9.12)。同样，通过点击一个位置来选择的功能实际上是定义了 GIS。如果它不能做到这些，即系统可能只是计算机制图系统，而不是一个 GIS。数据库管理器的 select-by-attribute 功能也同样重要。通常是用数据库查询语言命令生成原始数据子集。例如，我们可以在 GIS 中找到去年房地产销售的所有房子。同样，我们可以找到 1990 后建造的所有房子。所有的 GIS 和数据库管理器都支持这一功能。

　　对一个 GIS 来说，最基本的数据检索功能就是显示单个特征的位置。可以将坐标作为属性进行检索，或更常用的是在地图空间范围内显示与一格网或其他特征上下文相关的特征。对于线特征也是如此，只是线特征显示出长度属性，而多边形特征显示面积属性。图 9.12 中，例如，单个土地利用多边形属性提取出来，就包括多边形类型和面积。GIS 应能计算和存储这些重要的基本特征作为数据库的新属性。例如，对于一些县多边形，我们可以将森林面积除以多边形的面积，从而计算出县的森林覆盖率作为其新的属性值。另一种常见的计算可能需要我们去统计特征，例如，用同一个县的数据库，通过从单独的城市设施数据库进行多边形内点的统计，算出同一县内消防站点的数目，然后与森林覆盖关联，从而计算出防火能力属性。

　　就像我们在第 5 章看到的，GIS 允许基于一幅或多幅地图特征作为工具，选择特征属性进行一系列检索操作。虽然它们中有些非常简单，但是这些操作确能测试出一个软件是否是 GIS 的决定性因素。一个 GIS 应允许用户选择邻近点、线、面特征。对于点来说，意味着在给定半径内选择所有特征。对于线或多边形来说，我们使用缓冲区来选择要素。缓冲区允许 GIS 用户检索落在距离地址 1 英尺内，距离河流一千米以内，或距离湖泊 500 米以内的特征，如图 9.13 所示。简单的缓冲区本身可以当做检索工具使用，无论是寻找缓冲内或缓冲区外的点，如图 9.14 所示。同样，例如，加权缓冲区允许我们选择一个缓冲区内的非均匀加权的点，有利于用近点代替远点。

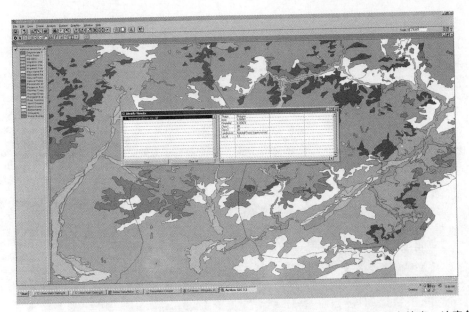

图 9.12　在 AIMS 阿富汗土地利用图层上点击(用"I"工具)就以进行简单的信息检索。注意多边形的属性包括土地类型(天然林)，周长和面积。例子采用 ArcView 3.2 GIS

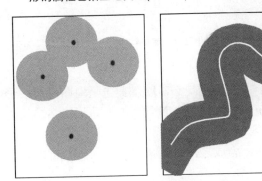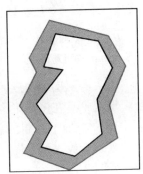

图 9.13　缓冲区可以由点(左)、线(中)或面(右)创建。缓冲区可以设定成一特定距离，如 1 千米，或由地图上每个点到特征或给定特征距离生成的一连续图层

　　将一组不规则、互不重叠的区域合并，形成具有原来共用边的新地理区域后，接下来的空间检索形式就是地图叠加。在新的数据库属性中，可以按任何单位搜索。一个 GIS 应该以检索操作执行叠加，以支持许多基于地图合并和加权图层操作的空间分析，就像在第 6 章讨论的那样。矢量系统通常是通过增加点以及打断现有集合来计算生成一个多边形。并且，在栅格系统中允许地图代数，直接增加，或多重属性存储在格网单元中。地图叠加是 GIS 主要功能的重要组成部分，在重新规划

区域中，规划了新的区域，同时数据被重新组织到新区域中，从而进行反复的测试和分析——例如，查看新区是否符合联邦选举权法案。

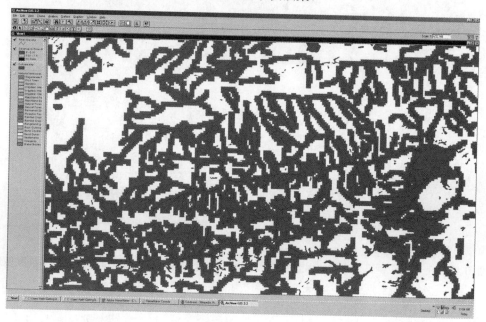

图 9.14　从 AIMS 数据集中部分阿富汗河流生成的 900 m 宽的缓冲区。紫色区域是距河流超过 900 m 的可耕种地

　　当两个矢量图层叠加后，有两个主要操作是必需的。首先是地图交集后形成新的特征。这包括点在多边形内，线在多边形内以及最常用的多边形在多边形内，就有必要生成一个最不常用的新地理区域。其次，必须为这些多边形建立新的属性表，包括来自于原来两个图层的属性。完成之后，就可以做任何新数据的重新组织和查询，如图 9.15 所示。

　　另一个重要的检索选项，是允许建立网络和基于网络查询，特别是在附属设施制图和水文系统中。典型的网络有地铁系统、管道、电力线以及河流网。检索操作包括线段或结点的搜索，添加或删除节点，重计算水流方向以及路径检索。并不是所有的 GIS 都需要这些功能，但就其管理系统目的，通常抽象成网络，如公路或铁路系统、供电系统或服务配送系统，GIS 显然应该有这个特征。例如，用连接线生成的河流网能用来模拟污染水流方向或用道路网计算最短路径。这项功能在一些提供导向说明的在线地图网站上是非常普遍的，例如 GoogleMaps 和 MapQuest。

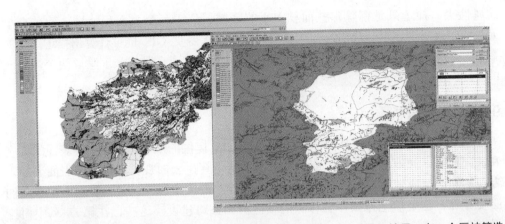

图 9.15　地图叠加。左：放置了分区边界的阿富汗土地利用图。右：叠加结果，有一个区被筛选
　　　　出来(巴米杨省的亚阔郎)以及该区的土地利用专门生成的以区边界结束的新多边形和属
　　　　性。例子采用带有 Geoprocessing 扩展的 ArcView 3.2 GIS

　　德纳·汤姆琳(Dana Tomlin，1990)将 GIS 操作进行完美的分类，栅格 GIS 可以
执行地图代数运算。在地图代数中，采用的检索操作有布尔运算，乘积运算，重新
编码以及代数运算。布尔运算是二进制组合。例如，取两幅地图，每一个属性的代
码划分为 "good" 和"bad"两类，并找到一个二进制 AND 方法，那样两个图层
都具有"good"属性，如图 9.16 所示。乘积运算允许将两个图层相乘，例如两个权
重组合起来。在重编码操作里，一系列计算属性编码被重新组织。例如，把百分数
转换成二进制，大于 70%的赋为 1，其他的赋为 0。地图代数允许计算操作，例如，
在栅格空间上对二进制地图进行 AND 乘积运算。

1	1	0	0	0
1	1	1	0	0
0	1	0	1	0
0	0	0	0	0
0	0	0	0	0

AND

0	0	0	0	0
0	1	0	1	1
0	1	1	1	1
0	0	0	1	1
0	0	0	0	0

=

0	0	0	0	0
0	1	0	0	0
0	1	0	1	0
0	0	0	0	0
0	0	0	0	0

图 9.16　地图代数最简单形式：两个二进制影像进行 AND 操作后，生成一个重叠公共区域。许
　　　　多其他操作也是可行的，如加法运算、乘积运算、除法运算、选择最大值、去除孤立
　　　　值等

　　两个真正的空间检索操作能进行多边形聚集或聚合，而且能筛选。例如，沼泽
周围饱和土面积可以加到沼泽面积中，并重新编码为湿地，成为一个新的、更广泛

的属性类。筛选只是剔除那些面积太小的区域，位于两个大面积区域之间单个单元，或是碎屑多边形。最后，一些复杂的检索操作需要 GIS 能够计算出描述形状的数值。常见的形状数值有多边形周长平方除以面积，或者是线长度除以两个端点间的直线距离。

9.3.5 数据分析

GIS 系统的分析能力是多种多样的。在 GIS 提供的众多功能之中，表面的坡度和坡向计算，如地形；缺少值或中间值的插值运算；表面视觉线计算；表面上加入专门的断裂线或轮廓线；在一网络或景观中找到最佳路径；以及计算土石方数量的必要计算，这是填挖方操作要移除的量，例如公路建设。这些已在第 7 章中讨论过了。

GIS 的独特之处就是几何计算，而其他类型的信息系统完全没有。这绝对是建立 GIS 首要考虑的基本问题。用维度，点在多边形内，线在多边形内和点到线间的距离来描述。首先，点在多边形内，就是点数据库，如地理编码点样本是怎样空间关联到多边形内的，如图 9.17 所示。因此，一系列随机生成的土壤样本点，可以通过点在多边形的操作，与数字化区域界线融合，从而每一样本列表就可发送到每个土壤区管理员那儿。其他较复杂的分析操作包括表面区域分割，可能采用已知点位置形成大致的区域或 Voronoi 多边形，或者将一个表面划分自动描绘的流域区。

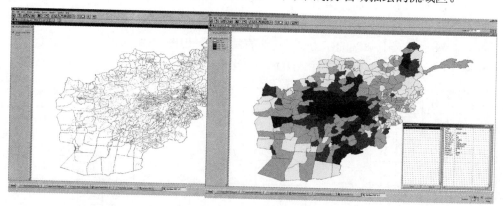

图 9.17　点在多边形内的分析。左图：来自于 AIMS 数据的阿富汗居民点及分区图。右图：用"多边形内点计算"扩展，在分区数据上显示了原始居民点数据，作为其新的属性。采用 ArcView 3.2 制作

一些最重要的分析操作往往是最简单的。一个 GIS 应该能够做电子表格和数据库工作，计算新的属性，生成打印报表或汇总统计描述，并且至少能做简单的统计

操作，如计算平均值和方差，执行重要的测试，并绘制残差图，就像第6章讲到的。

9.3.6　数据显示

　　GIS 的大部分显示功能在第 8 章已经介绍过。GIS 必须能够执行所谓的桌面制图，生成地理专题地图，从而能与其他功能相结合。GIS 能够制作多种典型专题地图，包括等值线图和比例符号地图。而且，数据是三维时，它们可以绘制等值线图和横断面图。

　　现在几乎所有的 GIS 软件要么允许交互式地图要素的修改，移动和改变标题和图例的大小，要么允许它们输出的内容被导到具有上述功能的软件中，例如 Adobe Illustrator 和 CorelDraw。一些 GIS 软件包含了图形编辑中的制图设计帮助，默认合适的配色方案，或在地图类型不适合数据时告知用户。对于当今市场上的许多 GIS 来说，这将是许多 GIS 软件令人满意的特征，而且这就可以避免许多地图生成前的设计不当和错误。

　　第 8 章中提到的一些 GIS 显示功能几乎是不可能的。特别是还没很好的应用 3D 可视化和动画。在许多情况下，网络应用程序和独立替代软件是可以的。在少数情况下，如 ESRI 公司的 ArcScene 和 ArcExplorer，这些附加组件本身几乎就是一个 GIS。许多 GIS 软件采用第三方软件进行交互式可视化，例如 Google Earth 使用 KML 图层版本进行浏览，或创建 GeoVRML 文件浏览标准的网页浏览器。通常还有其他工具，如 Adobe Flash，与 GIS 使用，只具有生成动画帧的作用。

9.4　GIS 软件与数据结构

　　在上述讨论中，重点集中在 GIS 提供的典型功能上。应牢记的是，GIS 的许多功能是由其特定的数据结构所决定的。正如我们在第 4 章所见，至少 GIS 使用的底层数据结构通常是栅格或矢量，还可能是不规则三角网，四叉树，或另一种模型，如面向对象，这就决定了 GIS 能做什么和不能做什么，可进行哪些操作，还有涉及哪些误差等级。结构选择不仅应考虑能提供什么类型的系统，而更重要的是，什么模型最适合特定应用，什么检索和分析功能使用最多以及什么是可接受的分辨率和误差等级。

　　那些广受青睐的特殊结构，包括广泛的土地特征应用，如林业，其中不需要详细的数据(优选栅格数据)；应用涉及不规则多边形和边界线，例如行政单位或人口普查区(优选矢量数据)；应用要求能将所有的点精确校正到地面位置(优选矢量数据)；应用广泛采用卫星影像和地形数据(优选栅格数据)；应用能进行图像处理功能以及分析诸如坡度和水流分析(优选栅格数据)。多数情况下，栅格数据到矢量数据的转换都希望在 GIS 外的专业转化软件上完成，所以应该避免那些最常见的错误类型，这样用户可以处理软件所不能解决的栅格化问题。地理浏览器是允许查看整个地球(例如 Google Earth 和 World Wind)，但必须依靠分层数据结构，只能以当前详细级别加载数据。这些往往是基于分层三角网，使用三角形的四叉树存储。

当然，大多数 GIS 允许用户以栅格和矢量形式进行输入和保存数据。但是，GIS 用户应该意识到，事实上所有交叉结构的检索和分析都需要一个(或两个)图层去改变结构，而这个结构转换往往使其在数据形式、精度以及进一步合理使用上都将产生无法挽回的影响。

9.5 选择"最好的"GIS

这个说法就 GIS 述语而言是非常主观的。有些系统有着非常忠实的用户，他们认为自己的系统比其他系统都要好。一个"最好的"系统意味着它对所有问题的解决方案都最优，这当然是毫无意义的。通常需要使用一个以上的系统，有时与独立软件结合来满足其他目的。接下来的 GIS 系统子集中，列出了一些商业化软件和图表说明了在当前水平上系统的广度和深度以及这些系统间的主要和细微的区别。

在这列出这些软件系统目的不是教条，而是用来给 GIS "消费者"提供更深入的学习。研究表明，这些软件大量应用到教育，各个专业及环境研究中。最近几年的主要趋势是地理浏览器，这为 GIS 赢取了更多功能，开源软件和免费软件变得更容易使用。这意味着过去有很少的 GIS 可选，那如今有大量 GIS 可选。

9.5.1 开源 GIS 软件

开源 GIS 软件添加了一个新的 dimension 类来增强 GIS 的可访问性。这些通常是免费的，有一个支持系统，如 Wiki，有文档，并定期增加新版本。大多数是完全开放的资源，并遵循自由软件基金会的指导方针。两个关于这些信息的有用信息交换中心是：*http://opensourcegis.org*，其中列出了超过 250 个工具，它们并非全部都是 GIS 工具；以及 *http://www.freegis.org*，或是 FreeGIS，一个免费的基于 GIS 组件交流中心，根据自由软件基金会发布的 GNU 通用公共许可证。

开源 GIS 软件最大优势就是免费。另一个就是容易扩展和添加，如果没有得到所期望的功能，就会从广大用户中产生新的解决方案。第三个优点是，它的许多工具都是基于通用软件的，所以它们的功能多少可以互换。例如，GRASS 软件中的大部分功能都被加载进 QGIS 中。

下面这些表是来自于 Steiniger 和 Bocher(2008)，但是应注意列表还将会迅速扩展。除了整个系统之外，许多软件系列也为这些系统奠定了基础。如果用户有一些编程知识的话，这些可以直接使用。它们包括：GeoTools(用 Java 编写的开源 GIS，使用 OGC 规格)、GDAL/OGR、Proj.4、OpenMap、MapFish、OpenLayers、Geomajas、GeoDja-ngo、GeoNetwork opensource、FIST (Flexible Internet Spatial Template)、Chamele—on、MapPoint、OpenMap、Xastir 以及 Gisgraphy。

开源 GIS 软件如表 9.1 所示。

表 9.1　开源 GIS 软件

软　件	软件描述	信　息
gvSIG 1.0	由西班牙区域基础设施和交通委员会研发。开源 GIS 用 Java 编写	*http://www.gvsig.gva.es/*
GRASS GIS 6.4	最初是由美国陆军工兵部开发，后来开放成为一个完整的 GIS 软件	*http://grass.itc.it/*
SAGA GIS	自动化地学分析系统，一个综合的 GIS 软件。它有独特的应用程序接口(API)和一个快速发展的地学程序，捆绑在交换模块库中	*http://www.saga-gis.org/en/index.html*
QGIS	QGIS(Quantum GIS)是一个用户友好型开源 GIS 软件，主要在 Linux，Unix，Mac OS X 以及 Windows 系统中运行	*http://www.qgis.org/*
MapWindow GIS	免费，开源 GIS 桌面应用编程组件	*http://www.mapwindow.org/*
ILWIS	综合土地和水文信息的系统，结合了影像，矢量和专题数据	*http://www.itc.nl/ilwis/*
uDig	uDig 是一个开源的桌面应用程序框架，采用 Eclipse Rich Client 技术构建	*http://udig.refractions.net/*
JUMP GIS / OpenJUMP–(Open)	Java 统一制图平台。OpenJUMP，SkyJUMP，deeJUMP 以及来源于 JUMP 的 Kosmo	*http://www.jump-project.org/*
Capaware rc10.1	通用的可视化世界 3D 浏览器，一个从 2007 年开始在加那利群岛，由政府实施的自由软件项目	*http://www.capaware.org/*
Kalypso	一个开源 GIS(Java，GML3)，主要应用在水资源管理。支持建模和模拟	*http://www.ohloh.net/p/kalypso*

续表

软 件	软件描述	信 息
TerraView	是一个桌面 GIS，能够处理地理关系数据库中的栅格和矢量数据，为 TerraLib 的前端	*http://www.dpi.inpe.br/terraview/index.php*
GeoServer	GeoServer 是一个由 Java 编写的开源软件服务器，允许用户共享和编辑地理空间数据。设计用于互操作性	*http://geoserver.org/display/GEOS/Welcome*
WebMap Server	服务于网络 GIS 数据的开源门户软件和工具	*http://terraserver-usa.com/ogcwms.aspx*
MapGuide Open Source	基于网络的平台，使用户能够快速开发和配置网络制图应用和地理空间网络服务	*http://mapguide.osgeo.org/*
MapServer	基于网络的制图服务器，由明尼苏达大学开发	*http://mapserver.org/*
PostGIS	开源软件 PostgreSQL 数据库的空间扩展，允许地理空间查询	*http://postgis.refractions.net/*
H2Spatial for	开源软件 DBMS H2_(数据库管理系统)的空间扩展	*http://geosysin.iict.ch/irstv-trac/wiki/H2spatial/Download*
SpatialLite for SQLite	SpatiaLite 的扩展，使 SQLite 支持空间数据，遵从 OpenGis 的规范	*http://www.gaia-gis.it/spatialite-2.0/index.html*
MySQL Spatial	MySQL spatial 扩展，遵从开源地理空间协会规范	*http://dev.mysql.com/doc/refman/5.0/en/spatial-extensions.html*

9.5.2 商业 GIS 软件

近年来，GIS 界一直备受广大 GIS 公司的良好推崇。随着这个行业的成熟，出现了在其他领域知名的软件供应商和公司，例如，航空领域也逐渐有兴建立 GIS。表 9.2 列出了摘自于 Steiniger 和 Bocher (2008)的 GIS 软件。

表 9.2　商业 GIS 软件

软件	软件描述	信 息
Autodesk	Map 3D、Topobase、MapGuide 及其他和 AutoCAD 相结合的产品	*usa.autodesk.com/*
Bentley Systems	产品包括 Bentley Map、Bentley PowerMap 以及其他与 MicroStation 软件结合的产品	*www.bentley.com/en-US/*

软件	软件描述	信 息
Intergraph	GeoMedia、GeoMedia 专业版、GeoMedia WebMap 及行业部门的附加产品以及摄影测绘	*www.intergraph.com/*
ERDAS	徕卡地理系统子集，包含 GIS、摄影测量和遥感。主要软件是 Imagine	*www.erdas.com*
ESRI	包含 ArcView 3.x、ArcGIS、ArcSDE、ArcIMS、ArcWeb services 以及 ArcServer	*www.esri.com*
ENVI	属于 ITT 公司。图像分析、开发以及高光谱分析	*www.itt.com.*
MapInfo	属于 Pitney Bowes 公司。包括 MapInfo 专业版和 MapXtreme。综合 GIS 软件、数据及服务一体	*www.mapinfo.com*
Manifold	非常全面的地理信息系统	*www.manifold.net*
Smallworld	由英国剑桥研发；现在属于通用电子公司，主要用于公共设施	*http://www.gepower.com/ prod_serv/products/ gis_software/en/ smallworld4.htm*
Cadcorp	包括 Cadcorp SIS(桌面)、GeognoSIS (网络)、mSIS(移动)和开发工具包	*www.cadcorp.com*
Caliper	包含 Maptitude、TransCAD 和 TransModeler。GIS 开发工具和唯一应用于交通的 GIS	*www.caliper.com*
GeoConcept	包含 GeoMap 3D、Topobase、GC Standard、GC 企业级、销售和市场营销、路径选择、地质优化、地理服务和其他产品	*www.geoconcept.com/en*
IDRISI	由 Clark 实验室开发的 GIS 产品	*www.idrisi.com*
TatukGIS	包含 TatukGIS 开发包(SDK)、GIS Internet Server、GIS Editor，以及免费的 GIS Viewer 软件产品	*www.tatukgis.com*
SuperGeo	包含 SuperGIS Desktop、SuperPad Suite、SuperWebGIS、SuperGIS Engine、SuperGIS Mobile Engineg、SuperGIS Image Server、SuperGIS Server 以及其他桌面扩展	*www.supergeotek.com*

　　市面上还有其他 GIS 软件，主要有中国、韩国以及日本的产品。一些其他国际软件，包括：Axpand(德国/瑞士)、Clarity by 1Spatial(英)、SavGIS(法国)、VISION MapMa-ker(印度)、Elshayal Smart(埃及)。

有一些 GIS 软件程序专门建立在数据库管理系统内。其中包括属于 Sybase 公司 ASE 波音公司的 Spatial Query Server、Oracle 公司的 Oracle Spatial、ESRI 公司的 ArcSDE、IBM 公司的 DB/2 以及 SDL Server 2008。

9.5.3 选择软件：讨论

选择最好的 GIS 使用，要考虑到很多方面，不单单是软件系统的技术功能上。可以说桌面 GIS 软件在用户界面和数据结构上差异甚微。相反，决定我们对自己选择的 GIS 满意程度与软件获取方式，计算机上安装难易程度，及在指定电脑上运行的灵活性，还有软件启动运行时的满意程度有关。

显然，成本是一个重要的因素。虽然近几年 GIS 的基本成本已经明显下降，在选用开源 GIS 时成本为零，但是成本仍然是巨大的，特别是把潜在成本考虑在内时。例如，不仅有 GIS 公司收取软件购买费用，而且还包括了维护费用，升级费用，每次的电话支持费用，有时还有其他费用。对于工作站许可维护费，这类许可应用于局域网配置上，这就成为软件成本的主要部分。此外，还有通常在不支持旧版本之前，要不断升级到新版本的压力。特别是 GIS 用户要承担一个大型项目时，这些就要计算在 GIS 软件成本中。与之相比，共享软件和免费软件可能基础设施支出较少，而且软件费和更新都是免费的。潜在成本让用户开始熟悉另一软件，通过集成必要信息来增加功能，接下来的就是支持网络和跟踪变化更新的花费。

培训是另一个重要因素。很少有 GIS 软件能被新用户立即使用。用户可能需要一个系统专家的帮助，可能有特殊的安装要求，也可能需要一些 GIS 方面的正式培训。当然，本书可以极大帮助用户了解 GIS，但是也要有大量简单易懂的技术信息可用。许多 GIS 用户参加 GIS 供应商组织的技术培训或通过其他渠道获得这些技术信息。这不同于一两天的研讨班，也不像完整的大学学期课程。这种培训也可能花费大而耗时。许多 GIS 系统的实现，虽然经过深思熟虑和组织，但是却因在恰当时间缺乏一两个拥有技术专长的人而失败。有些技术问题是硬件，有些甚至是特定版本的问题。

技术培训结束后，就开始真正使用 GIS 了。在这个阶段，随着星期五下午或项目截止日期的来临，通常唯一的自我帮助方法就是 GIS 打印系统或在线手册。同样，这些在可读性、全面性和用户友好程度上差别很大。有些很优秀，有些却很差。FAQ 列表和博客条目上经常有对一些不清楚问题的解答，但是缺少对简单问题的回答。用户在购买主要 GIS 软件之前要仔细检查软件文档，而且要花大量时间去阅读这些文档内容。在线指南是最好的，它可以搜索到，可能是上下关联的，有超文本链接，而且软件在另一窗口运行时仍可用。这些功能都是值得任何额外花费的，因为它可以加快学习，而且仍然可以作为以后的参考。大多数 GIS 共享软件都有很好的在线资料。

不管 GIS 自我帮助文档功能多么好，几乎所有的 GIS 用户迟早都会打帮助电话，给服务台发电子邮件或与 GIS 生产商或供应商技术支持员进行交涉。某些情况下是电话，但电子邮件，博客和网络会议都可以提供帮助。打帮助电话，可能会耽搁很长时间，搞不清 GIS 版本，更糟糕的是在留下号码之后等待回电。电子邮件会好点，并且可以避免电话占线的耗时问题。在线会议和 Wikis 是最好的。在寻求帮助时，对问题的简要说明和信息的完整性将极大提高响应回复效率。电子邮件对显示的错误截屏是非常具有实效的。总之，使用参考手册或用户指南远比打帮助电话可取，直到没有其他获取信息的方法。记住，如果其他所有方法都不奏效，请阅读手册。

另一个主要考虑的因素是软件维护。例如大多数软件的完整版升级，这需要一个新的安装程序，或通过"补丁"，对软件中具体问题的自我修复。对大的网络系统来说，维护是一个更要考虑的问题，但每个用户需要考虑许多大型文件以及紧急情况下如何备份一些重要文件。一个 GIS 应该不应被看作是一静态实体，而是会发展和演变的。一个原型设计很强大的系统如今可能无法处理接下来的任务。幸运的是，随着时间推移，硬件读取变得越来越快，磁盘内存变得越来越大，而成本会保持不变甚至下降。相反，需要专业知识来安装，维护和使用系统也是非常重要的，而且应计划好。GIS 技术人员通常能获得丰富经验，从而快速获得更好的工作。这也应该是 GIS 计划成本的一部分。

选择 GIS 显然是一个复杂且可能引起混淆的过程。解决这个问题的最有效方法是采取像一个人购买新车的那种态度。首先，GIS 用户应该收集系统要求的所有可用细节，如功能能力、系统限制等。就像车的买主，要求车有四个门，动力方向盘，足够大的行李空间以及前轮驱动。接下来，这些应该要与现有的系统匹配，或许需要权衡系统功能的必要性。然后是去汽车经销商那里，接着是试驾。许多 GIS 软件的试用版或共享版可在购买前供测试。一些演示版可以在互联网上免费下载或在 GIS 会议中发布。

最后，"你花钱，你做主"。然而，事后汽车将需要维护，可能还需要维修。总有一天，卖了它去买一辆新车。上述的每个问题都需要考虑。虽然每辆车都能将你从经销商那载回家，但是跑车和运动休闲车间存在本质区别，GIS 也是如此。总结：在你做出选择之前，要进行调查、挑选、测试以及询问。对 GIS 新用户来说，幸运的是早期 GIS 不足时代如今已经过去了。从技术层面讲，现今的 GIS 就像一部可靠的汽车，无论在哪里驾驶、怎样驾驶、不管怎样都是由你做主！

9.6 学习指南

要点一览

- GIS 用户在选择系统前后都需要了解 GIS 软件产品间的区别。
- 了解情况后再进行选择，是选择最佳 GIS 的最好方式。
- GIS 软件在其短暂的历史中迅猛发展。
- 由 IGC 在 1979 年实施的调查是 GIS 发展史上的"快照"。
- 在 1979 年的调查中，大多数 GIS 都与 FORTRAN 程序松散的集成在一起，执行空间操作。
- 到 1979 年，许多早期的计算机制图程序已经逐步演化了 GIS 功能。
- 早在 20 世纪 80 年代初期，电子表格被装入微机，能够处理"活的"数据。
- 在 20 世纪 80 年代初期，关系数据库演变成数据库管理的主要手段。
- 增加单个集成用户界面和设备独立性程度造就了第一个真正的 GIS。
- 第二代 GIS 使用图形用户界面和 desktop/WIMP 模型。
- UNIX 工作站将 GIS 和 X-Window 图形用户界面集成在一起。
- 随着图形用户界面成为操作系统的组成部分，GIS 开始用操作系统的图形用户界面取代自己的用户界面。
- 个人电脑综合了 GIS 和 Window 的变型及其他操作系统。
- GIS 产品特点因其功能特征而闻名。
- GIS 功能分成"六大重要"类别。
- 这六大重要的功能分别是数据采集、存储、管理、检索、分析和显示。
- 一些数据采集功能包括数字化、扫描、拼接、编辑、简化以及拓扑清理。
- 存储功能包括压缩，元数据处理，通过宏命令或语言操作以及格式支持。
- 一些数据管理功能包括实体模型支持、数据库管理系统、地址匹配、掩膜以及拼接功能。
- 一些数据检索功能包括定位、按属性选择、建立缓冲区、地图叠加以及地图代数。
- 一些数据分析功能包括插值，最优路径选择，几何度量测试及坡度计算。
- 一些数据显示功能包括桌面制图，地图要素交互式修改以及图形文件输出。
- GIS 的许多功能是其特定数据结构的产物。
- 栅格系统适合用于林业、摄影测量、遥感、地形分析以及水文研究。
- 矢量系统适合于土地利用，人口普查数据，精确的位置数据以及网络数据。

○ GIS 软件可分为开源系统和专有系统，人们的选择不尽相同。

○ 在选择系统时，要考虑到许多问题：成本、升级、网络配置支持、培训需要、安装难易程度、维护、文件和手册、帮助电话和供应商支持、补丁获得途径、职员数。

○ 选择 GIS 可能会是一个复杂和困惑的过程。

○ 明智的 GIS 用户应该在购买前进行调查、挑选、测试和询问关于系统的问题。

学习思考题

GIS 软件的演变

1. 列一个从 1960 年到现在的时间表，作为在线 GIS 时间表的基础之一使用，如 *http://www.casa.ucl.ac.uk/gistimeline/*，*http://www.gisdevelopment.net/history/index.htm*，或者其他。在时间表上放置一个本章提到的软件子集。怎样将软件的顺序和第 1 章所讨论的 GIS 历史关联起来？

GIS 和操作系统

2. 列出在表 9.1 和表 9.2 中可以运行 GIS 软件的所有操作系统、主机、工作站、微型计算机。哪些提到次数最多？为什么？

3. 如果你能把其他操作系统安装到你的工作站或微机，例如 Linux 和 Windows，或找到两台已经安装了这两类系统的电脑，那做一些简单的任务，比如说，分别在两个操作系统中输入 50 个数字到电子表格文件中。计算每一过程时间，并制作一份图表显示自己在每个任务上花费的时间。操作系统在完成任务上节约或耗费了多少时间？每个系统能提供多少系统帮助？

GIS 功能

4. 制作一个有单词表达重要功能的列表，标题为"六大重要功能"。利用这些功能对 GIS 成为"真正的"GIS 的重要性来打分。将这份列表与特定 GIS 功能匹配。

5. 对两个不同的 GIS 检查其手册。阅读同一章节，例如在每份手册中关于数字化线条的章节。哪一个解释更好？为什么？列出在 GIS 文件中令你满意的功能。

GIS 软件和数据结构

6. 回顾第 4 章提到的不同 GIS 数据结构。根据本章提到的 GIS 支持哪些数据结构和它们是否支持数据结构转换，将它们分类。列出一些你转换数据结构的理由。

选择最好的 GIS

7. 看完本书中"GIS 人物专访"章节，记录提到的特定 GIS 软件。你如何列出与本章提到软件特征相配的软件？

8. 如果你已经使用过不止一个 GIS，下载并保留 AIMS 阿富汗数据，然后完成一个简单的检索或分析操作，如建立缓冲区或叠加。仔细记下每个步骤用了多少时间，需要多少个步骤以及在解决困难时，手册和帮助系统是多么有用。将两个大小相同和比例尺一样的地图放在一起。它们是完全一样吗？造成差异的原因是什么？

9.7 参考文献

Albrecht, J. (1996) Universal GIS Operations for Environmental Modeling *Proceedings, Third International Conference/Workshop on Integrating GIS and Environmental Modeling.* http://www.ncgia.ucsb.edu/conf/SANTA_FE_CD-ROM/sf_papers/jochen_albrecht/jochen.santafe.html.

Buckley, A. and Hardy, P. (2006) "Cartographic Software Capabilities and Data Requirements: Current Status and a Look toward the Future," *Cartography and Geographic Information Science*, vol. 34, no. 2, pp. 155-157.

Brassel, K. E. (1977) "A survey of cartographic display software," *International Yearbook of Cartography*, vol. 17, pp. 60 - 76.

Day, D. L. (1981) "Geographic information systems: all that glitters is not gold." *Proceedings, Autocarto IV*, vol. 1, pp. 541 - 545.

Marble, D. F. (ed.) (1980) *Computer Software for Spatial Data Handling.* Ottawa: International Geographical Union, Commission on Geographical Data Sensing and Processing.

Moreno-Sanchez, R. Anderson, G., Cruz, J., and Hayden, M. (2007) "The potential for the use of Open Source Software and Open Specifications in creating Web-based cross-border health spatial information systems." *International Journal of Geographical Information Science*, vol. 21, no. 10, pp. 1135 - 1163

Samet, H. (1990) *The Design and Analysis of Spatial Data Structures.* Addison-

Wesley, Reading, MA.

Steiniger, S. and Bocher, E. "An Overview on Current Free and Open Source Desktop GIS Developments." *http://www.spatialserver.net/osgis*.

Steiniger, S. and Weibel, R. (2009) "GIS Software—A description in 1000 words" *http://www.geo.unizh.ch/publications/sstein/gissoftware_steiniger2008.pdf*.

Tomlin, D. (1990) *Geographic Information Systems and Cartographic Modelling*. Upper Saddle River, NJ: Prentice Hall.

Tomlinson, R. F. and Boyle, A. R. (1981) "The state of development of systems for handling natural resources inventory data," *Cartographica*, vol. 18, no. 4, pp. 65‑95.

9.8　重要术语及定义

活的数据： 能重新配置和重新计算的数据。表格数据的属性和记录是通过表格中的公式计算出来的。

地址匹配： 地址匹配就是用一个街道地址，如 123 主街，配合数字地图，将街道地址放置在地图上的一个已知位置。地址与邮寄列表匹配，例如将邮寄列表转换到地图上并且允许绘出列表上的特殊点。

仿射变换： 允许在两个平面空间方向上的任何平移，旋转以及缩放操作。仿射变换允许不同比例尺，不同方向以及不同起源的地图。

批处理： 从文件中提交一组命令到计算机，而不是用户交互方式。

缓冲区： 一个点、线及面特征周围的区域，该区域假定与指定特征空间相关。

CALFORM： 一个早期的专题地图制图软件。

CAM(Computer-Assisted Mapping)： 计算机辅助制图，一种地图投影和 20 世纪 60 年代的主要大型计算机绘图程序。

CGIS(Canadian Geographic Information System)： 加拿大地理信息系统，由早期的加拿大国土调查系统演变而成的完整 GIS 系统。

聚合： 空间聚集，将多个具有相似特征的要素集成单个要素功能。

压缩： 任何能够降低数据物理存储空间大小的技术或其他数据格式任何技术或其他数据格式。

饼切： 去除特定区域外面积的空间操作。例如，一个国家轮廓图可以用来剪切卫星影像。

六大重要功能： 迪克尔定义的 GIS 功能能力包括：地图输入、存储、管理、检索、分析和显示。

数据交换格式：用于类似的 GIS 软件之间进行特定物理数据格式转换。

数据结构：地图要素或属性进行数字编码的逻辑与物理方法。

DBMS(Database Management System)：数据库管理系统，是 GIS 的一部分；一个允许操作和使用包含属性数据文件的工具。

桌面制图：能够轻松生产各类地图，符号化方法以及通过直接操作地图要素来显示地图。

桌面隐喻：在图形用户界面中，对用户交互要素的特定比喻。许多计算机图形用户界面使用桌面隐喻，包含日历、时钟、文件和文件夹，等等。

设备独立性：软件几乎不受用户在任何计算机或专业设备上运行影响的能力，如打印机或绘图仪。

融合：消除一个特征在数据录入后不必要的边或边界；例如，地图的边界。

DXF：Autocad 的数字文件交换格式，一种基于矢量模型的图形文件转换行业标准格式。

动态分割：一用 GIS 的一个功能，能将线在重要位置上拆分成点，并且有自己的属性。例如，一条线代表公路，可以在每英里添加一个结点作为标记，这样就能够保留那个地方的交通流量属性。

边缘匹配：GIS 或数字地图，与纸质地图沿着边缘"拉合"样，边缘就融合了。进行边缘匹配，地图必须在同一投影，基准面，椭球体以及比例尺，并且显示特征以相同的比例获取。

实体间：任何一次指定一个特征的数据结构，而不是整个图层。

FORTRAN：一个早期的计算机编程语言，最早的把数学公式转换为计算机命令。

功能能力：GIS 能够通过独立操作，或作为部分另一操作完成一重要过程的能力。

功能定义：定义一个系统可以做什么而不是它是什么。

模糊容限：点能被捕捉到一起的线段距离。

简化：某个地图比例尺变到更小比例尺(不详细)，通过简化改变特征形状的过程。

几何测试：对特征间建立的空间关系的测试。例如，可以通过点是否在指定多边形内的测试确定这个点是否包含在这个多边形内。

GNU：通过互联网发布软件的自由软件基金会组织。

GUI(图形用户界面)：一套可视化机械工具，用户通过它和计算机交互，通常包含窗口，菜单，图标和指针。

帮助电话：一个能让软件用户得到专家口头帮助的电话服务。

导入：GIS 把数据带入外部文件和在 GIS 中使用新数据格式的能力。

安装：使用 GIS 软件的一个必须步骤，包括复制和解压缩文件、数据、登记许可，等等。

集成软件：软件以一个共同用户界面集合起来工作，而不是由按顺序使用的独立程序软件构成。

局域网：用网络连接将计算机组织成一集群，但是没有外部链接。通常允许共享数据、软件许可或者文件服务器。

宏命令：一个命令语言界面，能够进行"程序"书写、编辑，然后提交给 GIS 用户界面。

地图代数：Tomlin 的基于统一大小和分辨率栅格的校正图层地图合并算法术语。

地图叠加：将多个专题地图以相同的比例尺、投影和范围准确配准，以便能够综合查看。

掩膜：一个旨在消除或去除不必要制图和分析区域的地图层的操作。

元数据：描述数据的数据。是与全部数据集有关的指标类信息，而不是数据集内的对象。元数据通常包括日期、来源、地图投影、比例尺、分辨率、精度以及信息可靠性，还有数据格式和数据结构。

镶嵌：GIS 或数字地图像纸质地图沿边缘匹配样。连续过界边必须要 "拉合"在一起，并且边缘融合在一起了。边缘匹配，地图必须在同一投影、基准面、椭球以及比例尺下，并且以同样比例尺获取和显示特征。另请参见边缘匹配。

多任务：一个电脑操作系统功能，或 GIS 同时处理多个进程；例如编辑和运行一个命令序列，同时从数据库中提取数据，并显示在地图上。

结点捕捉：指导 GIS 软件将多个结点或点变成单个结点，因此连接到结点的特征精确匹配，例如，边界。

在线手册：一个可供搜索和检查的计算机数字版本应用手册。

补丁程序：对程序或数据集的修补，包括覆盖一系列老版本的数据。

专有格式：一种数据格式，它的说明是受版权保护的，而不是公共的。

关系 DBMS：一种基于关系数据模型的数据库管理系统。

重编码：用数据库管理系统来改变属性的排序或范围。而且，特别是在栅格 GIS 系统中，用于将格网单元值分类。

橡皮拉伸(Rubber sheeting)：两个图层的统计变形，通常用一系列公共点来完成空间配准。

筛选：除去低于最小特征尺寸的要素。

空间数据传输标准(SDTS)：用以说明在不同计算机系统之间传递 GIS 数据的组织和机制的正式标准。

电子表格：允许用户往一表格行和列中输入数字和文本的计算机软件，并通过表结构来维护和操作数据。

SURFACE II：一个由堪萨斯地质调查局发展而来的早期计算机制图软件。

SYMAP：一个早期的通用计算机制图软件。

拓扑清理：在数字矢量地图中，所有的弧段连接到同一坐标的结点上，并且多边形由弧段连接而成，且没有重复、分离或缺失弧段的现象。

UNIX：一种实际上在每台计算机上都可运行的操作系统，并且已经成为工作站、科学和工程应用所选的操作系统。

向上兼容性：软件转变为新版本的功能，完全支持数据、脚本、功能及对老版本的支持等。

用户界面：是用户与软件程序或操作系统之间交流的物理手段。最基本的交流类型就是用英语或像程序样的命令集陈述。

矢量数据：一种地图数据结构，使用点或结点以及连接区域作为表达地理特征的基本结构。

版本：软件的更新。完整的改写通常应用全新版本号(例如，版本 3)表示，固定而细微改进则用十进制递增(例如，版本 3.1)。

VisiCalc：第一代微型计算机的电子表格软件。支持平面文件的数据表。

扭曲变换(Warping)：见 rubber sheeting 变换。

WIMP：一个图形用户界面术语，反映可用的主要用户界面工具：窗口、图标、菜单和指针。

X-Window：一个基于 UNIX 操作系统和计算机图形处理能力的大众公共图形用户界面，由麻省理工学院编写和支持，也是互联网上大多数工作站的共享软件。

拉合：见镶嵌。

9.9　GIS 人物专访

乔纳森·雷珀(Jonathan Raper，简称 JR)，伦敦城市大学通用信息中心信息学教授

KC: 我们在旧总统办公室的伦敦皇家地理学会，乔纳森，是什么使您对地理学或地图学产生兴趣？

·JR: 我在英国剑桥大学学习地理学。在玛丽皇后学院取得博士学位，然后前往伯克贝克学院，我在那里开始 GIS 专业和科学。是什么让我产生兴趣呢？在我小的时候，一个叔叔问我长大以后想干什么。我回答说要在野外工作，然后他说："傻小子。如果你想要在野外工作，就放一张桌子靠在窗户旁边。"这句话惹恼了我，这本身就是那时的一种个人驱动。因此，一直幻想着像一个地理学家那样工作和做研究，而且能够进行野外地貌研究工作。

KC: 为什么成为一个信息学院的地理学家？

JR: 地理学是通用学科之一；地理学已深入到人类社会，从了解人类社会特定的组织方式到环境作用方式。我们以地理学的方式使用信息技术以及我们在城市大学组建了团队，专门用来处理社会信息中地理方面的信息——依靠人们的地理

知识和技术经验结合。我认为你说地理信息科学本质上没必要归到地理学。地理学不一定可以代表信息科学，但是信息科学肯定能代表它的存在，因此这是它最好的归宿。

KC: 能谈谈你们团队从事的研究项目吗？

JR: 我们一直在技术、导航及认识环境中寻找结合点。所以，我们寻思人们如何用移动设备提供的信息来帮助他们认识所处周围环境，并找到路。针对游客和旅行者的需求，我们开展了一个叫 WebPark 的导航项目，它里面的地理信息可以帮助人们尽情参观国家公园，并且创立一个分拆公司，它向欧洲国家公园推销这个系统，好让游客在各类国家公园中租用这个系统导航。我们仍在探究其可访问性和其他各类社区使用地理信息的方式，主要是受移动设备的影响。"基于位置服务"项目现正在探索支持为老年人，视觉障碍及盲人导航找路的信息设计方案。在皇家地理学会这，我们已经对一老年对象进行了测试，它试用我们的技术，并给出反馈。

KC: 我们稍微了解的下一代系统，这就是我们所期望的未来 GIS 产品吗？

JR: 嗯，在地理信息学事物发展阶段，倡导者有专业的规划人员，公共设施管理人员，林业工作者等——都具有不同的专业背景。我们所面临的最大挑战是把地理信息和地理信息系统戴到普通人生活中。每个人都戴手表——所以每个人都知道时间。但是并非每个人都能轻松、以简单通用的方式说出他们在哪儿，要去哪儿以及曾经在哪儿。我们没有一个常用的位置和地点查找工具。我认为GIS 面临的另一个挑战是让 GIS 个人化。那什么是未来的个人 GIS 呢？显然，它能很方便使用。它能以朴素的地理学概念来处理，这里的朴素意思是一种原生而内在的方向感及类似的东西。即我们必须理解自己的地理信息。

KC: 谢谢，我们期待您的研究成果。

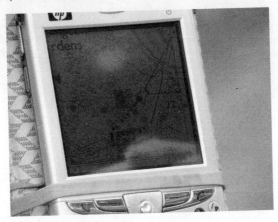

第 10 章
GIS 在行动

装备子弹的计算机犹如压纸尺，但装子弹的地图还是地图。

——基思·豪克少校(Major Keith Hauk)，驻阿富汗美军指挥官

10.1 GIS 案例研究

　　在前面章节里，我们已经对 GIS 理论有了基本了解。但是，实际上，学习 GIS 必须使用软件解决地理信息问题。很多 GIS 相关课程的学习确实是 GIS 学习中很重要的部分，通过这种学习，我们认识并了解到 GIS 确实是个功能强大，应用面广的工具。为了深入了解 GIS 的实际应用，在这一章里，我们采用案例研究方法来说明 GIS 的功能。这里列举了四个案例，都是在 GIS 新闻文献中报道过的。这几个研究

案例都摘自 GeoPlace GeoReport archives，这些案例可以在免费注册 *www.geoplace.com*
会员后，从 "archieves" 里找到。这些案例的使用都是经过了授权许可的。

在每一个给出的 GIS 应用案例中，都进行了总结：研究用的 GIS 软件。根据我
们的学习目标，我们也会从这些案例研究中得出结论，这对 GIS 初学者会很有用。
这四个研究案例包括了两种自然灾害：龙卷风和火灾，涉及两个行业：农业综合行
业和电力行业。正如你将要看到的，数据资料是局部的，但是研究产生的影响是非
常。例如，全球气候变化可能导致龙卷风和自然火灾的发生，还可能改变农作物在
特定地区的生长，同时也直接影响需要取暖和降温城市的用电供应。我们将在这一
章末详细讨论这个话题。

10.2　GIS 在龙卷风灾后响应及赔偿中的应用

GeoReport 发行日期：2009 年 3 月，发布时间：2009 年 4 月

来自 Gregory S. Fleming, Frank C. Veldhuis 和 Jason D.Drost (Gregory S. Fleming 是
总裁，Frank C. Veldhuis 是副总裁，Jason D. Drost 是一个 GIS 系统分析员，来自
NorthStar Geomatics)。可参见图 10.1～图 10.6。

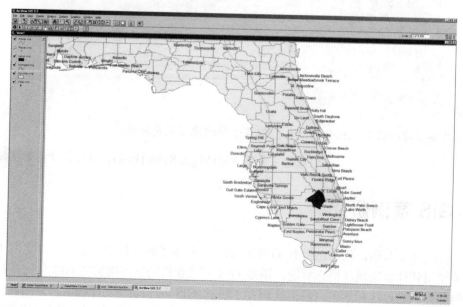

图 10.1　ArcView 3.2 地图显示的美国佛罗里达州马丁县

　　2004 年，美国佛罗里达州的马丁县遭遇两场重大龙卷风(弗朗西丝和珍妮)的袭击，并持续了三周，这也是历史上有记载的暴风雨季节里破坏性最强的一次。NorthStar Geomatics，是位于佛罗里达州专门从事测绘/制图，GIS 和资产调查的公司。该公司在龙卷风发生后，负责从主要的废墟中收集数据、检查数据以及将数据制成图表。

　　这个公司致力于帮助马丁县获得超过 1700 万美元的龙卷风影响损失的赔偿。NorthStar 的文档成为后面成功解决联邦应急管理局拒绝支付 345 万美元赔偿问题的重要资料。使用的整个过程已成为其他类似应急响应废墟清理档案记录和制图的基准。

图 10.2　龙卷风(弗朗西丝和珍妮)登陆后，整个美国佛罗里达州马丁县到处都是大量的废墟，并被吹起来带到该地区一些垃圾场堆起来

图 10.3　到最后废墟清除后，有近 32 000 条信息用文档记录下来

暴风雨

2004 年 9 月弗朗西丝和珍妮两场龙卷风的袭击，对马丁县产生了前所未有的冲击，摧毁房屋、商场以及公共基础设施。龙卷风灾害产生了大量崩塌的废物(例如：木边料、屋顶料、屏蔽室，等等)以及大量的树木和植被废物。最后收集了超过 100 万立方米材料，这给该县工程人员在物流运输和行政管理上出了一个大难题。

马丁县的灾害响应规划包括一个废墟管理过程，以及与地方承包商间签订的灾害赔偿协议。然而，按照美国联邦应急管理局(FEMA)的要求，需要准确记录大量收集的垃圾，这也是非常重要的。县政府官员知道他们必须收集和存储废墟收集物，并及时、准确及以可信的方式向 FEMA 汇报。准确性是至关重要的，因为这能使文档通过 FEMA 审查。

值得庆幸的是，马丁县在 2001 年创建了一个资产管理系统来管理全县的基础设施。NorthStar，担任了全县 GIS 顾问，在随后几年的数据库维护和扩展方面提供了大力帮助。NorthStar 的信息使其团队能与县里工程人员的工作无缝结合，从而迅速地开发一个记录废墟清除进程的程序。同时记录成功收集的关键是 NorthStar 在这一过程中的及时参与。紧随着龙卷风后，马丁县的官员就迅速与公司联系帮助数据收集及跟踪。

过程

龙卷风袭击以后，承包人被派遣到马丁县的各个地方去搜集废墟，并把它们送到预先设立好的三个垃圾场。每一次运载都用"运载票据"详细地说明并记录，上面提供的有关承包人，人员，交通工具，运载量和收集位置和时间以及垃圾场名。在废墟收集垃圾场，有三个代表性的标识：一个是全县的，一个是美国联邦应急管理局的，还有一个是第三方承包人的，都以每次运载所拉的废墟体积数为准来达成协议。把每天的"运载票据"收集并统一起来，信息被拖运承包商录入到一个电子表格里。这个工作任务可不小——在废墟清除的最后阶段，收集了超过 32 000 条的信息。

文档记录过程首先是对每个运载票据进行综合审查。NorthStar 完全用手动方法核实每一个票据信息，以确保信息的准确性，这样就可以使票据与承包者提供的电子表格信息匹配起来。这个过程对支付承包人费用起决定作用，同时也要核实那些不全的数据或未通过 FEMA 审查的错误数据。

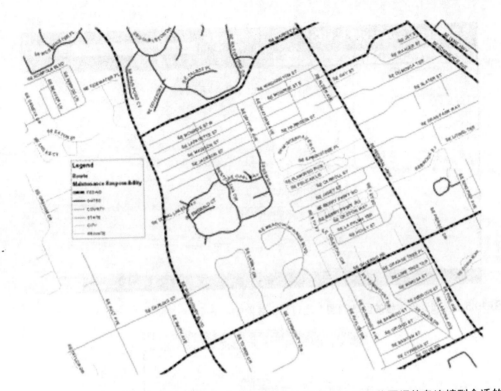

图 10.4　NorthStar 用马丁县资产管理系统中的道路中心线数据，把运载票据信息连接到合适的道路分区

制图过程

紧接下来就是，NorthStar 要求每一个票据信息要经过地理编码，将每次废墟收集与具体街道位置对应起来。这个概念创新是非常重要，尤其在后来美国联邦应急管理局要求详细记录每类道路(地方的，州的，联邦的)中清除的废墟位置和数量信息时。

红色的道路表示维护的责任区。NorthStar 用 ESRI 的 ArcGIS 软件进行地理编码。为了把收集的点绘成图，这些运载票据电子表格的数字化形式都被转化成数据库格式。道路中心数据来自于马丁县资产管理系统，并将每个票据信息与合适的道路分区关联起来。

通过县级 GIS 数据集中的道路中心线数据将废墟清除制成图表，这样 NorthStar 及该县就可以用道路分析废墟清除过程，定量分析每一废墟区域，定量分析每一运载卡车以及废墟的清除成本。同时还提供了能证明清除的废墟是来自城市和州级道路(不符合联邦基金支持)的方法，因为这些是 FEMA 的赔偿要求上不包括的。

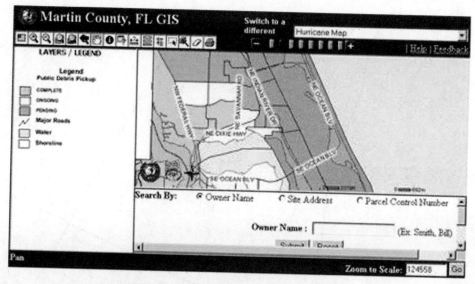

图 10.5　废墟清除过程的区域制图，通过马丁县网站可访问

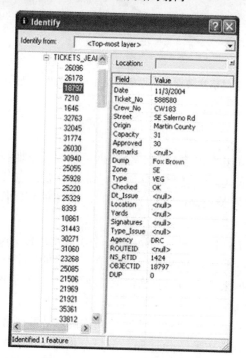

图 10.6　每次运载票据包括的信息有司机、人员、交通工具、清除的位置和日期，以及垃圾场

将这些收集的数据与该县已有的资产管理系统综合起来，可以去除紊乱，极大地提高了文件记录的精度，而且该县的人事部门能以多种格式访问这些信息。

NorthStar 用该县的 ArcIMS 的 Web 服务来绘制片区道路状况，这些区域都严重地遭受龙卷风破坏，从倒下的树木，倒塌的电缆到发生洪灾。道路分为开放，封闭(不通行)和仅允许应急通行的。那些交通信息号灯的运行状态也做成图表了。最后，这个废墟清除过程被制作成区域图。这些信息不断更新，而且实时显示在该县的网站上，这样大量应急响应人员，新闻组织和公众就可以访问这些信息了。

需解决的问题和方案

尽管这些废墟收集数据的积累对美国联邦应急管理局的文档记录很重要，但当马丁县面临前所未料的难题：用于赔偿的废墟清除花费的 345 万开销被拒付了，制图工作就变得非常重要。有观点认为美国联邦应急管理局灾后赔偿费用被回绝是因为废墟回收是以私人或 "封闭" 或社区行为进行的，因为美国联邦应急管理局曾声称过马丁县并不对此类行为负责。负责数据收集和制图的 NorthStar 就这些争议展示了回收的 74,000 立方英尺的部分废墟，这代表该县已经花费了 345 万。

尽管美国联邦应急管理局决议的重心主要集中在合法问题上，(也就是说马丁县是否有法律权威和职责去收集废墟)，该县依据 NorthStar 编制的 GIS 数据去记录和绘制那些有争议的废墟收集数据。如果没有这些详细的支撑信息，就很难解决赔偿费用的问题。

在三年两次的败诉后，该县官员求助于他们在华盛顿特区的立法代表，帮助他们受到美国联邦应急管理局主要官员的接见(包括 R. David Paulison，FEMA 的负责人)。接下来双方的会见定在 2007 年 9 月 18 日，坡里森(Paulison)同意重新审视争议，最后同意支付 345 万美元赔偿。

经验教训

马丁县在 2004 年遭受的这项史无前例的挑战强调了建立和维持 GIS 综合企业，ArcIMS Web 服务和资产评估管理系统的重要性。在灾害期间及灾后，这些工具可以应急响应人员和普通公众提供不断更新的有关安全和恢复的基本信息。

在应急响应计划中建立一套行之有效的方法也是同样重要的，从而提供恢复数据准确的收集位置，数据组织及制图。这样的提前规划从长远来看是非常有用的。GIS 被 NorthStar Geomatics 和马丁县委用来建立道路资产数据集，这些数据集是该县成功进行废墟清理程序的重要因素。有效利用这一技术使该县能以一种可接受的格式向 FEMA 呈现重要的废墟信息，而且这些废墟信息的格式是能满足管理局要求的。

案例研究小结

项　目	内　容
地点	佛罗里达州的马丁县
单位	NorthStar 公司，马丁县
问题	龙卷风发生后废墟清除管理
客户	马丁县居民，FEMA
使用的软件	ArcGIS、ArcIMS Web 服务
数据	现有的道路中心线数据，新收集及地理空间纠正过的运载票据信息
生成及使用的地图	街区运载量，道路状况，交通信号灯，废墟清理过程区域图，网络服务地图
需解决的问题	与 FEMA 在门控社区废墟移除上的争议
吸取的教训	综合 GIS 及跟踪方法的预先规划

10.3　农业综合企业发展与作物专用图

发行日期：2009 年 1 月，发布时间：2009 年 2 月 1 日

发布者：杰西卡·韦兰德(Jessica Wyland，ESRI 撰稿人)，可参见图 10.7～图 10.10。

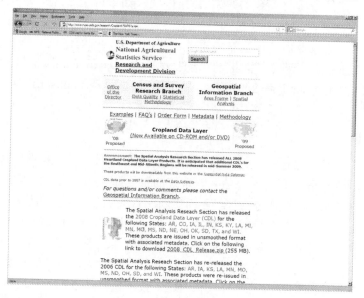

图 10.7　美国农业部国家农业统计服务研究与发展处网站：*http://www.nass.usda.gov/research/Cropland/SARS1a.htm*

作物专用地图是综合测绘数据与卫星影像数据创建的，用来为农户和农业综合企业，如种子公司和肥料公司，提供一种字面上的"土地层"。种植在美国中西部玉米种植带和美国密西西比河三角洲地区的玉米，大豆，大米和棉花，已被广泛制成了农田数据层(Cropland Data Layer，CLD)。这些数据可以从美国农业部门(USDA)的国家农业统计服务(NASS)网下载或观看 DVD 视频。用 ESRI 公司的 GIS 软件来准备和管理农业数据，并建立农田空间快照数据。

一位 NASS 的 GIS 专家里克·穆勒 (Rick Mueller) 说："农田数据图在农业机构内或机构外都可能有许多用途"，"CDL 可以在 GIS 中用作其他企业 GIS 数据层的空间查询。它可以提取信息或作掩膜去除，只留下那些公共或私人企业利益关注的信息。"

GIS 和农业综合企业

利用土地利用类型数据来增强 GIS 功能，这已经证实了对作物种植协会、作物保险公司、种子和肥料公司、农药公司、图书馆、大学、联邦和州政府以及遥感/GIS 增值公司等都有很大帮助。农业综合企业参考这些数据为零售供应及设备新厂选址，作物和货物的运输路径选择，以及预报作物的产量与销量。例如，肥料公司可以用 CDL 数据更精确的估算出具体农作物区应施化肥量。

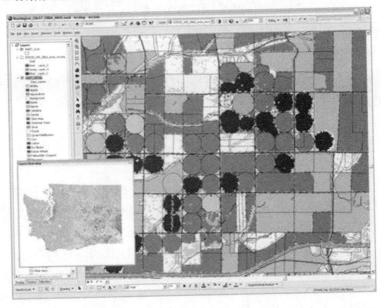

图 10.8 用 2007 年 NASS 农田数据、USDA/农业服务机构及常用土地单元数据叠加而成的华盛顿地区图

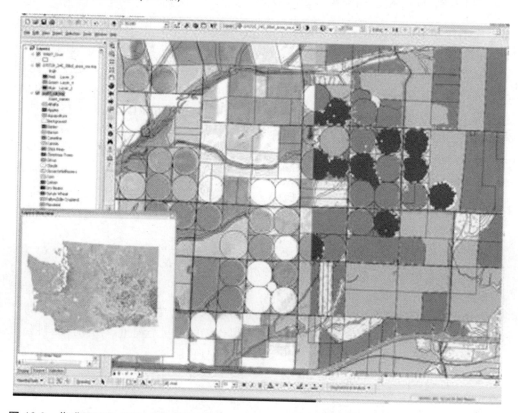

图 10.9　华盛顿地区 2007 年的农田数据与 2007 年 7 月 25 日原始 AWIFS 数据的合成图，利用 swipe 函数与常用土地地块叠加的结果，波段合成为 3,4,2

　　这些数据也有助于杀虫剂公司研究害虫迁移趋势及杀虫剂的应用。农户和环保人士用这些数据根据野生栖息地，作物胁迫及疫区位置来进行虫害风险评估。教育工作者基于作物密度分布进行作物生长位置研究，并用 CDL 图及影像来建立生态系统模型。

　　每个州的玉米种植带和密西西比河三角洲地区，CDL 根据各个州精确的统计及元数据，对各栅格数据进行分类。CDL 是唯一一个能提供农业景观年变化的产品。这些完整的 CDL 产品调查数据可以在 Geospatial Data Gateway 网下载。

　　穆勒强调说："我们能用 ESRI 公司的 ArcGIS Desktop 创建资源图，从而确定出空间范围上相关联的适合特定州种植的作物面积"。

　　ESRI 公司的 ArcMap 也被用于创建最后的产品图——为农业受益主体提供详细而完整的美国农田信息图。GIS 专家利用 ArcMap 制作地图，并分发给 NASS 行业办公室，这些图可用作交易时的展示，以及分发给客户。

CDL 网络地图集

　　ArcMap 也被用于制作 CDL 网络地图集，图中我们可以看见有每个州的每个县都用点标绘出该县种植的玉米、燕麦、冬小麦、豌豆及其他作物的位置及面积，而且这些信息都包括在一个单独的 PDF 文件中。每年，CDL 计划主要集中在集约化经营农区的数字化，分类及农产品的几何纠正上。NASS 利用 ESRI 公司的 ArcGIS Desktop 管理和编辑行政地面纠正数据，如来自于 USDA/农业服务机构的常用土地单元(Common Land Unit，CLU)。CLU 是基于测量并记录具体作物生长地理位置的数据。这些信息与卫星遥感影像合成，并对各州内的每一类别进行有监督分类。卫星影像是由印度空间研究组织 2003 年发射的 Resourcesat-1 AWiFS 传感器提供。

　　CDL 计划是 1997 年创立的，属 NASS 面积估算计划的一个分支，旨在建立与地球卫星影像同步的农业报道调查。

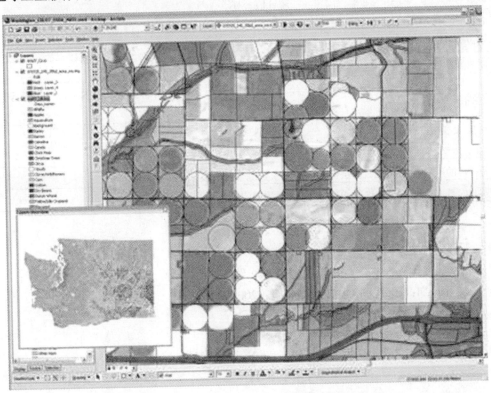

图 10.10　图示为 2007 年 7 月 25 日原始 AWIFS 影像，与常用土地单元叠加显示，波段合成为 3,4,2

自 20 世纪 70 年代中期以来，就开始用遥感技术建立实时的州域及县域尺度上的作物面积估算。面积估算结果用于农业相关立法和政府规划的制定。CDL 计划创建了 2008 年中西部和密西西比河三角洲地区的实时作物产量估算，并为 GIS 的遥感用户社区开发了一专门的地理空间产品。

作者注： 如需要更多的信息或下载农田数据图层，请登录 *www.nass.usda.gov/research/Cropland/SARS1a.htm*。如果需要更多的农业 GIS 数据，请访问 *www.esri.com/industries/agriculture*。

案例研究小结

项 目	内 容
地点	美国中西部玉米种植带密西西比河三角洲地区
单位	美国农业部，国家农业统计服务处
问题	提供实时的农业作物信息
客户	农业综合企业，农户
使用的软件	ArcGIS Desktop, ArMap
数据	农业常用土地单元测绘数据，产量预报数据，AWifS-ResourceSat-1 卫星影像数据，准确统计及元数据
生成及使用的地图	作物类型，面积统计，CLU 测绘结果
需解决的问题	与其他数据层的集成，为农业综合企业及农户提供数据
吸取的教训	通过 GIS 和 Web 进行信息传递的重要性

10.4 计算机防火

发行日期：2008 年 8 月，发布时间：2008//8/22

可参见图 10.11～图 10.14。

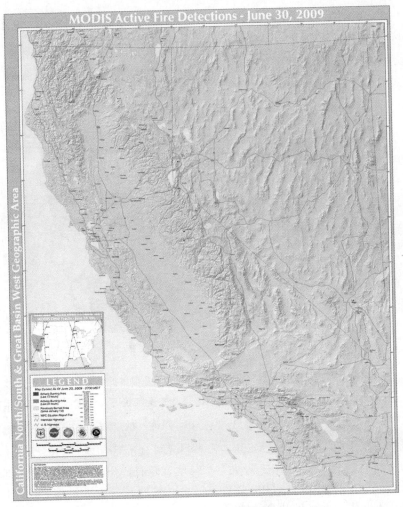

图 10.11　USDA 林务局(USFS)遥感应用中心与 NASA 戈达德空间飞行中心，马里兰大学，国家
火情中心以及林务局米苏拉火灾科学实验室合作开发的美国西部火情图

计算机防火

当扑救一场危险，风力驱动的野火，而且人命关天时，你想拥有强有力、最新
的工具和技术。在南加利福尼亚遭受一系列野火后，一半以上城市范围内成百上千
英亩的区域被烧焦了，这时当地政府、州政府及联邦应急响应人员在 2007 年的夏天
和秋天就用这些工具技术来获取准确的数据。

消防应急官员知道他们需要尽快地部署重要战略位置上的人员，装备，水给和
灭火剂的供应，同时随时监视火情。为制订扑灭风暴火计划，应急救援人员召集了

野火军事家，这些专家均配备了功能强大的 GETAC 系统的笔记本 PC 和 ESRI 公司的 GIS 软件。

图 10.12 GETAC 的 M230 高稳定性笔记本 PC，有助于圣贝纳迪诺县治安部寻找在圣贝纳迪诺山上迷路的徒步者。厚厚的积雪及极端寒冷的天气状况，使搜寻工作变得很困难，但当地政府在灾后恢复中采用了 GIS 技术，并付诸努力

用坚固，军用级别 GETAC M230，带有日光可视屏幕和内置 GPS 及无线通信传输能力的稳固笔记本电脑，ESRI 野火专家与地方政府，州政府和联邦应急救援人员在火线后方共同操作，用 ArcGIS 软件来综合，管理及分析大量实时地理信息，及地形条件和不断生成并可供共享的地图，图表和其他信息。

灭火作战图的制作

ESRI 野火专家汤姆·帕特森(Tom Patterson)记得，绘制一幅灭火作战图就意味着要在卡车的改动机盖上展开一幅地图，用一张聚酯薄膜纸蒙在上面，然后用铅笔在纸上标上火线和其他信息。在这个时间里，帕特森打开他带有日光可视屏幕的 GETAC 的稳固 M230 笔记本电脑，利用 ESRI 的 ArcGIS 软件帮助火情指挥员生成火场周长及动态 2D 和 3D 地图，分析植被和其他自然特征，分配资源和设备，以及进行财产及社区灾害评估。这些地图和其他信息通过 M230 无线通信连接，分发到其他指挥处及集中应急响应中心。

　　"它能非常快速地让你做出明智的决策，"帕特森说道，一位退休的国家公园服务机构火灾管理官员，美国土地管理局的加州沙漠地区前任副主任。

　　"在我们县的历史上，我们第一次能够向所有相关机构分发地图，从而让他们用同样的方式来看待问题。"圣巴巴拉县地理信息官扎卡利亚斯·汉特(Zacarias Hunt)说，他曾花了两个月以上的时间来追踪几乎毁掉 250 000 英亩的重大火灾 Zaca。当火开始从荒野区向人口稠密区推进时，汉特和其他两个技术人员用装了 ESRI 的 GETAC 笔记本制订详细的规划：详细疏散路线，红十字会避难所，历史遗迹位置，学校及其他可能且必要的基础防护设施——甚至可能是在撤退时需要帮助的伤残人士。官员们知道，如果火灾破坏了主要电力线，圣巴巴拉附近和周围社区人员的疏散将会更困难。

　　"使用地图，我们能够决定哪里需要疏散，并发出警告，最后完全付诸行动，"汉特说，"我们甚至准备带着一系列 11×17 英寸的地图出去(到社区去)，让他们紧急撤离。"

图 10.13　伴随着 GETAC 的 M230 在极端条件下的高度稳定性，GIS 技术帮助救援队绘制出搜索区域图，这是根据 1 月初在桑河伯纳迪诺山一位迷路的徒步者打来的 911 电话绘制的图

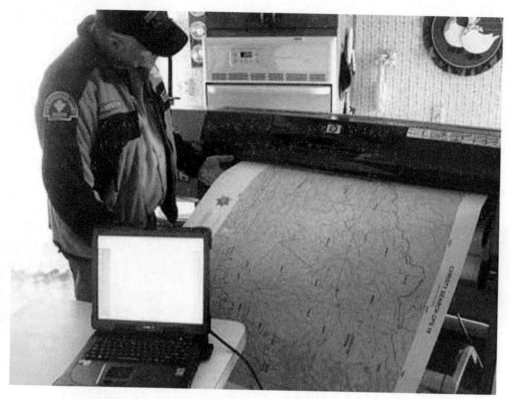

图 10.14　圣贝纳迪诺县治安部一人员在搜寻和营救任务中详细查看桑河伯纳迪诺山区域。区域详细信息直接从 GETAC 的 M230 计算机上传送到打印机，生成硬拷贝地图

解决老问题

当在恶劣环境中工作时，计算机对自然环境条件具有不同程度的自我保护是非常重要的。

"我曾经有一个东芝的 Tecra 计算机，它有一个强光保护避免你去碰屏幕，所以我必须用手遮光才看得见屏幕，有时候由于有些电路不耐热，我还不得连续遮两三次降温才行" 帕特森回忆说 "在沙漠中工作防热是最重要的，如果你把窗户打开，车里的温度能上升到 140 华氏度"。Patterson 把索尼 Tecra 升级到 CF29，这样能满足他不同工作环境下的一些需求，虽然不能满足所有问题——但至少他可以在室外或车内看得清显示屏"。

当他测试配备了太阳光可读触摸屏显示器的超级耐用型 GETAC M230 笔记本时，在强光下显示的图像质量就会发生改变。GETAC 设计和建立 M230 及其他耐用型 PC 就是着眼于极端野外计算的需求。M230 是兼容了 MIL-STD-810F 和 IP54，这意味着美国军方设计其作为稳固性测试标准，已经通过一系列严格的测试。GETAC 是唯一一家拥有自己内部测试设备的耐用性 PC 生产商，它的设备零件也经受用户工作中各种不当使用：硬盘驱动撞击，摔落，在有重物、抖动和水及灰尘情况下不断地吹。

　　在野外，对于应急服务来说是另一个非常重要的因素。"一般来说，我们不管用不用 GPS，电池只能支撑三个半到四小时，" 帕特森说道"而且我喜欢电池上带有电源指示，因为它能告诉我还剩余多少电量，所以我就能决定在侦察飞行前是否要在直升机上带一个额外的电池。"

　　设计的其他特征允许用户按他们所需要的方式工作。例如，操作 ESRI 公司的 ArcGIS 软件需要一个可以插入平行槽的 USB 圣天加密狗，在 USB 狗丢失，被盗或从槽中坏了时，软件就不能使用。帕特森采用 GETAC M230 的串行端口插入一个数字无线通信来获取实时野火图或坐在直升机后排执行搜救操作。在显示中心上部的天线和内置 GPS 减去了对外部天线或外部 GPS 接收器的需要。当与政府部门工作时，安全因素是任何人都要考虑的问题。GETAC M230 包括热插拔硬盘驱动。

　　"我们能进入任何指挥所，登录任何代理网，后来还可以进行硬盘交换操作，这样我们可以在遵从政府安全政策的同时做我们的工作"他补充说"就像同时拥有两台分开的电脑。"

案例研究小结

项　目	内　容
地点	南加利福尼亚
单位	联邦，州及地方应急响应人员，野火专家
问题	规划人员，装备，水及灭火配置，支持防火，人疏散规划及火灾制图
客户	火险区民民
使用的软件	在带有 GPS 和数字无线电发送的耐用性 PC 上运行 ArcGIS
数据	GPS 获取的实时火场边界，地形特征，植被，损失评估，应急服务及人员疏散路线
生成及使用的地图	红十字疏散中心，历史遗迹，学校，基础设施及可及性，火场周长及 2D 和 3D 火灾图
解决的问题	适合高热而恶劣环境中工作的硬件，长效电池及备份
吸取的教训	GIS 提供了一致的观点

10.5 音乐城市电力公司接入 GIS

发生日期：2008 年 1 月，发布时间：2008 年 2 月 1 日

发布人：马特·弗里曼(Matt Freeman，ESRI 撰稿人)，可参见图 10.15 和图 10.16。

图 10.15 在 ArcView 3.2 中显示的田纳西州的纳甚维尔及区域

纳甚维尔，美国音乐城市，是许多那些能"温暖心灵"的乡村歌曲的故乡。然而，该市因遭受恶劣天气的影响，导致当地的电力网遭到破坏。纳甚维尔的电力服务部门(NES)正在努力抢修，以免他们客户因供不上电而唉声叹气的。

该电力公司用 GIS 软件对复杂电网进行辅助规划、设计、操作及维护工作。GIS 已经在提高 NES 的运营管理和缩短暴风雨故障恢复时间上起了重要作用。自十年前，公司最早引入 ArcGIS 软件以来，NES 又加入了许多更新，而且现在很多过程 NES 都一定形式应用了 GIS。该公司拥有 87 538 个输电变压器、253 个变电站、5619 英里电线和大约 200 000 的电线杆，这些都能通过 NES 内部网进行监控，在整个公司范围内完全可以访问 GIS 数据，电力系统最新信息及基础地理数据。

整个的企业现依靠单个 GIS 制图系统来进行多个资产管理，如电路图、地界、

电杆附件、街道路灯、个人照明、地下线网图、电流剖面图以及通信基础设施。

实时停电图和 AVL

NES 公司用于管理日常和基于日常应急工作的 GIS 组件就是公司的自动化交通位置系统(AVL)。它可以有效地在 NES 的 700 平方英里服务范围内，(包括所有戴维森县和六个周边田纳西州中部的部分县及田纳西州中部县的调度员工)，更好地服务于 351 000 用户。

AVL 使调度员能实时查看工作人员的位置。公司管理报道说，系统有助于提高调度员的工作效率，因为系统使调度员的工作变得更简单，而且更高效。自从 NES 开始使用 AVL，对危险电能控制过程变得更简单、更迅速。结果增强了用电安全性和提高用电可靠性。

AVL 实时地图不只用于调度员。在 *www.nespower.comh* 的 "没有供电的客户数估计" 地图网页，让客户以个人角度去看 NES 工作人员的活动和位置。实时地图高亮显示出那些报道说停电的地区，并给出报道停电的具体时间，影响到的用户数，工作人员的安排，以及影响的街道地图。

减少因树引起的停电

NES 植物管理员用 GIS 来优化树的修剪周期。在 2002 年，环境咨询公司对全世界 110 个电力公司研究后，发现 NES 每 100 英里电线中因树导致的停电次数最高。停电次数是本研究中提到的最佳过程的 10 倍高。

NES 开始用 GIS 数据来管理树的修剪周期，从而改善供电的可靠性。在 2005 年 6 月，NES 完成了头三年树的修剪周期，结果，停电的次数减少了 19%。NES 用户可以通过其交互式 "树修剪人员活动地图" 网页看到树的修剪周期信息。

精确的停电管理规划

将网络分析数据和停电管理系统(Outage-Management Systems，OMS)集成到一独立的数据库，NES 生成输电和配电(T&D)规划预报图，预报周期是 20 年，包括 5 年增长的估算。

以前，电力部门将这个规划任务外包出去，大约花费公司一百万美元。使用它的 GIS ，NES 投入同样的工作量，在室内就能完成 T&D 规划，但是极大地降低了成本。这样，就有助于 NES 预测出 2020 年的土地利用，并估算出新的客户数。土地使用预估报告已成为 NES 工作团队的有效工具，利用该报告他们可规划出未来的工作周期和需要更换的电杆。

NES 负责近 200 000 个电杆。通过使用 NES 电力设施地图，职员能根据每个电杆高度、时间、位置及服务的用户数的不同，生成一个需求评估图。NES 工作人员每年要安放或更换 600 个电杆——有时更多。GIS 生成一个基于变量分析的风险预报，用于优化每年的电杆更换工作。

成功的灾害防备计划

自 NES 引入 GIS 之前，灾害响应时间已逐渐改善了。服务区域历史上有被恶劣天气，如暴风雪和冰雹破坏的记录，导致三分之二的电力用户供不上电。即使 NES 的工作人员在冰雹或龙卷风后夜以继日地工作，但用户仍然要停上几天电，甚至几个星期。在 20 世纪 90 年代中期，NES 实现了基于 GIS 的行业解决方案，这样公司就是追踪报告的停电地点，隔离可能导致停电的因素，这样工作人员就能被调到最需要的地方。GIS 与 OMS 的集成使 NES 能追踪到电流层次统计的可靠性。公司将它的 CAD 图导入到 ArcGIS 后，技术人员能够访问数据库，使用应用程序维护数据，还可以生成成本——效益图。

图 10.16　当地水系洪流区的 3D 洪水图，用可视化模型来创建灾害救援规划

将 GIS 引入到电力的 OMS 是非常及时的。1998 年，龙卷风席卷了纳甚维尔市区东部，吹走 500 多个电杆，75 000 个用户断电。在 GIS 辅助下，NES 只在一周内就恢复了用户供电，大多数用户在三天就恢复了用电，这一高效壮举被用户和媒体都赞叹不已。

当 2006 年龙卷风破坏房屋，中断了超过 16 000 个 NES 客户用电时，电力部门再次引入 GIS 进行应急响应。在这场暴风雪中，很大一部分领土范围的电力系统都被破坏了。GIS 应用于恢复抢修工作中，能迅速调度工作人员和 70 辆卡车去更换 100 多个电杆。由于公司积极努力的发展防灾工作，大多数 NES 客户都能在 48 小时内恢复供电。

NES 的防灾规划已经包括了洪灾导致的停电。有报道说，位于堪布兰水系上沃尔夫克里克和森特希尔大坝附近发生了泄漏，这引起了许多电力客户的担心，他们咨询 NES 灾害计划，大坝在被美国陆军工程兵团修好前，这个问题会不会造成大面积的停电。

NES 利用 GIS 优势在公司系统内生成服务领域内的洪灾图，这样，NES 就能发现一些变电站存在潜在危险。综合 GIS 洪水图和 3D 地图视频可获得更详细的调查数据，从而确定出 NES 的变电站是否处于洪水区。

"有时仅告诉别人有问题是不够的"，保罗·艾伦(Paul Allen)，NES 执行副总裁，在谈到生成洪灾图和 3D 视图时说道。"你必须显示这些信息，我们的 GIS 就是能表达这一事实的有力工具，基于 GIS 分析，我们的工作人员就可以进行洪灾智能规划。"

案例研究小结

项　目	内　容
地点	田纳西州的纳甚维尔
单位	纳甚维尔电力服务部门(NES)及居民
问题	应对自然灾害的规划优化和预防，缩短停电时间
客户	纳甚维尔电力用户
使用的软件	ArcGIS
数据	电力系统——配电站，变电站及电杆，交通位置，基础地图，树修剪和工作任务，CAD 图，预报需求
生成及使用的地图	电流图，地界图，电杆附件图，街道路灯图，停电用户图
解决的问题	需要在龙卷风和洪灾发生时进行协调。需要作将来的规划
吸取的教训	GIS 明显改善和缩短了灾后电力恢复的时间

10.6　案例研究总结

在这一章 GIS 案例研究中明显的与第 1 章克里斯曼(Chrisman)GIS 定义特征相似，GIS 总是与其用户及组织环境设置有关。GIS 团队或企业人员构成，软件，经验，组织水平及其他特征，与 GIS 工具地理问题解决方案方面是密切相关的。问题本身及其复杂性，方案可获得的资源及任务的目标也是同样重要的。是解决当前问题，还是长期的解决方案，这对于现实世界中如何解决问题都有很大的影响。GIS 在为短期利益破坏环境，还是维护子孙后代可持续发展中同样奏效。

GIS 在许多方面不像其他商业或组织上的技术解决方案。根据 GIS 问题解决方案的规划，重要步骤常写成一个叫做"工作描述"的正式文档。文档应包含一个任务到任务的"工作范围"，工作完成的地点，每一步谁完成的，日期以及将预测项目做成一日程安排(称作"可交付成果")，必须使用或执行的一系列标准，最后交付成果必要原则是什么，及其他特别的要求。通常一个组织在决定必要的任务时，会生成一个需求评估，在这里面创建最重要的过程来规划和优化，可能根据客户或股东的利益。通常分为问题定义，目标设置及创建工作描述步骤。最近风险评估，包括辨别失败和决策点，以及采用的可选方案。通常命名具体可衡量的结果(术称性能指标)是很重要的，继而能评估出这些任务能否完成，以及项目目标能否实现。

许多 GIS 最具挑战性的问题都与环境及环境应用有关。逐渐地，GIS 必须关联模型来探讨今后行动和决策的结果。GIS 研究的整个分支已经纳入决策支持系统和理论中。GIS 在管理世界环境系统，应对人为变化影响我们星球的全球变化中可能会不断发挥其作用。因此，高效的 GIS 管理者，分析人员，在今后也发挥重要作用。

10.7　学习指南

学习思考题

GIS 案例研究

1. 从案例研究方法中能学到什么？这些方法在 GIS 理论和软件学习中是学不到的。

2. "工作范围"研究方法是什么意思？它包含哪些内容？为本章一个研究案例写一个工作范围。

3. 将研究案例所用到的软件列成一个表，并说明其用途。为什么这些应用似乎都采用同样的软件？

4. 检查本章 GeoReports 用的网站。选择一个新的应用方面，制作同样的表来进行案例研究小结。

5. 在任何案例研究中，假如你是一个聘用来按照所述来改善系统的顾问，你的意见是什么？

6. 任意选择一个研究，将按照描述任务必需的所有人员列成一个表。将 GIS 任务分配给表中的每个人，并说明每个人需要哪些 GIS 教育背景和培训。

7. 登录你自己所在县、大学或社区网站。可以获得哪些 GIS 数据？哪些行政单位在其工作中使用 GIS？他们聘了多少人？把你社区 GIS 评估结果做成一个简单的报表。

10.8　参考文献

Croswell, P. L. (2009) *The GIS Management Handbook*. URISA: Kessey Dewitt Publications.

Grimshaw, D. J. (1999) *Bringing Geographical Information Systems into Business*. New York: Wiley.

Huxhold, W. E. and Levinsohn, A G. (1995) *Managing Geographic Information System Projects*. New York: Oxford University Press.

Longley, P. and Clarke, G. (Eds) (1995) *GIS for Business and Service Planning*. Cambridge: Geoinformation International.

McGuire, D., Kouyoumijan, V. and Smith, R. (2008) *The Business Benefits of GIS: An ROI Approach*. Redlands, CA: ESRI Press.

Pick, J. B. (2008) *Geo-Business: GIS in the Digital Organization*. New York: Wiley.

Pinto, J. K. and Obermeyer, N. J. (2007) *Managing Geographic Information Systems*. 2ed. New York: Guilford Press.

10.9　重要术语及定义

农业综合产业：从事食品生产各种企业，包括农业及承包农作、种子供应、农用化学品、农用机械的批发和分销、处理、销售及零售。

ArcIMS 网络服务：一个 ESRI 软件包，用户能用它通过 Internet 发布地图。

资产管理：一个管理系统，能有效地使用组织的资源或管理设备，如车辆、测量设备,等等。

基础地理数据：不针对具体目标使用的常用几何参考数据,如海岸线、地物点、道路及河流数据。

基准：事物测量或判断的标准。

最佳过程：一个好的定义过程,公认为能带来近似最佳结果。

CAD 图：相当于一幅绘图、示意图及建筑设计图的数字形式,用计算机辅助系统生成的。

案例研究：做研究的方法之一,对单个组、事件、活动或团体的深入研究。

中心线数据：由一系列单个相连的矢量组成的数字街道地图数据,矢量是沿着实际道路中心线,代表每条街道链。

CLU(Common Land Unit)：常用土地单元,美国农业部门使用的地理单元,具有永久,连续边界,最常用土地类型及土地管理的最小土地单位,有一个共同的所有人或与之相关的共同生产者。

顾问：聘用来给出专家或专业建议的人。

作物专用地图：单个农产品的地理分布图,如大豆分布图。

灾害评估：对自然或人为破坏的范围,类型或费用的定量化或估计。通常由单个数据汇总而来。

日光可视屏幕：在太阳光直射下能显示其内容的屏幕。该屏幕通常很亮或不反光。

决策点：应采取或启用行动计划的最近时间点。

应急响应人员：由具有紧急情况,包括危险环境,处置能力的个人组成的,训练有素的团队。

企业 GIS：贯穿于整个组织的地理信息系统,这样许多用户就能共享和使用地理空间数据来满足各种需求,如数据生成,修改,可视化,分析及分发。

地理信息官(GIO)：在地理空间上,相当于 CIO 或计算机信息官,广泛认为是信息技术在组织上的执行管理位置。

GeoReport：一种地理空间行业电子时事通讯周刊。GIS 信息服务网站为 Geoplace.com。

错误数据：数据存在于数据库中,但都知道是错误的。

基础设施：底层基础,特别是一个组织或系统及其运行的必要基础。

内网络：一个局部计算机网络,它允许组织内部员工通过 Internet 技术安全的共享组织内的信息或操作系统。

运载票据：在马丁县案例研究中,写有卡车拉货信息的纸张。数据输入到电子表格中，检查，然后再进入 GIS 中。

掩膜去除：在 GIS 中，用一个图层从制图或过程中去除一个区域。

方法学：用于野外或调查的实践，过程及规则的主要部分。

不全的数据：记录不具有应具备的属性或数据不在应存在的数据库中。

需求评估：一个确定和解决现状与需求条件间差距的过程，通常用于教育/培训，组织或社团中提高项目运作效率。

运营管理：与产品生产与服务有关的商业范围，其职责是确保商业运作的效率及有效地满足顾客的需求。

PDF 文件：Adobe 系统 1993 年创建的可移植的文档格式，用于独立或跨平台文档交换。

电网：一种能把电从电力部门输送到用户的互联网络。

实时地图：随着事件实际发生情况，数据能更新和重新显示的地图。

道路分区：单个的一块一块的街道面，或存在于数字街道网络图的部分链。

风险评估：属风险管理过程的一部分，包括确定与环境及威胁或灾害有关风险的定量或定性值。

圣天加密狗：一种用于监测或控制 GIS 软件在特定计算机上使用的硬件设备。

有监督分类：通过对已知土地利用地块的分析，把原始影像波段数据转换成一组地类或其他类别。

USB 狗：一小块内置 USB 接口的内存片，用来控制 GIS 软件在特定计算机上的使用或注册。

10.10　GIS 人物专访

布伦达·G. 法伯尔(Brenda G. Faber，简称 BF)，科罗拉多州洛弗兰德，Fore Site 咨询公司老板

KC：您和 GIS 是如何结缘的？

BF：我的研究生学位是电气工程和图像处理。毕业后，我在 IBM 公司从事机器人视觉技术开发。后来，我在 IBM 转到一个团队做 GIS 研究。我发现图像处理的背景使我非常适合科学研究和栅格 GIS 这方面的工作。

KC：您在 GIS 行业主要的工作是什么？

BF：我有一个小型咨询公司，专门为城市和联邦土地管理机构开发规划支持系统。规划支持系统是一个相对新的规划工具，它扩展了传统 GIS 功能，包括影响、模拟和可视化选项。这些系统最初是为了探究土地利用方案的含义而开发的。

KC：什么是 CommunityViz？

BF：CommunityViz 是一个规划支持系统。这是一个 GIS 扩展集成套件，它提供用户自定义框架来评估土地利用方案，包括三维勘探、影响分析及预测预报模型研究。CommunityViz 是在规划支持系统中是独一无二的，因为它将三个独特的观点集成到一个多维环境中。CommunityViz 是奥尔顿家庭基金会赞助开发

的，以增强规划人员、政府官员及市民的合作。我曾在基金会担任过几年顾
问，现在是 CommunityViz 的主要研发人员。

KC: 在 CommunityViz 软件中，如何把可视化集成到在 ArcView 软件里？

BF: CommunityViz 的三维可视化让你通过三维 GIS 场景的虚拟漫游来"体验"提
议的土地使用情景。逼真的场景，直接快速从标准 GIS 数据库中创建生成，包
括地形数据(如 DEM 或 TIN)、正射影像图以及常用 GIS 地图的 3D 表达，如建
筑物、树冠、道路、河流和围栏。你可以在虚拟场景中移动，不仅可以看见现
有景观，而且还可看到提议对土地变化的可视化影响。

KC: 您与全国各地的规划团队进行 GIS 工作时，有些什么经验？

BF: 我喜欢工作中技术发展与规划团队直接相关的自然平衡。我认为我最大的优势
之一就是能够担任联络员，把计算机建模每个技术领域与真正想为社团的将来
作决定的人联系起来。所以，今天许多重要的决定现在都是靠"直觉"。通过
让公众和决策者更容易接受 GIS 和分析技术，这条路上出现的不可预料的结果
才会越来越少。

KC: 您为那些想跟随您涉足 GIS 行业的人有何建议？

BF: 接触广泛的技术学科和体验实际项目是非常宝贵的。我相信，创新的概念是很
少的"新"，大多都是从多个研究领域或经验对现有概念的独特组合。GIS 背
景与其他编程、公众演讲、工程、生态学、心理学等方面的特长结合，可以开

创 GIS 研究和发展的突破性的职业。

KC: 布伦达，谢谢您。

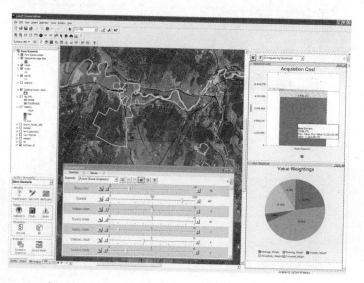

第 11 章
GIS 的未来

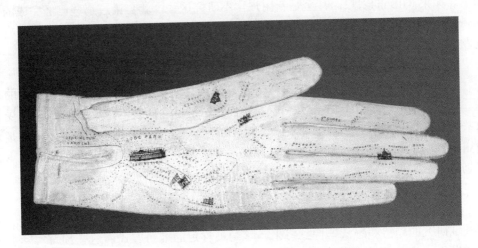

经过多年的快速发展，计算领域似乎又回到了它的起步阶段。

——约翰·皮尔斯(John Pierce)

11.1 未来的冲击

这本书的主题是阐述 GIS 作为工具为我们理解地理分布及描述和预测现实世界中这些分布即将发生的事情。历史已经证明了 GIS 作为信息管理新方法呈现的强大功能。从微小，一些简单的想法，和一些效率不高的软件，GIS 已经发展成为一个成熟、具有数十亿美元的产业，占据人类事业的一半。GIS 具有双重角色，即管理地理信息的主流技术和利用资源的有效工具，这已不再是梦想，而成为现实。许多人认为 GIS 已是一个"成熟的产业"。

既然如此，为什么还要不厌其烦地去讨论 GIS 的未来呢？很简单，为什么还要去推断呢？未来发展速度更是惊人，艾尔文·托夫勒称之为"未来的冲击"。例如，仅在短短几年的时间里，GIS 和 GPS 技术就已经结合在一起了，而且是无任何结点的无缝方式。为什么不拭目以待，让这一技术把我们的梦想和推断尽可能变成现实？

  我们可以从以下三个方面来考虑。第一，GIS 的使用包括计划购买或获得计算机硬件和软件。如果周围刚好有一个功能强、成本低的新产品，GIS 用户就不会因太关注市场发展趋势而浪费钱建立一个过时的系统。第二，GIS 技术已经成为一门科学，即地理信息科学，它已经有自己的研究领域，以及未来系统的逻辑设计。正如第 9 章乔纳森·雷珀(Jonathan Raper)在采访中陈述的一样，下一代的 GIS 使用更简单。如果 GIS 的用户，甚至是新用户，不研究这些，就会错过那些已经完成的信息。最后，GIS 将不断拓展到新领域和新的应用范围，开拓新应用，以及解决新问题。

  这样做，GIS 就能将新的思维注入平行学科中——海洋学、流行病学、设施管理、灾害规划及减灾、环境管理、考古学、林业、地质、房地产——甚至更多的行业。每次新的应用都给 GIS 带来一些新颖而独特的概念和技术，反过来 GIS 也受到这些专业知识和需求的影响。许多第二代 GIS 用户已不仅是科学家和专家，而是普通用户。GIS 可以被用于社区保护或开发，基础服务规划，教育，选举获胜，重大规划事件，避免交通堵塞——以及其他更多行业。这种廉价而功能强大的微机已经被受过教育的人作为高科技基础工具使用。很简单，事情就不再是原来那样了。

  如果要让人们对未来作出有效推断。应先认清两种类型。首先，可以把目前尖端领域研究的趋势和想法延伸到将来。这是最肯定的推断方式，这些预言实际上大多会发生，尤其带有这些想法的新产品能投入市场。第二种推断方式实际上就像凝视水晶球。这些想法大多是错误的，但到底是什么，有些或许是对的。在这章里，我们查看 GIS 数据的未来，以及计算机处理技术的未来。本书以讨论一些更广的话题和问题作为结语，GIS 为这些话题或问题带来曙光，而且我们在将来一定会解决这些问题。如果将来你应用 GIS，在某种程度上你很可能会遇到一个或多个上述问题。记住，你在这儿已经读过这些问题了!

11.2 未来的数据

11.2.1 数据不再是问题

  数字地图数据是 GIS 的血液，它遍布于软件的循环和硬件主体中。新型数据在将来会有更大的用途，如更完整的数据、高分辨率数据和实时数据。数据曾是 GIS 发展的最大障碍，现在数据变成 GIS 发展的最大机遇。一些类型和 GIS 数据源在本书中已经做了详细的描述。未来几年，我们有更多新型数据以及大量对现有数据修正的数据。因此，这里总结的未来数据仅仅是冰山一角。

首先，必须再次强调，整个 GIS 数据传输方式已发展成通过 Internet 和搜索工具实现，而且已在万维网上建立其数据结构。大多数共享软件和免费软件，通过网络产生的商业 GIS 数据，逐渐替代了计算机磁带、磁盘、美国邮政服务，和所谓的步行网（"手动传递"）。这种单一趋势将继续发展下去，且对 GIS 领域产生至关重要的影响。很少有 GIS 项目在开始时进行数字化或扫描地理基础地图。相反，GIS 的主要工作是把一个基础公共数据层输入系统中，通过录入与特定 GIS 问题相关的图层来丰富它。

在最近几年里，出现一种以虚拟传感器网络形式全新数据源。传感器网络由无线网络组成的空间分布自动化设备，这些设备用传感器技术协同监测自然或环境条件。 例如，贯穿于全美高速公路的嵌入式惯性圈交通传感器网。通过互联网将这些交通流量信息传到服务器，然后每隔五分钟就自动重新发送一次，这种服务就像 Google Maps 和 SigAlert 提供主要城市的实时交通信息(Goldsberry，2007：如图 11.1 所示)。无线传感器网最初是为军用设计的，如室外监控。现今，无线传感器网已用于很多工业和民用，包括工业过程监控、机械运行状况监测、环境和栖息地监测、医疗保健应用、海洋学和交通监控。总之，GIS 用来整合数据，并进行分析和可视化。

图 11.1　左图：嵌入式惯性圈交通传感器，用来通过互联网提供交通流量数据监控。右图：基于网络交通流量地图的实验设计。来源：戈尔兹伯里，2007 年。使用经过允许

将来传感器可能无处不在。移动电话都具有 GPS 功能，使其作为基本传感器与许多其他活动关联起来。超市收银和信用卡扫描数据，及许多电器和汽车现都大量应用了传感器技术。越来越多地基于在线地图系统的网络摄像头。许多来自传感器数据变成地理纠正过的数据，GIS 技术作为信息集成器变得越来越重要。

GIS 另一主要趋势是出现了大量网络接口，接口通向大容量地理空间数据库。这样就能把所有数据源连到包含所有现实世界地理空间数据的数字数据库，这就是所谓的"数字地球"(Grossner et al，2008)。国际数字地球协会称数字地球是一个"卓有远见的概念，美国前总统阿尔·戈尔(Al Gore)提出该概念了，它是对地球的

可视化和三维空间表达，即将大量与地球有关的科学、自然及文化信息数字知识档案作空间参考和内部关联，从而用来描述和理解地球，地球系统及人类活动。"1999 年以来，每年的国际研讨会和国际杂志都支持这一构想。世界性独立集成 GIS 数据源没有出现，现在有大量的地理浏览器，在线搜索引擎，都采用地理定位和可视化工具对虚拟地球进行操作，连接其他基于网络的信息。例如 NASA 的 Worldwind(见图 11.2)、谷歌的 Google Earth 以及微软的 Bing Maps 3D。就现有条件下，都以相对简单的方式实现数字地球设想。

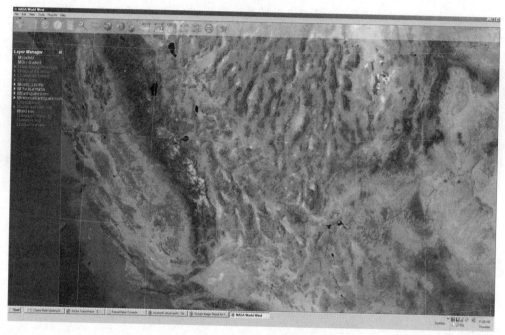

图 11.2　NASA 的 Worldwind 地理浏览器，可以浏览大多全世界 NASA 和其他公共领域的地理空间数据。下载：*worldwind.arc.nasa.gov*

11.2.2　GIS 和 GPS 数据

另一个获取数据的重要方式就是采用 GPS(全球定位系统)，直接到野外收集数据，而不是依靠地图。GPS 很大程度上改善了地图，因为它采用了大地控制点，这原来只用于制图项目中，而现在只需简单地按下 GPS 接收机键，就能达到厘米级精度差分数据采集。这种新型高精度数据采集方式，可用于对现有 GIS 地图，如城市、公园，和其他区域数据野外验证调绘。这能快速将地图纠正到给定地图几何特征空间(投影、椭球体和基准)，这意味着能促进快速高效 GIS 图层叠加和对比分析。GIS 领域从中受益，GIS 和 GPS 的连接使许多 GPS 接收机及数据记录器可直接以 GIS 格式存储数据，或还能存储卫星影像、航空相片及常见野外直观照片。

　　系统能灵活地与车载导航系统集成，即惯性导航和存储的数字街道地图集成，这已经发展成一门技术，正成为公交车和私家车内标准配备。司机就不用再停下车来去问路。现在是作为订车的一个可选项，或作为流行的车载 GPS 的配件，系统的价值在于它们能让你立即自己节省时间(见图 11.3)。第二代的车载导航系统提供了实时交通更新、旅游和其他景点及商业相关信息。这些系统的发展导致了街道、高速公路和城市地图的快速生成，数据由相当精确的位置定义，这对 GIS 很有用。虽然迄今为止数据的数字化几乎都是由私人公司完成，但近年来竞争导致了数据的价格战，数据成本也大幅度地下降。许多系统通过广域增强系统(WAAS)直接补充信号使，GPS 接收机能达到米级精度。WASS 是联邦航空局开发来进行航空导航的，通过提高 GPS 精度，完整性和可靠来增强 GPS。带有地图显示功能的手持接收机现在不到一百美元就可买到，它可用于狩猎、徒步、旅行，甚至体育项目中，例如野外定向和地理寻宝(见图 11.4)。几乎在所有例子里，这些单元数据都可以下载到 GIS 中使用。GPS 也可用于车队车辆管理中，如卡车和运输行业，以及快递行业。在每个例子里，普遍的需求是在街道网络中实现高效移动。

图 11.3　使用的车载 GPS 导航系统(TomTom One)

图 11.4　用于室外娱乐、价格便宜的 GPS 接收机

　　GPS 是全球导航卫星系统或 GNSS 的一个典范。尽管 GPS 本身正升级到下一代系统，其他系统也竞相出现，而且通常允许计算位置的冗余度。苏联解体后衰退的俄罗斯 GLONASS 系统，现已被改进。欧空局的 Galieo(伽利略)系统于 2010 年发射卫星。中国正在建设自己的北斗导航系统。其他的国家也计划发展 GNSS 系统。不难想象，在未来的十年里，多系统接收机能提供额外定位精度级别和更广覆盖范围的数据。正在用微接收机进行室内读取 GPS 信号的试验，如图 11.5 所示。最近，几乎所有的 GIS 现都直接支持从 GPS 接收机中读取数据，在 GIS 中直接使用 GPS 数据。

11.2.3　GIS 和影像数据

　　地理浏览器的斜轴空中影像的接收是地理空间信息的宝贵资源，这意味着标准化符号地图只是人们认识世界的方法之一。数字正射影像图(DOQ)出现成为另一新的 GIS 数据源。数字正射影像图是对航空相片进行几何校正，并带有制图标识。历史上它主要是作为美国农业部信息源使用。然而，近年来，这些数据已经被 USGS 做成数字四分图格式了，即 1∶24 000 的四分之一， 7.5 分的方格作为一个数据集，相当于 1∶12000 的比例尺和 1 米的地面分辨率(因此，简称四分地图 DOQQ)。这些影像甚至补充了美国主要城市的细节，而且州里及其他项目还补充了其他数字正射影像图。

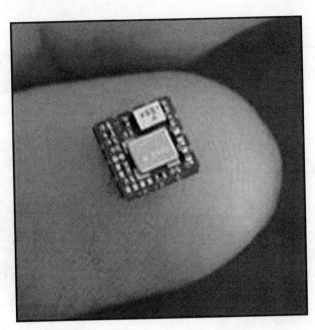

图 11.5　世界上最小全射频前端 GIS 接收芯片，新西兰瑞克公司生产(www.rakon.com)，使用经许可

这些非常精确的数据已经成为新的国家基础数据，现在数字线划地图数据的作用正在削弱。虽然不是矢量数据，但图层具有栅格数据特征，而且实际上它部分黑白图片被用作 GIS 的背景图像，以此将野外和现有地理编码数据集成。数字正射影像的主要作用是在上述讨论的 GPS 的情况下，确保图层校正到图层时类型不变。这个覆盖范围已扩大到全美，并定期重访，确保根据需要更新。这些影像却可以通过国家地图查看和无缝服务器访问。这种数字栅格地图(DRG)是美国地质调查局(USGS)的一种扫描地形图，包括地图边上的所有信息，或"项圈"。地图整饰线内的图像是与地表地理相关。USGS 制作的数字线划地图有 1∶24,000，1∶24 000、1∶25 000，1∶63 360(阿拉斯加)，1∶100 000 和 1∶250 000 比例尺的地图系列。这些地图是开启 GIS 项目的良好开端，它们常包含了许多能被提取出来的特征，例如等高线和建筑物的空间位置。他们发布的 GeoPDF 文件表明在查看文件时可使用 GIS 的基本功能。随着这些项目的完成，由 USGS 主管的制图机构支持 National Map，用别人捐助和现有的数据及影像建立 Tile 分区图，且支持无缝服务。National Map 在前面章节中已提到过，它增加了高分辨率影像和新影像数据源。不像商业浏览器提供的专有数据，National Map 提供的信息能免费下载，并直接进入 GIS。图 11.6 显示了一幅以 GeoTIFF 格式导入到 MapWindow GIS 中的数字正射影像。

图 11.6 USGS 全国范围部分数字正射影像图，图中是新马德里，在密西西比河的密苏里州，采用了 MapWindow GIS

11.2.4 GIS 和遥感

GIS 逐渐成为分析和显示大陆和全球尺度的工具。地图主要来源于航天和航空遥感数据。装载了下一代航空仪器的航天器，将可以提供一系列极其丰富的新数据和现有数据。NASA 的对地观测系统(EOS)就是其中的一个程序，它包含了大量新的成图设备，它将继续 NOAA 的极轨计划和 Landsat 类型数据传输方式。1999 年 NASA 发射的 Terra 卫星，包括 ASTER 和 MODIS 数据(见图 11.7)，已经把地球科学事业数据导成 NASA 数据库。基于 ASTER 的全球数字高程模型就是一个派生数据的例子，但影像的数据量是非常大的。IKONOS 和其他的商业卫星，如 DigitalGlobe 的 Quickbird 可获得 1 米或更高分辨率的影像。新一代的商业卫星，如下一代的法国 SPOT 卫星，确保仪器的多元化提升。

同样地，SIR(航天成像雷达)的机载雷达成像功能，加拿大的 RADARSAT-2 及欧空局的 Envisat，都能提供夜间成像和不受天气影响的地形成图功能。2000 年春，航天雷达地形图测绘任务获得了世界上大部分地区的非常详细的地形数据和雷达图像。这就是前面章节中提到的 SRTM 数据源。

最后，以前高度机密的政府侦察卫星数据，源于 20 世纪 60 年代和 70 年代的 CORONA，LANYARD 及 ARGON 计划，可以作为早期历史高分辨率影像大量分发，这些数据大部分覆盖了美国，用于制作新的地图(见图 11.8)。"黑色"世界情报公布后，事实上证明了这个计划和它的延续为美国国家制图任务作出了重要贡献，或许表明了这些数据比想象的具更高真实度。作为历史记录，这些数据常能显示"之前"影像，这是理解"之后"信息的必备。它能使那些随时间流逝，原貌衰退的更多历史影像重现，获得几十年间不同时期土地利用变化快照。

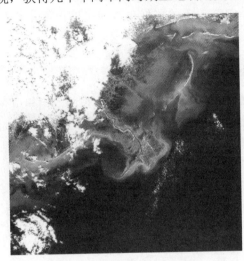

图 11.7 2004 年 2 月 24 日密西西比三角洲影像图，来自 EOS-Terra 星上的中等分辨率影像光谱辐射仪(MODIS)。源于：MODIS 光谱仪团队，NASA 戈达德太空飞行中心

图 11.8 一幅用 GIS 查看的之前黑白照片。来自 1970 年莫斯科侦察卫星 CORONA 的 KH-4B 摄影像片，源于：国家侦察局

　　很显然，遥感数据是高度结构化的栅格数据格式。为了更多数据能采用这种格式，越来越要求智能软件能基于像元影像的亮度差异和边缘进行纠正。如果软件功能强大、价格便宜，就很可能直接在航天器数据流上工作。在过去几年，生产和提供卫星影像数据的私人公司逐渐进行了数据后处理、自动几何配准、纠正，以及镶嵌数据。所以，基于 GIS 覆盖的影像可以通过地理单元获取，如县，而不是一个 Tile 覆盖的范围，大大提高了可用性。

11.2.5　GIS 和基于位置的服务

　　基于位置的服务(LBS)是探索位于地理空间范围内用户位置相关信息的计算机服务系统。基于位置的服务利用 GIS，但也要依赖于 E911，它是由联邦通信委员会倡导的应急处置方案，要求无线电话运营商能精确定位出打电话人的电话号码位置。根据最近的移动发射点来定位电话本身的位置，通过信号三角网来解决。尽管现在的移动电话植入了 GPS 芯片，但 E91 仍是美国应用最广的基于位置服务方式。LBS 已经带来数十亿效益，并且还在增长。LBS 的强大功能意味着互联网也能成为定位的趋势。例如，网络搜索引擎 Google Maps 或 MapQuest 返回基于从用户当前位置到要素的距离"量算"。有许多这样的网络服务，常用的手机版 Google Maps 和嵌入式移动电话服务，如 iPhone(见图 11.9)。

　　迄今为止，LBS 用户好像主要是基于车辆或手机服务的，车载定位服务在车内安装 GPS 和计算机，用来查询地理排序信息，而手机用户常用作个人数字助手，包括连到 Internet 和 GPS 芯片的移动电话，或用作网络移动电话。早先使用的系统包括车辆道路援助、紧急援助和碰撞提示、车辆盗窃跟踪、需求导航服务、交通提示和车辆诊断的功能。例如，许多款车上都有星载 LBS 以及美国卖的梅赛德斯车上标配有 TeleAid 系统。其他系统，包括儿童和囚犯追踪设备，宠物定位设备及其他设备。

　　LBS 本质上采用了 GIS 部分功能，只是根据用户需求才配备这些功能。将来许多基于位置服务应用会用在导航，路径搜索和给定空间范围查询。例如，人们可在德克萨斯州的达拉斯查找附近的法国餐馆，如图 11.10 所示。一个 LBS 未解决的问题就是如何"开放"地理信息。例如，消费者的产品可根据其位置和条件反馈给制造商或销售人员。有些肯定是为了避免麻烦，很明显涉及个人隐私问题。买了移动电话用户可能走进一个指定的特定商店或餐馆，但这可能太具指示性了。同样地，移动电话能定位出特定时间和空间上的位置。这与犯罪和恐怖活动有关，但是如果这些信息广泛应用，也可能会带来负面影响。因此，对 LBS 感兴趣的主流还是在商业，但我们在不久的将来可能看到他们更普遍的应用。

图 11.9　苹果 iPhone 手机上使用 Google Maps(照片由马特克拉克-劳尔提供)

图 11.10　给定空间范围查询，使用 Google Maps 查询出德克萨斯州的达拉斯附近的法国餐馆结果，(使用遵循 Google 的指南: *http://www.google.com/permissions/geoguidelines.html*)

资料源于: © 2009 Google, Map Data © 2009 电子地图集

11.3 未来的计算

11.3.1 地学计算

地学计算被定义成一门用计算机解决复杂空间问题的科学和艺术。地理信息初期发展受到早期计算机的限制。由于以下几个因素，能免费解决地理问题。首先，普通的 PC 和工作站现在非常便宜且性能好，磁盘存储器也很便宜，且处理器也很快。第二，软件互操作性增强，开源软件解决方法为那些没能力购买昂贵软件用户提供 GIS 软件。第三，多年以后，极高性能计算机，即巨型机，在不断向下发展，能达到很多桌面 PC 有多个 CPU。这项新功能意味着原有空间分析限制、有限样本大小、粗分辨率、区域聚合，小区域间的重叠等问题，都可用全局、高分辨率和分离数据来分析。

伴随着计算机科学的新功能和新方法，例如高级编程、并行化、信息原理方法和形式理论，已经融入到 GIS 中。例如，计算机机构协会(ACM)现有一年一度的年会和 GIS 兴趣人士的专门社团(*www.sigspatial.org*)。GIS 能吸收大量高级计算、高性能计算、大尺度模拟和建模、科学可视化、可视化分析、数据挖掘、图像处理、智能识别、分布式计算、信息基础架构和形式理论，例如空间本体论。

地学计算在表达 GIS 功能上面临着新知识的挑战。这些问题就有方法论。盖海根(2000)在下面就详细列出了地学计算需要解决的问题：

1. 包含地理"领域知识"工具，用来改善系统性能和可靠性。
2. 设计适宜地理操作进行数据挖掘和知识发现。
3. 发展机器聚类算法到能进行多个时空操作。
4. 获得现有软硬件复杂地理问题分析的可计算性。
5. 可视化和虚拟现实成为可视化方法探究，从而理解及表达地理现象的典范。

最近关于计算机的发展提出了计算机信息基础设施的思想(cyberinfrastructure)，"一种全新的研究环境，支持高级数据获取、数据存储、数据管理、数据集成、数据采集、数据可视化及其他计算和通过 Internet 进行信息处理服务。" 信息基础设施又称作网络计算，用户通过网络连接到包含数据、程序、信息的系统，并和其他研究人员关联。另一术语又叫"云计算"，它假设网络能把每个计算要素(数据、计算机、软件、知识)从"以太网"中提取出来。关键是这使软件向开源软件发展，能基于组件系统进行互操作；使用标准协议来通信和查询，如可扩展标记语言(XML)和简单标记语言(SML)；空间数据可流向无所不在的门户网站。软件解决方案是面向"服务"，也即软件不是在台式机上安装 GIS 软件，所有的 GIS 的功能是远程使用的，终端用户可看到结果，如今用户现已减少许多必要的工作细节来得到结果。现在正研究这是怎样产生，未来 GIS 分析与第 6 章中讲到的安全是明显不同的。云计算已经实现，有许多在线软件可使用，如电子表格。结果分析员更多的时间肯定是花在问题解决方案本身上，而较少关注投影,基准及缓冲细节上。另一个优点是，数据和结果可以保存在服务器端，能用于数字地球。

11.3.2　地理可视化

　　GIS 将来的关键问题是，系统与计算机图形和制图学新部分集成程度最适合 GIS 应用。整个科学可视化领域就是一个例子。科学可视化寻求利用了人类处理能力，结合精密计算机图形系统成像和显像能力，去寻找经验模式和数据可视化关系，但超出了用标准统计和描述方法的检测能力。

　　可视化问题的关键是能对庞大的复杂数据集建模，并通过独立可视化处理或标准经验及建模方法辅助来探究内在联系。很显然地，GIS 是这类数据集提供者。GIS 数据很复杂，开始使用地图就意味使用了可视化处理方法。GIS 应走向工具和科学可视化技术的全方位结合，且这样会收获颇多。这将极大地增强 GIS 分析与模拟组件的使用，在某种程度上 GIS 和 GIS 工具箱中的工具本质上是兼容的。

　　许多 GIS 数据本身就是三维的，如大气和海洋化学品浓度，地形，或空间抽象统计分布，如犯罪率和人口密度。新软件不仅允许 GIS 用户三维分布制图和分析，而且以新方式来建模和显示。在现有熟悉的 GIS 制图方法及自动图形系统用户中，有模拟山体阴影、明暗等高线、格网透视图和实际透视图，及逐步统计表面。在线地理浏览器使三维地理空间数据探索变得很常见。

　　即使简单的地图，如气象图，采用复杂着色交织山体影阴影。另外，新的显示方法，如配备百叶窗的立体屏幕和头盔显示器，随着新型三维输入装置，手套、追踪球及三维数字化仪，极大地扩展了 GIS 用户的交互方式。许多处理影像配准和数字化工作采用一对互补色(红色和绿色)以及用软拷贝或计算机屏幕照相测量法来量测。动画增加了显示的另一维，现已经很普通了。这曾经是极大的创新，现在在每晚电视新闻天气预报中已非常普遍了。通常，气象卫星数据，如 GEOS(地球静止卫星)能采用动画及视角改变来模拟卫星飞行。这些数据能通过地理浏览器访问，如 Google Earth(见图 11.11)。

　　栩栩如生的动画及交互制图功能，那种我们在酒店、机场及超市看到的亭式显示很引人注目，且将对 GIS 未来产生重要影响，尤其随着计算功能的增强和动画必要工具的便宜及普遍。动画在 GIS 应用时间顺序显示上特别有用。就像没有电影或视频慢镜头很难准确了解体育比赛里一具体项目中发生了什么，所以，GIS 用户能压缩时间序列或观看短时序列去发现那些其他方式看不见的地理模式。

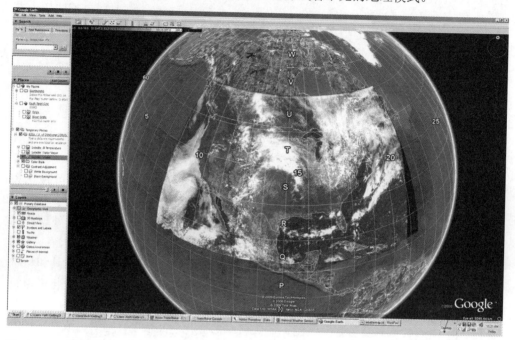

图 11.11　NOAA 的 7/3/09 19 时的气象卫星可视影像，从 *www.srh.noaa.gov/gis/kml.*下载到 Google Earth 中。来源：© 2009 Google, Map Data © 2009 电子地图集

11.3.3　面向对象计算

　　软件世界另一主要发展就是语言和现在的数据库，都支持"对象"，称为面向对象系统。地理特征绘制成非常接近的对象。面向对象编程系统(OOPSS)允许定义"类"标准，包含一对象的所有属性。举一个简单的例子，一个对象类可能是包含经度和纬度的点，一个点的特征编码，如"雷达信标"，及任何描述对象的必要文字。如果我们希望创建另一个点特征，可以通过简单复制带有所有类信息的基类，这一过程称为"继承"。这给 GIS 赋予如类特征和空间数据库的这类术语。

　　此外，我们可以为那些常有数据转换和分析限制的点事件编码。例如，一组点的质心本身也是一个点，它能继承点的属性。这种方法允许整个 GIS 软件包扩展，并被认为是将来构建智能 GIS 系统的方法。然而，面向对象编程系统并不是所有 GIS 操作或系统的工具，它实际上是一种强有力的建模方法，且能对未来 GIS 软件起重要作用。第一个完全基于对象模型的 GIS 是 Smallworld GIS，现是美国通用电器的一个牌子。

　　或许面向对象的 GIS 最重要的是对象，一旦设计了对象，就能用于独立组件或大型系统构建模块。近年来，发展了许多开源 GIS 软件，许多面向网络服务系统把它们的成功归于面向对象编程系统的属性，由于嵌入了 Java 和 C++编程语言。

11.3.4　以用户为中心的计算

　　计算机时代已经很自然地彻底改变了计算机和 GIS 用户界面。早期的系统仅使用的屏幕和键盘与用户交流。现在的系统也有一些同样的功能，但有鼠标，指针设备，如轨迹球或光笔，多屏幕窗口、声音、动画及其他操作选项。

　　最重要的是已上升到 WIMP(窗口、图标、菜单和指针)界面。窗口是在一个简单显示有多重同步显示屏幕上，通常在用户的完全掌控下服务于不同的任务。但它未被激活时，窗口会被关闭，并以可视图标形式显示，或与任务相关的图标，以及用来激活。菜单可以采用多种形式。许多用户界面在屏幕顶端放置了一条菜单栏，依次从左到右控制更多的具体任务。菜单通常是"嵌套的"，即一个选择显示另一个菜单级，再包括下一级子菜单，甚至更多选择。菜单可以从空间或窗口"弹出"，或从其他菜单或消息框中"拉"出来。指针是屏幕和窗口位置的通信装置，最常见的是采用鼠标或轨迹球形式。

　　近来以图形用户界面为中心已变成一种隐喻。最常用的隐喻是桌面形式；即计算机的屏幕设计像一张桌子的上部，图标和其他要素都嵌入到里面，等待使用。一些操作系统已超出了这种交互界面的限制，现在许多操作系统允许输入声音、触屏和直接输入 GPS 接收机和其他录音设备，如数码相机和摄像机。

　　地图本身就是一个有用的隐喻，未来 GIS 很容易想象出地图及其要素,如，比例尺和图例，地图用于管理和操作数据。这就是一个 GIS 能够做的，但用户交互是作为一个新要素添加到系统中。一些系统已使用图标作为一个过程或转换模型的要素去跟踪操作顺序，如 ESRI 的 ArcGIS 的 Model Builder 工具。一个流程图可能包括选择图像、运行一个几何校正程序、数据分类，选择一个类别，地图叠加，以及打印结果。整个操作流程可以复制，选择子集，或把流程图作为图形进一步操作，用图表显示数据集，GIS 操作及以可视化和客观表达的制图转换。这些模型可共享，但它们还不能连接到高级处理。例如，一个栅格程序适合并行处理，可以检查多个 CPU 运行的可行性及自动重新配置以节省时间。

　　GIS 运行时，即使是简单 GIS 的操作，在移动设备上，如 GPS 接收机、手机、掌上电脑，许多桌面隐喻都不适合 GIS 操作。这导致 GIS 科学研究中产生了一个新的维，通常称为"认知工程学"，与 GIS 的设计和测试有关，采用人体试验，系统在实际环境中工作，如户外个人导航和车载路径选择。这项研究成功地把 GIS 引向直观的人机界面，就能在移动设备上运行了。人体试验，人们使用系统时，在人身上做研究，这为未来 GIS 用户界面的设计起到越来越重要的作用。

11.3.5 开源计算

开源计算源于免费软件基金会和基于 UNIX 用户论坛。开源意思是没有哪个人"拥有"软件；而是任何用户都能选择贡献其专业知识来提高程序的源代码，可以下载源代码并进行工作，然后反馈给其他用户。GIS 开创了开源 GIS 的早期先河，即 GRASS GIS，它是 1978 年使用开源方式写的 (Neteler and Mitasova，2008)。美军陆军工程兵团贡献的基本程序模块和组件数是相当大的，反映了各种各样的应用，对一个问题的"修复"可以在整个社区里共享。随着计算各种完全开源方法的出现(如 Linux、OpenOffice.org)，GIS 也必将被开源系统所取代。这一趋势的主导者是开放地理空间联盟(*www.opengeospatial.org*)，它开创并帮助建立统一标准和开源 GIS 的基本工具箱。

在第 9 章中列出了许多开源 GIS 程序。有一些相当于桌面 GIS 系统，建立在 Java 或类似的环境中(如 Quantum GIS、MapWindow GIS)。有些是标准的工具集，所以允许发展更简单的额外 GIS 工具。如 ESRI 读取 shape 文件是靠一系列 C 语言程序库、称为 shapeLib 库 (shapelib.maptools.org) 的支持。这只是一系列叫做 MapTools(*www.maptools.org*)程序库的一小部分，该库支持自图形绘制，到文件格式读取及网络可访问数据库建立的所有操作。仍然有其他开源工具允许建立和使用 GIS 网络服务器，因此数据不仅可以通过 Internet 自动获取到桌面 GIS，而且用户的结果和地图也可以显示在服务器上。类似的商业产品如，ArcGIS Server，通常要求系统级的程序员。由明尼苏达大学开发的 MapSever(mapserver.org)就是一个例子，还有 PostGIS(postgis.refractions.net)，建立在 Postgres 数据库系统上。这些完全的 GIS 系统大部分是设备独立的，也就是说，它们能在任何系统和大多计算机上运行。对于开源理念来说，硬件独立性是一个非常重要的要素。

开源计算另一个要素是地理数据的开源。在美国，联邦政府的数据已被认为是公共数据,这相当于开源。这种方法被大多国家和越来越多的地方政府所效仿，例如县和部落团体。National Map 视图及无缝服务器就致力为开放数据提供开源入口。然而，大部分数据仍然是私人的。从 Google Maps 及 Google Earth 中提取影像使用就是一个限制的例子，它限制了位于地理空间数据上地理数据的所有权。另一可选方式越来越重要，就是"众包"，这是流行的维基描述的(Sui，2008)。这被称作用户贡献地理信息和 VGI，或自愿地理信息(Goodchild，2007)。在 openstreetmap.org

上的开源世界街道图的就是一个很好的例子。个人把自己的 GPS 轨迹贡献到公共地图中,把所有详细信息合并成一个整体。这相当于用户把他们的照片发到 Pictoramia 和 Flickr (通常是地理标记), 或视频发到 YouTube 上。

用户提供的地理信息是详细准确且与需求密切相关。然而,一些系统广泛被滥用,这需要调整和控制。如果没有控制主题,用户可以通过许多媒介提供大量变化的信息。例如,在关注每年圣诞节期间鸟的数量,一些很有用和实时数据就能快速收集起来。这一趋势很明显能延续到将来,并扩展到新的地图层,例如,在 Pictoramia 上有 1040 万张照片(*www.wikimapia.org*,见图 11.12)。

图 11.12   用户供给 Pictoramia 的照片显示在维基地图

11.3.6   GIS 是一个虚拟组织

GIS 用户包括两类:带有大型数据库的大型组织项目,和通常的具体而微小的任务,常可由一个博而不精的人操作。尽管 GIS 能为一系列用户提供服务,具体的硬件、软件和计算环境,意味着不同的 GIS 适合每一种用户环境。

在组织的水平上，人员工作可以分开。一名工作人员可以用于数据维护和软件更新，一个用于教育和培训，一个做数据分析等等。在只有一个人的店里，所有这些任务都是一个人负责的，通常 GIS 先驱是倡导开始使用 GIS 的重要人物，他可能是计算机专家，系统管理员，硬件工程师，咖啡生产公司。小型用户可能不会增加大量的新数据，除用 GPS 采集野外数据外。他们将更多依赖公共数据，而数据可能会有些过时，且比例太粗。

GIS 在这种级别上使用是最接近专业知识领域的。GIS 尽可能进入该领域，通常是系统成功的关键。领域操作使 GIS 很快基于我们日常生活的资源作出普通而明智的决策，那是最大的回报。在这一级别上可能没有必要的复杂分析，GIS 作为图形调查和地图生成系统的成功使用是绰绰有余的。一个 GIS 团队就是一个好的例子，它是支持机构 GIS 的社团，它常被称为"公众参与 GIS"。

相比之下，大型系统能维持最新和详细的信息，可以在整个 GIS 环境中进行调查、分析、决策制定和管理。在这儿，也就是说越好的信息意味着更好的资源利用。很明显，GIS 行业必须继续开发两类环境中应用。这通常意味着具有大系统的功能，将其打包成小软件，或向高级用户学习经验，并将其分发给普通用户。

但最后，GIS 用户本身已成为一种自助的基础设施。大多数主要软件包或对区域感兴趣的组织使用 GIS 都有自己用户群，通常是专题会议、工作组、简报、和网上讨论群。近年用博客和新闻供应站来增加这些论坛。GIS 厂商已经意识到这点，这是 GIS 蓬勃发展的很好基础。随着 GIS 软件包变得越来越复杂，但用户界面越来越友好，这些用户群集中在一些 GIS 应用的常见法则。这些法则应该要与所有用户共享。通常，一个好的想法在一软件环境中的应用能使其在另一环境中有效重复应用。

11.3.7 未来的 GIS

最后，关于未来的设想？计算机科学的前沿及工程学发展给 GIS 应用带来了真正的繁荣。其中包括立体屏幕和头盔显示器；附配的输入与输出设备；并行和自我容错维护的计算机及其他重要设备，海量存储和那些计算功能比现在更强更快的计算。GIS 系统未来的前景能综合 GIS、GPS 以及图像处理计算机紧密结合，戴一副立体太阳镜就能实时在显示屏上制图。Anywhere Augmentation 就是一个例子(Wither et al., 2006)。数据输入由围着对象转及盯着对象看，说出名字及属性，输入基于专家系统的解译机，从影像中提取特征编码和数据建模，再立即把它们传送到中心网络存储位置，如图 11.13 所示。这意味着，一个人或甚至是一辆无人驾驶车或无人驾驶飞机能够移动采集数据，而任何对此感兴趣的人，可在他或她的办公室或家中分析实时信息。也许一套全国范围内的移动数据收集器可以漫游到乡间，通过实际每个自动化系统不断的实际野外检查和更新使用的数字地图信息，从电力供应到美国邮政系统的应急车辆。不像小说中的"老大哥"，通用而开放的信息确保公众能得到更好的服务。用户提供支持野火应急的地图信息就是一个确切的例子((Pultar et al.，2009)。

图 11.13　Anywhere Augmentation. 彩色全景图(上)和半自动生成的深度地图(下)。用户更趋向较暗区域深度地图。影像的生成是用户带着 AR 眼镜和激光测距设备，只需盯着场景看。来自：Whiter 等，2008

　　另一个未来前景是，数据分析员成为数据探索员，深入到三维可视化现实数据，寻找模式和结构而不是简单地使用现在的统计分析。人类大脑能够做一些令人惊讶的并行处理，能轻松地探索计算机结构，甚至一些科学家通常做不到。同样地，相同的系统能管理很多它们支持的系统，或者允许结合建模和预测未来"假定分析"情景。

11.4　将来的问题和困难

　　本章，实际上全书将以 GIS 未来面临的问题和困难作为结语。作为用户群，我们对这些问题的做何反应，将对 GIS 未来产生重要影响。当一个人要介绍 GIS 可能面临的问题时，就是你，读者，在实际应用中处理这些问题的人。

　　有一个话题再次出现，GIS 数据库越来越广，就会涉及个人隐私。我们通常认为维护隐私是理所当然的，我们一直通过使用手机、信用卡、邮递订单等，不断向其他人透露个人财产信息。实际上，我们考虑最多的隐私是——我们的个人收入、家庭信息、健康档案和工作经验，全部都隐含中个人数据库中。GIS 通过公共的地理空间提供一体化的数据。尽管这对于公众是有益的，例如，在环境污染和健康间建立联系，更多当地和个人之间的联系，就会有更多的个人隐私问题出现。即便是联邦普查数据，也是高度普及、与个人群体有关的信息，对能识别到具体人的信息使用上也是有限制，就是发布数据前要私人持有数据达 70 年以上。

整个行业的经济现依赖于个人数据，如杂志订阅和网上购物，区域的人口统计及其他信息,如，人口普查区和邮政编码。一个人的信用记录能惊人显示一个人信息，数据买卖常作为附带效益通过计算机订购或邮购系统。只将个人各项信息汇集起来，这曾经是一个非常艰巨的任务，现在却变得相当简单。对于整个商业 GIS 领域，他们有专门的数据和软件，现在来看看叫做地理人口统计的问题。这一领域采用小的局部区域人口普查数据和其他商业数据精确描述周围居民的特征，因此他们能选择销售特定的商品及服务——例如，销售给初为父母的婴儿产品。

谁来划定界线呢？GIS 在窥探别人上是一项成功的技术(Monmonier，2002)。在GIS 及其法规中有一个全新的兴趣领域。GIS 适用于法律诉讼、选举游说、选票区划定以及像通常的制作属性图，法律行业将越来越多地把 GIS 作为工具使用，然后将其扩展到数据收集及转换，进行分析，然后得出结论的方式。随着人类发展，这变得越来越普遍，例如 Zillow.com(房地产)和谷歌街景地图(家园图片)，这已对个人隐私造成威胁。在一个案例中，英国村民在现实中拒绝谷歌街景相机车的拍摄，却从地图上查看他们的邻居。另一方面，人们自愿把极度私人的信息贡献到社会网络2.0 网站上，例如，Facebook 和 MySpace。

这将使 GIS 分析在方法上变得更加清晰，在操作上更富责任感。例如，GIS 软件能记录用过的函数代码、给出命令、选择菜单选项和以某种方式把"数据世系日志"添加到数据集本身，因此 GIS 的结果是更具责任感。众所周知，常规统计资料能支持许多观点，甚至地图能操作来显示不同的观点(Monmonier，1996)。GIS 负责提供制图和分析的整个过程，当在法律中考虑时，如果 GIS 不能变成另一种法庭工具，在将来就必须要强调这点。

11.4.1 数据所有权

关于 GIS 数据所有权上有两个极不相容的观点。一种观点是，联邦政府以小成本价生产和分发通用格式数字数据，"满足用户需求的成本"。这意味着生产数据的成本不能包括在数据成本内。这在逻辑上是由于联邦政府已经用公共财政创建了数据，它不能再次对需要用复制数据的同一人收费。互联网和网络地图服务器已经以零成本为各用户和生产者分发数据，因此，用于建立和使用 GIS 的数据通常是免费的，或至少是相当便宜的价格。

　　另一种观点是，依靠团队(和国家)，他们认为 GIS 数据是一种商品，一种产品应该通过版权和专利来保护，卖数据仅是为了利益。这种观点主为当市场需要数据集时，由于利益驱动就会生产数据，利益还将导致数据生产商的相互竞争，最后他们压低数据价格。在一些情况下也有发生，但是很少是利益驱动能产生完整的、系统的和标准覆盖的数据，数据通常要维护的。这是数据集生产最大的动机，它可以卖很多次。但很少去绘制需求小且现有数字地图少的国家。拓宽到国际环境，GIS 也不会有动机去绘制那些最穷和最贫困的国家，尤其是非洲和南美洲。

　　大多数国家都发展两种方法相结合的数据获取方式。美国使用联邦政府的数据，尤其是使用 TIGER 文件作为基础，但通过地理编码新地图或从私人公司购买数据来增加更详细和最新的信息。这些公司销售的数据具有及时性、准确性、完整性等，但是大部分的数据来源于一个或另一个免费联邦政府数据集。

　　政府与商业间的双向关系，通常能较好地服务于 GIS，尽管它应明确指出，若没有免费的联邦数据，整个系统就会崩溃。私人机构很少能为每个小规划办及项目生产数据，小型办公室很少能承担起昂贵的数据成本。像以一样，大多数人将继续使用"最低成本的解决方案"来工作。对于 GIS，这通常意味着一台微型计算机、廉价或大众软件及免费联邦政府数据。

11.4.2　时空动态和 GIS

　　很长一段时间里，GIS 学者对 GIS 支持多期地理及属性数据感兴趣。显然，GIS 中的数字地图是"加了时间标记"的，是带有数据创建时间的。然而，在现实世界中，数据过时了，就必须要修改，或释放新数据集来替代老的数据集。

　　一些数据持续时间很短——天气预报或发货通知，例如——快速的数据修改和更新已成为 GIS 维护的主要部分。在大多数情况下，GIS 的数据只是在数据创建时添加了一个日期属性，也不管通常出现的数据日期和进入 GIS 日期不一样的情况。GIS 设计言外之意就是方便使用，自动更新，如，自动选择每个特征的最新属性，这些正被集成到 GIS 功能中。

　　GIS 现仅勉强适合处理一些多时间段数据。在时间处理上，一种方法就是把时间标记作为一个特征属性处理。例如，一个土地利用数据库可以标注每个地块地类变化的时间。另外，GIS 可以使用不同时间段的地类"快照"。例如，可利用2008、2001、1990、1975 及 1940 年的土地利用图。值得注意的是，如果数据不是定期的按时间取样，那用这些快照去分析变化是有问题的。因此，把时间加到 GIS 中已经成为数据结构的一大挑战，而且有许多模型已经建议用来解决这个问题。

　　然而，对数据的关注缺乏一个重要的因素，就是数据空间动态。回到第 6 章龙卷风的案例。虽然从静态分析观点来看，一场龙卷风与另一场龙卷风差不多，只是发生的时间和地点不同，但也有与龙卷风有关的极端天气和气候条件。如果考虑一个正在发生的天气模式，就可能预测即将发生龙卷风，许多龙卷风都与一个天气系统有关。而不仅仅是龙卷风发生的空间静态图，一个发展中的天气系统从开始、中间到结束的变化，就像是用每个龙卷风把整个景观逐个分开的单个空间图。图的空间发展是一个整体，而且能与整个系统随时间匹配，这在天气分析和预报中很重要，更不要说预警系统了。例如，可以把发展中的天气状况与所有先前相同气象系统的发展模式相比较。GIS 中只有少许研究用到了这种方法(例如，苹果公司的麦金托什机及 YUAN 小影霸，2005)。

11.4.3　GIS 角色的改变

随着 GIS 进入未来发展阶段，变化是不可避免的，GIS 是基于变化而改变的一门科学和技术。但是，在面向主题或挑战上有些大的动向，这正是国家或国际层面新的发展重点。一些趋势已突现，值得庆幸的是，GIS 在每个方面都发挥了其作用。另外，我们时代不可避免的——战争、经济衰退、失业、食品的价格、可替代能源、全球变暖、全民医疗保健、新型流行病、恐怖活动——如果要取得成效，所有的都需要空间分析工具和方法。

科学界越来越关注全球重要性问题。把地球看作为一个整体系统，这对于现在全球气候变化是一个有效的方法，例如，全球变暖、臭氧层空洞、全球环流，如地球海洋和大气间的环流及模式，人对全球尺度环境的影响。新全球世界自然经济，通过全球立法机构不断努力解决世界问题，如世界银行、联合国，以及形成的方法和工具来处理这些具有实实在在数据的问题，这些都开启了一个全新的全球科学。

GIS 为这一全球性科学作出了巨大贡献。全球分布需要绘图，全球绘图需要地图投影以及了解流程，和基于对空间过程理解的循环过程。GIS 许多全球数据收集工作目前正在进行，组织机构使用 GIS 解决全球问题，例如作物产量估计和饥荒预测。

此外，GIS 对科学而言是一种新的首选方法。自然学科和社会科学学科间的传统边界已经逐渐消失了，尽管有很多人没有认识到这一点，甚至抵制这种趋势。现在大部分研究是由团队完成，由许多来自不同学科但又具有内在联系的学科代表就某个问题合作。对于这类工作环境，GIS 技术是一种天然的工具，因为它能够从各种环境和资源中整合数据，并基于地理学探究相互间的联系，再进行地理分布绘图和可视化。就像没有科学家不会微积分，矩阵代数及数理统计样，GIS 的方法和原理很可能成为科学家工具箱中必不可少的工具，至少能作为一个人教育背景的组成部分，从而更好地进入未来发展。这种全新的理解俗称"空间素养"。空间思维、空间分析后的推理，将成为每个人基础教育的一部分。在这本书中，你已经开始走进GIS，但从现在起，如果你跟着作业，问题和项目走，你就已经前进在开启这个新科学方法的路上。

11.5　结束语

作为 GIS 的新用户，你的第一次体验可能是在"按钮"中。你执行一个导师规定的分析或处理程序，或许把这本书作为实验室手册用。希望这本书有助于你获得大量必要知识去更深入了解你所做的事情。还有一群第一次体验 GIS 的是那些经验不足、又被聘为 GIS 专家的人，他们深入到一个新项目中而只有软件商的手册或在线网页帮助。在这种情况下，特别是在最后期限，最难的是只见森林不见树木。这本书也是有帮助的，通过把背景信息添加到手册中最简单解释和参考中。在这两种情况下,你都要很好地掌握地理信息科学的基础，那些原理是建立 GIS 专家的必备。但是，一开始你可能很长时间处于困惑和挫败中。如果是这样，请不要犹豫用这本书去帮助你。至少，你不是这世上唯一一个面对看似不可能的 GIS 问题的人，这一事实令人感到欣慰。

如果你读到这一页，无论是一个人还是和一个团队，你都掌握了 GIS 的有关概念，当继续学习时有两条途径。首要的是，在第 10 章中强调的，这本书提到的问题及话题的解决方案是不可替代的。许多 GIS 软件是便宜的，共享或免费的，有些甚至可以在公共图书馆或学校找得到。许多代理商招实习生时，都乐于接受那些精通GIS 技能的志愿者。在开始时，用《GIS 导论》的知识来掌握该门技术。如果你跟随着这本书中的作业，或并行手册，你已很有可能成为 GIS 专家。

现在你可以准备进入下一阶段的学习了。这本书的标题都是精心挑选，这是第一本手册，指导你掌握 GIS 学习必要的背景信息，从而避免大的错误。简而言之，还有更多。绝大多数你下一步应该做的工作在第 1 章中都已经涉及了。从现在开始，你就是你自己的向导。准备下一步，看一下 GIS 专业人员编码规范，它是由城市和区域信息系统协会为 GIS 专业技术人员编写的，见 *http://www.urisa.org/about/ethics*。作为一个专业的空间信息托管员，你将面对这项功能强大的技术正负面使用，而且实际上你必须做出自己的选择。请做出明智的选择。

当你继续学习 GIS 时，或者即使你已经用这本书找到 GIS 问题一次性的解决方案，始终牢记 GIS 能带来的功能。GIS 可以解决许多问题，社会及这个世界上的弊病问题。重要的是，GIS 是一种实现人类未来可持续的工具，因为它允许提供高效管理我们拥有的资源。的确，GIS 可以帮助我们在现有资源条件下生活得更好，而不是总是要求更多。

最后，GIS 技术在减少浪费，提高生活水平，消除疾病，帮助风险和灾害管理，了解全球变化，甚至是推进民主原则上都能起到重要作用。在新的信息时代背景下，就是你，聪慧的 GIS 用户和分析家，可以有效地利用这个工具，或许正如忽视它的强大功能。正如亚瑟·科南·道尔爵士(Sir Arthur Conan Doyle)所说，你知道我的方法——现在就去应用它!

11.6　学习指南

要点一览

○ GIS 技术已经成为一个数十亿的人类事业。
○ GIS 方法已应用于平行学科中。
○ GIS 项目很少受数据获取的限制。
○ 网络传感器能够提供大量的实时地理空间数据，它将变得越来越普及。
○ 很多网络门户提供访问私人和公共地理空间信息。
○ 数字地球是对所有存储有关地球的人类知识的未来数据库设想。
○ 地理浏览器提供了可视化方法来获取空间数据和信息。
○ GIS 从 GPS 中获取很多野外数据，而 GIS 又为 GPS 导航系统提供数据。
○ GPS 是 GNSS 的一种，现正在计划更多的系统。
○ 扫描地图和航空相片逐渐成为 GIS 重要的基础地图数据源。
○ 卫星遥感系统能够为全球 GIS 提供全球水平的数据。
○ 基于位置的服务是用 GIS 和 GPS 移动应用产生的新兴产业。
○ 地理浏览器能进行空间约束网页搜索。
○ 地学计算日益应用到 GIS 问题中。
○ 下一代计算机使用云计算和格网计算。
○ 地理可视化具有更好的探索和分析空间数据的潜能。
○ 面向对象计算的范例对于 GIS 很重要，尤其是开源 GIS 。
○ 以用户为中心的计算和认知工程能改善人-机界面，且使 GIS 更易使用，尤其是在移动设备上。
○ 传统的桌面隐喻交互对于小型移动计算机设备是无法使用的。
○ 开源 GIS 成为 GIS 软件主要来源，它促进互操作和网络服务。
○ 用户贡献或自愿提供的地理信息促进了网络服务，这已成为一种新的数据源，并在将来变得越来越有用。

○ GIS 用户群被看成一个虚拟组织，有新的基于网络的支持方法。

○ 将来 GIS 数据的收集来源于自动车辆设备或人类配备的传感器。

○ 个人隐私受到了威胁，因为 GIS 可以通过空间作为统一主题来集成个人数据。

○ 数据可以是私有或公共领域的，通常是利益驱动下支持数据的永久性。

○ GIS 在时空动态现象的制图，建模，及预测上还不完善，如暴风雨系统。

○ GIS 是越来越能研究全球范围现象及变化。

○ 很少有重大社会或经济问题不能用 GIS 方法解决的。

○ GIS 适合于 21 世纪科学的交叉学科方法。

○ 在教育和社会中，空间素养和空间思维变得越来越重要。

○ GIS 从业人员应遵循 URISA 编码规范。

○ 现在读者已具备了继续学习和使用 GIS 的能力，请小心行事。

学习思考题

未来的数据

1. 在 20 世纪 80 年代研究中，数据数字化和集成费用要占到建立 GIS 总成本的 60%～80%。将来会发生怎样的变化？目前哪些新提供的数据源是可用，后面又不可用了？现哪些数据分发系统能用于数据集成？

2. GPS 数据如何应到 GIS 中？采用什么方法将大量 GPS 差分纠正点用于一个 GIS 项目中？

3. 一幅几何纠正的航空相片在环境治理 GIS 项目中起什么作用？在什么情况下卫星遥感数据比航空影像更可取？

4. 查看一下你的 GIS 或 GIS 软件，能找到的数据和 GIS 使用许可，它是有关 GIS 软件再分发，以及作为 GIS 数据集创建者所有权的说明。

5. 从互联网上下载一个区的卫星影像或航空影像及一幅矢量地图。把这两幅数字地图进行叠加，并仔细检查两数据源上特征间的差异。是什么错误导致两数据间特征的差异？怎样将两个图层校正到一起，从而能将其用于地图叠加分析？

未来的计算

6. 为任意 GIS 软件新用户画一个你所熟悉的通用图，用以指导用户了解 GIS 用户界面的特点。提出三种改进用户界面的方式。如何客观测试用户界面的有效性？

7. GIS 互操作性是如何协助 GIS 专业人员日常工作的？

8. 要管理全球 MODIS 数据，需要多大的 GIS 来存储这些数据？什么样的图层可以成为一个小型"全球意识"的 GIS，能作为高校有效的 GIS 学习工具？这个项目中多大分辨率数据合适？

将来的问题和困难

9. GIS 应用是怎样对个人隐私产生重要影响？哪些 GIS 应用最接近当前的形势？

10. 用什么方法来增强 GIS 软件所有权问题？这些是如何让 GIS 使用更难的？

11. 查看 URISA 的 GIS 编码规范。列举一些叙事性的案例来说明正确和错误编码的行为。

11.7   参考文献

Dykes, J., MacEachren, A. M., and Kraak, M-J. (2005) *Exploring Geovisualization.* International Cartographic Association: Elsevier.

Gahegan, M. (2000) What is GeoComputation? A history and outline. http://www.geocomputation.org/what.html.

Goldsberry, K. (2007) *Real-Time Traffic Maps for the Internet.* Ph.D. Dissertation, Department ofGeography, University of California, Santa Barbara.

Goodchild, M. (2007) "Citizens as Sensors: the World of Volunteered Geography." *Geo-Journal,* vol.69, pp. 211–221

Grossner, K. E., Goodchild, M. F., and Clarke, K. C. (2008) Defining a digital earth system. *Transactions in GIS.* vol. 12, no. 1, pp. 145－160.

McIntosh, J. and Yuan, M. (2005) Assessing similarity of geographic processes and events. *Transactions in GIS.* vol. 9, no. 2, pp. 223－245.

Monmonier, M. (1996) *How to Lie with Maps* (2ed.) Chicago: University of Chicago Press.

Monmonier, M. (2002) *Spying with Maps: Surveillance Technologies and the Future of Privacy.* Chicago: University of Chicago Press.

Neteler, M. and Mitasova, H. (2008) *Open Source GIS: A GRASS GIS Approach.* 3 ed. International Series in Engineering and Computer Science: Volume 773. New York: Springer.

Pultar, E., Raubal, M. Cova, T., and Goodchild, M. (2009) Dynamic GIS Case

Studies: Wildfire Evacuation and Volunteered Geographic Information. *Transactions in GIS*. vol. 13, supp. 1, 85‑104.

Sui, D. Z. (2008) "The wikification of GIS and its consequences: Or Angelina Jolie's new tattoo and the future of GIS." *Computers, Environment, and Urban Systems*, vol. 32, no. 1, pp 1‑5.

Wither, J., DiVerdi, S. and Höllerer, T. (2006) "Using Aerial Photographs for Improved Mobile AR Annotation", *Proceedings, International Symposium on Mixed and Augmented Reality*. Santa Barbara, CA, Oct. 22‑25.

Wither, J., Coffin, C., Ventura, J., and Höllerer, T (2008) "Fast Annotation and Modeling with a Single-Point Laser Range Finder", *Proceedings, ACM/IEEE Symposium on Mixed and Augmented Reality*, Sept. 15‑18.

11.8 重要术语及定义

ARGON：编号为 KH-5 的照相机拍摄的 1961 年 2 月～1964 年 8 月间的一系列侦查卫星图，用作制图参考。

ASTER：(先进运载飞船热发射和反射器)，自 2000 年 2 月开始在 Terra 卫星上收集遥感数据的五个遥感设备之一。

博客：一种网络日志，通常由个人发表评论、描述事件或图案或视频来维持，常按时间倒序列出。

云计算：可扩展计算，常由通过 Internet 的虚拟资源提供服务。

认知工程：一种多学科交叉的开发原理、方法、工具及技术，用来指导计算机系统设计，旨在支持人类活动。

COMPASS：中国一规划的 GNSS 系统，由 35 颗卫星组成，它提供完整的地球覆盖图，即著名的北斗-2。

CORONA：美国侦察卫星系统，由中央情报局运行，并由美国空军协助，用于 1960 年 8 月～1972 年 5 月间对苏联、中国以及其他区域的摄影监控。

众包：把一个通常由员工执行的任务通过开源调用的形式外包给非特定的人群或社区。这种调用能用来发展新技术，设计一些东西，以及实现平行计算或收集数据。

信息基础设施：一种通过 Internet 提供服务的研究环境，支持高级数据获取、数据存储、数据管理、数据集成、数据挖掘、数据可视化和其他计算和信息处理。

桌面隐喻：由一组统一人-机交互概念组成的界面，它把计算机监视器看成是一个存有文件夹和文件的桌面。

设备独立：软件程序具有与不同的通用输入、输出和存储设备进行交互的功能。

数字地球：一个提供可访问什么是地球及其居民活动的系统——可以是当前及历史上任意时间的——通过查询响应和探索工具来实现，例如，虚拟地球。

数字正射影像(DOQ)：一种由计算机生成的航空影像图，图像上由地形起伏和摄影机倾斜造成影像位移已综合影像特征及地理参考地图进行了去除。

分离数据：数据没有组合到总体单元上，例如人口普查单或县数据，但作为单个实例记录保存。

E911：一种基于北美电信系统的增强型 9-1-1 服务，它能自动给每个电话号码分配一个物理地址，并将电话传给最佳的公共安全应答点。呼叫者的地址和信息显示在电话接收机上，并能立即回应。

Envisat：是一个由欧空局于 2002 年发射的，携带九个遥感仪器的地球观测卫星。

自由软件基金会(FSF)：1985 年创立的一个非营利性组织，用以支持免费软件运行，它使计算机软件能无限制地分发和修改。

自由软件：可以不需要成本或按可选的价格使用的计算机软件。

未来冲击：社会学家阿尔文.托夫勒在 1970 年的一本书里陈述的定义"在一个很短时间内发生很快的变化"。

伽利略系统(Galileo)：一个由欧盟与欧空局计划 2012 后运行的 GNSS 计划，预计能与现代 GPS 系统兼容。

地理浏览器：在 Internet 上访问信息的软件，通过可视化来浏览内容，典型的是在地图上查看。

地理计算：一门用计算机解决复杂空间问题的艺术和科学。

地理人口统计：一门根据人的居住位置来分析人的科学。

地理隐私：人的地理位置和活动通过计算机，传感设备及网络共享和保护的程度。

地理可视化：一组通过交互式可视化及制图进行地理数据分析的工具和技术。

全球导航卫星系统(GNSS)：卫星导航系统的通用术语，它提供全球范围的地理空间自动定位。

GLONASS：一种基于无线的全球卫星导航系统，由前苏联开发，现由俄罗斯政府的俄罗斯太空部队运行。

Google Maps：一个由 Google 提供的网络制图应用服务和技术系统，能提供许多地图服务，并通过开源 API 接口将地图嵌入到网站。

Google Earth：最初由 Keyhole 公司创立的一个虚拟地球，地图和地理信息程序，

2004 年被 Google 公司收购，用卫星影像、航空相片和 GIS 去覆盖地球。

GPS：由美国国防部开发的全球导航卫星系统，并由美国空军第 50 太空联队管理，是目前全球唯一一个广泛用于导航的全能 GNSS。

网格计算：同时用多台计算机来处理单个问题。

头盔显示器：一种戴在头上或部分头盔的显示设备，在一只或每只眼睛前面有个小光学显示设备。

Ikonos：一颗商业地球观察卫星，是第一颗公开收集 1～4 米空间分辨率的高分辨影像卫星。

车载导航系统：一种车载系统，包括显示设备及常用的 GNSS 接收器，以便应用 GIS 数据及算法来辅助导航。

互操作：GIS 软件和数据系统能进行协同工作。

LANYARD：一颗美国生产的，在 1963 年 3～7 月短期运行的侦察卫星，它上携带的 KH-6 摄像机，开发用于萨莫斯计划。

基于位置的服务(LBS)：通过无线或其他网络移动设备获取信息服务，并探索有关用户位置的信息。

地图工具：在开源制图社区中一组给用户及开发人员软件工具资源。

MODIS(Moderate-resolution Imaging Spectroradiometer)：中等分辨率成像光谱仪，一种遥感传感设备，搭载在 NASA 1999 年发射的 *Terra* 卫星及 2002 年发射的 *Aqua* 卫星上。

国家地图浏览器：一种网络接口及地理浏览器，由 USGS 营运，用于提供访问所有美国公开地理空间数据。

国家地图无缝服务器：一种 USGS 软件工具，用来对特定用户进行公共地图数据的提取和下载。

新闻供应站：一个 Web 应用程序，能把诸如新闻头条、博客和播客等内容集中存到一个位置上，方便用户访问。

面向对象系统：一种编程范式，数据结构由数据域及方法组成，并用数据结构来进行应用设计及计算机软件开发。

开放地理空间协会：一个非营利性、国际自愿达成共识的标准化组织，引领地理空间和基于位置服务的标准化发展。

个人数字助手：一款手持电脑，通常称为掌上电脑。

摄影测量学：从影像中进行精确测量的方法，它通常支持制图。

公共领域：知识产权不属于任何人或受任何人控制，人人都能到处使用的数据。

快鸟：一个高分辨率商业地球观测卫星，属 Digital Globe 公司所有，于 2001 年首次发射。

RADARSAT-2：由加拿大航空局在 2007 年发射的一颗地球观测卫星。

遥感：在没有物理接触目标的情况下(例如，来自飞机、航空器、卫星、浮标或宇宙飞船)，通过测量仪器获取目标或现象的信息的技术。

无缝：经过处理后去除每个独立数据效果，并沿边缘或边界匹配，赋予统一特征的地理空间数据。

网络传感器：一种自带传感设备的无线网络，用于从空间分布位置上获取物理或环境状况的监测信息。

共享软件：为用户免费提供试用或示例基础的专用软件，通常其功能、可用性或便捷性有限。

SigAlert：任何造成一条车道 30 分钟或更长时间交通堵塞的意外事件。一种网络服务，例如，美国西闻城市的数据(*www.sigalert.com*)。

SIR：航天飞机成像雷达，航天飞机上一款用于地表制图的 C 波段仪器。

SML：简单的标记语言，一种简化 XML(可扩展性标记语言)的方法，以便 XML 消耗设备更容易解译。

软拷备：一个与纸质或胶片输出相对应的，用来区别图像瞬时计算机显示的术语。

源代码：一组用人类可读计算机编程语言书写的描述或申明语句，它允许程序员与计算机进行交流。

空间素养：指用空间思维来交流、推理和解决问题的能力。

空间思维：对有关对象及其空间关系的分析、解决方案和分布模式的预测。

空间限制查询：在万维网中对地理空间内已知点周围的感兴趣要素的查询，结果以到该点的距离进行排序列出。

SPOT(Satellite Pour l'Observation de la Terre)：地球观测卫星，一个太空上运行的高分辨率、光学影像地球观测卫星系统。

Terra：一个涉及美国、 加拿大和日本及多种遥感仪器的跨国、多学科的卫星任务计划。

用户贡献的地理信息：在万维网上有地理标记的内容，这些信息由所有者按一般分布自愿提交的。

虚拟组织：一种组织实体，例如，一个科学家合作团体或一个社会网站，不存在任何一个位置，仅存在于互联网。

自愿的地理信息(VGI)：利用工具对个人自愿提供的地理数据进行创建、集成和分发。

Web 2.0：开发和设计的第二代万维网，具有增强交流、信息共享、互操作，以用户为中心的设计和社会协操作的特征。

网络接口：一种将多种来自互联网的信息，用单个网络界面按统一的方式进行发布。

广域增强系统：一个由联邦航空管理局开发的，用以增强全球定位系统的空中导航辅助系统，目的是改善 GPS 精度、完整性及可靠性。

维基百科：一种免费、基于网络使用多种语言的百科全书项目，由非营利性的维基媒体基金会支持。

WIMP：是 Windows(窗口)、icons(按钮)、menus(菜单)及 pointers(指针)的缩写，用这些要素来指示人-机交互形式。

WorldWind：一个由 NASA 开发的免费开源虚拟地球，而且在个人电脑上可使用开源社区。

XML：可拓展性标记语言，一种用于生成自定义标记语言的通用说明，因其具有允许用户定义标记元素，故具有扩展性。

11.9　GIS 人物专访

隋殿志(Daniel Z. Sui，简称 DS)，俄亥俄州立大学城市与区域分析中心主任，地理学教授，社会和行为学特聘教授

KC: 请给我们介绍一下您的教育背景。

DS: 我在北京大学获得地理学学士学位及 GIS 和遥感硕士学位，然后在乔治亚大学获得地理学博士学位。

KC: 为什么您会选择学习地理学和 GIS 呢？

DS: 我最初选择的其实是数学和计算机科学，但是在 20 世纪 80 年代初，北京的计算机科学这个专业竞争很激烈。

KC: 这么说地理学是您的第二选择？

DS: 是的，但我很快发现了 GIS、遥感和定量地理学。我可以回到我的最初的爱好，就这样最后从事了 GIS。

KC: 您认为数学和计算机科学背景对学生学习 GIS 重要吗？

DS: 我认为很重要。否则，他们只是一般的 GIS 用户，不会发展一些前沿的新概念，不会用一些新程序工具来完成项目。扎实的计算机和数学基础对学习 GIS 很重要。

KC: 您刚刚获得一笔新书出版资助，是吗？

DS: 是的，一份来自古根海姆基金会的学术奖金。我将在书中讨论地理空间技术在社会上的应用，主要探讨公众在日常生活中对地学隐私的需求。

KC: 什么是地学隐私？

DS: 隐私在法律上原本定义是不要管他人，让其能享受他们私人生活而，随着地理空间技术的广泛应用，现在我们随时能追踪每周七天，每天 24 小时中人们在哪儿。已经有很多公众强烈抗议这是对隐私的潜在侵犯，甚至有可能成为"地理奴隶"。我的书将调查这两方面的问题。人们保护隐私。另一方面，利用 Web 2.0 技术和真实 TV，人们自愿详细讲述和展现自己丰富多彩的生活。在我的这本书中，会讨论这种情况的复杂性。

KC: 什么是自愿的地理信息？

DS: 这个术语是由迈克尔·古德柴尔德(Michael Goodchild)提出的。它涉及地理空间信息，最主要经度和纬度类的空间信息，基于公民自愿贡献出来。广义讲，它指各种不同的地理空间信息，即能够识别公民，甚至商品。在自愿的基础上，它可以指人、动物的行踪或商品的陈列位置。

KC: 您认为 GIS 会侵犯人们的隐私吗？

DS: 在某种程度上，的确如此。我可以给你讲一个个人案例。上学期我在我家举办了一个欢迎新生的聚会。五分钟后我把地址发给新生，而后收到一封电邮说"隋博士，您做了一件令人感动的事——修复了车道。"在谷歌的街景地图上他们能看到我修好了车道，但是他们看到的不是我做了好事——而是他们可以很清晰地看到我！

KC: 您能对 GIS 在中国和美国的发展情况做一下对比吗？

DS: 美国引领世界 GIS，两方面：技术术语；新概念与理论的发展。当我走进中国的会议室时，我惊叹他们正在使用的技术和软件工具。但与 GIS 的研究员交谈后，我很快发现他们对 GIS 科学的理论基础不感兴趣，而对 GIS 技术更感兴趣。

KC: 你认为 GIS 现在与其未来 20 年内的主要区别是什么？

DS: 我认为它的用户界面会更友好，将被更多的普通人使用——其实这已经发生了——我认为它会更深入人们生活的细节，更亲密深入商业运作中。GIS 将成为信息社会的一部分，会有更多学生需要地理空间技能，所以 GIS 相当于今天大家都会用的 Word，是一种基本技能。

KC: 谢谢，祝您的书好运，祝你近日顺利搬到俄亥俄州。